新世纪土木工程专业系列教材

结 构 力 学

（第3版）

单 建　吕令毅　编著

U0380183

东南大学出版社

内 容 提 要

本书是根据原国家教委审定的《结构力学课程教学基本要求》(110 学时左右),在充分考虑专业调整后土木工程专业学科领域扩大的情况的基础上编写的。包括了基本要求规定的全部基本内容和部分专题内容,同时也包括了一些加深或拓宽性质的内容,供选学、提高之用。

全书分为 12 章,其中第 1～10 章即绪论、平面体系的几何组成分析、静定结构的内力计算、静定结构的位移计算、用力法计算超静定结构、位移法、力矩分配法、影响线、矩阵位移法、结构动力响应分析为基本内容,第 11～12 章即结构的稳定计算、结构的极限荷载为专题内容。

本书内容精练,重视基本概念、基本原理的讲授和基本方法的训练,兼顾工程实际应用和本学科发展的新成果和新趋势的介绍,可作为高等学校本科土木工程专业(包括建筑工程、桥梁工程等专业方向)以及水利工程等相近专业的教材,也可供上述专业的工程技术人员参考。

图书在版编目(CIP)数据

结构力学 / 单建,吕令毅编著. —3 版. —南京:
东南大学出版社,2022.6(2023.7重印)
新世纪土木工程专业系列教材
ISBN 978 - 7 - 5766 - 0011 - 7

Ⅰ. ①结⋯ Ⅱ. ①单⋯②吕⋯ Ⅲ. ①结构力学—高
等学校—教材 Ⅳ. ①O342

中国版本图书馆 CIP 数据核字(2021)第 278526 号

东南大学出版社出版发行

(南京四牌楼 2 号 邮编 210096)

责任编辑:张莺 封面设计:顾晓阳 责任印制:周荣虎
全国各地新华书店经销 苏州市古得堡数码印刷有限公司印刷
开本:787mm×1092mm 1/16 印张:24.5 字数:612 千
2004 年 2 月第 1 版 2022 年 6 月第 3 版
2023 年 7 月第 2 次印刷
ISBN 978 - 7 - 5766 - 0011 - 7
印数:22001～23000 册 定价:50.00 元

本社图书若有印装质量问题,请直接与营销部调换。电话(传真):025 - 83791830

新世纪土木工程专业系列教材编委会

顾　问　丁大钧　容柏生　沙庆林

主　任　吕志涛

副主任　蒋永生　陈荣生　邱洪兴　黄晓明

委　员　（以姓氏笔画为序）

丁大钧　王　炜　冯　健　叶见曙　石名磊　刘松玉　吕志涛

成　虎　李峻利　李爱群　沈　杰　沙庆林　邱洪兴　陆可人

舒赣平　陈荣生　单　建　周明华　胡伍生　唐人卫　郭正兴

钱培舒　曹双寅　黄晓明　龚维民　程建川　容柏生　蒋永生

序

东南大学是教育部直属重点高等学校,在 20 世纪 90 年代后期,作为主持单位开展了国家级"20 世纪土建类专业人才培养方案及教学内容体系改革的研究与实践"课题的研究,提出了由土木工程专业指导委员会采纳的"土木工程专业人才培养的知识结构和能力结构"的建议。在此基础上,根据土木工程专业指导委员会提出的"土木工程专业本科(四年制)培养方案",修订了土木工程专业教学计划,确立了新的课程体系,明确了教学内容,开展了教学实践,组织了教材编写。这一改革成果,获得了 2000 年教学成果国家级二等奖。

这套新世纪土木工程专业系列教材的编写和出版是教学改革的继续和深化,编写的宗旨是:根据土木工程专业知识结构中关于学科和专业基础知识、专业知识以及相邻学科知识的要求,实现课程体系的整体优化;拓宽专业口径,实现学科和专业基础课程的通用化;将专业课程作为一种载体,使学生获得工程训练和能力的培养。

新世纪土木工程专业系列教材具有下列特色:

1. 符合新世纪对土木工程专业的要求

土木工程专业毕业生应能在房屋建筑、隧道与地下建筑、公路与城市道路、铁道工程、交通工程、桥梁、矿山建筑等的设计、施工、管理、研究、教育、投资和开发部门从事技术或管理工作,这是新世纪对土木工程专业的要求。面对如此宽广的领域,只能从终身教育观念出发,把对学生未来发展起重要作用的基础知识作为优先选择的内容。因此,本系列的专业基础课教材,既打通了工程类各学科基础,又打通了力学、土木工程、交通运输工程、水利工程等大类学科基础,以基本原理为主,实现了通用化、综合化。例如工程结构设计原理教材,既整合了建筑结构和桥梁结构等内容,又将混凝土、钢、砌体等不同材料结构有机地综合在一起。

2. 专业课程教材分为建筑工程类、交通土建类、地下工程类三个系列

由于各校原有基础和条件的不同,按土木工程要求开设专业课程的困难较大。本系列专业课教材从实际出发,与设课群组相结合,将专业课程教材分为建筑工程类、交通土建类、地下工程类三个系列。每一系列包括有工程项目的规划、选型或选线设计、结构设计、施工、检测或试验等专业课系列,使自然科学、工程技术、管理、人文学科乃至艺术交叉综合,并强调了工程综合训练。不同课群组可以交叉选课。专业系列课程十分强调贯彻理论联系实际的教学原则,融知识和能力为一体,避免成为职业的界定,而主要成为能力培养的载体。

3. 教材内容具有现代性,用整合方法大力精减

对本系列教材的内容,本编委会特别要求不仅具有原理性、基础性,还要求具有现代性,纳入最新知识及发展趋向。例如,现代施工技术教材包括了当代最先进的施工技术。

在土木工程专业教学计划中,专业基础课(平台课)及专业课的学时较少。对此,除了少而精的方法外,本系列教材通过整合的方法有效地进行了精减。整合的面较宽,包括了土木工程

1

各领域共性内容的整合，不同材料在结构、施工等教材中的整合，还包括课堂教学内容与实践环节的整合，可以认为其整合力度在国内是最大的。这样做，不只是为了精减学时，更主要的是可淡化细节了解，强化学习概念和综合思维，有助于知识与能力的协调发展。

4. 发挥东南大学的办学优势

东南大学原有的建筑工程、交通土建专业具有 80 年的历史，有一批国内外著名的专家、教授。他们一贯严谨治学，代代相传。按土木工程专业办学，有土木工程和交通运输工程两个一级学科博士点、土木工程学科博士后流动站及教育部重点实验室的支撑。近十年已编写出版教材及参考书 40 余本，其中 9 本教材获国家和部、省级奖，4 门课程列为江苏省一类优秀课程，5 本教材被列为全国推荐教材。在本系列教材编写过程中，实行了老中青相结合，老教师主要担任主审，有丰富教学经验的中青年教授、教学骨干担任主编，从而保证了原有优势的发挥，继承和发扬了东南大学原有的办学传统。

新世纪土木工程专业系列教材肩负着"教育要面向现代化，面向世界，面向未来"的重任。因此，为了出精品，一方面对整合力度大的教材坚持经过试用修改后出版，另一方面希望大家在积极选用本系列教材中，提出宝贵的意见和建议。

愿广大读者与我们一起把握时代的脉搏，使本系列教材不断充实、更新并适应形势的发展，为培养新世纪土木工程高级专门人才作出贡献。

最后，在这里特别指出，这套系列教材，在编写出版过程中，得到了其他高校教师的大力支持，还受到作为本系列教材顾问的专家、院士的指点。在此，我们向他们一并致以深深的谢意。同时，对东南大学出版社所作出的努力表示感谢。

中国工程院院士 吕志涛

2001 年 9 月

第 3 版前言

本书第 3 版与第 2 版一样,仍然是本着立足教学实践、放眼课程改革的精神和"传授知识、提高能力、培养素质"的指导思想,吸取广大读者特别是广大师生对本书提出改进意见,在前两版的基础上修订而成的。修订中保留了原书重视基本概念、基本原理的讲授和基本方法的训练的特点。

本次修订,除对全书作了一些文字和插图上的修改以外,对第 6 章和第 10 章的部分内容也进行了适当的删减。删减的内容一是超出了"结构力学课程教学基本要求",二是据修订者了解,由于学时所限,这些内容在实际教学中并未涉及。

因编著者水平所限,本书第 3 版仍然难免有不妥和不足之处,欢迎广大读者继续提出批评和改进意见。

最后说几句看似"题外"而并非题外的话。

本书前两版的编著者之一吕令毅教授,于 2019 年因病不幸去世,年仅 56 岁。如今,我们两人共同编著的这本教材再次修订的任务,只能由我独自完成了。时光流转,新老交替,本是自然界和人世间的基本规律,但吕令毅走得太早了!他去世后,我写了一首七律悼念他。在本书第 3 版即将问世的时候,我将这首诗抄录如下,再次表达我对他的痛惜和怀念之情:

> 死别吞声恨塞天,英才遭妒自何年?
>
> 子安孤鹜随霞落,令毅长鲸逐浪捐。
>
> 讲席激情无与匹,网坛结力更谁专?
>
> 伤心同撰书犹在,新版唯余老拙编!

其中"子安"是《滕王阁序》的作者、唐朝王勃的字,他和吕令毅一样,也是英年早逝;"网坛":网球是吕令毅的业余爱好,虽是业余爱好,却达到

1

了专业水平。我认为，吕令毅应该是网球界结构力学水平最高的，也是结构力学界网球打得最好的。

愿吕令毅教授在天堂安息，无灾无病、无忧无虑地打他的网球！

单　建

2022 年 5 月于东南大学

第 1 版前言

本书是《新世纪土木工程专业系列教材》中的一本教材。

结构力学是土木工程专业的一门主要的技术基础课。本书是依据原国家教委审定的《结构力学课程教学基本要求》(110 学时左右,以下简称《基本要求》),在充分考虑专业调整后土木工程专业学科领域的扩大并吸纳了近十几年来土木工程专业及结构力学课程改革成果的基础上编写的。

全书分为 12 章,其中第 1～10 章包括了《基本要求》规定的基本内容,第 11 章和第 12 章为专题内容。基本内容一般应为必修内容。对于专题内容,各学校可根据自己的具体情况列为选修或必修内容。此外考虑到实行因材施教的需要,书中还写进了一些加深或拓宽性质的内容(书中加星号"＊"的部分),供选学、提高之用。

本书以"传授知识、提高能力、培养素质"为主要指导思想,重在基本概念、基本原理的讲授和基本方法的训练,兼顾工程实际应用和学科发展的新成果和新趋势的介绍,目的是为学生学习有关专业课程打下坚实的结构力学基础。各章内容的选编,力图体现精选、贯通、融合、渗透的思路,在我国结构力学教材佳篇如林的现状下编写出自己的一点特色。

本书的第 1、2、3、4、5、8、11、12 章由单建编写,第 6、7、9、10 章由吕令毅编写,全书由单建统稿。

本书由单炳梓教授主审。单炳梓教授对于本书的编写给予了热情的关注、鼓励和指导,并针对书稿中的问题提出了许多具体的修改意见。在此编者谨向单炳梓教授表示衷心的感谢。

本书的错误和不足之处在所难免,热忱欢迎广大读者批评指正。

单 建 吕令毅
2004 年 1 月

目 录

1 绪论

1.1 结构力学的内容

结构力学是研究工程结构的力学行为的科学。在土木工程中,所谓结构,就是在建筑物中起骨架作用的物体或体系,其主要功能是承受或传递预定的荷载。在房屋建筑中,作用于屋盖和楼层的荷载(包括屋盖和楼层的自重、风荷载、雪荷载以及施工和使用期间的其他荷载等)通过屋面板或楼板传递到梁,再由梁到柱、由柱到基础并最终传递到地基;在斜拉桥中,车辆和桥梁自身的重量由桥梁传递到拉索,再由拉索到桥塔、由桥塔传递到基础和地基。这里的"板—梁—柱—基础"体系和"梁—索—塔—基础"体系就是结构的两个例子。土木工程中的结构都是直接或间接地连接于地基的。

按照组成结构的构件的几何特点,结构可以分为杆系结构、板壳结构和块体结构三类。杆系结构是由杆件组成的结构,杆件的几何特点是它在一个方向上的尺寸(称为"长度")比另外两个方向的尺寸大得多;板壳结构的构件是板或壳,与杆件相反,板和壳中总有一个方向的尺寸(称为"厚度")比另外两个方向的尺寸小得多;块体结构是三个方向的尺寸大致相当(属于同一数量级)的构件。

杆系结构是结构力学的主要研究对象,因而结构力学有时又称为杆系结构力学。材料力学以单个杆件为主要研究对象,而弹性力学则主要研究板壳和块体结构。与这三门力学课程关系密切的还有理论力学,理论力学主要研究质点、质点系和刚体的运动和平衡的规律。在学习这些力学课程的时候,既要看到它们之间的分工,更要注意它们之间的联系。

具体地说,结构力学主要研究杆系结构在荷载、温度变化、支座位移、制造误差等因素作用下的强度、刚度和稳定性的分析原理及计算方法。强度(Strength)、刚度(Stiffness)和稳定性(Stability),有人称之为"3S",是结构的三个重要特性,也是结构力学研究的三项重要课题。进行强度和稳定性分析的主要目的,是保证结构的安全;而刚度分析的主要目的,则是要保证结构不产生过大的变形以满足正常使用的要求。除此以外,结构力学还要研究结构的组成规律和合理形式,以及各类杆系结构的受力特点。

1.2 结构的计算简图

如上所述,结构力学的主要研究对象是杆系结构。实际结构(包括杆系结构)一般是很复杂的,完全按照实际情况对结构进行分析是很困难的,甚至是不可能的。因此,在分析之前,必须对实际结构加以简化,用一个抽象的"模型"来代替它,这就是本节所要讨论的计算简图。应该说,我们对这一工作并不陌生。理论力学中将具有一定体积的实际物体简化为质点,将受力时发生变形的实际物体简化为不会变形的刚体;材料力学中在计算内力时将截面具有一定尺寸的梁简化为没有粗细的线段(轴线)等,都是从实际对象出发建立抽象的计算模型或简图的例子。

选择计算简图必须满足以下两方面的基本要求：

第一，计算简图应能反映结构自身及其所受外部作用的主要特征。

第二，计算简图应能使结构的分析计算得到一定程度的简化。

图 1.1 是一个常见的厂房结构的计算简图。从这个简例不难看出，计算简图对实际结构的简化包括以下几个方面：

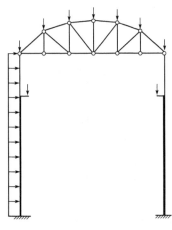

图 1.1

（1）杆件的简化——所有的杆件均用它们的轴线来代替。在本例中，无论是组成屋顶桁架的杆件还是桁架下面的柱都是直杆，因而计算简图中的全部构件均为直线段。图中，柱的上下两部分线段粗细不同，反映了柱截面尺寸的实际变化。

（2）结点的简化——杆件既然用轴线代替，它们之间的连接区域自然就要用相应轴线的公共点来代替，称为结构的结点。在本例中，组成桁架的杆件之间、桁架杆件与柱之间在它们的连接处不能发生相对移动，但可以发生微小的相对转动，因而这些结点均简化为铰结点；柱的上下两部分（截面不同）之间在它们的连接处既不能发生相对移动，也不能发生相对转动，因而相应的结点简化为刚结点。除了铰结点和刚结点，常见的结点还有组合结点。组合结点是至少三根杆件的公共结点，杆件之间的连接方式既有铰接，又有刚接。

（3）支座的简化——结构与地基的连接点称为支座。图 1.2 给出了几种常用支座及其计算简图，其中图 1.2a、b、c、d 分别表示可动铰支座（或辊轴支座）、固定铰支座（常简称为铰支座）、定向支座和固定支座。这四种支座对结构的约束情况见表 1.1，其中"√"和"×"分别表示"有"和"无"。从表中可以看出，支座对位移的约束与它提供的反力是一一对应的，例如定向支座（图 1.2c）使结构在支座处的竖向位移和转角受到约束，分别对应于它所提供的竖向反力和反力矩。在图 1.1 中，柱与地基的连接使得柱的下端不能发生任何相对于地基的移动和转动，因此两个支座都是固定支座。

表 1.1　不同支座对结构的约束情况

支 座 类 型	结构在支座处可自由发生的位移			支座提供的反力和反力矩		
	水平位移	竖向位移	转 角	水平反力	竖向反力	反力矩
可动铰支座(图 1.2a)	√	×	√	×	√	×
固定铰支座(图 1.2b)	×	×	√	√	√	×
定向支座(图 1.2c)	√	×	×	×	√	√
固定支座(图 1.2d)	×	×	×	√	√	√

（4）荷载的简化——在本例中，屋面传递给桁架的荷载以及吊车通过吊车梁传递给柱的荷载简化为集中荷载，分别作用于桁架的结点和下柱的顶部（"牛腿"）；风荷载通过外墙传递给柱，简化为沿柱的高度作用的分布荷载。

除了以上四个方面以外，计算简图对实际结构的简化还包括材料性质的简化和结构体系的简化。所谓材料性质的简化，就是对实际的工程材料作若干理想化的假设，例如连续、均匀、各向同性以及理想的弹性或弹塑性等。关于结构体系的简化，仍以图 1.1 所示的计算简图为例加以说明。

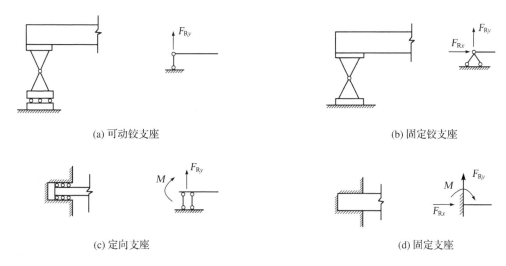

(a) 可动铰支座　　　　　　　　　　　　　　　　(b) 固定铰支座

(c) 定向支座　　　　　　　　　　　　　　　　　(d) 固定支座

图 1.2

在图 1.1 中,结构的所有杆件以及结构所受的荷载都在同一平面内,这样的结构称为平面结构。实际的厂房结构是一个空间结构,它是由相互平行的一系列这样的平面结构通过屋面结构体系、吊车梁、桁架间以及柱间的支撑体系等沿厂房的纵向(即垂直于纸面的方向)连接而组成的一个整体。空间结构的计算一般要比平面结构复杂得多,因此在结构设计中,总是尽可能地将实际的空间结构简化为平面结构进行计算。在本例中,只要上述各平面结构排列的间距不变,竖向荷载和水平荷载沿纵向都是均匀分布的,则在这些荷载作用下,就可以忽略各平面结构之间的相互作用,将它们当作独立的体系进行计算而取得足够精确的结果。应该指出,实际工程中的很多空间结构是不能分解成平面结构的,对它们必须如实地按空间结构进行计算。随着经济和技术的进步,空间结构正在获得日益广泛的应用,相应的研究也开展得十分活跃。限于篇幅,本教材只涉及平面结构的力学分析与计算问题。

1.3　杆系结构的分类

对杆系结构可以有多种不同的分类方法。例如,上节所述的将杆系结构分为空间结构和平面结构两类,就是其中的一种分类方法。另一种常用的分类方法是按照构件的轴线形式、连接方式和受力特点,将杆系结构分为以下几类(图 1.3)。

(1) 梁(图 1.3a)。梁的轴线通常为直线,也可以是折线或曲线。梁可以是单跨的,也可以是多跨的。梁主要用于承受横向(即垂直于轴线的方向)荷载,因而梁的构件基本上属于受弯构件。

(2) 刚架(图 1.3b)。刚架由多根不全部共线的直杆组成,结构中含有刚结点。在荷载作用下,刚架的杆件一般同时发生弯曲、剪切和轴向变形。

(3) 拱(图 1.3c)。拱通常由曲杆组成。拱的主要力学特征是:在竖直向下的荷载作用下,拱的支座产生向内的水平反力(推力)。某些符合这一特征的结构,并不是由曲杆组成,可以称为拱式结构。例如图 1.3b 中右边由两根折杆与地基形成的三铰刚架,就是一个典型的拱式刚架。

（4）桁架（图 1.3d）。桁架全部由直杆组成，所有的结点均为铰结点。其主要特征是：当荷载的作用线都通过结点时，桁架的所有杆件都是二力杆，只受轴力作用。

（5）组合结构（图 1.3e、f）。组合结构的特点是结构中含有组合结点。在荷载作用下，组合结构中既有以受弯为主的杆件（梁式杆），又有只受轴力作用的二力杆。

（6）索式结构（图 1.3f）。这类结构的主要力学特征是：在竖直向下的荷载作用下，其支座产生向外的水平反力（拉力）。它与悬索结构的受力特点相同，因此称为索式结构。图 1.3f 是一个索式组合结构，由上部的索式结构、中部的竖向系杆和下部的梁组合而成。

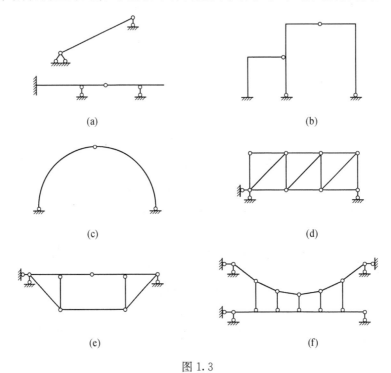

图 1.3

除了以上的分类方法外，还可以按照内力计算时所需要考虑的求解条件的特点，将杆系结构分为静定结构和超静定结构两类。静定结构的内力只要考虑静力平衡条件就可以全部确定；而为了全部确定超静定结构的内力，只考虑静力平衡条件是不够的，还需要同时考虑结构的变形。

1.4　荷载的分类

广义地说，凡是使结构产生内力或变形的因素，包括主动地作用于结构的外力（区别于被动地作用于结构的外力，例如支座反力）、温度变化、支座位移、材料收缩、制造误差等，都可以称为荷载。下面只讨论"狭义"的荷载，即主动地作用于结构的外力的分类。

和结构的分类一样，对荷载也可以按考虑问题的不同角度，用不同方法加以分类。在对图 1.1 所示的结构的讨论中，我们已经看到荷载可以分为集中荷载和分布荷载两类，这是按照荷载的作用区域进行的分类。下面再介绍几种分类方法。

按照荷载作用的时间性质,可将荷载分为恒荷载和活荷载。恒荷载(永久荷载)是在建筑物的施工和使用期间持续地作用在结构上的不变荷载,例如结构的自重和永久地固定在结构上的设备的重量。活荷载(临时荷载)则是在上述期间内可能出现也可能不出现的可变荷载,例如风荷载、雪荷载、人群和车辆等荷载。

按照荷载的作用位置是否移动,可将荷载分为移动荷载和固定荷载。作用于吊车梁的吊车荷载和作用于桥梁的车辆荷载是移动荷载的例子;恒荷载和大部分活荷载则都可以认为是固定荷载。

按照荷载在结构中引起的动力效应,可将荷载分为静力荷载和动力荷载。如果荷载的大小、方向和作用位置都不随时间变化,或者虽有变化但变化得很缓慢,在结构中不引起显著的加速度和惯性力,这种荷载称为静力荷载。反之,如果荷载变化较快,荷载在结构中引起的加速度和惯性力不能忽略,这种荷载就称为动力荷载。所有的恒荷载显然都属于静力荷载。机器的运转引起结构的振动、爆炸对结构产生冲击都是动力荷载的例子。需要强调的是,一种荷载是静力荷载还是动力荷载不仅与荷载本身有关,还与荷载的作用对象即结构有关。例如风、地震和车辆对结构的作用似乎"无疑"应属于动力荷载,但在工程设计中却常常简化为静力荷载,仅在特殊情况下才考虑为动力荷载。

荷载的确定对于结构设计是一个十分重要的问题。设计荷载取值偏高会造成浪费,偏低则不安全。荷载规范为荷载的确定提供了依据,但在实际的工程设计中,荷载的确定常常不是简单地套用规范所能解决的,设计者除熟悉规范之外,还要具有丰富的实践经验,并对工程的实际情况有全面而深入的了解,才能合理地确定各项荷载的取值以及它们的组合。

2 平面体系的几何组成分析

2.1 引言

本章讨论平面体系的几何组成分析问题。几何组成分析,又称几何构造分析或机动分析。为了说明几何组成分析的目的和意义,先看一个简单的例子。图 2.1a 表示一个由三根杆件组成的平面体系。该体系在竖向荷载作用下是可以维持平衡的,但在水平荷载作用下则不能维持平衡,而要发生图中虚线所示的机构运动。为了限制机构运动,使体系成为一个结构,可将竖杆下部的铰支座改成固定支座,如图 2.1b;或在体系中增加一根斜杆,如图 2.1c。这个例子说明,由若干杆件随意组成的体系不一定能够满足结构的功能要求,即不一定能承受指定的荷载,只有按照一定的规律组成的体系才能满足这一要求。探讨这些规律,应用它们对平面杆件体系进行几何组成分析,判断它是一个"机构"还是一个"结构",正是本章所要解决的问题。

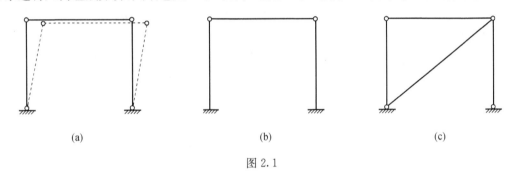

(a)   (b)   (c)

图 2.1

几何组成分析的意义,不仅在于判断一个体系能否用作结构,保证所设计的结构能够承受指定的荷载。几何组成分析还可以为结构的受力分析提示合理的途径,从而使受力分析得到简化。此外,超静定结构分析中超静定次数的确定等问题与几何组成分析也有密切的关系。因此,本章是结构力学课程中的一个很重要的部分。

2.2 几何组成分析的基本概念

2.2.1 几何不变体系和几何可变体系

在图 2.1b 和图 2.1c 所示的两个体系中,组成体系的杆件在荷载作用下将产生相应的应力和变形,体系的整体形状也将发生相应的变化。此外,温度变化等因素也会引起杆件和体系整体形状的改变。这些变化都属于物理变化,在确定的外因(荷载、温度变化等)和内部条件(材料性质等)下,这些变化也是确定的,并且通常是微小的。如果忽略组成体系的构件由于各种物理因素而发生的改变,体系的形状将不会有任何变化,这种体系称为几何不变体系。

与以上两个体系不同,在图 2.1a 所示的体系中,即使忽略体系由于上述物理因素而发生的改变,也就是认为它的杆件都是不会发生变形的刚体,这些杆件也仍会由于来自水平方向的干扰而各自发生移动和转动,从而使体系的形状产生如图中虚线所示的改变。这种改变纯粹是几何上的,与物理因素无关;它是不确定的,即使是微小的干扰也可能使体系的形状发生大量的改变。这种体系称为几何可变体系。

2.2.2 自由度和约束

1) 自由度

一个体系所具有的独立运动的方式的个数,称为这个体系的自由度。自由度也就是为确定体系的位置所需要的独立参数或坐标的个数。按照这一定义,任何几何不变体系的自由度都等于 0,而任何几何可变体系的自由度都大于 0。本教材只涉及平面结构的力学分析与计算问题,因此下面仅对平面体系在其自身平面内的自由度进行讨论。

图 2.2a 示 $x-y$ 平面内的一个质点,它可以沿 x 轴和 y 轴方向分别发生独立的运动;为了确定该点的位置,需要两个独立的参数或坐标,例如 x 和 y。因此,平面内一个质点的自由度为 2。

图 2.2b 示 $x-y$ 平面内的一个刚片(任何形状不变的平面物体或几何不变的平面体系都可以称为刚片),它除了可以沿 x 轴和 y 轴方向分别发生移动外,还可以在该平面内转动。为了确定刚片的位置,需要三个独立的参数,例如刚片上一点 A 的坐标 x 和 y 以及 A 点与刚片上另一点 B 的连线与 x 轴的夹角 θ。因此,平面内一个刚片的自由度为 3。

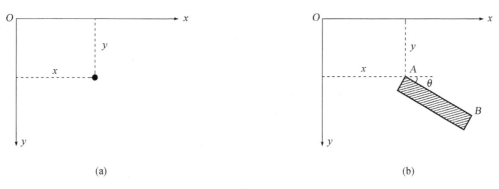

(a)   (b)

图 2.2

2) 约束

图 2.3a 示平面内的两个刚片通过一根链杆连接成一个体系。所谓链杆,指的是两端分别与其他构件铰接的杆件。当刚片 I 的位置以三个独立的参数 x、y 和 θ 确定以后,只需要再给出两个独立的参数 α 和 β,就可以完全确定体系的位置。因此,体系的自由度为 5。

图 2.3b 示平面内的两个刚片通过一个单铰连接成一个体系。所谓单铰,指的是连接两个刚片的铰。当刚片 I 的位置以三个独立的参数确定以后,只需要再给出一个独立的参数 α,就可以完全确定体系的位置。因此,体系的自由度为 4。

图 2.3c 示平面内的两个刚片通过一个单刚结点连接成一个体系。所谓单刚结点,指的是连接两个刚片的刚结点。由于刚结点的作用,这两个刚片之间不可能有任何相对移动和转动,实际上已成了一个刚片。因此,体系的自由度为 3。

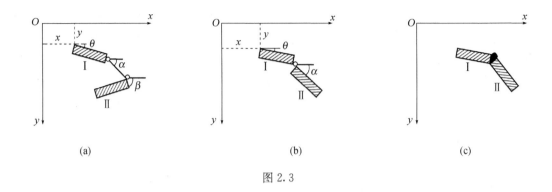

| (a) | (b) | (c) |

图 2.3

两个刚片原来有 $2\times3=6$ 个自由度,它们以上述方式连接以后,所得体系的自由度分别比原来减少了 1、2 和 3。这里的链杆、单铰和单刚结点在体系中都起着减少自由度的作用,统称为约束(或联系)。这些不同的约束在功能上的区别可以用它们所能减少的自由度在数量上加以描述。我们可以说:

1 个链杆相当于 1 个约束;

1 个单铰相当于 2 个约束;

1 个单刚结点相当于 3 个约束。

从减少自由度的作用来看,我们还可以说,1 个单铰相当于它所连接的两个刚片之间的 2 个链杆;1 个单刚结点相当于它所连接的两个刚片之间的 3 根链杆。

与单铰和单刚结点对应的还有复铰和复刚结点,它们分别是连接两个以上刚片的铰和刚结点,见图 2.4a、b。从减少自由度的角度分析,不难得出以下结论:

连接 $n(n>2)$ 个刚片的复铰相当于 $(n-1)$ 个单铰,因而相当于 $2(n-1)$ 个约束;

连接 $n(n>2)$ 个刚片的复刚结点相当于 $(n-1)$ 个单刚结点,因而相当于 $3(n-1)$ 个约束。

(a) 复铰　　　　　　　　　　　　　　(b) 复刚结点

图 2.4

3) 多余约束

约束使体系的自由度减少是有条件的。在许多情况下,体系中有的约束并不能起到减少自由度的作用,这种约束称为多余约束或无效约束。例如,在一个几何不变体系(自由度为 0)中加进的任何新的约束必定是多余约束。又如,在图 2.5a 中,刚片 Ⅰ 通过两根竖直的链杆 1 和 2 与地基连接后,仍能在水平方向发生移动,体系的自由度为 1;如果在体系中再加进一根竖直的链杆 3(图 2.5b),刚片仍能发生水平移动,体系的自由度仍为 1。因此,链杆 3 是一个多余约束。当然,在这个例子中,也可以把链杆 2 和 3 看成有效约束,而把链杆 1 看成多余约束;或者把链杆 1 和 3 看成有效约束,而把链杆 2 看成多余约束。

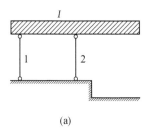 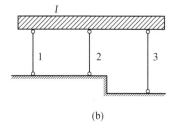

(a)   (b)

图 2.5

2.2.3　瞬铰

如 2.2.2 节所述,从减少自由度的角度来看,连接两个刚片的两根链杆与一个单铰的作用是相当的。下面对这一问题做进一步的讨论。

在图 2.6a 中,刚片 I 通过相交于 A 点的链杆 1 和 2 连接于地基。很明显,刚片 I 仍能并且只能绕 A 点转动,因此链杆 1 和 2 的作用相当于 A 点的一个单铰。在图 2.6b 中,刚片 I 通过链杆 1 和 2 连接于地基,两根链杆的延长线相交于 B 点。在此情况下,刚片 I 上的点 C 和 D 分别只能在垂直于链杆 1 和 2 的方向运动。按照理论力学中关于瞬时转动中心的概念,此时刚片的运动相当于绕 B 点转动,因此链杆 1 和 2 相当于 B 点的一个单铰。这两种情况的不同之处在于,在图 2.6a 中,不管刚片 I 如何转动,两根链杆的交点的位置是不变的;而在图 2.6b 中,随着刚片 I 的转动,两根链杆也要发生相应的转动,它们的交点的位置是变化的。因此,在后一种情况下,说刚片 I 的运动相当于绕 B 点转动,仅对图 2.6b 所示的位置或瞬间才是正确的;与链杆 1 和 2 对应的铰只是在这一瞬间位于 B 点,刚片的位置稍有改变,铰的位置也就改变了。这种在运动中改变位置的铰称为瞬铰,又称为虚铰。如果两根链杆平行(图 2.5a),则与它们对应的铰在无穷远处(刚片绕无穷远点的转动也就是平动),刚片的位置改变后,两根链杆要么是仍然平行但改变了方向,对应的铰转移到另一个无穷远点(当两根链杆等长时);要么是不再平行,对应的铰转移到有限远点(当两根链杆不等长时)。因此,与两根平行链杆对应的铰也是瞬铰。

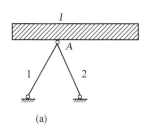 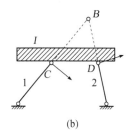

(a)   (b)

图 2.6

2.2.4　瞬变体系

如果一个几何可变体系在发生微小的机构运动后成为几何不变体系,那么这个体系就称为瞬变体系;反之,如果一个几何可变体系在发生微小的机构运动后仍然几何可变,那么这个体系就称为常变体系。

图 2.5b 是瞬变体系的一个例子。由于三根链杆是平行的,刚片可以沿水平方向发生移动,体系是几何可变的。又由于链杆 3 与链杆 1、2 长度不等,在刚片发生微小移动后,它与链杆 1、2 不再平行,刚片不能继续移动,

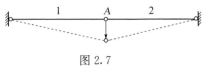

图 2.7

体系就成了几何不变体系。图 2.7 是瞬变体系的另一个例子。如果没有链杆 2,A 点由于链杆 1 的约束只能沿竖直方向运动。加上链杆 2 以后,由于链杆 2 与链杆 1 在一条直线上,A 点仍可以沿竖直方向运动。因此,链杆 2 是一个多余约束,体系是几何可变的。但在 A 点发生微小位移后,两根链杆不再共线,如图中虚线所示,体系就成为几何不变的了。

在以上关于瞬变体系的两个例子中,体系中都存在多余约束。事实上,多余约束的存在是瞬变体系的特征之一。瞬变体系的另一个特征是:很小的荷载能在瞬变体系中引起很大的内力;构件的微小变形能使瞬变体系产生显著的位移。这一点无论是从强度考虑还是从刚度考虑都是很不利的。因此,在结构设计中一般应避免采用瞬变体系或接近于瞬变的体系。

2.3 平面几何不变体系的基本组成规则及其应用

在以上的讨论中,我们主要是运用运动学的方法分析体系发生机构运动的可能性,从而判断体系是否几何可变,以及体系的运动自由度是多大。应该说,这是体系几何组成分析的基本方法。但是,用这一方法进行几何组成分析常常是不方便的。应用本节介绍的平面几何不变体系的基本组成规则,可以比较方便地对结构工程中常见的大部分平面结构体系进行几何组成分析。

2.3.1 平面几何不变体系的基本组成规则

1) 二元体规则(规则 1)

所谓二元体,指的是两根不共线的链杆相互铰接而形成的构造。二元体可以用两根链杆的公共结点来表示,例如图 2.8 中的链杆 1 和 2 构成二元体 C。在这个例子中,刚片 I 上的两点 A 和 B 之间的距离以及两根链杆的长度都是不变的,因而三角形 ABC 的形状是唯一确定的,体系是几何不变的。另一方面,链杆 1 和 2 显然都是必要约束。由此可以得出下面的"二元体规则":

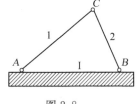

图 2.8

在刚片上添加二元体,所得的体系几何不变,并且多余约束数保持不变。

这里说"多余约束数保持不变",是因为刚片本身可能包含多余约束。如果刚片本来就没有多余约束,则添加二元体后所得的体系仍然没有多余约束。类似的提法在后面不再加以说明。把这一规则稍加推广,还可以得到以下的结论:

在体系中添加或去掉二元体,不会改变体系的几何性质(几何可变或不变)和多余约束数。

2) 两刚片规则(规则 2)

两个刚片用一个铰和一个不通过该铰的链杆连接,所得的体系几何不变,并且多余约束的总数保持不变。

这个规则的正确性很容易通过图 2.9a 中三角形 ABC 的形状的唯一性加以说明。

由于一个单铰与相交于该铰的两根链杆的约束作用相同,两刚片规则也可以表述成(图 2.9b、c):

两个刚片用三根不共点(包括无穷远点)的链杆连接,所得的体系几何不变,并且多余约束的总数保持不变。

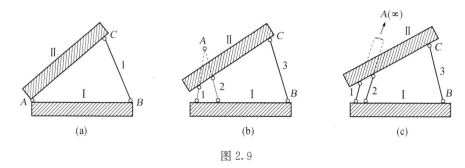

图 2.9

3) 三刚片规则(规则 3)

三个刚片用三个不共线的铰两两相连,所得的体系几何不变,并且多余约束的总数保持不变。

这个规则的正确性很容易通过图 2.10a 中三角形 ABC 的形状的唯一性加以说明。

利用一个单铰与相交于该铰的两根链杆的约束作用相同的性质,将三个铰中的任意一个或几个用相应的链杆代替,规则仍然正确,如图 2.10b 所示。

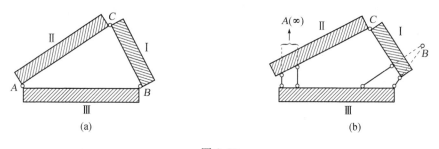

图 2.10

如果注意到链杆也是一种特殊的刚片(几何不变),并比较图 2.8、图 2.9a 和图 2.10a,就不难理解上述三个规则其实是相通的,它们的证明都归结为边长给定的三角形形状的唯一性这个几何定理的应用。此外也不难理解,这三个规则中分别要求的两根链杆不共线、三根链杆不共点和三个铰不共线等条件在本质上是一致的,即都是为了保证形成一个三角形。

2.3.2 基本规则的应用

例 2 - 1 试对图 2.11 所示的体系作几何组成分析。

解 将地基看成一个刚片。从这个刚片出发,依次添加二元体 C、D、E,形成整个体系。按照二元体规则,这个体系是几何不变的,并且没有多余约束。

讨论 本题还可以有别的解法。例如,与上述"搭"的思路相反,可以按"拆"的思路,从体

系上依次去掉二元体 E、D、C，最后剩下地基。又如，
在地基上加上二元体 C 后，可将所得的几何不变体系
看成一个刚片，将三角形 BDE 看成另一个刚片，用两
刚片规则进行分析。当然，也可以在这两个刚片之外，
将链杆 CD 看成第三个刚片，用三刚片规则进行分析。
按照这些思路，相应规则中要求的约束条件是如何满足
的？后面的例题，是否也有一题多解的可能？请读者自
行思考。

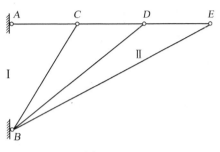

图 2.11

例 2-2 试对图 2.12 所示的体系作几何组成分析。

解 在两根曲杆上分别添加二元体 D 和 E，得到
图中的刚片 I 和刚片 II；这两个刚片用铰 C 和不通过
该铰的链杆 DE 连接，形成一个没有多余约束的几何
不变体系（两刚片规则），或者说一个更大的刚片；将
地基看成另一个刚片，它和上部的大刚片以三根不共
点的链杆相连，再次应用两刚片规则，可知整个体系
是几何不变的，且无多余约束。

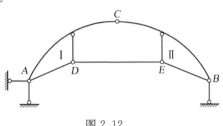

图 2.12

讨论 将本题中的刚片 ADEBC 称为"上部结构"，它以三根不共点的链杆连接于地基，
因此体系的几何不变性完全由上部结构所决定。这种不依赖于地基的几何不变性称为内部不
变。按照两刚片规则，内部不变的体系以三根不共点的链杆连接于地基，仍然得到几何不变体
系；相反，内部可变的体系以同样的方式连接于地基，所得的体系仍然是几何可变的。因此，凡
是上部结构以三根不共点的链杆连接于地基所形成的体系，都可以脱离地基而只分析其上部
结构的几何组成。

例 2-3 试对图 2.13a 所示的体系作几何组成分析。

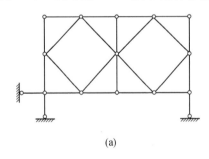

(a)

(b)

图 2.13

解 由例 2-2 的讨论可知，本例可以脱离地基而只对图 2.13b 所示的上部结构进行分
析。从左右两边对称地依次去掉二元体 1、2、3、4、5，最后剩下仅以一个铰 B 连接在一起的链
杆 AB 和 BC，显然几何可变。因此，整个体系是几何可变的。

例 2-4 试对图 2.14a、b 所示的两个体系作几何组成分析。

解 对图 2.14a 所示的体系，将地基看成刚片 I。加在地基上的二元体 A 和 C 可以看成
是刚片 I 的一部分。将 T 形杆 BEF 看成刚片 II。刚片 I 和 II 以折杆 ADE 和 CGF 以及链杆
2 相连，其中折杆 ADE 只能绕 A 点转动，从而 E 点只能沿垂直于图中的虚线 AE 的方向运

动,所以折杆 ADE 对刚片Ⅱ的约束作用与链杆 $1(AE)$ 相同;同理,折杆 CGF 相当于链杆 3。刚片Ⅰ和Ⅱ虽然以三根链杆相连,但这三根链杆相交于一点 O,不符合两刚片规则的条件。刚片Ⅱ相对于刚片Ⅰ可以绕 O 点作瞬时转动,转动后三根链杆不再共点,成为几何不变体系。因此图 2.14a 所示的体系是一个几何瞬变体系。

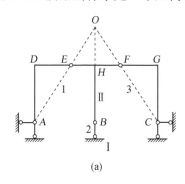 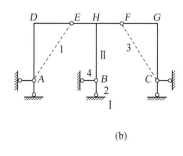

图 2.14

对图 2.14b 所示的体系,仍可按基本相同的思路进行分析:刚片Ⅰ和Ⅱ以四根链杆相连,其中三根链杆 1、3、4 不共点,按两刚片规则,体系是几何不变的,但有一个多余约束(链杆 2)。也可将地基、ADE 和 BEF 分别看成刚片,它们以三个不共线的铰 A、B 和 E 两两相连,构成没有多余约束的几何不变体系。这样,C 和 F 之间已没有必要再加约束,所以折杆 CGF 是一个多余约束。总之,图 2.14b 所示体系是几何不变的,并且有一个多余约束。

例 2-5 试对图 2.15 所示的体系作几何组成分析。

分析 首先,体系中无二元体可去;其次,如果脱离地基来分析,体系显然是内部可变的,但它与地基以四根链杆相连,其中任意三根不共点,因而不能断定体系几何可变。剩下的只有三刚片规则可以考虑了。

很容易想到将地基(包括二元体 A)、三角形 BCE 和 ADC 分别看成一个刚片。但这样划分刚片,除了两个三角形之间的铰 C 以外,地基与任一个三角形之间的联系都不符合三刚片规则的要求(三角形 BCE 与地基之间仅有一根链杆 3 直接连接,链杆 EF 的 E 端与三角形 BCE 相连,F 端却是与链杆 4 而不是与地基相连;三角形 ADC 与地基之间除了铰 A 之外,还有两根首尾相接的链杆 DF 和 4),因而是行不通的,必须另辟蹊径。

应该看到,三个刚片无论怎样划分,地基必定是其中之一,因此比较符合逻辑的思路是从地基出发去寻找另外两个刚片。由图 2.15 可见,有四根链杆与地基(这里将二元体 A 也看作地基的一部分)相连,其中 1、4 的另一端与链杆 DF 相连,2、3 的另一端与链杆 BC 相连。这样我们可以将三角形 BCE 和链杆 DF 分别看成一个刚片,而这两个刚片以链杆 5、6 相连。按照两根链杆与一个铰的对应关系,三个刚片两两相连的铰从而可以确定,剩下的问题就是看它们是否共线了。

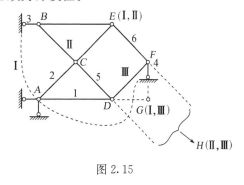

图 2.15

解 将地基(包括二元体 A)看成刚片Ⅰ,三角形 BCE 和链杆 DF 分别看成刚片Ⅱ和刚片

Ⅲ。刚片Ⅰ和Ⅱ之间的链杆2和3相当于铰E,Ⅰ和Ⅲ之间的链杆1和4相当于铰G,Ⅱ和Ⅲ之间的平行链杆5和6相当于无穷远处的铰H。E和G的连线不平行于链杆5和6,因此不过点H,或者说E、G、H三点不共线。因此这是一个几何不变体系,并且没有多余约束。

例2-6 试对图2.16a所示的体系作几何组成分析(图中的三根对角线杆件之间互不相连)。

解 用三刚片规则。三个刚片Ⅰ、Ⅱ和Ⅲ以及它们两两之间的三个虚铰均标在图中。因为三铰共线,所以这是一个几何可变(瞬变)体系。

讨论 如果取三个刚片Ⅰ、Ⅱ和Ⅲ如图2.16b所示,则相应的三个虚铰都是无穷远点,并且是三个不同的无穷远点,因为它们对应于方向不同的平行线。这三个无穷远点是否在一条直线上呢?由射影几何的有关定理可知,所有的无穷远点都在同一条直线上(这条直线是所有无穷远点的集合,称为"无穷远直线")。因此体系是瞬变的。

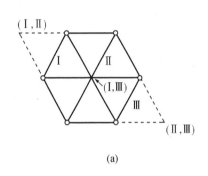
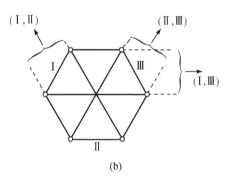

(a)　　　　　　　　　　　　　　(b)

图2.16

*2.4　平面体系的计算自由度

考虑平面内m个没有多余约束的刚片构成的体系。如果刚片与刚片之间以及刚片与地基之间都没有任何约束,则体系的总自由度为$3m$;如果体系中存在$(e+s)$个约束,其中e和s分别表示有效约束数和多余约束数,从无约束状态下的总自由度中减去约束的总数,得

$$W = 3m-(e+s) \tag{2.1}$$

W称为体系的计算自由度。

体系的计算自由度与2.2.2节讨论过的自由度是既有联系又有区别的两个概念,体系的自由度是从无约束状态下的总自由度中减去有效约束数而不是约束的总数。如果用D表示体系的自由度,则根据上面的讨论,有

$$D = 3m-e \tag{2.2}$$

由式(2.1)、(2.2)可见

$$W = D-s \tag{2.3}$$

由于多余约束数$s \geqslant 0$,故有$D \geqslant W$;又由于自由度$D \geqslant 0$,故有$s \geqslant -W$。

具体地说,如果体系中有 b 根链杆、h 个单铰和 r 个单刚结点(复铰和复刚结点折算成单铰和单刚结点,见 2.2.2 节),则体系的计算自由度为

$$W = 3m - (b + 2h + 3r) \tag{2.4}$$

对于完全由链杆组成的体系,W 用下面的公式计算比较方便:

$$W = 2j - b \tag{2.5}$$

其中 j 和 b 分别为结点数和链杆数(包括支座链杆数)。这里是把结点看成了约束的对象。

综合公式(2.4)、(2.5),还可以得出下面的计算 W 的公式:

$$W = (3m + 2j) - (b + 2h + 3r) \tag{2.6}$$

这里,约束对象包括 m 个刚片和 j 个铰结点。

例 2-7 试求图 2.14 所示两个体系的计算自由度。

解 先按公式(2.4)求图 2.14a 所示体系的计算自由度。将 ADE、BEF 和 CGF 分别看成一个刚片,则 $m=3,b=5,h=2,r=0$,所以

$$W = 3 \times 3 - (5 + 2 \times 2 + 3 \times 0) = 0$$

如果将除支座链杆外的每一根直杆都看成一个刚片,则 $m=7,b=5,h=2,r=4$(注意 H 是一个复刚结点,相当于两个单刚结点),所以

$$W = 3 \times 7 - (5 + 2 \times 2 + 3 \times 4) = 0$$

与上面的结果相同。

图 2.14b 所示体系比图 2.14a 所示体系多一根链杆,此外完全相同,其计算自由度显然要减去 1,因此 $W = -1$。

例 2-8 试求图 2.13a 所示体系的计算自由度。

解 按公式(2.5)计算。因为 $j = 13,b = 25$,所以

$$W = 2 \times 13 - 25 = 1$$

从以上两个例子可以看到,与自由度 D 为非负整数不同,计算自由度 W 可以为一切整数。因为 $D \geqslant W$ 并且多余约束数 $s \geqslant -W$,所以:

如果 $W > 0$,体系必定几何可变,可能有多余约束,也可能无多余约束;

如果 $W = 0$,体系可能几何可变(有多余约束),也可能几何不变(无多余约束);

如果 $W < 0$,体系必有多余约束,可能几何可变,也可能几何不变。

2.5 本章小结

(1) 本章的重点是应用基本规则对平面体系进行几何组成分析。应用这一方法虽然不能解决任意平面体系的几何组成分析问题,但也可以解决土木工程中常见的大量结构的几何组成分析问题。

(2) 应用基本规则对体系进行几何组成分析,有两条基本思路:"搭"和"拆"。所谓"搭",就是从地基或一个或几个已知的刚片出发,应用基本规则,逐步地形成所要分析的体系;而

"拆",就是从所要分析的体系上逐步地去掉二元体,使体系得到简化,或者应用两刚片规则,把体系从地基上"拆"下来进行分析。

(3) 要把体系中包含的杆件适当地划分为"刚片"(约束对象)和"链杆"(约束工具),使得相应的基本规则能够适用。这一点在例 2-5 中体现得最为充分,建议读者结合该例仔细体会。

(4)体系的计算自由度对于几何组成分析有一定的帮助。如果 $W>0$,体系肯定是几何可变的;但如果 $W\leqslant 0$,体系是否几何不变,仅凭这一点还不能做出结论,必须借助于其他方法,例如用基本规则进行分析的方法。因此体系的计算自由度对于几何组成分析的作用是比较有限的。在 $W=0$ 的情况下,用"零载法"(3.5节)可以解决某些无法用基本规则分析的问题。

(5)一般说来,几何可变体系(包括瞬变体系)是不能用作结构的,但是随着高强材料和预应力技术的应用,这一"禁区"已被突破。在房屋和桥梁工程中得到应用的悬索结构就是一个典型的例子。图 2.17 是一个索桁架的计算简图,它的计算自由度 $W=2\times 6-11=1$,因此,体系是几何可变的。但是,如果给体系施加足够的预应力(张拉力),就能使这个体系具有所需要的承载

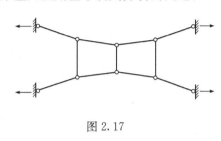

图 2.17

能力,从而使它成为一个可用的结构。因此,上面的说法应该修正为:"在不存在足够的预应力的情况下,几何可变体系是不能用作结构的。"

思考题

2-1　要将图 2.1a 所示的体系变成一个几何不变并且没有多余约束的体系,除图 2.1c 外,还可以考虑哪些方案? 试比较不同方案的优缺点。

2-2　空间一个质点有几个自由度? 如何确定一个质点在空间的位置? 空间一个刚体有几个自由度? 如何确定一个刚体在空间的位置?

2-3　什么是多余约束? 在图 2.18a 中,如果去掉铰 A,体系是否几何不变? 体系在有无铰 A 的情况下各有几个多余约束? 图 2.18b 和图 2.18c 所示的体系各有几个多余约束? 由此可以得出什么结论?

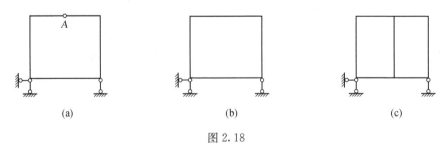

(a)　　　　　　　(b)　　　　　　　(c)

图 2.18

2-4　在图 2.7 所示的瞬变体系中,设两根杆件的长度分别为 l。在 A 点施加竖向荷载 F_P,则 A 点将发生竖向位移 Δ,两根杆件将分别发生转动并伸长,转角和伸长量分别为 θ 和 δ;杆中相应的轴力为 F_N。

(1) 设 θ 已知且为一阶小量,Δ 和 δ 分别为几阶小量? F_N 与 F_P 的关系如何?

（2）试结合这个例子说明在瞬变体系中，很小的荷载能引起很大的内力，构件的微小变形能引起体系的显著位移。

2-5　试总结按基本规则进行几何组成分析的主要思路和需要注意的问题。

习　题

2-1　试对图 2.19 所示体系作几何组成分析。

图 2.19

2-2　试对图 2.20 所示体系作几何组成分析。

2-3　试对图 2.21 所示体系作几何组成分析。

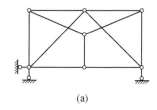 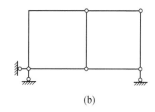

图 2.20　　　　　　　　　　　图 2.21

2-4　试对图 2.22 所示体系作几何组成分析。

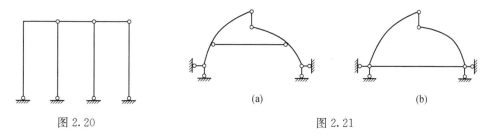

图 2.22

2-5　试对图 2.23 所示体系作几何组成分析。

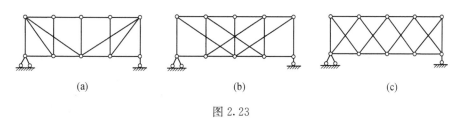

图 2.23

2-6　试对图 2.24 所示体系作几何组成分析。

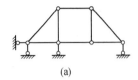 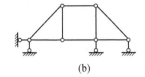 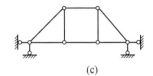

(a)   (b)   (c)

图 2.24

2-7 试对图 2.25 所示体系作几何组成分析。

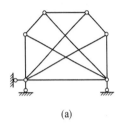 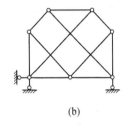 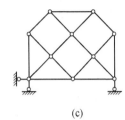

(a)   (b)   (c)

图 2.25

2-8 试对图 2.26 所示体系作几何组成分析。

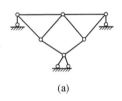 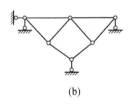 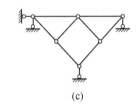

(a)   (b)   (c)

图 2.26

2-9 试对图 2.27 所示体系作几何组成分析。

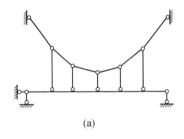 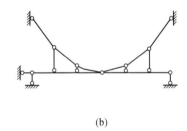

(a)   (b)

图 2.27

*2-10 试求习题 2-3、习题 2-4、习题 2-9 中各体系的计算自由度。

3 静定结构的内力计算

3.1 引言

本章讨论静定结构的内力计算问题。在材料力学中已经介绍了静定结构的概念:在任意荷载(对于平面结构,荷载必须限制在结构平面内)作用下,如果结构的未知力仅用静力平衡方程即可完全确定,它就是一个静定结构。在静定结构中,未知力的个数总是等于独立的静力平衡方程的个数。反之,如果结构的未知力仅由静力平衡方程不能完全确定,它就是一个超静定结构。在超静定结构中,未知力的个数总是大于独立的静力平衡方程的个数。

静定结构的内力计算是结构的位移计算、超静定结构的内力计算直至整个结构力学课程的基础,它对于学好结构力学是十分重要的。本章的基本内容,从原理到方法,乃至一些具体的静定结构,例如桁架、梁和刚架的内力计算问题,在理论力学和材料力学中已不同程度地有所涉及,但决不能因此就认为本章只是理论力学和材料力学中有关内容的简单重复,从而轻视甚至忽视本章的学习。通过本章的学习,读者应该做到以下几点:对静定结构内力计算的原理有更加深入的理解;熟练掌握各种静定结构内力计算的方法;了解静定结构的特性和各类结构的受力特点,为学习本章的后续内容打下良好的基础。

读者在第 2 章中学习的几何组成分析对于学习本章的内容有重要的意义。首先,通过几何组成分析可以判断一个结构是静定结构还是超静定结构,因为"静定"和"几何不变且无多余约束"是互为充分与必要条件的;其次,几何组成分析可以为静定结构的受力分析提示合理的途径,从而使内力计算得到简化。在进行内力计算之前先对结构做一下几何组成分析,往往能收到事半功倍的效果,这也是一个结构工程师或结构分析人员应该具有的良好习惯和技术素养。

3.2 静定结构内力计算的基本方法

3.2.1 隔离体平衡法

用一个截面切断结构中的若干杆件(或支杆),将结构的一部分和其余部分(或地基)分开,就得到结构的一个或几个隔离体;对隔离体应用平衡条件,列出关于未知力的方程或方程组,进而解出未知力——这一方法称为隔离体平衡法,它是静定结构内力计算的基本方法。

隔离体的选取可以是十分灵活的。图 3.1b、c、d、e、f 分别表示用不同的截面从图 3.1a 所示的组合结构(这一结构的详细求解过程见例 3-11)得到的隔离体,其中图 3.1b 所示的隔离体是在图 3.1a 中作截面 Ⅰ—Ⅰ 得到的。与其余的隔离体对应的截面,图中没有画出,读者可自行补充。由这个例子可见,"大"至从地基上"拆"下来的整个结构(图 3.1b),"小"至结构中的部分杆件的集合体(图 3.1c),甚至一个结点(图 3.1d、e、f),都可以选作隔离体。

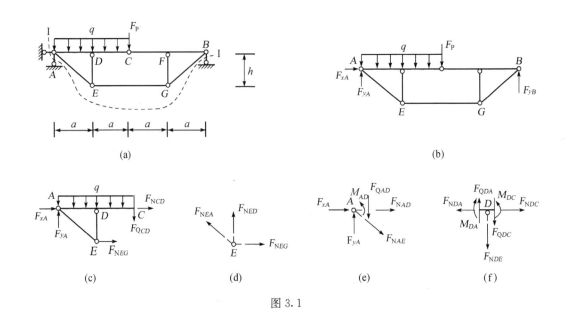

图 3.1

隔离体平衡法的关键之一,是要<u>正确反映隔离体的受力状态</u>,将隔离体所受的外力无一遗漏地表示出来。这里所说的"外力"一般可分为两类:一是直接作用于隔离体的荷载;二是结构的其余部分(或地基)对隔离体的作用力。后一类是由于切断杆件而"暴露"出来的力,它对结构整体来说是内力(或反力),而对隔离体来说则是外力。在作隔离体受力图时,<u>已知力和力矩按实际方向画出,未知力和力矩则暂时按事先设定的正方向画出</u>,它们的实际方向根据计算结果的正负号来确定。要分清被切断的杆件是二力杆还是梁式杆。切断二力杆,被"暴露"的只有轴力;切断梁式杆,除轴力外,还将"暴露"出剪力和弯矩。不同的支座对应的反力也不同(见第 1 章表 1.1),在作隔离体受力图时也应予以充分的注意。

在图 3.1 中,我们给轴力 F_N、剪力 F_Q 和弯矩 M 加上由两个字母组成的下标,指明它们作用在哪根杆件上,其中第一个字母表明内力作用的杆端。例如 F_{NEG}、F_{QAD} 和 M_{DA} 分别表示"作用于 EG 杆 E 端的轴力"、"作用于 AD 杆 A 端的剪力"和"作用于 DA 杆 D 端的弯矩"。支座反力的表示方法与此类似,例如 F_{xA} 和 F_{yA} 分别表示支座 A 在 x 方向和 y 方向的反力。本书将自始至终采用这种方法表示内力和反力,读者应尽快熟悉这种表示方法。

1) 隔离体的平衡条件

隔离体所受的全部外力构成一个平衡力系,对于本书所涉及的平面结构,这个力系是一个平面平衡力系。对每个隔离体可写出三个相互独立的平衡条件,例如

$$\sum F_x = 0, \quad \sum F_y = 0, \quad \sum M = 0 \tag{3.1}$$

其中 $\sum F_x$ 和 $\sum F_y$ 分别表示隔离体所受外力的合力(主向量)在 x 轴和 y 轴上的投影,$\sum M$ 表示这些外力对平面内任一点的合力矩(主矩)。以上平衡条件也可以写成其他形式,例如

$$\sum F_x = 0, \quad \sum M_A = 0, \quad \sum M_B = 0 \tag{3.2}$$

20

其中 $\sum F_x$ 的意义与上面相同，$\sum M_A$ 和 $\sum M_B$ 分别表示外力对平面内不与 x 轴垂直的任意直线上的两点 A 和 B 的合力矩；或者

$$\sum M_A = 0, \ \sum M_B = 0, \ \sum M_C = 0 \tag{3.3}$$

其中 A、B、C 为平面内不共线的任意三个点。

2）结点法和截面法

结点法是隔离体平衡法的一个特殊情况。如果隔离体只包含一个铰结点，并且所有被切断的杆件都是二力杆，如图 3.1d 所示，则隔离体所受的外力构成一个平面汇交力系，其平衡条件只包括两个相互独立的投影方程，例如

$$\sum F_x = 0, \ \sum F_y = 0 \tag{3.4}$$

这一方法称为结点法，在桁架和组合结构的内力计算中常常要用到这个方法。

图 3.1e 所示的隔离体只包含一个铰结点 A，虽然被切断的两根杆件不都是二力杆，但梁式杆 AD 是在无限接近于铰结点的 A 端被切断的，可以认为剪力 F_{QAD} 的作用线通过 A 点而 $M_{AD} = 0$（图中因此未标出 M_{AD}），隔离体所受的外力仍然是一个平面汇交力系，因而也可以应用结点法。这里重要的（也是容易出错的）一点是不能遗漏剪力 F_{QAD}。

截面法是与结点法对应的方法。如果隔离体所受的外力构成一般的平面力系而不是汇交力系，就要用一般的平衡条件［式(3.1)或(3.2)或(3.3)］来求解未知力，这就是截面法。截面法适用的情况包括：隔离体包含多个结点（图 3.1b、c）；或虽然只含一个结点，但该结点却不是铰结点而是刚结点或组合结点（图 3.1f）。因为一般的平衡条件只包含三个方程，所以只有在隔离体上的未知力不超过三个，并且没有三个未知力交于一点或相互平行，也没有两个未知力的作用线相互重合的情况下，才能仅由隔离体本身的平衡条件求出这些未知力，否则仅考虑一个隔离体是不够的，还要用到其他隔离体的平衡条件。

3）结点单杆和截面单杆的概念

结点单杆和截面单杆是与二力杆有关的两个概念。如果一个二力杆的内力仅用一个平衡方程就可以直接解出，这个二力杆就称为"单杆"。

在结点法中，如果隔离体只有两个二力杆的内力是未知力，并且两个未知力不共线，则这两个杆件都是单杆（图 3.2a，其中杆 1 和杆 2 为单杆）；如果隔离体有三个内力未知的二力杆，但其中有两杆共线，则第三个杆件是单杆（图 3.2b，杆 1、2 共线，杆 3 为单杆）。以上两种情况中的单杆称为结点单杆。

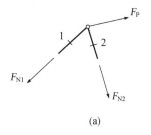

(a)

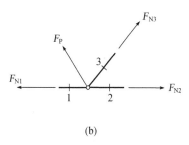

(b)

图 3.2

要求一个结点单杆的内力,只要将隔离体所受的外力向垂直于其余未知力的方向投影,则单杆的内力将是相应的平衡方程中唯一的未知力(因为其余未知力在该方向的投影为零),从而可以由这个平衡方程直接求解。在图 3.2a 的情况下,如果结点不受荷载或其他杆件的作用(即 $F_P=0$),则两个单杆 1 和 2 的内力都为零;如果 F_P 沿着其中的一个单杆作用,则另一个单杆的内力为零。在图 3.2b 的情况下,如果结点在与非单杆 1、2 垂直的方向不受荷载或其他杆件的作用,则单杆 3 的内力为零。内力为零的杆件称为零杆。在桁架内力计算中,利用单杆的性质事先确定零杆,常常可以使计算简化,收到删繁就简、事半功倍的效果。例如,对图 3.3a 所示的桁架按图中的顺序依次确定 1、2、3、4、5、6 各零杆后,就会发现它的受力情况与图 3.3b 所示的桁架实际上完全相同;进而还可以判断:支座 B 处的竖杆也是零杆,即该处的竖向反力为零。

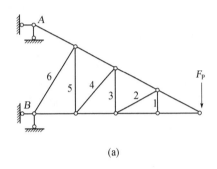

(a)

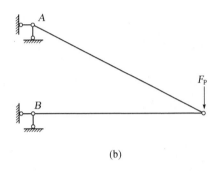

(b)

图 3.3

在截面法中,如果被切断的二力杆除某一根外,其余都交于一点(图 3.4a)或相互平行(即相交于无穷远点,图 3.4b),则这根"例外"的杆件(图 3.4a、b 中的杆 1)是单杆,称为截面单杆。在其余杆件共点的情况下,将隔离体所受的外力向它们的公共点取矩,则单杆的内力将是相应的平衡方程中唯一的未知力(其余未知力对该点的力矩为零),从而可以由这个平衡方程直接求解;在其余杆件平行的情况下,将隔离体所受的外力向它们的公垂线投影,同样也可以由平衡方程求得该单杆的内力。

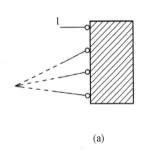

(a)

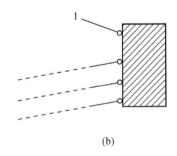

(b)

图 3.4

4) 直杆的荷载和内力间的微分关系及增量关系

在讨论这一问题之前,先对直杆内力的正负号做以下规定:轴力以拉力为正;剪力以对隔离体顺时针方向作用为正;将杆的轴线取为 x 轴并且设它的指向为右,则弯矩以使杆的下侧受拉为正。图 3.5a 表示直杆的一个杆段及其两个横截面上的轴力、剪力和弯矩(上标 L 和 R 分别表示"左"和"右"),按照上面的规定,它们都是正号的内力。

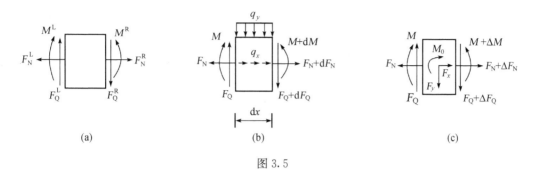

图 3.5

杆段左右两个截面上的内力一般是不等的。如果杆段的长度 dx 很小并且只受分布荷载作用,则内力的变化也是微小的,因而可以认为杆段在轴向(x 方向)和横向(y 方向)所受的分布荷载都是常数。设分布荷载的集度分别为 q_x 和 q_y,如图 3.5b 所示,将杆段取作隔离体,则在图示坐标系下(q_x 和 q_y 的方向分别代表 x 轴和 y 轴的正方向),由平衡条件可得以下的微分关系:

$$\frac{\mathrm{d}F_N}{\mathrm{d}x}=-q_x, \qquad \frac{\mathrm{d}F_Q}{\mathrm{d}x}=-q_y, \qquad \frac{\mathrm{d}M}{\mathrm{d}x}=F_Q \tag{3.5}$$

如果上述微段只受集中力和集中力偶作用,如图 3.5c 所示(F_x 和 F_y 的方向分别代表 x 轴和 y 轴的正方向,M_0 以顺时针方向为正),则在微段的左右两个截面上,内力将发生突变。由微段的平衡条件可得以下的增量关系:

$$\Delta F_N=-F_x, \qquad \Delta F_Q=-F_y, \qquad \Delta M=M_0 \tag{3.6}$$

由式(3.5)、(3.6)所表示的微分关系和增量关系可以引出很多有用的结论。例如,轴向荷载只引起轴力的变化,横向荷载只引起剪力和弯矩的变化,而力偶荷载只引起弯矩的变化;剪力图的斜率等于横向分布荷载的集度,但符号相反,而弯矩图的斜率就等于剪力;在横向集中荷载作用处,剪力图有一个间断点但在该点的左右切线的斜率不变,相应地,弯矩图在该点是连续的但切线的斜率发生改变。又如,在没有横向荷载作用的杆段,剪力图和弯矩图都是直线,其中剪力图平行于杆轴(或与杆轴重合),而弯矩图一般为斜直线;如果杆段受横向均布荷载作用,则剪力图为斜直线而弯矩图为二次抛物线,等等。类似的结论还可以举出很多,它们对于直杆内力的计算、作图和校核都是很有帮助的。不要死记硬背这些结论,而要将式(3.5)、(3.6)和直杆内力计算及作图的具体问题结合起来,自己去理解、总结和应用这些结论。

5) 关于隔离体及平衡方程的选取顺序

应该说,只要是静定结构,不管需要求解的未知力有多少,总是能够通过选取适当的隔离体,列出数量足够的平衡方程来求解这些未知力的,似乎不存在什么顺序问题。但是,为求解方便起见,我们总希望每次列出的方程中包含的未知力尽可能少,最好是只含一个未知力,从而可以避免求解联立方程的麻烦。这就提出了隔离体及平衡方程选取顺序的问题。

以图 3.1a 所示的组合结构为例。如果要求两个竖向反力 F_{yA} 和 F_{yB},取整个上部结构为隔离体(图 3.1b),用平衡条件 $\sum F_y=0$ 写出的方程将同时包含这两个未知力,因此不是一个"好"的方程;如果改用平衡条件 $\sum M_B = 0$,写出的方程将只包含一个未知力 F_{yA},从而可以直接求解 F_{yA},这就是一个"好"的方程。解出 F_{yA} 以后,再用平衡条件 $\sum F_y = 0$ 就可以求解 F_{yB} 了,因为这时 F_{yA} 已知,F_{yB} 是方程中唯一的未知力。当然 F_{yB} 也可以用平衡条件 $\sum M_A = 0$ 直接求解。实际上,这里被截断的三根支座链杆都是截面单杆,求解时所选取的方程与前面关于截面单杆的讨论是一致的。要实现"一个方程一个未知力",必须充分注意和应用单杆的性质。

为了求解结构的未知力,只取一个隔离体常常是不够的。仍以上述组合结构为例,设要求 AD 杆的轴力 F_{NAD}。如果直接取图 3.1e 所示的隔离体,它所包含的 6 个未知力中,除 M_{AD} 可用平衡条件 $\sum M_A = 0$ 求解外,其余 5 个暂时均无法求解,因为不管怎样列平衡方程,都得不到只含一个未知力的"好"的方程(读者不妨一试)。为避免求解联立方程,可按以下顺序选取隔离体和平衡方程:首先,取图 3.1b 所示的隔离体,分别由 $\sum F_x = 0$ 和 $\sum M_B = 0$ 求 F_{xA}($=0$)和 F_{yA};其次,取图 3.1c 所示的隔离体,由 $\sum M_C = 0$ 求 F_{NEG};再次,取图 3.1d(图中 F_{NEG} 已知,EA 和 ED 为结点单杆)所示的隔离体,由 $\sum F_x = 0$ 求 F_{NEA};最后,取图 3.1e 所示的隔离体(其中 $F_{NAE} = F_{NEA}$),由 $\sum F_x = 0$ 求 F_{NAD}。如果注意到 AC 杆不受轴向荷载作用,因而由轴力与轴向荷载的微分及增量关系可知,它的轴力为常数,也可在第二步求得 F_{NEG} 之后,仍取图 3.1c 所示的隔离体,由 $\sum F_x = 0$ 求 F_{NCD},进而求得 F_{NAD}。

从上面的例子可见,隔离体及平衡方程的选取顺序是一个相当重要的问题,好像也是一个很有技巧性的问题。其实,"技巧"来自对基本概念和方法的透彻理解和熟练掌握,来自对一定数量的例题和习题的深入思考和认真练习,这就是所谓"熟能生巧";如果离开这两点而片面追求技巧,那就是"舍本逐末"了。在学习结构力学的过程中,一定要注意这一点。

3.2.2 叠加法

1) 叠加原理

结构在一组荷载作用下产生的某项反应(内力、反力、变形、位移等),等于该组荷载中的每一个荷载单独作用时在结构中引起的同一反应之和。这一原理称为叠加原理。例如,图 3.6 所示的简支梁受两个集中荷载 F_{P1}、F_{P2} 作用,其左支座 A 的反力为

$$
\begin{aligned}
F_{yA} &= \frac{F_{P1} \cdot b_1 + F_{P2} \cdot b_2}{l} \\
&= \frac{F_{P1} \cdot b_1}{l} + \frac{F_{P2} \cdot b_2}{l} \\
&= F_{yA1} + F_{yA2}
\end{aligned}
$$

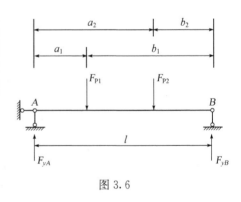

图 3.6

式中 F_{yA1} 和 F_{yA2} 分别表示 F_{P1} 和 F_{P2} 单独作用时在支座 A 引起的反力。

叠加原理成立的条件是:

(1) 结构的变形是微小的,因而在列平衡方程时可以忽略结构的变形,即采用结构未变形

状态的几何尺寸。

（2）材料服从虎克定律，应力与应变成正比。

对于静定结构的内力计算问题，由于计算时不涉及材料性质，故只要满足第一个条件就可以应用叠加原理；而对于结构力学的其他问题，例如结构的位移计算问题、超静定结构的内力计算问题等，则必须同时满足以上两个条件，才能应用叠加原理。

应用叠加原理，可以将一个比较复杂的问题分解为若干比较简单的问题。在结构力学中经常要用到这一原理。

2）叠加法作直杆的弯矩图

应用叠加原理，可以简化结构中直杆的弯矩图的作法。考虑从结构中截取的某一直杆段 AB，它在横向荷载、杆端弯矩及剪力的作用下处于平衡状态，如图 3.7a 所示。将杆段所受的力和力矩分为两组，其中一组为杆端弯矩及与之平衡的一部分杆端剪力，另一组为荷载及与之平衡的另一部分杆端剪力，分别如图 3.7b 和图 3.7c 所示。按照叠加原理，杆段上任一截面的内力应等于图 3.7b 和图 3.7c 所示两种状态下的相应内力之和。因此，只要将这两种状态下的弯矩图叠加起来，就可以得到图 3.7a 所示杆段的弯矩图。

因为不受横向荷载作用，杆段在图 3.7b 所示状态下的弯矩图为一直线，其端点的值分别等于两个杆端弯矩，如图 3.7e 所示。而由于杆端不受弯矩作用，图 3.7c 所示的状态与具有相同跨度且承受相同横向荷载的简支梁（称为等代简支梁，简称"代梁"）的受力状态实际上完全相同，其弯矩图如图 3.7f 所示。将图 3.7e 和图 3.7f 所示的两个弯矩图叠加起来，得到图 3.7d 所示的弯矩图，这就是杆段 AB 的实际弯矩图。

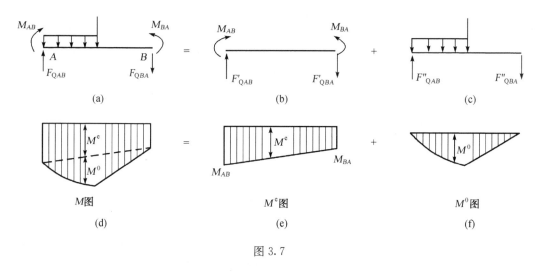

图 3.7

以上讨论小结如下：对于直杆段，在杆端弯矩图（直线）上叠加代梁的弯矩图，就得到所求的弯矩图。将这个结论写成等式，就是

$$M(x) = M^{e}(x) + M^{0}(x) \tag{3.7}$$

这就是作直杆弯矩图的叠加法。

需要指出的是，这里所说的叠加，指的是图形纵坐标的代数相加，而不是图形的简单拼合。在叠加时，如果杆端弯矩图不平行于杆轴，则代梁弯矩图的基线是倾斜的，但基线在杆轴上的

投影长度保持不变。叠加时代梁弯矩图的纵标仍然垂直于杆轴(而不是垂直于倾斜的基线),因此它的几何形状将相应地发生改变,图 3.7 所表示的正是这种情况。

应用叠加法作由直杆组成的结构的弯矩图,首先要在结构中选定若干控制截面(一般选在结点、集中荷载作用点以及荷载分布规律改变处),将结构分成一些直杆段;其次,对每个控制截面用隔离体平衡法计算其弯矩值;再次,作各杆段的杆端弯矩图(直线);最后,对于两个控制截面间有横向荷载作用的杆段,叠加相应的代梁弯矩图。这一方法在梁、刚架和组合结构的内力计算中经常要用到,因为涉及杆件的分段,所以又称为"分段叠加法"。下节中除拱和桁架以外的大部分例题都将用到这一方法。

3.3 静定结构内力计算举例

本节以较多的例题,具体应用上节介绍的静定结构的计算方法,目的是帮助读者熟悉和掌握这些方法。当然,要真正做到熟练掌握这些方法,还必须通过读者自己的解题实践。

前面说过,几何组成分析对结构的内力计算有重要的意义。几何组成不同的结构,内力计算也各有其特点。按照几何组成,静定结构可分为以下几种类型:

(1)悬臂式静定结构——结构以一个固定支座连接于地基,计算内力时不需要先求支座反力。

(2)简支式静定结构——结构与地基按两刚片规则相连,计算内力时一般要先求支座反力。

(3)三铰式静定结构——由两个简单刚片与地基按三刚片规则连接而成,或者由两个简单刚片和一根二力杆(称为"系杆")按三刚片规则形成一个大刚片,再与地基按两刚片规则连接。三铰式静定结构的特点是在竖向荷载下产生水平反力或系杆中的拉力,计算内力时一般要先求支座反力或系杆的轴力。

(4)复合式静定结构——重复应用以上一种或几种规则所形成的静定结构。

(5)复杂静定结构——不能按以上规则进行分析的静定结构。

下面对上述五类静定结构分别举例进行内力计算。

3.3.1 悬臂式静定结构

例 3-1 试作图 3.8a 所示悬臂式刚架的轴力图、剪力图和弯矩图。

解 首先,应用直杆内力与荷载的微分及增量关系,对内力图作定性的判断:因为所有杆件都不受轴向荷载作用,所以各杆的轴力图均为平行或重合于杆轴的直线;水平杆 CB 和 BD 只受均布荷载作用,它们的剪力图为斜直线而弯矩图为二次抛物线;竖杆 AB 和 DE 上无横向分布荷载,它们的剪力图为平行于杆轴的直线而弯矩图为斜直线。有了这些定性的判断,下面作内力图时,只要求得一些控制点的内力值就可以了。

(1)作轴力图

分别取 CB 杆和 DE 杆为隔离体,由各自轴线方向的投影平衡方程,可得 $F_{NBC} = F_{NDE} = 0$;再取折杆 BDE 为隔离体(图 3.8b),由方程 $\sum F_x = 0$:

$$-F_{NBD} - 80 \text{ kN} = 0$$

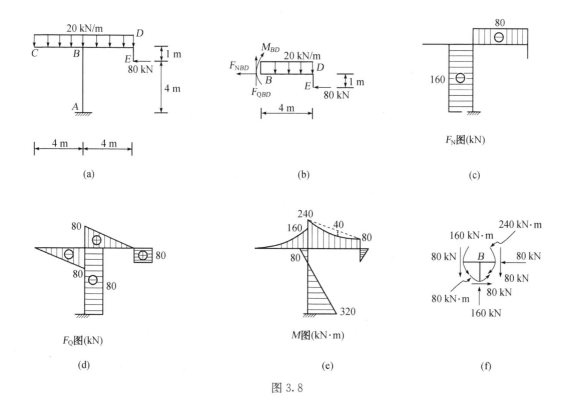

图 3.8

可得 $F_{NBD}=-80$ kN；最后，在 B 点截断 AB 杆，取 $CBDE$ 为隔离体，由 $\sum F_y=0$（隔离体受力图和具体列式从略，请读者自己补充），可得 $F_{NBA}=-160$ kN。根据这些计算结果和上面的定性判断，作刚架的轴力图，见图 3.8c。注意，轴力图要标明正负号。

（2）作剪力图和弯矩图

在自由端 C 和 E，有 $F_{QCB}=M_{CB}=0$ 和 $F_{QED}=80$ kN，$M_{ED}=0$；再取与求轴力时相同的隔离体，由相应的平衡方程可依次求得（对于刚架，弯矩的正负号可以任意规定，这里的规定是：水平杆的弯矩以下侧纤维受拉为正；竖杆的弯矩以右侧纤维受拉为正）：

$$F_{QBC}=-80 \text{ kN}, \quad F_{QDE}=80 \text{ kN}, \quad F_{QBD}=80 \text{ kN}, \quad F_{QBA}=-80 \text{ kN};$$

$$M_{BC}=-160 \text{ kN} \cdot \text{m}, \quad M_{DE}=80 \text{ kN} \cdot \text{m}, \quad M_{BD}=-240 \text{ kN} \cdot \text{m}, \quad M_{BA}=-80 \text{ kN} \cdot \text{m},$$

其中求 F_{QBD} 和 M_{BD} 的两个方程分别为（隔离体见图 3.8b）

$$\sum F_y=0: \quad F_{QBD}-20 \text{ kN}/\text{m}\times 4 \text{ m}=0$$

以及

$$\sum M_B=0: \quad M_{BD}+20 \text{ kN}/\text{m}\times 4 \text{ m}\times\frac{1}{2}\times 4 \text{ m}+80 \text{ kN}\times 1 \text{ m}=0$$

其余方程从略，请读者自己补充。

最后，在结点 D 的左边截断 BD 杆，取截面的右边部分为隔离体，可得 $F_{QDB}=0$；在 AB 杆的下端作截面，取截面以上部分为隔离体，可得 $M_{AB}=320$ kN·m。有了以上的数据，结合前面的定性判断,就可以作出刚架的剪力图和弯矩图了,见图 3.8d、e。一般说来,当弯矩图为二次抛物线时,除两个端点的弯矩值外,还要用叠加法给出中点的弯矩值,才能确定这条抛物线,见 BD 段的弯矩图。本题中剪力 $F_{QCB}=0$,由弯矩和剪力的微分关系可知,弯矩图在 C 点的切线为水平线,这样,加上两个端点的弯矩值,就可以确定 CB 段的抛物线了。注意,剪力图要标明正负号,而弯矩图则画在杆件的受拉边,不要标明符号。

(3) 校核

结构的内力图作出后,最好作一下校核。校核的方法是在结构中取一个或几个前面未曾用过的隔离体,检查平衡条件是否满足。在本例中,可取结点 B 为隔离体,其受力情况如图 3.8f 所示,这里所有的力和力矩均以它们的实际方向画出。容易看出,隔离体的三个平衡条件都是满足的。

例 3-2 求图 3.9a 所示悬臂式桁架各杆的轴力。

解 在计算桁架的内力时,为简便起见,通常将斜杆的轴力 F_N 分解为水平方向(x 方向)和竖直方向(y 方向)的两个分量 F_x 和 F_y,图 3.9b。容易看出,F_N 及其两个分量所构成的三角形与杆长 l 及其两个投影 l_x 和 l_y 所构成的三角形是相似的,因而有

$$F_N : l = F_x : l_x = F_y : l_y \tag{a}$$

这样,只要知道了 F_N 的任一分量,就能利用比例关系(a)求出另一个分量以及 F_N 本身。

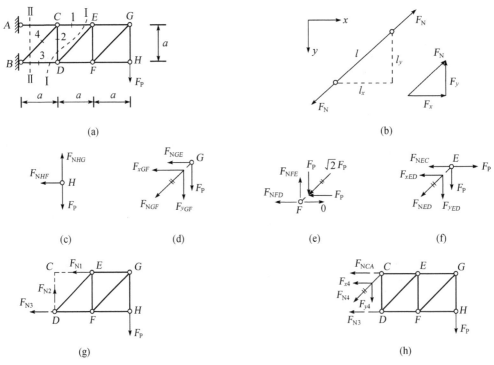

图 3.9

本例中的桁架可看成是从地基开始依次添加二元体 C、D、E、F、G、H 而形成的。这样的桁架称为简单桁架(简单桁架的另一个例子见例 3-6)。内力计算可用结点法,按照与添加二元体相反的顺序进行,不需要先求支座反力,这正是悬臂式静定结构计算的特点。

下面用结点法求各杆的轴力。按照 3.2.1 节中关于结点单杆的定义,计算中未知内力所对应的杆件都是结点单杆。

(1) 结点 H(图 3.9c)

$$\sum F_x=0:F_{NHF}=0$$

$$\sum F_y=0:F_P-F_{NHG}=0 \rightarrow F_{NHG}=F_P$$

(2) 结点 G(图 3.9d)

$$\sum F_y=0:F_P+F_{yGF}=0,\rightarrow F_{yGF}=-F_P,由比例关系(a),得 F_{xGF}=-F_P,$$
$$F_{NGF}=-\sqrt{2}F_P$$

$$\sum F_x=0:F_{xGF}+F_{NGE}=0,\rightarrow F_{NGE}=-F_{xGF}=F_P$$

(3) 结点 F(图 3.9e)

由 $\sum F_x=0$ 和 $\sum F_y=0$(列式从略),分别得 $F_{NFD}=-F_P,F_{NFE}=F_P$

(4) 结点 E(图 3.9f)

$$\sum F_y=0:F_P+F_{yED}=0,\rightarrow F_{yED}=-F_P,由比例关系(a),得 F_{xED}=-F_P,F_{NED}=-\sqrt{2}F_P$$

$$\sum F_x=0:F_P+F_P-F_{NEC}=0,\rightarrow F_{NEC}=2F_P$$

(5) 结点 D 和 C

仿照以上的计算过程(图及方程从略,请读者自己补充),可得 $F_{NDB}=-2F_P,F_{NDC}=F_P$;$F_{NCB}=-\sqrt{2}F_P,F_{NCA}=3F_P$。

讨论 以上用结点法求出了桁架各杆的轴力。结点法对简单桁架是十分有效的。但如果问题并不要求计算桁架的全部内力,而只要求部分杆件,例如图 3.9a 中杆件 1、2、3、4 的内力,用结点法就比较麻烦了,这时可用截面法直接计算所求的内力。此外,如果桁架不是简单桁架,仅用结点法计算内力常常会遇到困难,也需要将结点法和截面法结合起来,参见例 3-10。

下面用截面法求杆件 1、2、3、4 的内力。首先,作截面Ⅰ-Ⅰ,取截面的右边为隔离体(图 3.9g)。按照 3.2.1 节中关于单杆的定义,被截断的三根杆件都是截面单杆,因而都可以分别仅由这个隔离体的某一平衡条件直接求解。由 $\sum M_D=0:F_P \times 2a-F_{N1} \times a=0$,得 $F_{N1}=2F_P$;再由 $\sum F_y=0$,得 $F_{N2}=F_P$;最后,由 $\sum F_x=0$(或 $\sum M_C=0$),可得 $F_{N3}=-2F_P$。

其次,作截面Ⅱ-Ⅱ,取隔离体如图 3.9h 所示。同理,被截断的三根杆件均为单杆,由 $\sum F_y=0$,得 $F_{y4}=-F_P$,从而 $F_{N4}=-\sqrt{2}F_P$。

以上截面法的计算结果可用来对结点法的计算结果进行校核。

3.3.2 简支式静定结构

简支式静定结构有三个相互独立的支座反力,一般要先由结构的整体平衡条件求出这些反力,再用与计算悬臂式静定结构相似的方法作结构的内力图(或求指定截面的内力)。

例 3-3 作图 3.10a 所示简支梁的剪力图和弯矩图。

解 首先,求出两个竖向反力:

$$F_{yA}=(6\ kN \times 5\ m+4\ kN/m \times 2\ m \times 3\ m+12\ kN \cdot m)/6\ m=11\ kN$$

$$F_{yF}=(6\ kN \times 1\ m+4\ kN/m \times 2\ m \times 3\ m-12\ kN \cdot m)/6\ m=3\ kN$$

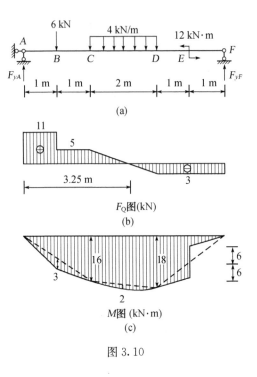

图 3.10

（1）作剪力图

AB、BC、DF 段无横向分布荷载或集中荷载，剪力为常数（DF 段的集中力偶不引起剪力的变化），剪力图为水平直线；CD 段受横向均布荷载作用，剪力图为斜直线。自左至右算出各控制截面剪力值如下：

$$F_{QAB}=F_{yA}=11 \text{ kN}; \quad F_{QBC}=11 \text{ kN}-6 \text{ kN}=5 \text{ kN}; \quad F_{QD}=5 \text{ kN}-4 \text{ kN/m}\times 2 \text{ m}=-3 \text{ kN};$$

$$F_{QF}=-F_{yB}=-3 \text{ kN}=F_{QD}（校核）$$

因为截面 D 和 F 的剪力值是唯一的、明确的，这里分别以 F_{QD} 和 F_{QF} 表示。类似的情况以后不再说明。由这些控制值和上面的定性判断，作梁的剪力图，见图 3.10b。

（2）作弯矩图

取 A、C、D、F 为控制截面，将梁分为三段。各控制截面的弯矩值如下：

$$M_A=0; \quad M_C=11 \text{ kN}\times 2 \text{ m}-6 \text{ kN}\times 1 \text{ m}=16 \text{ kN} \cdot \text{m};$$

$$M_D=11 \text{ kN}\times 4 \text{ m}-6 \text{ kN}\times 3 \text{ m}-4 \text{ kN/m}\times 2 \text{ m}\times 1 \text{ m}=18 \text{ kN} \cdot \text{m}; \quad M_F=0$$

由这些控制值作各杆段的杆端弯矩图（虚线），在 AC、CD、DF 段的杆端弯矩图上分别叠加相应的代梁受跨中集中力、全跨均布荷载和跨中集中力偶作用的弯矩图，就得到所求的弯矩图，见图 3.10c。在一般情况下，用图 3.10c 的形式作弯矩图就可以了，需要时很容易从这个图求得三段中点的总弯矩值：

$$M_B=\frac{1}{2}\times 16 \text{ kN} \cdot \text{m} + 3 \text{ kN} \cdot \text{m}=11 \text{ kN} \cdot \text{m}$$

$$M_E^L=\frac{1}{2}\times 18 \text{ kN} \cdot \text{m} + 6 \text{ kN} \cdot \text{m}=15 \text{ kN} \cdot \text{m}$$

$$M_E^R = \frac{1}{2} \times 18 \ \text{kN} \cdot \text{m} - 6 \ \text{kN} \cdot \text{m} = 3 \ \text{kN} \cdot \text{m}$$

因为截面 E 处弯矩值有突变,这里分别用上标 L 和 R 表示截面左边和右边的弯矩。M_E^L 和 M_E^R 也可分别记作 M_{ED} 和 M_{EF}。类似的情况以后不再说明。CD 段中点的弯矩为

$$\frac{1}{2} \times (16 \ \text{kN} \cdot \text{m} + 18 \ \text{kN} \cdot \text{m}) + 2 \ \text{kN} \cdot \text{m} = 19 \ \text{kN} \cdot \text{m}$$

注意,弯矩图在 B 点有一个向下突出的尖点;在 C 点和 D 点直线与抛物线相切;在 E 点左右两条直线相互平行,这些都体现了弯矩、剪力与荷载间的微分关系和增量关系。

讨论

(1) 作弯矩图时,还可以取 A、B、C、D、E、F 为控制截面,将梁分为五段。这样需要计算的弯矩控制值多一些(在 E 点需要计算 M_E^L 和 M_E^R 两个控制值),但杆端弯矩图作出后只需要在 CD 段叠加代梁的弯矩图。

(2) 如要求出最大弯矩,可利用弯矩与剪力的微分关系,先在剪力图上求出剪力为零的截面的位置(距 A 端 3.25 m),再求该截面的弯矩,它就是弯矩的最大值。具体计算留给读者自己练习(最大弯矩 $M_{max} = 19.125 \ \text{kN} \cdot \text{m}$)。

例 3-4 作图 3.11a 所示简支式刚架的内力图。

解 (1) 求反力

由整体平衡条件,得

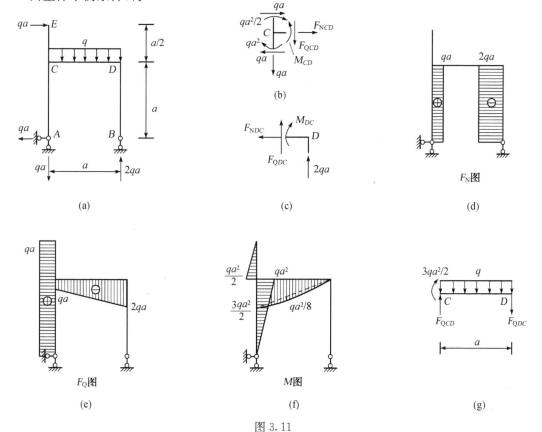

图 3.11

$$F_{xA}=qa(\leftarrow);\quad F_{yA}=qa(\downarrow);\quad F_{yB}=2qa(\uparrow)$$

括号中的箭头代表反力的作用方向。计算结果表示在图 3.11a 中。

（2）求杆端内力

刚架的反力求出以后，内力的计算与悬臂式刚架完全相同。分别以杆 CE、CA 和 DB 为隔离体，可得

$$F_{NCE}=0,F_{NCA}=qa,F_{NDB}=-2qa;$$
$$F_{QCE}=qa,F_{QCA}=qa,F_{QDB}=0;$$
$$M_{CE}=qa^2/2（左拉），M_{CA}=qa^2（右拉），M_{DB}=0$$

再分别以结点 C 和 D 为隔离体（图 3.11b、c），可得

$$F_{NCD}=F_{NDC}=0;F_{QCD}=-qa,F_{QDC}=-2qa;M_{CD}=3qa^2/2（下拉），M_{DC}=0$$

这里轴力和剪力按以往的符号规定给出正负号，而弯矩以"左拉""右拉""下拉"指明相应杆件的受拉边。

（3）作内力图

根据以上计算结果，结合内力与荷载的微分关系，分别作刚架的轴力图、剪力图和弯矩图（图 3.11d、e、f）。其中 CD 杆的弯矩图是在杆端弯矩图上叠加代梁在均布荷载下的弯矩图而得到的。

讨论 对于梁和刚架而言，弯矩图通常是最重要的内力图。如果只要作弯矩图，则上述计算过程可以简化。在本例中，刚架的悬臂部分 CE 的弯矩图可以先行作出；其次，支座 A 处的水平反力 $F_{xA}=qa(\leftarrow)$（这是十分明显的，因为 F_{xA} 是唯一的水平反力，它必定与总水平荷载大小相等而方向相反），随即作出 CA 杆的弯矩图；再次，由 DB 杆只受轴向力 F_{yB} 作用可知该杆任一截面上弯矩为零（不必求 F_{yB} 的值）；最后，分别由结点 C 和 D 的力矩平衡条件（如果一个刚结点不受集中力偶荷载作用，则连接于该结点的各杆端的弯矩的代数和必等于零——这是一个很有用的结论）和已知的杆端弯矩求出 M_{CD} 和 M_{DC}，用叠加法作 CD 杆的弯矩图。在以上的作图过程中，计算（尤其是笔算）和作辅助隔离体图（如图 3.11b、c）的工作量应该减少到最低限度，从而使作弯矩图的速度得到提高。

弯矩图作出后，如有必要，可利用弯矩图作剪力图，再利用剪力图作轴力图。取单根杆件为隔离体，由杆端弯矩及作用于杆件上的荷载可求得杆端剪力。例如，取 CD 杆为隔离体（图 3.11g），对结点 D 取矩可得 $F_{QCD}=(-\dfrac{3}{2}qa^2+q\times a\times\dfrac{a}{2})/a=-qa$；同理，对结点 C 取矩可得 $F_{QDC}=-2qa$。按适当的顺序取结点为隔离体，由已知的杆端剪力和部分杆端轴力及作用于结点的荷载可求得未知的杆端轴力。例如，在已知 $F_{NCE}=0$、$F_{QCE}=F_{QCA}=qa$ 和 $F_{QCD}=-qa$ 的情况下，取结点 C 为隔离体，可求得 $F_{NCA}=qa$ 和 $F_{NCD}=0$。

例 3-5 作图 3.12a 所示简支式刚架的内力图。

解 首先，由整体平衡条件易知，$F_{xB}=25\text{ kN}(\leftarrow)$；其次，因为两个竖向支座反力不影响竖杆的弯矩，容易求得 $M_E=0,M_{CE}=25\text{ kN}\times3\text{ m}=75\text{ kN}\cdot\text{m}（左拉），M_{DB}=25\text{ kN}\times5\text{ m}=125\text{ kN}\cdot\text{m}（右拉）$；再次，由结点 C 和 D 的平衡条件（其中结点 D 的隔离体见图 3.12b，因为这里只要求未知弯矩，图中略去了剪力和轴力），可求得 $M_{CD}=75\text{ kN}\cdot\text{m},M_{DC}=115\text{ kN}\cdot\text{m}$，

两者均为上侧受拉;最后,用分段叠加法作各杆的弯矩图,如图 3.12c 所示。

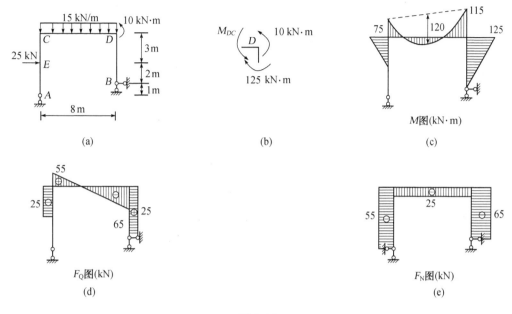

图 3.12

弯矩图作出后,参考上例的讨论,由弯矩图作剪力图,再由剪力图作轴力图,分别如图 3.12d、e 所示。具体计算和作图留给读者自己练习。

例 3-6 求图 3.13a 所示简支式桁架中杆件 1、2、3 的轴力。

解 先求支座反力,过程从略,结果示于图 3.13a 中。

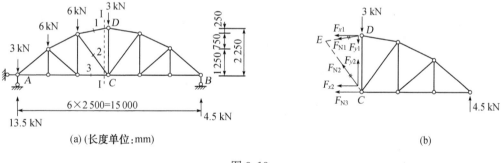

图 3.13

本例中的桁架的几何组成是先按二元体规则形成上部刚片再连接于地基。这样的桁架也称为简单桁架。在求出支座反力后,内力计算可用结点法或截面法。本题只要求少数杆件的轴力,故宜采用截面法。作截面 I-I,取它的右边为隔离体(图 3.13b)。容易看出,被截断的三根杆件都是截面单杆,因此可以分别只用一个平衡方程来求解它们的轴力。虽然截面 I-I 在何处截断这三根杆件在原则上并不重要,但为了下面计算方便起见,我们将它取在结点 C 和 D 左侧无限接近这两个结点的位置上。

(1) 求 F_{N3}

将隔离体上所有的外力对 F_{N1} 和 F_{N2} 的作用线的交点 E 取矩,得

$$F_{N3}=(4.5 \text{ kN}\times10 \text{ m}-3 \text{ kN}\times2.5 \text{ m})/2 \text{ m}=18.75 \text{ kN}(\text{拉})$$

(2) 求 F_{N1}

如果直接计算 F_{N1} 对 F_{N2} 和 F_{N3} 的作用线的交点 C 的力矩,就要求 F_{N1} 的作用线 DE 到 C 点的距离,比较麻烦。不如先将 F_{N1} 在 D 点分解成 F_{x1} 和 F_{y1} 两个分量,其中 F_{y1} 的作用线通过 C 点。于是得

$$F_{x1}=-4.5 \text{ kN}\times7.5 \text{ m} /2.25 \text{ m}=-15 \text{ kN}$$

再由比例关系 $F_{N1}:F_{x1}:F_{y1}=\sqrt{101}: 10: 1$,可得

$$F_{N1}=-15.07 \text{ kN}(\text{压}), \quad F_{y1}=-1.5 \text{ kN}$$

(3) 求 F_{N2}

可以将隔离体上所有的外力对 F_{N1} 和 F_{N3} 的作用线的交点取矩,但这样首先需要确定这个交点的位置。既然上面已经求得 $F_{y1}=-1.5 \text{ kN}$,就可以不用力矩平衡方程而用 $\sum F_y=0$ 先求 F_{N2} 的竖向分量 F_{y2}:

$$F_{y2}=-4.5 \text{ kN} +3 \text{ kN} +F_{y1}=-3 \text{ kN}$$

再由比例关系 $F_{N2}:F_{x2}:F_{y2}=\sqrt{41}: 5: 4$,可得

$$F_{N2}=-4.80 \text{ kN}(\text{压})$$

3.3.3 三铰式静定结构

计算三铰式静定结构的内力一般要先求支座反力(对系杆式的三铰式静定结构则要先求系杆的轴力)。其中竖向反力可由整体平衡条件求得,这与简支式静定结构相同;水平反力或系杆的轴力的计算则要用到隔离体对顶铰的力矩平衡条件,这是三铰式静定结构内力计算的特点。

例 3-7 作图 3.14a 所示三铰刚架的弯矩图和剪力图。

解 (1) 求反力

利用结构的整体平衡条件,得

$$\sum M_B=0 \rightarrow F_{yA}=\left(q\times\frac{l}{2}\times\frac{3l}{4}+ql\times\frac{l}{2}\right)/l=\frac{7ql}{8}(\uparrow) \tag{a}$$

$$\sum M_A=0 \rightarrow F_{yB}=\left(q\times\frac{l}{2}\times\frac{l}{4}+ql\times\frac{l}{2}\right)/l=\frac{5ql}{8}(\uparrow) \tag{b}$$

取顶铰 C 的左边即刚片 AC 为隔离体,由平衡条件 $\sum M_C=0$ 得

$$F_{xA}=(F_{yA}\times\frac{l}{2}-q\times\frac{l}{2}\times\frac{l}{4})/l=\frac{5ql}{16}(\rightarrow) \tag{c}$$

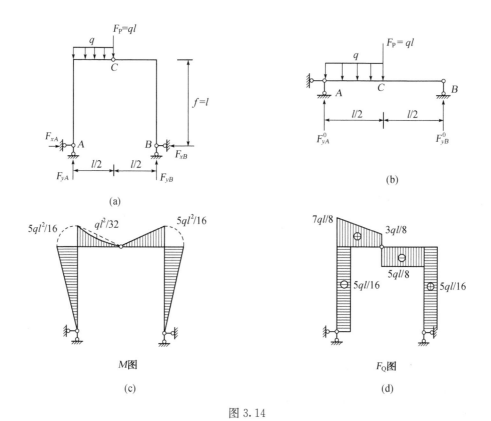

图 3.14

再由整体平衡条件 $\sum F_x = 0$，可得 $F_{xB} = F_{xA} = \dfrac{5ql}{16}(\leftarrow)$（也可以取刚片 CB 为隔离体，由平衡条件 $\sum M_C = 0$ 求得 F_{xB}）。

（2）作弯矩图和剪力图

支座反力求得以后，作内力图的问题便迎刃而解了。计算方法与前面没有什么不同，弯矩图和剪力图见图 3.14c、d，具体计算过程从略。

讨论 比较图 3.14a 所示三铰刚架和 3.14b 所示的代梁（即与三铰刚架跨度相同、所承受的荷载也相同的简支梁）并结合式（a）、（b）、（c）可见，如果三铰刚架的两个支座在同一水平线上，则在竖向荷载作用下，它的两个竖向反力分别等于代梁的对应反力，而水平反力（荷载向下时为推力）则等于代梁对应于顶铰位置处的弯矩除以拱高（即顶铰到两个支座铰的连线的竖距）。这个结论可用如下公式表示：

$$F_{yA} = F_{yA}^0, \quad F_{yB} = F_{yB}^0, \quad F_H = M_C^0 / f \tag{3.8}$$

其中上标"0"表示相应的量取自代梁，F_H 和 f 分别表示水平反力和拱高。注意这个结论成立的两个条件：第一是"两个支座在同一水平线上"；第二是"竖向荷载"。当第一个条件不满足时，需要对式（3.8）进行修正，参见例 3-8；当第二个条件不满足时，水平方向的荷载无法在代梁上体现，只能用一般的方法计算反力和内力，参见例 3-13。

例 3-8 求图 3.15a 所示三铰刚架的竖向反力和水平反力，用图 3.15b 所示代梁的反力和内力表示。

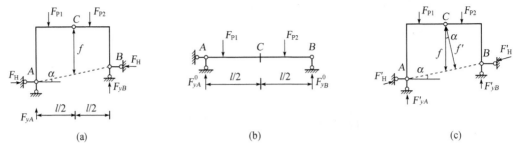

图 3.15

解 因为只有竖向荷载,由整体平衡条件 $\sum F_x = 0$,可知两个支座的水平反力大小相等,方向相反,如图 3.15a 所示。但由于两个支座不在同一水平线上,一个支座的水平反力不通过另一个支座,所以如果简单地按上例的思路求解,则水平反力将和竖向反力同时出现在力矩平衡方程中,从而不可避免地要求解联立方程(共有三个未知量 F_H、F_{yA} 和 F_{yB})。

如果将支座总反力不是向竖直方向和水平方向分解,而是向竖直方向和两个支座连线的方向分解,如图 3.15c 所示,则可按上例的思路求解得

$$F'_{yA} = F^0_{yA}, \quad F'_{yB} = F^0_{yB}, \quad F'_H = M^0_C/f' \tag{d}$$

其中 f' 为顶铰 C 到两个支座连线的垂直距离。

比较图 3.15a 和图 3.15c 可见

$$F_{yA} = F'_{yA} + F'_H \sin\alpha, \quad F_{yB} = F'_{yB} - F'_H \sin\alpha, \quad F_H = F'_H \cos\alpha \tag{e}$$

又由图 3.15c 可见

$$f' = f\cos\alpha \tag{f}$$

将式(f)、(d)代入(e),得

$$F_{yA} = F^0_{yA} + F_H \tan\alpha, \quad F_{yB} = F^0_{yB} - F_H \tan\alpha, \quad F_H = M^0_C/f \tag{3.9}$$

式(3.9)是式(3.8)的推广,而式(3.8)可看作是式(3.9)当 $\alpha = 0$ 时的一个特例。

例 3-9 作图 3.16a 所示三铰拱的内力图。已知拱的轴线为抛物线,跨度和拱高分别为 $l = 16$ m 和 $f = 4$ m,轴线方程为

$$y = \frac{4f}{l^2}x(l-x) = x - \frac{x^2}{16} \tag{g}$$

分析 本例中结构的轴线形式及荷载分布与图 3.14a 所示三铰刚架(例 3-7)不同,但仍可以用与例 3-7 相同的方法计算其反力,结果也相同,即可以用式(3.8)表示。

因为轴线为曲线,3.2 节中有关直杆的结论,包括直杆的荷载和内力间的微分关系及增量关系、作直杆的弯矩图的叠加法,在这里不再适用。因而在作拱的内力图时,不能像对直杆组成的结构那样只求若干控制截面的内力值就行了,而是要逐点计算内力值,再用描点法作内力图。为便于计算,这里先推导出计算拱的内力的一般公式。

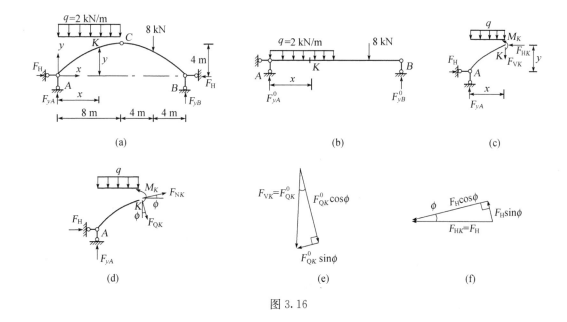

图 3.16

在拱轴上坐标为 (x,y) 的点 K 处作截面,取其左边为隔离体,如图 3.16c、d。在图 3.16c 中,截面 K 上内力的合力分解为水平分量 F_{HK} 和竖直分量 F_{VK},而在图 3.16d 中,这个合力分解为轴力 F_{NK}(沿轴线的切线方向)和剪力 F_{QK}(沿轴线的法线方向)。由图 3.16c 可见,$F_{HK}=F_H$,F_{VK} 等于 F_{yA}($=F_{yA}^0$)减去 AK 段的竖向荷载,与图 3.16b 对比可见,这就等于代梁的对应截面 K 处的剪力,即 $F_{VK}=F_{QK}^0$。此外,图 3.16c 中截面 K 的弯矩 M_K 可分为两部分,一部分是竖向反力 $F_{yA}=F_{yA}^0$ 和 AK 段的竖向荷载对 K 点的合力矩,与图 3.16b 对比可知,这就等于代梁对应截面 K 处的弯矩 M_K^0;另一部分是水平推力 F_H 对该点的力矩,其大小等于 F_H 和 y 的乘积并且方向与 M_K^0 相反。因而

$$M_K = M_K^0 - F_H y \qquad (3.10)$$

最后,比较图 3.16c 和 d 并参考图 3.16e 和 f 可见,两个图中的弯矩 M_K 相同,而

$$F_{NK} = -F_H \cos\phi - F_{QK}^0 \sin\phi, \quad F_{QK} = -F_H \sin\phi + F_{QK}^0 \cos\phi \qquad (3.11)$$

式(3.8)、(3.10)、(3.11)就是计算支座等高的三铰拱的反力和内力的一般公式。如果拱的支座不等高,则应按式(3.9)计算反力,对式(3.10)和式(3.11)也要作相应的修正,这里从略。容易看出,式(3.11)也可用于计算由直杆组成的三铰刚架的内力。

解 首先,求拱的支座反力。由式(3.8)可得

$$F_{yA} = (2 \text{ kN/m} \times 8 \text{ m} \times 12 \text{ m} + 8 \text{ kN} \times 4 \text{ m})/16 \text{ m} = 14 \text{ kN}$$

$$F_{yB} = (2 \text{ kN/m} \times 8\text{m} \times 4 \text{ m} + 8 \text{ kN} \times 12 \text{ m})/16 \text{ m} = 10 \text{ kN}$$

$$F_H = (14 \text{ kN} \times 8 \text{ m} - 2 \text{ kN/m} \times 8 \text{ m} \times 4 \text{ m})/4 \text{ m} = 12 \text{ kN}$$

将拱沿跨度方向分为八等份,分别算出每个截面的内力值,结果列于表 3.1 中。表中

$$\tan\phi = \frac{\mathrm{d}y}{\mathrm{d}x} = 1 - \frac{x}{8} \qquad (h)$$

37

以表中编号为 2($x=4$m)的点为例,说明具体的计算过程。将 $x=4$m 分别代入式(g)和式(h),得 $y=3$m,$\tan\phi=0.50$,从而

$$\phi=26°34',\quad \sin\phi=0.447,\quad \cos\phi=0.894$$

再对代梁中 $x=4$ m 的截面求得

$$F_{Q2}^0=14\ \text{kN}-2\ \text{kN/m}\times4\ \text{m}=6\ \text{kN}$$

$$M_2^0=14\ \text{kN}\times4\ \text{m}-2\ \text{kN/m}\times4\ \text{m}\times2\ \text{m}=40\ \text{kN}\cdot\text{m}$$

将以上数据连同前面求得的 $F_H=12$ kN 代入式(3.10)和式(3.11),就得到该截面的内力值:

$$M=4\ \text{kN}\cdot\text{m},\quad F_Q=0,\quad F_N=-13.4\ \text{kN}$$

表 3.1　三铰拱的内力

编号	截面几何参数						F_Q^0 (kN)	弯矩 M(kN·m)			剪力 F_Q(kN)			轴力 F_N(kN)		
	x(m)	y(m)	$\tan\phi$	ϕ	$\sin\phi$	$\cos\phi$		M^0	$-F_H y$	M	$F_Q^0\cos\phi$	$-F_H\sin\phi$	F_Q	$-F_Q^0\sin\phi$	$-F_H\cos\phi$	F_N
0	0	0	1	45°	0.707	0.707	14	0	0	0	9.90	−8.48	1.42	−9.90	−8.48	−18.4
1	2	1.75	0.75	36°52′	0.600	0.800	10	24	−21	3	8.00	−7.20	0.80	−6.00	−9.60	−15.6
2	4	3.00	0.50	26°34′	0.447	0.894	6	40	−36	4	5.36	−5.36	0	−2.68	−10.73	−13.4
3	6	3.75	0.25	14°02′	0.243	0.970	2	48	−45	3	1.94	−2.92	−0.98	−0.48	−11.64	−12.1
4	8	4.00	0	0	0	1	−2	48	−48	0	−2.00	0	−2.00	0	−12.00	−12.0
5	10	3.75	−0.25	−14°02′	−0.243	0.970	−2	44	−45	−1	−1.94	2.92	0.98	−0.48	−11.64	−12.1
6	12	3.00	−0.50	−26°34′	−0.447	0.894	−2 −10	40	−36	4	−1.78 −8.94	5.36	3.58 −3.58	−0.89 −4.47	−10.73	−11.6 −15.2
7	14	1.75	−0.75	−36°52′	−0.600	0.800	−10	20	−21	−1	−8.00	7.20	−0.80	−6.00	−9.60	−15.6
8	16	0	−1	−45°	−0.707	0.707	−10	0	0	0	−7.07	8.48	1.41	−7.07	−8.48	−15.6

根据表中的数值,可绘出拱的内力图,如图 3.17 所示。注意在集中荷载作用处(编号为 6 的截面),弯矩图有一向下突出的尖点,剪力和轴力都有突变(表中该点的剪力和轴力各有两个值,分别表示该点左边和右边的数值)。

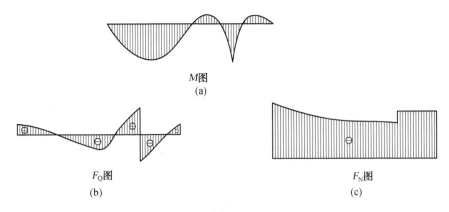

M图
(a)

F_Q图　　　　　　　　　　　　　　　　　　　F_N图
(b)　　　　　　　　　　　　　　　　　　　　(c)

图 3.17

讨论　式(3.10)表明了三铰拱任一截面的弯矩与代梁对应截面的弯矩之间的关系。在这个关系式中,M_K、M_K^0 和 y 都是坐标 x 的函数,而 F_H 是常数,因此可以改写成

$$M(x)=M^0(x)-F_H y(x)$$

如果选择拱轴函数 $y=y(x)$，使得上式的左边恒等于零，也就是说，拱的任何一个截面都不受弯矩作用，这样的拱轴称为合理拱轴(可以证明，这时拱也不受任何剪力作用，即拱内只有轴力)。在给定竖向荷载的情况下，很容易求得合理拱轴的函数表达式。令上式的左边为零，可得

$$y(x)=M^0(x)/F_H \qquad (3.12)$$

式(3.12)说明，在给定竖向荷载的情况下，合理拱轴与代梁的弯矩图是成比例的。实际上，将代梁的弯矩图乘以任意比例系数后所得的曲线都是拱的合理轴线。比例系数不同，拱的高度不同，拱的水平推力和拱的轴力也不同，它们的共同点是拱的弯矩和剪力都为零。

根据以上的讨论不难得出结论：在竖向均布荷载下，合理拱轴为二次抛物线。

关于其他形式的荷载下合理拱轴的讨论，参见参考书目[2]。

例 3-10 求图 3.18 所示桁架中杆件 1、2、3 的轴力。

分析 这个桁架的特点是没有一个杆件是结点单杆，因而在求出支座反力后，仍不能用结点法求得任何一根杆件的内力。从几何组成上分析，桁架的上部结构是由两个简单桁架(刚片)和水平系杆 AB 按三刚片规则构成的(这种由几个简单桁架联合组成的铰接几何不变体系称为联合桁架)，这就提示了解决本问题的关键一步，即在求出支座反力以后，利用顶铰力矩为零的条件，先求系杆 AB 的轴力。这与求解三铰拱水平推力的方法是完全相同的。实际上，如果

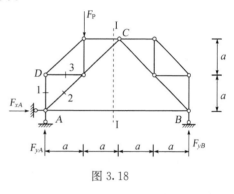

图 3.18

将杆 AB 撤去而在支座 B 增设一个水平支杆，就得到一个与前面讨论过的三铰拱或三铰刚架在几何组成上相似的结构。因此杆 AB 的轴力就相当于无系杆三铰拱支座的水平推力。

解 先求支座反力：

$$F_{xA}=0, \quad F_{yA}=\frac{3}{4}F_P, \quad F_{yB}=\frac{1}{4}F_P$$

用截面法求 AB 杆的轴力。在图 3.18 中作截面 I-I，取它的右边为隔离体，则由 $\sum M_C=0$ 可得

$$F_{NAB}=\frac{1}{4}F_P\times 2a/2a=\frac{1}{4}F_P$$

求出 F_{NAB} 以后，就可以用结点法求其余各杆的轴力了。由结点 A 的平衡条件得

$$F_{N2}=-\sqrt{2}\times\frac{1}{4}F_P=-0.35F_P$$

$$F_{N1}=-\frac{3}{4}F_P+\frac{1}{4}F_P=-0.5F_P$$

再由结点 D 的平衡条件得

$$F_{N3}=0.5F_P$$

例 3-11 图 3.1a 所示组合结构中,已知 $a=4$ m,$h=3$ m,$q=15$ kN/m,$F_P=30$ kN。求各杆的轴力,并作梁式杆 AC 和 CB 的弯矩图。

解 这个组合结构在几何组成上仍属三铰式静定结构,关键是求出杆 EG 的轴力。首先,由结构的整体平衡条件(图 3.1b)求得

$$F_{xA}=0, \quad F_{yA}=3qa/2+F_P/2=105 \text{ kN}, \quad F_{yB}=qa/2+F_P/2=45 \text{ kN}$$

其次,取图 3.1c 所示的隔离体,由 $\sum M_C=0$ 可得

$$F_{NEG}=(105 \text{ kN}\times8 \text{ m}-15 \text{ kN/m}\times8 \text{ m}\times4 \text{ m})/3 \text{ m}=120 \text{ kN}$$

再由 $\sum F_x=0$ 和 $\sum F_y=0$,得

$$F_{NCD}=-120 \text{ kN}, \quad F_{QCD}=105 \text{ kN}-15 \text{ kN/m}\times8 \text{ m}=-15 \text{ kN}$$

再次,取结点 E 为隔离体(图 3.1d),可得

$$F_{xEA}=F_{NEG}=120 \text{ kN}\rightarrow F_{NEA}=150 \text{ kN},F_{yEA}=90 \text{ kN}$$

$$F_{NED}=-F_{yEA}=-90 \text{ kN}$$

用同样的方法可得(图略)

$$F_{NCF}=-120 \text{ kN}, \quad F_{QCF}=-45 \text{ kN}, \quad F_{NGB}=150 \text{ kN}, \quad F_{NGF}=-90 \text{ kN}$$

至此各杆的轴力已全部求得(因为两个梁式杆 AC 和 CB 不受轴向荷载作用,它们的轴力为常数,可分别由 F_{NCD} 和 F_{NCF} 代表,即均为 -120 kN),已求得的两个剪力 F_{QCD} 和 F_{QCF} 可分别用于计算两个控制点 D 和 F 的弯矩。由图 3.1c 中的悬臂部分 DC 可得

$$\begin{aligned} M_{DC} &=-15 \text{ kN/m}\times4 \text{ m}\times2 \text{ m}-F_{QCD}\times \\ &\quad 4 \text{ m} \\ &=-120 \text{ kN}\cdot\text{m}+15 \text{ kN}\times4 \text{ m} \\ &=-60 \text{ kN}\cdot\text{m}(上拉) \end{aligned}$$

用同样的方法可得(图略)

$$\begin{aligned} M_{FC} &=F_{QCF}\times4 \text{ m}=-45 \text{ kN}\times4 \text{ m} \\ &=-180\text{kN}\cdot\text{m}(上拉) \end{aligned}$$

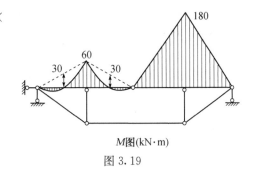

M 图(kN·m)

图 3.19

根据以上计算结果,用分段叠加法作梁式杆 AC 和 CB 的弯矩图,如图 3.19 所示。

3.3.4 复合式静定结构

复合式静定结构是重复应用以上一种或几种规则所形成的静定结构。结构各部分在形成次序上的先后之分,决定了它们在相互关系上的主从之分。在复合式静定结构中,总有一部分构件是依附于其他部分而存在的,称为结构的附属部分;结构中能够独立存在并承受荷载的部分,称为基本部分。复合式静定结构的受力特点是:作用在某一基本部分上的荷载,只在该基本部分中引起内力;而作用在某一附属部分上的荷载,除了在该附属部分中引起内力外,还要在它所依附的基本部分中引起内力。基本部分除了自身直接承受的荷载以外,还要受到通过

附属部分传递给它的荷载的作用。因此,对复合式静定结构,应按照"先附属部分,后基本部分"的顺序进行计算。

例 3-12 计算图 3.20a 所示的多跨静定梁,并作它的弯矩图和剪力图。

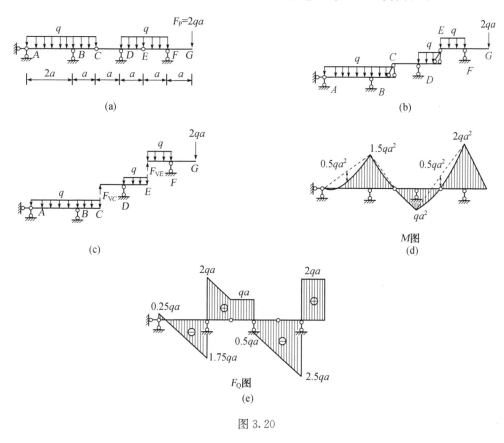

图 3.20

分析 就整个结构而言,EG 是附属部分,ACE 是基本部分;就基本部分 ACE 而言,CE 是附属部分,AC 是基本部分。也可以说,在这个结构中,AC 是基本部分,CE 是一级附属部分,EG 是二级附属部分。结构几何组成上的这种层次关系,可以用图 3.20b 表示,其中二级附属部分 EG 以一级附属部分 CE 作为支座的一部分,而一级附属部分 CE 又以基本部分 AC 作为支座的一部分。将两级附属部分与上一级部分的联系去掉而代之以它们之间的相互作用力,如图 3.20c 所示(容易知道水平相互作用力为零,因此图中没有表示),它清楚地显示了荷载在结构各部分之间的传递关系,同时也指出了本题的求解步骤:首先,计算二级附属部分 EG,求 EG 和一级附属部分 CE 之间的相互作用力 F_{VE};其次,计算一级附属部分 CE,求 CE 和基本部分 AC 之间的相互作用力 F_{VC};最后,由荷载和已求出的各部分之间的相互作用力分别求出各部分的内力。

解 由 EG 的平衡条件(参见图 3.20c),可得 $F_{VE}=-1.5qa$(负号表示 CE 与 EG 之间的相互作用力的实际方向与图中假设的相反);再由 CE 的平衡条件,可得 $F_{VC}=qa$,F_{VC} 为正,表示它的实际作用方向与图中假设的相同。求得 F_{VE} 和 F_{VC} 以后,不难对各部分分别求出它们的内力。计算过程从略,结果见图 3.20d、e。

例 3 - 13 计算图 3.21a 所示的复合式静定刚架,并作它的弯矩图。

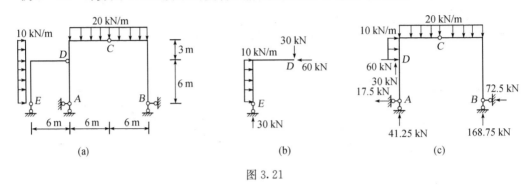

图 3.21

解 本题的刚架是由右边的三铰式刚架加上左边的简支式刚架构成的。显然,三铰式刚架是基本部分,简支式刚架是附属部分。

先计算附属部分所受的约束力,计算过程从略,结果示于图 3.21b。

将附属部分在结点 D 所受的约束力反向施加于基本部分,计算基本部分的反力。因为这里的三铰刚架除受竖向荷载作用外,还受水平荷载和附属部分对它的水平力的作用,前面对于仅受竖向荷载作用的三铰式静定结构导出的反力公式(3.8)或式(3.9)不再适用,但求反力的总体思路是相同的,即先用整体平衡条件求竖向反力,再用上部结构的两个刚片之一对顶铰的力矩平衡条件求水平反力。例如

$$F_{yB} = (60 \text{ kN} \times 6 \text{ m} + 10 \text{ kN/m} \times 3 \text{ m} \times 7.5 \text{ m} + 20 \text{ kN/m} \times 12 \text{ m} \times 6 \text{ m})/12 \text{ m}$$
$$= 168.75 \text{ kN}(\uparrow)$$

$$F_{xB} = (168.75 \text{ kN} \times 6 \text{ m} - 20 \text{ kN/m} \times 6 \text{ m} \times 3 \text{ m})/9 \text{ m} = 72.5 \text{ kN}(\leftarrow)$$

反力的计算结果示于图 3.21c,其中支座 A 处的两个反力的计算过程留给读者作为练习。这里需要强调的是:由于有水平荷载作用,刚架的两个水平反力并不构成一对平衡力。

求出两个部分的约束反力以后,内力的计算就不是什么新问题了。刚架的弯矩图见图 3.22,计算过程从略。

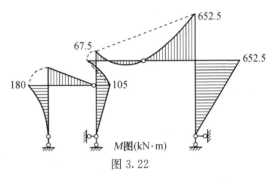

图 3.22

例 3 - 14 求图 3.23 所示的复合式静定桁架中斜腹杆 aB 的内力。

解 这个桁架是以左边的简支式桁架 $ACca$ 为基本部分加上右边的附属部分 $DEed$ 构成的。计算步骤大体上与前面相同,但因为只要求一根杆件的内力,所以在处理方法上可以灵活一些。

先看附属部分。它与基本部分(包括地基在内)以两根水平链杆和一根竖直支杆相连,因此很容易求得竖直支杆中的反力 $F_{yE} = 3F_P(\uparrow)$。

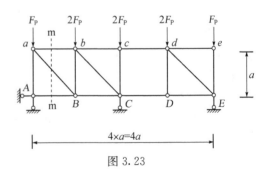

图 3.23

再考虑整体平衡条件 $\sum M_C = 0$,可得支座 A 的竖向反力 $F_{yA} = 3F_P(\uparrow)$。

最后,作截面 m - m,取其左边为隔离体,由平衡条件 $\sum F_y = 0$ 得 $F_{NaB} = 2\sqrt{2}F_P$。

*3.3.5 复杂静定结构

复杂静定结构是一个比较广泛的概念,凡不能按以上规则进行分析的静定结构都可以归入这一类型。这类结构的计算一般要涉及联立方程的求解,或者要用到一些特殊的技巧来避免求解联立方程。下面仅举两个例子。

例 3 - 15 求图 3.24 所示的拱式结构的支座反力。

解 容易看出,左右两个支座的水平反力相等且方向相反。设水平反力为 F_H,方向如图中所示。取 AE 为隔离体,利用平衡条件 $\sum M_E = 0$,可得

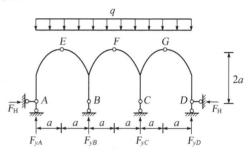

图 3.24

$$F_{yA} = 2F_H + qa/2 \qquad (a)$$

再取 $AEBF$ 为隔离体,利用平衡条件 $\sum M_F = 0$ 及式(a),可得

$$F_{yB} = 2F_H + 9qa/2 - 3F_{yA} = -4F_H + 3qa \qquad (b)$$

同理(或根据本例的对称性)可得

$$F_{yD} = 2F_H + qa/2, \quad F_{yC} = -4F_H + 3qa \qquad (c)$$

最后,由整体平衡条件 $\sum F_y = 0$,得

$$F_{yA} + F_{yB} + F_{yC} + F_{yD} = 6qa \qquad (d)$$

将式(a)、(b)、(c)中的各竖向反力代入式(d),解之得

$$F_H = qa/4$$

将 F_H 代回式(a)、(b)、(c),得

$$F_{yA} = F_{yD} = qa, \quad F_{yB} = F_{yC} = 2qa$$

讨论 本例共有 6 个未知反力。3 个整体平衡条件加上 3 个顶铰处力矩为零的条件正好提供了求解这些未知反力所需要的 6 个相互独立的平衡方程。以上解法以一个未知反力 F_H 为基本未知量,利用平衡条件将其余的未知反力都通过这个基本未知量表示出来,最后再利用一个平衡条件建立关于这个基本未知量的方程,解这个方程,求出基本未知量,其余的未知反力就迎刃而解了。从纷繁复杂的问题中抓住一个或几个关键的量,集中力量首先加以解决,从而使求解过程得到简化,这是一条重要的思路。在本章以后的内容中,将多次贯彻这一思路。

这个结构的几何组成是符合三刚片规则的(具体的分析请读者自己完成),但由于存在两个虚铰,对它不能用 3.3.3 节中的方法按三铰式静定结构计算其内力。以上方法本质上是建立和求解联立方程,只不过形式上比较简捷。由此可见,即使是按基本规则组成的静定结构,

也不一定能按"一个方程一个未知力"的简单步骤进行计算。

例 3-16 求图 3.25 所示桁架中杆 DG 和 GE 的内力。

解 本题的桁架是不能用基本规则进行几何组成分析的一个例子。用其他方法(例如零载法，见例 3-17)可以判断这是一个几何不变并且没有多余约束的静定结构。下面仍用上例的方法计算这个桁架。

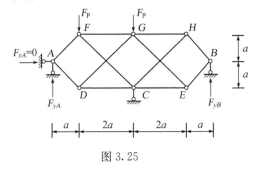

图 3.25

首先，$F_{xA}=0$；其次，以 F_{yA} 为基本未知量，由整体平衡条件 $\sum M_C=0$ 求得 $F_{yB}=F_{yA}-2F_P/3$；依次考虑结点 A、B、D、E 的平衡，得 $F_{yDG}=-F_{yA}/2$，$F_{yGE}=-F_{yB}/2=-F_{yA}/2+F_P/3$；最后，由结点 G 的平衡条件得 $F_P=-(F_{yDG}+F_{yGE})=F_{yA}-F_P/3$，解得 $F_{yA}=4F_P/3$，从而 $F_{yDG}=-2F_P/3$，$F_{NDG}=-2\sqrt{2}\,F_P/3$；$F_{yGE}=-F_P/3$，$F_{NGE}=-\sqrt{2}\,F_P/3$。

3.4 静定结构的特性

3.4.1 静定结构的基本特性

在本章的引言中为静定结构下了一个定义：在荷载作用下，如果结构的未知力仅用静力平衡方程即可完全确定，它就是一个静定结构。由这个定义可知，静定结构有以下基本特性：

特性 1 对于静定结构，静力平衡方程的解是唯一确定的。

静定结构的这一基本特性是与它的几何组成特性联系在一起的。在第 2 章中我们已经看到：体系按几何组成可以分为几何可变(包括瞬变)体系、几何不变并且没有多余约束的体系和几何不变并且有多余约束的体系三类。其中，几何可变体系在一般荷载下是不能满足平衡条件的，这是静力平衡方程无解的情况(在一般荷载下，瞬变体系的内力从理论上说是"无穷大"，这是静力平衡方程无解的特殊情况)；在几何不变并且有多余约束的体系(超静定结构)中，未知力的个数多于静力平衡方程的个数，静力平衡方程一般有无限多组解，这是静力平衡方程有解但不确定的情况；在几何不变并且没有多余约束的体系中，未知力的个数总是等于独立的静力平衡方程的个数，静力平衡方程有解并且其解是唯一确定的。因此，几何不变并且没有多余约束是结构静定的充分与必要条件，也是静定结构的几何特性。

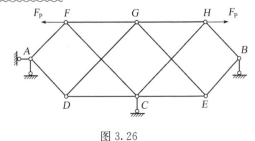

图 3.26

根据静定结构平衡方程解的唯一性这一基本特性，对于静定结构，不管用什么方法求出了满足平衡方程的一组内力和反力，都可以肯定它就是正确的解答。例如对于图 3.25 所示的复杂桁架，如果荷载是一对大小相等、方向相反的平衡力，分别作用在结点 F 和 H 上，如图 3.26 所示，很容易直观地找到它的内力和反力的一组解答：$F_{NFG}=F_{NGH}=F_P$，其余的内力和反力都为零。不难看出，这组解答满足桁架所有的平衡条件。只要能够肯定这个桁架是一个静定结构,根据静定结构平衡方程解的唯一性就可以断言,这组解答就是给定荷载下的正确解答。

关于静定结构的基本特性及其与几何组成特性的关系的更详细的论述,请参考参考书目中的[1]、[2]。

3.4.2 静定结构的其他特性

从"静力平衡方程解的唯一性"这一静定结构的基本特性出发,可以推出静定结构的其他一些有用的特性。

特性2 温度改变、支座位移和制造误差在静定结构中不引起内力。

在发生温度改变、支座位移和制造误差时,如果静定结构不受荷载作用,则它的内力(包括反力)为零的状态显然能满足平衡方程;而静力平衡方程的解是唯一的,所以这就是结构的实际状态。事实上,静定结构的所有约束都是必要约束,解除任何一个约束都将使结构转化为可动机构,它可在该约束的方向上自由地发生位移而不会在结构中引起任何内力。例如,在图 3.27 所示的桁架中,当杆件 AC 的长度因温度变化或制造误差而发生改变时,可以先解除杆件 AC 和结点 C 之间的约束,使结构的其余部分和改变长度后的 AC

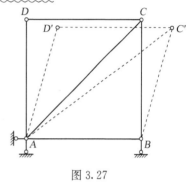

图 3.27

杆发生图中虚线所示的位移,再恢复杆件 AC 和结点 C 之间的约束;如果桁架的支座 B 发生下沉,可以看作是支座 B 在脱离上部结构的情况下先单独下沉,再使上部结构绕着结点 A 转动,与下沉后的支座 B 相遇并重新连接在一起(图略)。在以上两种情况下,结构中显然都不会产生任何内力或反力。

特性3 当静定结构的某一部分能在所受的荷载下维持平衡时,结构的其余部分不产生内力。

图 3.26 可作为说明这一特性的一个例子。在这个例子中,荷载是平衡力系,而在荷载下维持平衡的是两根相互铰接的杆件,它们组成一个几何可变体系,只能在特定的荷载下维持平衡。如果静定结构的某一部分是内部几何不变的,则它在任意平衡力系作用下都能维持平衡。由此可以得出以下的推论:当平衡力系作用于静定结构的一个内部几何不变部分时,结构的其余部分不产生内力。

在图 3.28a 所示的静定结构中,平衡力系作用于内部几何不变的小桁架 $CEDF$ 上,结构的其余部分不产生内力;图 3.28b 所示的静定结构中,$CEDF$ 受同样的平衡力系作用,但由于 $CEDF$ 是几何可变的,并且不能在该荷载作用下保持平衡,因此结构的其余部分也将产生内力。

特性4 对作用于静定结构的一个内部几何不变部分的荷载作静力等效代换,其余部分的内力不变。

45

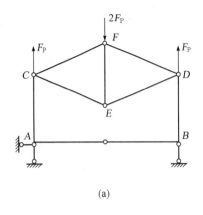

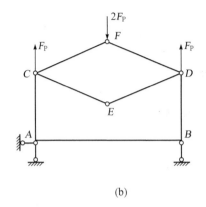

(a)   (b)

图 3.28

所谓"静力等效代换",指的是将一组荷载用另一组荷载代替,两者的合力(主向量)相同,对同一点的力矩(主矩)也相同。这两组荷载互为静力等效荷载。显然,如果将静力等效荷载全部反向,它将和原来的荷载组成一个平衡力系。

在图 3.29 中,如果用 F_P^* 代表 F_P 的静力等效荷载(即图中用虚线表示的大小分别为 $F_P/2$ 的两个力),用 F_S 和 F_S^* 分别代表荷载 F_P 及静力等效荷载 F_P^* 在桁架中引起的内力,则根据叠加原理,$F_P - F_P^*$ 在桁架中引起的内力为 $F_S - F_S^*$。因为 $F_P - F_P^*$ 是一个平衡力系,杆 AB 几何不变,所以由特性 3,在桁架的其余杆件中,$F_S - F_S^* = 0$,从而 $F_S = F_S^*$,即 F_P 和 F_P^* 在桁架的其余杆件中引起的内力相同。

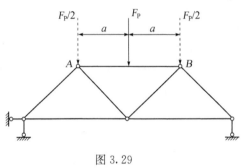

图 3.29

利用静定结构的这一特性,当静定桁架所受的荷载不是结点荷载时,可以按静力等效的原则,先将作用于杆件上的非结点荷载(用 F_P 表示)转化为结点荷载(F_P^*),计算桁架在 F_P^* 作用下的内力(这时桁架各杆只有轴力,称为主内力),再计算静力等效代换涉及的各杆在平衡力系 $F_P - F_P^*$ 作用下的内力(称为次内力,一般包括轴力、剪力和弯矩);将主内力和次内力叠加,就得到桁架的总内力。其他因素也会在桁架中引起次内力,见 3.6 节。

特性 5 将静定结构的一个内部几何不变部分变换为另一个几何不变体系,并且不改变它与结构其余部分的连接方式,其余部分的内力不变。

图 3.30a 所示的静定桁架中,三角形 ABC 是一个内部几何不变部分,对它作构造变换,得到图 3.30b 所示的桁架,其中 ABC 部分仍为内部几何不变,但在同样荷载的作用下,这部分杆件的内力将发生改变(请读者自行分析)。将图 3.30a 中的三角形 ABC 和其余四根杆件分开,作桁架各部分的隔离体受力图,如图 3.30c 所示,其中的各部分在所示荷载和内力的作用下均处于平衡状态。同样,将图 3.30b 中的三角形 ABC 也和其余杆件分开,并将图 3.30c 中的荷载和内力"照搬"过来,如图 3.30d 所示,显然桁架各部分仍将处于平衡状态。根据平衡方程解的唯一性,图 3.30d 就是图 3.30b 所示桁架各部分的真实受力状态。由此可见,图 3.30a、b 中除三角形 ABC 外的杆件的内力是相同的。

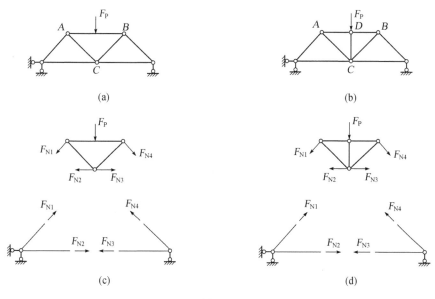

图 3.30

*3.5 零载法

零载法是应用静定结构的基本特性——静力平衡方程解的唯一性,对体系进行几何组成分析的一种特殊方法。应用零载法,可以解决某些用基本规则不能解决的体系几何组成分析的问题。

在 2.4 节中介绍了计算自由度(W)的概念。计算自由度对几何组成分析有一定的帮助。我们已经知道,如果 $W>0$,体系必定是几何可变的。但如果 $W=0$ 或 $W<0$,体系是否几何不变仍需要进一步分析。零载法所要回答的,是在 $W=0$ 这一前提下,体系是否几何不变的问题。

如果计算自由度 $W=0$,体系的几何组成无非有两种可能:一是几何不变,无多余约束;二是几何可变,有多余约束。在第一种情况下,结构是静定的,其静力平衡方程的解是唯一的;在第二种情况下,结构可在特定的荷载下维持平衡,但平衡方程的解不是唯一的(因为存在多余约束)。零载法正是利用这一特点,将体系是否几何不变的问题转化为特定荷载下静力平衡方程的解是否唯一的问题。

这里所说的"特定荷载"是零荷载,即体系不受荷载这一特殊情况。在零荷载的情况下,无论体系是否几何不变,它都是可以保持平衡的,体系的全部内力(包括反力,下同)为零显然是平衡方程的一组解。如果这是平衡方程的唯一解,即体系的全部内力只能为零,体系就是几何不变的;反之,如果平衡方程还有其他解答,即体系的全部或部分内力可不为零,体系就是几何可变的。

例 3-17 用零载法分析图 3.31 所示的体系是否几何不变。

解 体系的计算自由度 $W=8\times2-12-4=0$,符合零载法的条件。

在零荷载下,显然有 $F_{xA}=0$。设三个竖向反力如图所示,并且设 $F_{yC}=x$。依次考虑结点

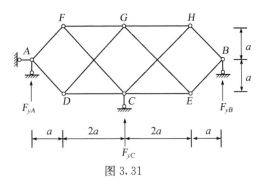

图3.31

C、F 和 A 的平衡条件并考虑结构和荷载的对称性，得 $F_{yCF}=F_{yCH}=-x/2 \rightarrow F_{yFA}=F_{yHB}=x/2$ $\rightarrow F_{yA}=F_{yB}=-x$。最后，考虑体系的整体平衡条件 $\sum F_y=0$，得 $x-2x=0$，从而 $x=0$，三个竖向反力都等于零，由结点法可知桁架的全部内力也都等于零。总之，体系在零荷载下的反力和内力只能是零，因此它是几何不变的。

例3-18 用零载法分析图3.32所示的体系是否几何不变。

解 体系的计算自由度 $W=5\times3-4\times2-7=0$，符合零载法的条件。

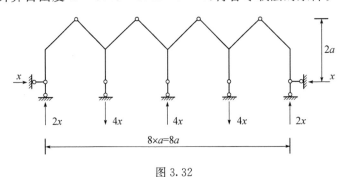

图3.32

在零荷载下，设水平推力为 x，用例3-15中的方法可求出四个边支座的竖向反力。再由体系的整体平衡条件 $\sum F_y=0$，求出中间支座的竖向反力。以上反力的计算结果见图3.32。由计算结果可见，不管 x 为何值，这组反力都是能够满足全部平衡条件的（相应地还可求出满足平衡条件的内力，这里从略）。换言之，体系在零荷载下有无限多组满足平衡方程的反力和内力的解，因此它是几何可变的。

3.6 各类结构的受力特点

在1.3节中，我们按构件的轴线形式、连接方式和受力特点将杆系结构分为梁、刚架、拱、桁架、组合结构和索式结构六类。在3.3节中，我们又按几何组成将静定杆系结构分为悬臂式、简支式、三铰式、复合式和复杂静定结构五类。这两种分类是相互交叉、相互渗透的，例如，梁可以是悬臂梁、简支梁或复合式梁（多跨静定梁），悬臂式静定结构包括悬臂梁、悬臂式刚架和悬臂式桁架等。3.3节中的例题是按第二种分类给出的，它们覆盖了第一种分类中除索式结构以外的五类结构。本节将按第一种分类方法，对各类结构的受力特点做进一步的讨论。

梁和刚架是由受弯构件组成的结构。在竖向荷载作用下，水平放置的直梁中只有弯矩和剪力，斜梁、曲梁和刚架中除弯矩和剪力外还有轴力，但一般说来，弯矩是梁和刚架的主要内力。

由于支座水平推力的作用，拱的内力以轴向压力为主。如果采用合理拱轴，拱在与拱轴形式相应的荷载下只产生轴向压力。

在理想条件下,桁架的杆件只受轴力(拉力或压力)作用。所谓理想条件指的是:桁架的杆件均为直杆且在结点理想铰接;所有的荷载均作用于结点。符合这两个条件的桁架称为理想桁架,在理想桁架中,所有的杆件均为二力杆。工程中实际使用的桁架总是或多或少地与理想桁架有所差别,但计算表明,只要桁架的杆件是细长的,这些差别的影响就是次要的,桁架仍可按理想条件计算,其计算结果称为主内力;由于桁架不符合理想条件而产生的附加内力称为次内力。3.4.2 节中讲过的由于非结点荷载而产生的附加内力就是一种次内力。

组合结构由分别具有梁和桁架特点的"梁式杆"和"桁架杆"组成,其中梁式杆的内力以弯矩为主,桁架杆只受轴力作用。

索式结构与拱式结构正好相反,在竖向荷载作用下其支座产生向外的水平张力,其主要受力部分(例如图 1.3f 中上部两个支座之间形成一条折线的六根杆件)只受轴向拉力作用。

以上对各类结构内力的情况做了一个大概的描述。从材料力学中我们已经知道:受弯杆件横截面上正应力的分布是不均匀的,而轴向受拉或受压的杆件,其横截面上正应力分布是均匀的。与受弯杆件相比,仅受轴力或以受轴力为主的杆件能更充分地利用材料的强度,因此也更经济。从这个角度可以说,拱、桁架和索式结构的性能要比梁和刚架优越。但是,拱和索式结构由于水平反力的存在而对支座有更高的要求(实际工程中常在拱式结构中设置拉杆以解决推力问题),桁架的结点较多且构造较为复杂,相比之下,梁是构造最简单、施工最方便的结构,因此在跨度不大的情况下,梁仍然是应用得比较广泛的一种结构形式。刚架的几何形状简洁,构造也比较简单,能提供较大的可用空间,在房屋建筑和桥梁结构中应用也十分广泛。实际工程中的刚架大多为超静定刚架。

鉴于过大的弯矩不利于材料的充分利用,人们总是设法降低结构中受弯杆件的弯矩值,主要的措施包括:

(1)改变支座设置,尽可能减小梁的跨度。

(2)利用一部分荷载产生负弯矩,抵消由于另一部分荷载产生的正弯矩。

(3)利用支座推力产生负弯矩,抵消由于荷载产生的正弯矩。

图 3.33 给出了采用上述第(1)(2)两点措施的两个例子。图 3.33a 和图 3.33b 分别是一个双伸臂梁和一个简支梁以及它们在均布荷载作用下的弯矩图,两根梁的长度相同,所受的荷载也相同,但两者的支座设置不同。由图可见,伸臂梁的最大弯矩只有简支梁的 1/5,这一方面是因为伸臂梁两个支座间的距离只有简支梁跨度的 3/5,另一方面,两个伸臂上的荷载所产生的负弯矩也部分地抵消了梁内的正弯矩。图 3.33c 所示的三跨静定梁在中间跨设了两个铰($x=l/8$),在均布荷载作用下,不仅中间跨的最大弯矩比跨度为 l 的简支梁的跨中弯矩减小了近一半,并且由于支座负弯矩的作用,边跨的最大弯矩也有所减小,见图 3.33d 所示的弯矩图。在多跨静定梁中,还可以适当选择中间铰的位置,使某一跨的指定截面(例如跨中截面)的弯矩和支座负弯矩的绝对值正好相等,见习题 3-20。

如果将图 3.33c 所示的三跨静定梁的两个铰 E 和 F 改为刚结点,它就成为一个三跨连续梁,其弯矩图的形状与图 3.33d 大致相同。连续梁与多跨静定梁的区别在于:连续梁每跨所受的荷载均在邻跨产生负弯矩,各跨相互影响;而在多跨静定梁中,只有附属部分所受的荷载对基本部分的内力有影响,基本部分所受的荷载对附属部分的内力则没有影响。连续梁是超静定结构,其内力的计算方法将在本书的第 6、7、8 章中涉及。

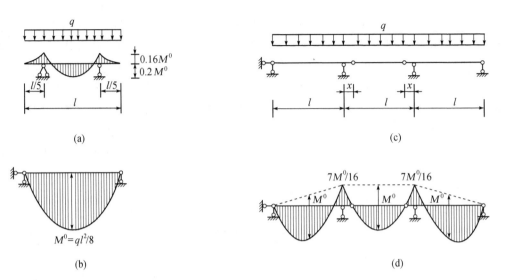

图 3.33

当结构的跨度较大,又不允许通过设置"落地"的中间支座来减小跨度时,除考虑桁架、拱等适合较大跨度的结构形式外,还可以采用图 3.34a 所示的组合结构形式,它相当于给支座 A、B 之间的梁设置了两个"悬空"的中间支座,将其变成了相互铰接的、跨度较小的两段伸臂梁。在集度为 q 的均布荷载作用下,结构的弯矩图如图中所示,弯矩的最大值(绝对值)只有相应简支梁最大弯矩($M^0 = ql^2/8$)的 1/9。

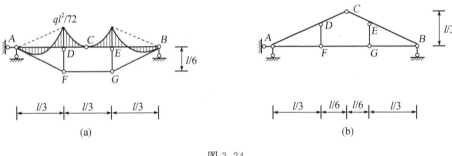

图 3.34

利用支座推力产生负弯矩以抵消荷载所产生的正弯矩(上述措施的第(3)点)可以说是拱式结构的"灵魂"。当采用合理拱轴时,支座推力产生的负弯矩完全抵消了荷载所产生的正弯矩,因此拱只受轴力作用。图 3.34b 所示的组合结构是一个三铰式结构,它的下弦拉杆 AF-GB 所提供的拉力相当于拱式结构中支座的推力。这个"推力"同样在梁式杆中起到了产生有利的负弯矩的作用。读者试证明:在集度为 q 的均布荷载作用下,该结构的最大弯矩只有相应简支梁最大弯矩的 1/4。

3.7 本章小结

（1）静定结构内力计算的基本方法是隔离体平衡法。隔离体平衡法的要点首先是要正确表示隔离体的受力状态，不要遗漏隔离体所受的任何外力（包括荷载和截断杆件暴露出的内力）；其次才是灵活地选取隔离体和平衡方程，尽量做到每次列出的方程只含一个未知力。

（2）几何组成分析对静定结构的内力计算很有帮助。清楚了结构的几何组成，就容易找到计算内力的正确途径，主要是隔离体和平衡方程的选取顺序。将静定结构分为悬臂式、简支式、三铰式等等，都是从它们的几何组成着眼的。因此，要养成几何组成分析的习惯。

（3）结点单杆和截面单杆是两个重要的概念。掌握了这两个概念，有助于简化内力计算和寻找计算的"突破口"。

（4）直杆荷载和内力间的微分关系及增量关系对于内力计算及其结果的校核很有帮助。要把这两个关系和内力图的形状联系起来，在解题中自觉地加以应用。

（5）直杆弯矩图的分段叠加法大大提高了作直杆弯矩图的速度。首先，要正确计算控制截面的弯矩；其次，对于简支梁在荷载作用下的弯矩图的作法要十分熟练，最好能熟记常用荷载下的弯矩图形及其关键数值（如 $\dfrac{ql^2}{8}$、$\dfrac{F_Pl}{4}$ 等）。

（6）静定结构的内力计算对于整个结构力学课程都是非常重要的基础。要熟练掌握这部分内容，没有足够的解题训练是不行的。3.3节中以相当数量的例题，具体演示了静定结构内力的计算方法。要认真体会这些例题的解题思路以及对一些具体问题的处理（例如将桁架斜杆的内力分解为竖直和水平分量等），并通过课后完成一定数量的习题加以掌握。

（7）3.3节虽然主要是求解例题，但也通过例题的分析和讨论得出了一些带普遍性的公式，它们均以数字系列的编号给出，例如关于三铰式结构反力和内力的公式(3.8)、(3.10)等，请读者予以注意。

（8）了解静定结构的特性，不仅有助于在某些特定条件下对静定结构的受力状态作出定性的判断，也为了解超静定结构的特性打下了基础，因为超静定结构的许多特性与静定结构正好相反。例如超静定结构的静力平衡方程的解不是唯一的；温度改变、支座位移和制造误差在超静定结构中会引起内力；等等。

（9）在计算自由度 $W=0$ 的情况下，用零载法可以解决某些用基本规则无法解决的几何组成分析问题。在这里可以再次看到几何组成分析与内力计算之间的密切关系。

（10）在本章的最后简略介绍了各类结构的受力特点。了解这些特点，有助于针对具体情况选择合理的结构形式和结构参数（例如拱式结构的高跨比），这对今后继续学习有关结构课程和进行结构设计是很有意义的。

思考题

3-1　用结点法求解时，隔离体上的未知力需要满足什么条件，才能仅由隔离体本身的平衡条件求出这些未知力？ 在图 3.1a 所示的结构中，设 $a=4$ m，$h=3$ m，有人在求 BG 杆的轴力时，先由整体平衡条件求出反力 F_{yB}，再取结点 B 为隔离体，用结点法求得 $F_{NBG}=5F_{yB}/3$。这样求解有什么问题（与例 3-11 比较）？

51

3-2 什么是结点单杆？什么是截面单杆？如何利用结点单杆和截面单杆的性质计算它们的内力？本章中的哪些例题在解题时用到了单杆的性质？

3-3 直杆的荷载和内力间的微分关系及增量关系在内力图上是如何反映的？在作内力图和对内力图进行校核时，如何利用这些关系？

3-4 如果直杆所受的分布荷载除 q_x 和 q_y 以外还有集度为 m（m 以顺时针方向为正）的分布力偶，则荷载和内力间的微分关系应如何修正？在内力图上的反映有何变化？

3-5 已知结构的弯矩图是否一定能作出结构的剪力图？已知结构的剪力图是否一定能作出结构的弯矩图？

3-6 什么是分段叠加法？在什么条件下可以应用分段叠加法？在弯矩图叠加时要注意什么问题？

3-7 为什么要对内力图进行校核？怎样校核？为什么要强调用计算时"未曾用过的"隔离体进行校核？

3-8 梁和刚架的受力特点有哪些相同？有哪些不同？

3-9 如何提高刚架弯矩图的作图速度？试总结之。

3-10 三铰拱式静定结构的支座推力（或系杆拉力）与哪些因素有关？如果给定三个铰的位置，支座推力（或系杆拉力）与拱的轴线形式有没有关系？

3-11 复合式静定结构在几何组成上有什么特点？这一特点与复合式静定结构的受力特点有何关系？

3-12 图 3.35 所示三跨静定梁受两种荷载作用。在这两种情况下，基本部分和附属部分各如何划分？由此看来，复合式静定结构中两类部分的划分在某些情况下是否还与所受的荷载有关？在什么情况下有关？

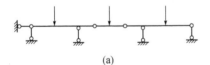
(a)

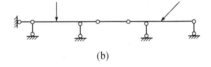
(b)

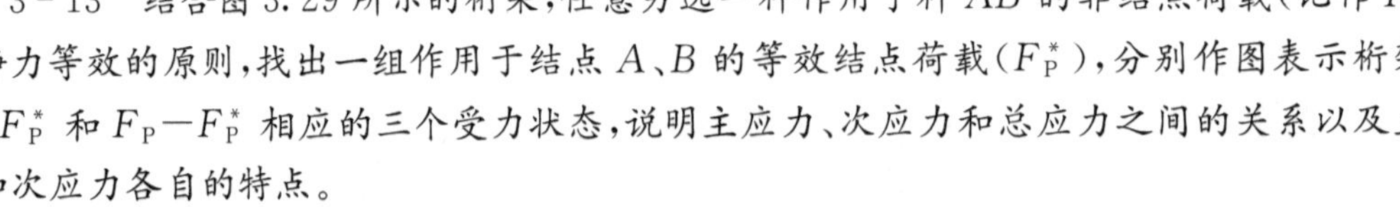

图 3.35

3-13 结合图 3.29 所示的桁架，任意另选一种作用于杆 AB 的非结点荷载（记作 F_P），按静力等效的原则，找出一组作用于结点 A、B 的等效结点荷载（F_P^*），分别作图表示桁架与 F_P、F_P^* 和 $F_P-F_P^*$ 相应的三个受力状态，说明主应力、次应力和总应力之间的关系以及主应力和次应力各自的特点。

3-14 在图 3.33a 所示的伸臂梁中，在荷载和梁的长度不变的条件下，如何选择伸臂的长度，使弯矩的绝对值为最小？

习 题

3-1 指出图 3.36 所示桁架中的零杆，并利用结点单杆的性质求图中标有数字的杆件的内力。

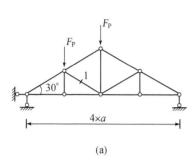

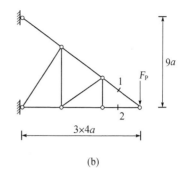

(a)

(b)

图 3.36

3-2 指出图 3.37 所示桁架中的零杆。

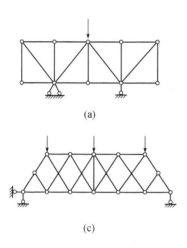

(a)

(b)

(c)

(d)

图 3.37

3-3 试指出截断哪些杆件,可使图 3.38 中标有数字的杆件成为截面单杆(图 3.38a 中设已求得支座反力)。

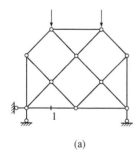

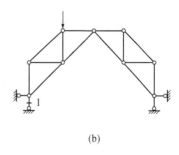

(a)

(b)

图 3.38

3-4 伸臂梁及其弯矩如图 3.39 所示,试利用荷载与内力的微分关系及增量关系作梁的剪力图,并求梁所受的横向荷载及反力。

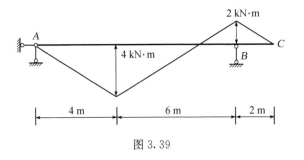

图 3.39

3-5 指出图 3.40 所示内力图中的错误并改正之。

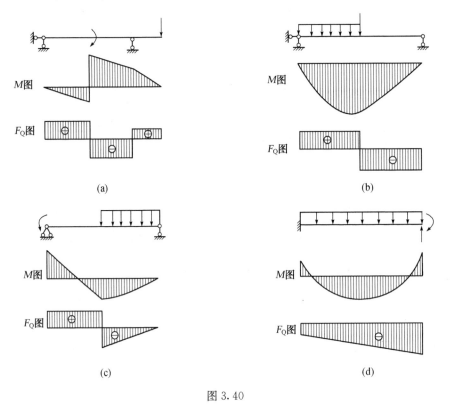

图 3.40

3-6 计算图 3.41 所示桁架各杆的轴力。

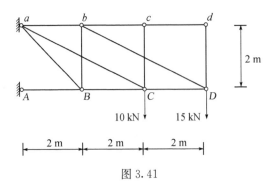

图 3.41

3－7　作图 3.42 所示刚架的内力图。

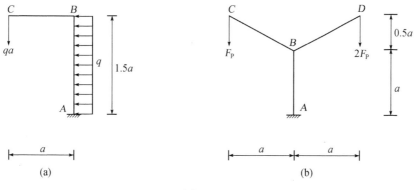

图 3.42

3－8　作图 3.43 所示斜梁的内力图。

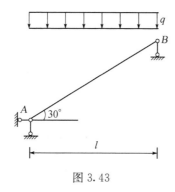

图 3.43

3－9　作图 3.44 所示伸臂梁的弯矩图和剪力图。

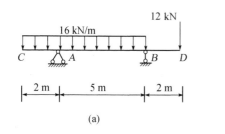
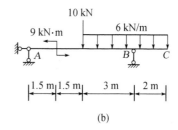

图 3.44

3－10　作图 3.45 所示刚架的弯矩图和剪力图。

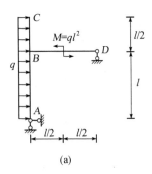
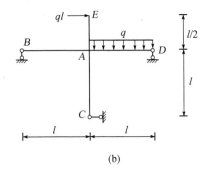

(a)   (b)

图 3.45

3-11 作图 3.46 所示刚架的内力图。

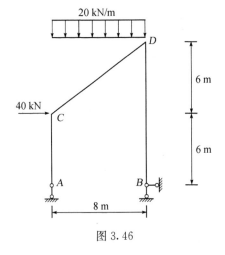

图 3.46

3-12 求图 3.47 所示桁架中标有数字的杆件的内力。

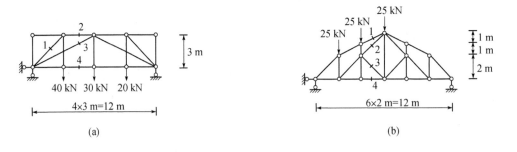

(a)   (b)

图 3.47

3-13 作图 3.48 所示刚架的内力图。

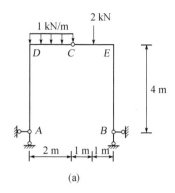

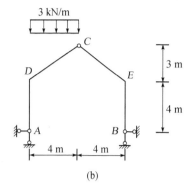

图 3.48

3-14 作图 3.49 所示刚架的弯矩图和剪力图。

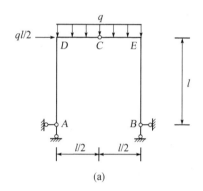

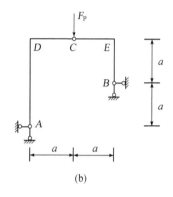

图 3.49

3-15 求图 3.50 所示三铰拱中截面 k 的内力。拱轴线的方程为 $y=x-x^2/8$。

3-16 图 3.51 所示三铰拱轴线的方程为 $y=x-x^2/16$，试作其内力图(计算及作图时将拱沿跨度方向分为八等份)。

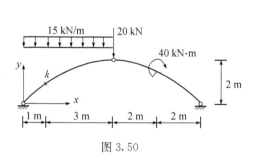

图 3.50

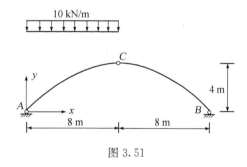

图 3.51

3-17 求图 3.52 所示桁架中标有数字的杆件的内力。

3-18 求图 3.53 所示组合结构中各杆的轴力,并作梁式杆的弯矩图。

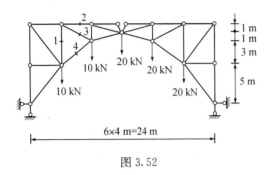

图 3.52

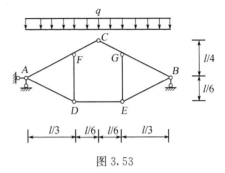

图 3.53

3-19 作图 3.54 所示多跨静定梁的弯矩图和剪力图。

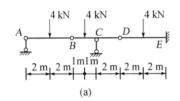

(a)

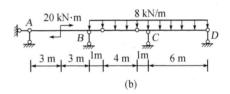

(b)

图 3.54

3-20 试选择图 3.55 所示多跨静定梁中铰 E 和 F 的位置,使支座 B、C 处的弯矩和 BC 跨中点的弯矩绝对值相等。

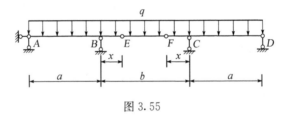

图 3.55

3-21 作图 3.56 所示刚架的弯矩图。

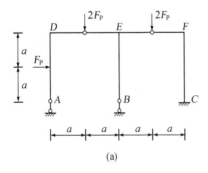

(a)

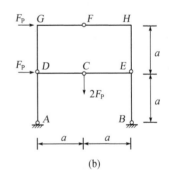

(b)

图 3.56

3-22 求图 3.57 所示组合结构中各杆的轴力,并作梁式杆的弯矩图。

3-23 试求图 3.58 所示结构的支座反力。

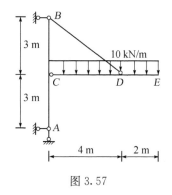

图 3.57

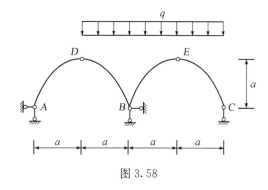

图 3.58

*3-24 用零载法分析图 3.59 示体系的几何组成。

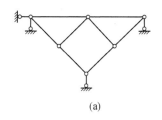

(a)

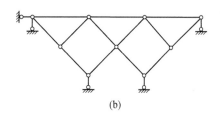

(b)

图 3.59

4 静定结构的位移计算

4.1 结构位移计算概述

本章讨论静定结构的位移计算问题。在绪论中已经说过:结构力学的主要研究内容之一,是结构的刚度分析。刚度分析的主要目的,是保证结构不产生过大的变形和位移。变形和位移的概念可通过图 4.1 所示的悬臂式刚架来说明。在荷载作用下,竖杆 AB 和水平杆的 BC 段要发生弯曲变形和剪切变形,并且分别发生压缩变形和拉伸变形;相应地,结构除支座以外的各个截面都要发生移动和转动,分别称为线位移和角位移。例如刚架的自由端 D 发生线位移 Δ_D 和角位移 θ_D,Δ_D 还可以分解为水平线位移 Δ_{Dx} 和竖直线位移 Δ_{Dy}。进行结构设计,首先必须满足一定的强度和稳定性要求,以保证结构能够安全使用。但如果结构的刚度不满足要求,结构还是不能正常使用。例如,房屋建筑的楼板或梁的挠度过大,即使结构并没有破坏,也会导致结构表面粉刷层的开裂甚至脱落;桥

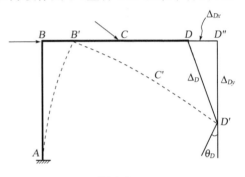

图 4.1

梁或工业厂房的吊车梁挠度过大,车辆或吊车的行驶就不平稳,并且会对结构产生振动、冲击等不利影响。为此,各类结构设计规范都对结构的变形做出了明确的限制,例如,规定吊车梁的最大挠度不得超过其跨度的 1/600。另外,在施工过程中有时也要对结构的位移实施分阶段监控。结构位移计算的最直接的目的,就是为了验算结构的刚度。

位移计算的另一个目的,是为超静定结构的内力计算打下基础。与静定结构不同,超静定结构的内力仅由静力平衡方程是不能完全确定的。为了计算超静定结构的内力,还必须满足结构的变形连续条件和位移约束条件,这就涉及结构的位移计算。从这个意义上可以说,位移计算是在静定结构的内力计算和超静定结构的内力计算之间架起的一座"桥梁"。

结构除受荷载作用以外,还可能受到支座位移、温度变化和制造误差等多种因素的影响。这些因素在静定结构中不产生内力,却都会在结构中引起位移和(或)变形。图 4.2a 所示桁架的杆件 AB 因为温度升高而伸长,图 4.2b 所示三铰拱的支座 B 向右发生了水平位移,它们变形后的情况分别如图中的虚线所示。在这两个例子中,尽管结构的形状从总体说来发生了改变,但图 4.2a 中的杆件 BC、图 4.2b 中的杆件 AC 和 CB 并没有变形,而只是发生了移动和转动,或者说发生了刚体位移。图 4.1 所示刚架中不受荷载作用的杆段 CD 的位移也是刚体位移。显然,如果这个刚架不受荷载作用而只是发生了支座位移,则整个结构的位移都将是刚体位移。总之,"没有变形的位移"在静定结构中是常见的,而"没有位移的变形"却是难以想象的,实际上也是不可能的。

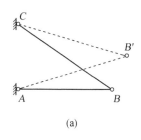

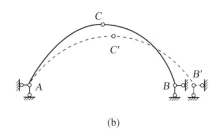

(a)   (b)

图 4.2

位移计算在本质上属于几何问题,因而可用几何方法加以解决。例如对于图 4.3 所示的刚架,设它的支座 A 发生了微小的转动 ϕ_A,求自由端点 C 的线位移。由于这个刚架只是随着支座的转动而绕着 A 点发生了刚体转动,图中的线段 AC 的转角与支座 A 的转角相同,因此不难求得 $\Delta_C = CC' = AC \times \phi_A = \sqrt{2}\,a\phi_A$(注意 ϕ_A 是微小的,因此有 $\tan\phi_A = \phi_A$);由三角形 ABC 和 $CC''C'$ 的相似性还可求得 Δ_C 的水平分量和竖直分量都等于 $a\phi_A$。

一般情况下,用几何方法计算结构的位移并不是十分方便的。这时最好是采用下面将要介绍的虚功法,它是本章所要介绍的计算位移的主要方法。下节将用虚功法重新计算图 4.3 中的 Δ_C。

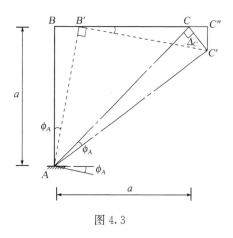

图 4.3

4.2 虚功原理和位移计算的一般公式

结构位移计算的虚功法是以变形体系的虚功原理为基础的。本节的任务,主要是介绍变形体系的虚功原理,进而导出结构位移计算的一般公式。考虑到有的读者可能没有学过质点系和刚体系的虚功原理,作为预备知识,先对这些与变形体系的虚功原理相关的原理作一扼要的叙述。

4.2.1 质点系和刚体系的虚功原理

1)质点的虚功原理(虚位移原理)

<u>质点处于平衡的充分与必要条件是:对于任意微小的虚位移,作用在质点上的各力所作的总功为零。</u>这就是质点的虚功原理,通常称为虚位移原理。下面为简便起见,以质点在平面内处于平衡的情况为例说明原理的正确性,它很容易推广到质点在空间处于平衡的情况。

设质点 A 在力 $F_1, F_2, \cdots, F_n$ 的作用下在 $x-y$ 平面内处于平衡状态,图 4.4。使质点 A 发生虚位移 Δ,这里的"虚"是指位移 Δ 是任意假定的,与作用于质点上的力无关。此外,我们还假定 Δ 是微小的,不影响质点所受的力的作用,即各力的大小和方向不因 Δ 的发生而改变。

在发生虚位移的过程中,力系所作的总功(因为是力系在虚位移上作的功,故称"虚功")为

$$W = \sum F_i \Delta \cos\theta_i$$
$$= \sum (F_{xi}\Delta_x + F_{yi}\Delta_y)$$
$$= \Delta_x \sum F_{xi} + \Delta_y \sum F_{yi} \qquad (\text{a})$$

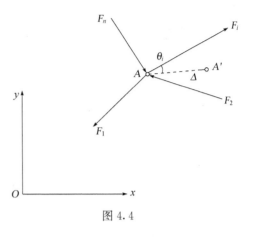

图 4.4

其中 F_{xi} 和 F_{yi} 分别表示力 F_i 在 x 轴和 y 轴上的投影，Δ_x 和 Δ_y 分别表示虚位移 Δ 在 x 轴和 y 轴上的投影；$\sum$ 表示对 i 从 1 到 n 求和。因为质点所受的力系是平衡的，故必有 $\sum F_{xi} = \sum F_{yi} = 0$，从而由式(a)可得 $W=0$，这就证明了原理的必要性方面。

反过来，如果对于任意微小的虚位移，力系所作的总功 $W = \Delta_x \sum F_{xi} + \Delta_y \sum F_{yi}$ 恒等于零，则由于虚位移的任意性，我们可以取 $\Delta_x \neq 0$ 和 $\Delta_y = 0$，从而由 $W=0$ 得 $\sum F_{xi}=0$。同理，取 $\Delta_x=0, \Delta_y \neq 0$，可得 $\sum F_{yi}=0$。因此，质点处于平衡状态。这就证明了原理的充分性方面。

2）质点系的虚功原理（虚位移原理）

图 4.5 表示一个由若干个质点组成的体系，其中 F_1、F_2、F_3 是作用于质点系的外力，未加标记的成对的力是质点之间相互作用的内力。如果质点系是平衡的，其中的任一质点也必定是平衡的。由质点的虚位移原理，对于质点系的任意微小的虚位移，每个质点所受的外力和内力的总功等于零，从而质点系的全部外力和内力的总功等于零。用 W_e 和 W_i 分别表示外力和内力在虚位移上所作的功（分别称为外虚功和内虚功），则有

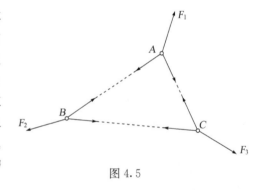

图 4.5

$$W_e + W_i = 0 \qquad (4.1)$$

反过来也可以说明（这里从略），如果对于任意微小的虚位移，式(4.1)恒成立，则质点系一定是平衡的。于是我们得到质点系的虚功原理：<u>质点系处于平衡的充分与必要条件是：对于任意微小的虚位移，外力和内力所作的总功为零。</u>

这个原理适用于任意质点系，包括刚体和变形体以及由刚体和变形体组成的体系。

3）刚体的虚功原理

刚体的虚功原理是质点系虚功原理的一个推论。首先，刚体也是一种质点系，因此式(4.1)也是刚体处于平衡的充分与必要条件；其次，刚体是一种特殊的质点系，其特殊性在于不管刚体怎样发生位移，刚体中任意两个质点间的距离保持不变，因此它们间的相互作用力（内力）在任意虚位移上所作的功等于零，从而可知全部内力在任意虚位移上所作的功的总和即内虚功 W_i 恒等于零。于是式(4.1)简化成

$$W_e = 0 \qquad (4.2)$$

相应的虚功原理表述为：<u>刚体处于平衡的充分与必要条件是：对于任意微小的虚位移，外</u>

力所作的总功为零。

4）刚体系的虚功原理

所谓刚体系,指的是由若干个刚体通过相互之间一定的约束形成的体系,例如图 4.6 所示的体系。我们假定体系中的约束都是理想约束,例如图中所有的铰都是无摩擦的,所有的支杆都是刚性的。刚体系的任意虚位移必须符合体系的约束条件。例如,图 4.6 中以虚线表示的虚位移必须满足 $\Delta_{Ax}=\Delta_{Ay}=\Delta_{By}=0$ 以及 $\Delta_C^L=\Delta_C^R$(铰 C 两边的虚位移相等)等条件。这些条件说明:无论是刚体相互之间,还是各刚体与地基之间,原有的约束关系

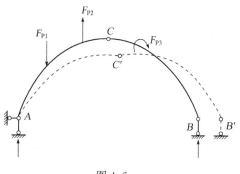

图 4.6

都不因虚位移而发生改变。这种符合体系约束条件的位移称为可能位移。当虚位移为可能位移时,各刚体上的内力和刚体之间的约束力(也是一种内力)以及地基反力都不作功,式(4.2)仍然成立,并且外虚功 W_e 也就是荷载在虚位移上的总功,因而式(4.2)可以具体地写成如下的形式:

$$\sum F_{Pi}\Delta_i=0 \tag{4.3}$$

其中 Δ_i 是相应于 F_{Pi} 的虚位移。注意,这里 F_{Pi} 可以是力、力偶或其他的广义力,Δ_i 则分别是相应的线位移、角位移或广义位移(关于广义力和广义位移的较详细的讨论参见 4.2.3 节),例如图 4.6 中与 F_{P3} 相应的 Δ_3 就是其作用截面的转角。刚体系的虚功原理可以表述为:<u>刚体系处于平衡的充分与必要条件是:对于符合约束条件的任意微小的虚位移,荷载所作的总功为零</u>。当式(4.3)中包含未知的物理量时,它就是一个方程,称为刚体系的虚功方程。

刚体系的虚功原理还可以用另一种形式来表述。在式(4.3)中,F_{Pi} 和 Δ_i 分别取自与同一体系有关的两组物理量:F_{Pi} 取自作用于体系的平衡力系,Δ_i 取自体系发生的可能位移,它们是相互对应的,同时又是相互独立的。如果问题是要求解未知力,我们可以任意虚设与力系无关的可能位移,这时式(4.3)等价于力系的平衡条件,虚功原理用上面的形式表述,可以称为虚位移原理;反过来,当要求解未知位移时,我们可以任意虚设与位移无关的平衡力系,这时式(4.3)等价于位移约束条件,虚功原理表述为:<u>刚体系的位移为可能位移的充分与必要条件是:任意平衡力系在位移上所作的总功为零</u>。这时虚功原理可以称为虚力原理。

与刚体系虚功原理的两种形式相应,它的应用主要也有两个方面:一是以虚位移原理的形式,应用于有关力的计算的问题,见下面的例 4-1;二是以虚力原理的形式,应用于有关位移计算的问题,见例 4-2 和例 4-3。此外,刚体系虚功原理还以虚位移原理的形式,应用于作静定结构的影响线和求极限荷载的问题(两者都属于有关力的计算的问题),见本书的第 8 章和第 12 章。

例 4-1 图 4.7a 所示机构在力 F_{P1}、F_{P2} 作用下处于平衡状态,试求 F_{P1} 与 F_{P2} 的比值。

解 令体系发生图中虚线所示的虚位移。在应用式(4.3)时,应注意式中的虚位移 Δ_i 与 F_{Pi} 同向为正,反向为负。这里 $\Delta_1=-\delta_1$,$\Delta_2=\delta_2$,代入式(4.3),得

$$-F_{P1}\cdot\delta_1+F_{P2}\cdot\delta_2=0 \tag{b}$$

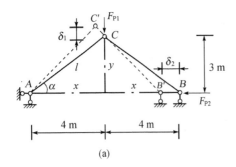

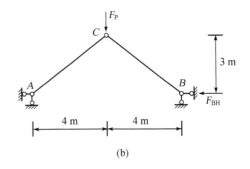

图 4.7

从而

$$F_{P1} : F_{P2} = \delta_2 : \delta_1 \qquad\qquad (c)$$

由式(c)可见,只要求出两个位移的比值,就求得了两个力的比值。这就把关于力的平衡的问题变成了一个几何问题。

为方便起见,设杆 AC、BC 的长度为 l,C 点的坐标为(x,y),则 B 点的坐标为$(2x,0)$。由图示几何关系可见 $x = l\cos\alpha$,$y = l\sin\alpha$,所以 $\delta_1 = dy = l\cos\alpha \, d\alpha$,$\delta_2 = -2dx = 2l\sin\alpha \, d\alpha$,代入式(c),得

$$F_{P1} : F_{P2} = 2\sin\alpha : \cos\alpha = 2\tan\alpha = 3 : 2$$

讨论 刚体系仅当几何可变即体系为可动机构时才有可能发生虚位移。但刚体系虚位移原理的应用并不局限于可动机构,它也可以应用于静定结构的反力和内力计算的问题。在计算静定结构的某一反力或内力时,先撤除与该反力或内力相应的约束,将结构转化为机构,并且将荷载和待求的反力或内力作用在这个机构上,就可以用虚功方程求解未知力。例如,要求图 4.7b 所示结构的支座 B 处的水平推力 F_{BH},用"以未知力取代约束"的方法,将它转化成与图 4.7a 相同的机构,就可由虚位移原理求得 $F_{BH} = 2F_P/3$。

例 4-2 图 4.3 所示刚架的支座 A 有微小的顺时针方向转角 ϕ_A,试用虚功法求自由端点 C 的水平位移 Δ_{Cx} 和竖向位移 Δ_{Cy}。

解 先求 Δ_{Cx}。在 C 点施加虚设的水平力 F_P,由平衡条件可得支座 A 处的水平反力和反力矩,如图 4.8 所示。虚功方程为

$$F_P \times \Delta_{Cx} + F_{Ax} \times 0 - M_A \times \phi_A = 0 \qquad (d)$$

$M_A \times \phi_A$ 前面的负号是因为两者方向相反。上式的两边同除以 F_P,得

$$1 \times \Delta_{Cx} + 1 \times 0 - a \times \phi_A = 0 \qquad (e)$$

图 4.8

最后得

$$\Delta_{Cx} = a\phi_A \ (\rightarrow)$$

Δ_{Cx} 的计算结果为正,说明位移的方向与虚设力的方向相同,以括号中的箭头表示。

64

同理，在 C 点施加虚设的竖向力，可得

$$\Delta_{Cy}=a\phi_A(\downarrow)$$

将 Δ_{Cx} 和 Δ_{Cy} 合成起来还可得到 C 点的总位移，其结果与 4.1 节中用几何法得到的相同。

讨论 为求位移而虚设的力系可以是任意的平衡力系，但为计算方便起见，当需要计算某截面指定方向的位移时，我们总是只在该截面的指定方向上施加虚设的荷载。此外，如果我们在求 Δ_{Cx} 时在 C 点施加的水平力是一个单位力 $F_P=1$，则支座 A 处的水平反力和反力矩将分别为 1 和 a，这样就可以直接写出形如式(e)的虚功方程而不必先写式(d)了，这样做显然更简单也更具有一般性。这种在所求位移的位置和方向上施加虚设单位力的方法称为单位荷载法，它将是本章计算位移的"一以贯之"的方法。

需要强调指出的是，所谓单位荷载 $F_P=1$，只是一种简约的说法，是一个荷载除以其自身之后所得到的结果，因此，它的数值是 1，量纲为 1。与单位荷载相应的反力和反力矩严格地说应称为"反力系数"和"反力矩系数"，是反力和反力矩与荷载的比值，它们与荷载相乘后才得到真正的反力和反力矩，因此它们的量纲分别比力和力矩低一个荷载的量纲。在结构力学中经常要用"单位量"作为研究问题的工具，读者以后在碰到"单位力"、"单位力偶"和"单位位移"之类的概念时，都应像这里讨论的一样理解。

例 4-3 图 4.9a 所示三铰刚架的支座 B 有微小的水平位移 a 和竖向位移 b，试用单位荷载法求顶铰 C 的竖向位移 Δ_{Cy}。

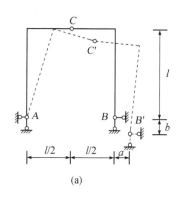
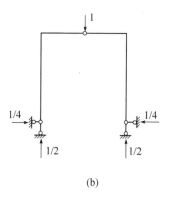

(a)　　　　　　　　　　　　　　(b)

图 4.9

解 在顶铰处加上竖向单位力，并求出相应的支座反力，如图 4.9b 所示。虚功方程为

$$1\times\Delta_{Cy}-\frac{1}{4}\times a-\frac{1}{2}\times b=0$$

解得

$$\Delta_{Cy}=\frac{a}{4}+\frac{b}{2}(\downarrow)$$

4.2.2 变形体系的虚功原理

当静定结构只受支座位移的作用时，结构中不产生内力，结构的各个构件都不产生变形而只发生刚体位移，所以静定结构在支座位移作用下的位移可以用基于刚体系虚功原理（虚力原

理)的单位荷载法来计算。当静定结构受其他因素(荷载、温度变化和制造误差等)作用时,结构中无论是否产生内力都将产生变形,位移计算不能继续应用刚体系虚功原理,而只能应用更一般的虚功原理,即质点系的虚功原理。质点系的虚功原理应用于变形体系,就是变形体系的虚功原理,它仍然可以用式(4.1)表示,即

$$W_e + W_i = 0 \tag{a}$$

这里 W_e 是相互平衡的外力(包括荷载和支座反力)在可能位移(包括与荷载相应的位移和支座位移)上所作的功,称为外虚功;W_i 是与外力相应(平衡)的内力在与可能位移相应(协调)的变形上所作的功,称为内虚功。下面结合一个实例,分别推导 W_e 和 W_i 的计算公式,进而导出变形体系虚功原理的具体表达式。

图 4.10a 表示一刚架受到荷载 F_{P1}、F_{P2} 作用,相应地,刚架产生支座反力 F_{R1}、F_{R2}、F_{R3},各个截面上产生弯矩 M、轴力 F_N 和剪力 F_Q。刚架的一个微段 ds 的受力情况如图 4.10b 所示。

图 4.10c 表示同一刚架发生位移(包括支座位移)和变形的情况,其中与上述 F_{P1}、F_{P2} 和 F_{R1}、F_{R2}、F_{R3} 相应的位移分别是 Δ_1、Δ_2 和 c_1、c_2、c_3,与 M、F_N 和 F_Q 相应的变形以微段 ds 为例,分别是微段两侧截面的相对转角 $d\theta$、微段的伸长 $d\lambda = \varepsilon ds$ 和剪切变形 $d\eta = \gamma_0 ds$,见图 4.11a、b、c,这里 ε 和 γ_0 分别是微段轴线的轴向正应变和微段的平均切应变。

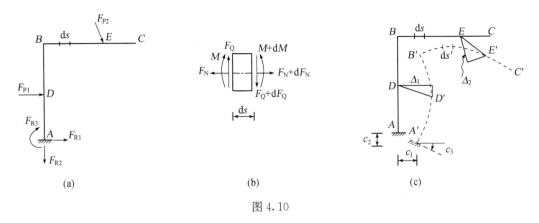

图 4.10

必须强调指出:上述荷载 F_{P1}、F_{P2},反力 F_{R1}、F_{R2}、F_{R3} 和内力 M、F_N、F_Q 代表一组满足全部平衡条件(包括整体的和任一局部的平衡条件)的平衡力系;位移 Δ_1、Δ_2、c_1、c_2、c_3 和变形 $d\theta$、$d\lambda$、$d\eta$ 则代表一组满足全部变形协调条件(包括约束条件和变形连续性条件)的可能位移与变形。这两组物理量是相互独立的,彼此不存在因果关系。

(1) W_e 的计算

使图 4.10a 中的荷载和反力在图 4.10c 中相应的位移上作功,就得到 W_e:

$$W_e = F_{P1}\Delta_1 + F_{P2}\Delta_2 + F_{R1}c_1 + F_{R2}c_2 + F_{R3}c_3$$

或写成紧凑的却更具一般性的形式:

$$W_e = \sum F_P\Delta + \sum F_R c \tag{b}$$

这里的两个"$\sum$"分别表示对所有的荷载和反力与相应的位移的乘积求和。

（2）W_i 的计算

在理想约束的条件下，结构构件之间的约束力均不作功，W_i 只包括构件的内力在相应的变形和位移上所作的功。为了计算 W_i，我们先来计算微段 ds 上的内力功 dW_i，而 dW_i 又可以利用虚功原理，通过作用于微段上的外力功 dW_e 来计算。由虚功原理，$dW_e + dW_i = 0$，所以

$$dW_i = -dW_e \tag{c}$$

注意，这里的"外力"，除作用于微段上的荷载以外，还包括由于截取微段而"暴露"出来的弯矩、轴力和剪力，它们对于结构而言是内力，对于微段而言则是外力。

从图 4.10c 可以看到，微段 ds 在发生弯曲、拉伸和剪切变形的同时，还要发生刚体位移。由于作用于微段上的外力是一个平衡力系（图 4.10b），它们在刚体位移上所作的功等于零，所以只需计算外力在微段变形上所作的功。其中荷载在微段变形上所作的功是高阶微量，可以忽略不计；弯矩、轴力和剪力分别只在 $d\theta$、$d\lambda$ 和 $d\eta$ 上作功，见图 4.11a、b、c。从图中不难看出，弯矩、轴力和剪力在微段变形上所作功的总和为

$$dW_e = M\,d\theta + F_N d\lambda + F_Q d\eta \tag{d}$$

计算中略去了高阶微量。

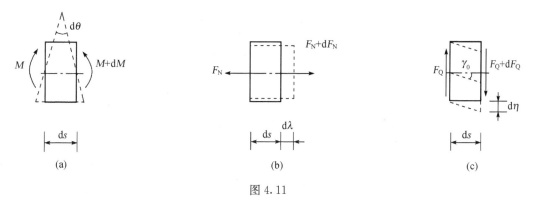

图 4.11

将式（d）代入式（c），得

$$dW_i = -M\,d\theta - F_N d\lambda - F_Q d\eta \tag{e}$$

将式（e）对各杆的长度积分，并将积分的结果相加，得

$$W_i = -\sum\int M\,d\theta - \sum\int F_N d\lambda - \sum\int F_Q d\eta \tag{f}$$

（3）虚功方程

将式（b）和式（f）代入式（a），得

$$\sum F_P\Delta + \sum F_R c - \sum\int M\,d\theta - \sum\int F_N d\lambda - \sum\int F_Q d\eta = 0$$

或

$$\sum F_P\Delta + \sum F_R c = \sum\int M\,d\theta + \sum\int F_N d\lambda + \sum\int F_Q d\eta \tag{4.4}$$

式（4.4）就是变形体系的虚功原理的具体表达式。它仅适用于平面结构，故又称为平面结

构的虚功方程。其中左边的两个求和号分别表示对所有的荷载、所有的反力求和;右边的三个求和号表示对所有的杆件求和,积分号表示对各杆的全长积分。

需要指出的是,关于"内虚功"W_i,各种结构力学教材中的定义是不统一的。有的教材将式(4.4)右边的$\sum\int M\,\mathrm{d}\theta+\sum\int F_N\mathrm{d}\lambda+\sum\int F_Q\mathrm{d}\eta$定义为内虚功,与本书的定义相差一个负号;相应的虚功原理为$W_e=W_i$,即"外虚功等于内虚功"。但是,尽管在"内虚功"的定义和虚功原理的文字表述上有差异,最后得到的虚功原理在公式表达上却是一致的,即都用式(4.4)来表达。

还要指出的是,在推导虚功方程时,我们要求力系是平衡的,位移和变形是协调的并且是微小的,此外并没有提出其他要求。因此式(4.4)有广泛的适用范围:它适用于各种形式的平面结构,包括梁、刚架、桁架、拱和组合结构;适用于由荷载、温度变化、支座位移和制造误差等各种因素引起的位移;适用于弹性材料和非弹性材料组成的结构;适用于静定结构和超静定结构。

和刚体系的虚功原理一样,变形体系的虚功原理也有两种形式:虚位移原理和虚力原理。在虚功原理涉及的两组物理量中,如果力系是实际的而位移和变形是虚设的,则虚功原理表现为虚位移原理;反过来,如果位移和变形是实际的而力系是虚设的,则虚功原理表现为虚力原理。本章的主要任务是应用虚力原理计算静定结构的位移。超静定结构的位移也可以用虚力原理来计算,5.8节将具体讨论这一问题。

4.2.3 结构位移计算的一般公式和步骤

1) 位移计算的一般公式

用虚力原理计算静定结构的位移,最方便的做法仍然是例4-2和例4-3中已经介绍过的单位荷载法,即在结构上与所求位移相应的位置和方向施加一个单位荷载"1",将单位荷载及其相应的内力和反力作为虚设力系,用虚功方程求解实际问题中的指定位移。与4.2.1节讨论过的静定结构由于支座位移而产生的位移的计算问题不同的是,现在的问题中结构的构件不仅有刚体位移而且还有变形,因此在应用虚功原理时,虚设的力系中除荷载和反力外还应该包含内力。

以图4.12a所示的刚架为例。设已知刚架的支座位移c_1、c_2、c_3和变形,其中一个代表性微段$\mathrm{d}s$的变形为$\mathrm{d}\theta$、$\mathrm{d}\lambda$和$\mathrm{d}\eta$,求刚架的某一截面E在图中给定的方向(以直线$i-i$表示)上的位移(即截面E的位移在$i-i$上的投影)Δ。图4.12a实际上也就是图4.10c,这里的Δ在图4.10c中以Δ_2表示,$\mathrm{d}\theta$、$\mathrm{d}\lambda$和$\mathrm{d}\eta$的意义参见与图4.10c有关的说明,这里不予重复。

为计算截面E在$i-i$方向上的位移Δ,按单位荷载法的思路,在E点以及$i-i$方向上施加单位力"1",用平衡条件求出相应于支座位移c_1、c_2、c_3的反力$\overline{F}_{R1}$、$\overline{F}_{R2}$、$\overline{F}_{R3}$以及与结构变形相应的内力,其中与代表性微段$\mathrm{d}s$的变形$\mathrm{d}\theta$、$\mathrm{d}\lambda$和$\mathrm{d}\eta$相应的内力分别为弯矩$\overline{M}$、轴力$\overline{F}_N$和剪力$\overline{F}_Q$,如图4.12b。这里在表示反力和内力的符号上都加了一个短横线,目的是强调它们都是由单位物理量(这里是单位荷载)引起的量,或者说它们分别是"反力系数"和"内力系数",参见例4-2后面的讨论。

对图4.12a所示的位移和变形和图4.12b所示的平衡力系应用虚功方程(4.4),得

$$1\times\Delta+\sum\overline{F}_{Ri}c_i=\sum\int\overline{M}\mathrm{d}\theta+\sum\int\overline{F}_N\mathrm{d}\lambda+\sum\int\overline{F}_Q\mathrm{d}\eta$$

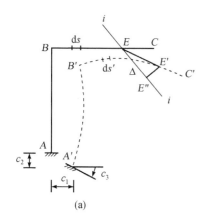

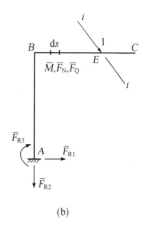

图 4.12

因此

$$\Delta = \sum \int \overline{M} \mathrm{d}\theta + \sum \int \overline{F}_{\mathrm{N}} \mathrm{d}\lambda + \sum \int \overline{F}_{\mathrm{Q}} \mathrm{d}\eta - \sum \overline{F}_{\mathrm{R}i} c_i \qquad (4.5)$$

这就是结构位移计算的一般公式。

式(4.5)中的物理量来自结构的两个状态:左边的位移 Δ 和右边的变形 $\mathrm{d}\theta$、$\mathrm{d}\lambda$、$\mathrm{d}\eta$ 以及支座位移 c_i 来自满足协调条件的实际位移和变形状态;左边的没有写出的单位荷载"1"和右边的内力 $\overline{M}$、$\overline{F}_{\mathrm{N}}$、$\overline{F}_{\mathrm{Q}}$ 以及支座反力 $\overline{F}_{\mathrm{R}i}$ 来自满足平衡条件的虚拟受力状态。

式(4.5)的适用范围与虚功方程式(4.4)相同:它适用于各种形式的平面结构;适用于由荷载、温度变化、支座位移和制造误差等各种因素引起的位移;适用于弹性材料和非弹性材料组成的结构;适用于静定结构和超静定结构。

2) 位移计算的一般步骤

根据上面的讨论,不难总结出用单位荷载法计算结构位移的一般步骤如下:

(1) 按照所求位移 Δ 的位置和方向,在结构上施加单位荷载。

(2) 利用平衡条件,计算结构相应于单位荷载的内力 $\overline{M}$、$\overline{F}_{\mathrm{N}}$、$\overline{F}_{\mathrm{Q}}$ 和反力 $\overline{F}_{\mathrm{R}i}$。

(3) 由给定的具体外因计算相应的变形 $\mathrm{d}\theta$、$\mathrm{d}\lambda$、$\mathrm{d}\eta$。

(4) 将第(2)(3)两步的计算结果代入式(4.5),求出指定的位移 Δ。

应该说,针对引起位移的各种不同外因,上述计算步骤的第(1)(2)(4)步是相同的,仅第(3)步有所不同。在计算静定结构由于支座位移而产生的位移时,因为支座位移在静定结构中不引起内力,结构的构件只是发生刚体位移而不发生变形,即式(4.5)中的 $\mathrm{d}\theta$、$\mathrm{d}\lambda$ 和 $\mathrm{d}\eta$ 处处为零,从而可以简化为

$$\Delta = -\sum \overline{F}_{\mathrm{R}i} c_i \qquad (4.6)$$

这就是静定结构由于支座位移引起的位移的计算公式。这个公式说明,计算静定结构由于支座位移而产生的位移,在上述第(2)步中只需要计算相应于单位荷载的反力 $\overline{F}_{\mathrm{R}i}$ 而无须计算相应的内力,上述第(3)步则完全不必执行。在应用公式(4.6)时要注意: $\overline{F}_{\mathrm{R}i}$ 和 c_i 的乘积当两者方向相同时为正,相反时为负。读者试用这个公式重新计算例 4-2 和例 4-3,这里不另举例。

计算静定结构由于其他因素引起的位移时,暂时不考虑支座位移,因而在上述第(2)步中无须计算反力 $\bar{F}_{Ri}$,式(4.5)简化为

$$\Delta = \sum \int \bar{M} \mathrm{d}\theta + \sum \int \bar{F}_{N} \mathrm{d}\lambda + \sum \int \bar{F}_{Q} \mathrm{d}\eta \tag{4.7}$$

下面举一个计算静定结构由于制造误差而产生的位移的例子。关于静定结构由于荷载和温度变化而产生的位移的计算问题,将分别在 4.3 节和 4.5 节中讨论。

例 4 - 4 图 4.13a 所示桁架的上弦杆 AC 和 BC 的下料长度各比应有长度长了 1 cm,而下弦杆 AD 和 BD 各短了 0.5 cm。试求结点 C 的竖向位移 Δ_{Cy}。

解 在结点 C 加上竖向单位力,并求出相应的轴力 $\bar{F}_{N}$,如图 4.13b 所示。由于各杆中均没有弯矩和剪力且轴力在杆件中为常数,式(4.7)可以简化为

$$\Delta = \sum \bar{F}_{N} \int \mathrm{d}\lambda \tag{a}$$

而 $\int \mathrm{d}\lambda = \Delta l$,$\Delta l$ 是单根杆件长度的变化,在这里也就是下料长度对应有长度的误差。于是式(a)可进一步简化为

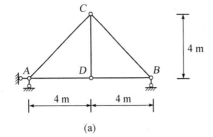

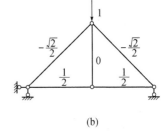

(a)   (b)

图 4.13

$$\Delta = \sum \bar{F}_{N} \, \Delta l \tag{b}$$

其中 $\bar{F}_{N}$ 以拉力为正,压力为负;Δl 以杆件偏长为正,偏短为负。将 $\bar{F}_{N}$ 和 Δl 的具体数值代入式(b),并注意到问题的对称性,可得

$$\Delta_{Cy} = 2 \times [(-\sqrt{2}/2) \times 1 + (1/2) \times (-0.5)] \mathrm{cm} = -1.91 \text{ cm} (\uparrow)$$

3) 广义位移的计算

在公式(4.5)中,拟求的 Δ 可以是线位移,也可以是角位移。在这两种情况下,施加的单位荷载分别是与 Δ 相应的单位力和单位力偶,单位荷载的虚功可以统一用下式表达为

$$W = 1 \times \Delta \tag{c}$$

有时,我们要求的并不是结构上某个截面的线位移或角位移,而是一些其他形式的位移,如某两个截面的相对线位移和相对转角,某根杆件的转角等,这些位移称为广义位移。下面结合一个例子,说明这类广义位移的计算方法。

图 4.14a 为一简支式刚架受荷载作用,虚线表示结构相应的变形,其 A、B 两个截面分别

发生水平位移$\Delta_A(\rightarrow)$和$\Delta_B(\leftarrow)$。如果我们要求的不是Δ_A和Δ_B,而是A、B两截面的相对线位移$\Delta=\Delta_{AB}$,Δ_{AB}以两截面相互接近为正,则显然有

$$\Delta=\Delta_A+\Delta_B \tag{d}$$

图 4.14

Δ当然可以通过在A和B分别施加水平单位力,先求出Δ_A和Δ_B,再相加所得结果的方法来求得,但这并不是求Δ的最好方法。如果我们同时在A和B施加水平单位力,如图4.14b,则应用虚功原理将得到

$$1\times\Delta_A+1\times\Delta_B+\sum\overline{F}_{Ri}c_i=\sum\int\overline{M}d\theta+\sum\int\overline{F}_Nd\lambda+\sum\int\overline{F}_Qd\eta \tag{e}$$

将式(d)代入式(e)并整理,就得到一个与式(4.5)完全相同的式子:

$$\Delta=\sum\int\overline{M}d\theta+\sum\int\overline{F}_Nd\lambda+\sum\int\overline{F}_Qd\eta-\sum\overline{F}_{Ri}c_i$$

这里Δ是式(d)所代表的广义位移,$\overline{M}$、$\overline{F}_N$、$\overline{F}_Q$和$\overline{F}_{Ri}$分别是同时施加于A和B的水平单位力所引起的内力和支座反力。

在上面的例子中,我们将同时施加于A和B的一对水平单位力(图4.14b)称为相应于式(d)所代表的广义位移Δ的广义单位力。广义单位力在广义位移Δ上所作的虚功同样可以用式(c)表示:

$$W=1\times\Delta_A+1\times\Delta_B=1\times\Delta$$

由以上讨论可以得出结论:公式(4.5)可用于计算任意的广义位移Δ,只要所加的单位荷载是与Δ相应的广义单位力。下面补充几个广义单位力的例子,见图4.15。在图4.15 d中,与BC杆的转角相应的广义单位力可以是作用于BC杆上的任意单位力偶,考虑到桁架一般只受结点荷载作用,所以采用了图示的特定形式。

(a) 求A、B两截面的相对转角

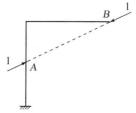

(b) 求A、B两点的相对线位移

71

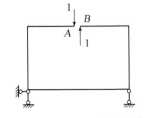
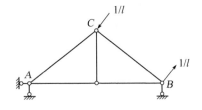

(c) 求A、B两截面的竖向相对线位移　　　　(d) 求BC杆的转角(l为BC杆的长度)

图 4.15

4.3 静定结构在荷载作用下的位移计算

前面已经说过,当暂时不考虑支座位移时,静定结构由于其他因素引起的位移可按式(4.7)计算:

$$\Delta = \sum \int \overline{M} \mathrm{d}\theta + \sum \int \overline{F}_{\mathrm{N}} \mathrm{d}\lambda + \sum \int \overline{F}_{\mathrm{Q}} \mathrm{d}\eta$$

其中 $\overline{M}$、$\overline{F}_{\mathrm{N}}$、$\overline{F}_{\mathrm{Q}}$ 是单位荷载引起的内力,由平衡条件确定;$\mathrm{d}\theta$、$\mathrm{d}\lambda$、$\mathrm{d}\eta$ 是由于实际的外因产生的变形。用单位荷载法计算静定结构由于荷载产生的位移,关键问题是确定结构在荷载作用下产生的变形 $\mathrm{d}\theta$、$\mathrm{d}\lambda$、$\mathrm{d}\eta$。

以 M_{P}、F_{NP} 和 F_{QP} 分别表示荷载在结构中引起的弯矩、轴力和剪力,这里下标"P"代表"荷载",强调这些内力是由荷载引起的。由材料力学可知

$$\mathrm{d}\theta = \frac{M_{\mathrm{P}}}{EI}\mathrm{d}s, \quad \mathrm{d}\lambda = \frac{F_{\mathrm{NP}}}{EA}\mathrm{d}s, \quad \mathrm{d}\eta = \frac{kF_{\mathrm{QP}}}{GA}\mathrm{d}s \tag{a}$$

其中 E 和 G 分别是材料的弹性模量和剪切弹性模量;I 和 A 分别是杆件截面的惯性矩和面积。因此,EI、EA 和 GA 分别是截面的抗弯、抗拉(压)和抗剪刚度。k 是与截面形式有关的系数,例如对矩形截面,$k=1.2$;对其他形状的截面,k 可从材料力学教科书或有关手册中查到。将式(a)代入式(4.7),就得到静定结构在荷载作用下的位移计算公式:

$$\Delta = \sum \int \frac{\overline{M} M_{\mathrm{P}}}{EI}\mathrm{d}s + \sum \int \frac{\overline{F}_{\mathrm{N}} F_{\mathrm{NP}}}{EA}\mathrm{d}s + \sum \int \frac{k\overline{F}_{\mathrm{Q}} F_{\mathrm{QP}}}{GA}\mathrm{d}s \tag{4.8}$$

公式(4.8)共涉及两组内力。其中 $\overline{M}$、$\overline{F}_{\mathrm{N}}$、$\overline{F}_{\mathrm{Q}}$ 是虚拟的单位荷载引起的内力;M_{P}、F_{NP}、F_{QP} 是实际荷载引起的内力。在应用这个公式计算位移时,要注意有关内力的符号。其中剪力和轴力的正负号规定与第 3 章相同;对弯矩可任意规定使杆件的某一侧纤维受拉为正,但对 $\overline{M}$ 和 M_{P} 的规定必须一致。

注意公式(4.8)的适用范围与计算位移的一般公式(4.5)有所不同。首先,式(4.5)适用于结构由于荷载、温度变化、支座位移和制造误差等各种因素而产生的位移的计算,而式(4.8)只适用于由荷载引起的位移的计算;其次,由于在推导过程中要用到计算弹性变形的公式(a),因此式(4.8)只适用于由弹性材料组成的结构,或结构在弹性阶段的位移计算。

式(4.8)是各种形式的平面结构在荷载作用下的弹性位移计算的一般公式,其等号右边的三项分别代表弯矩、轴力和剪力对位移的影响。对于不同形式的结构,这三者对位移的影响有

不同情况的主次之分。如果略去次要项,就可得到适用于不同结构形式的简化公式。

（1）梁和刚架

对于梁和刚架,轴力和剪力对位移的影响都比较小(参见下面的例4.5),通常只考虑弯矩的影响。因此式(4.8)简化为

$$\Delta = \sum \int \frac{\overline{M}M_P}{EI}ds \tag{4.9}$$

（2）桁架

桁架的各杆只受轴力作用并且轴力沿杆长为常数;抗拉刚度 EA 对于单根杆件一般也都是常数。因此式(4.8)中只需保留代表轴力影响的项,并且积分号后面除 ds 外的各项都可以提到积分号的前面,而 $\int ds$ 就是杆件的长度,记作 l,则式(4.8)简化为

$$\Delta = \sum \frac{\overline{F}_N F_{NP} l}{EA} \tag{4.10}$$

（3）组合结构

组合结构的杆件分为梁式杆和二力杆两类,其中对梁式杆只需考虑弯矩的影响,二力杆的情况则与桁架相同。式(4.8)简化为

$$\Delta = \sum \int \frac{\overline{M}M_P}{EI}ds + \sum \frac{\overline{F}_N F_{NP} l}{EA} \tag{4.11}$$

其中的两个 $\sum$ 号分别表示对梁式杆和二力杆求和。

（4）拱

对拱而言,剪力的影响一般总是可以忽略的。如果拱的轴线与合理拱轴相差较大,则轴力对位移的影响也可以忽略;反过来,如果拱的轴线与合理拱轴比较接近,则弯矩和轴力对位移的影响都必须考虑。式(4.8)简化为

$$\Delta = \sum \int \frac{\overline{M}M_P}{EI}ds + \sum \int \frac{\overline{F}_N F_{NP}}{EA}ds \tag{4.12a}$$

上式的一个特例是:拱的轴线就是合理拱轴,$M_P = 0$,因而右边只需保留轴力项。对于带拉杆的拱,还要考虑拉杆的轴力对位移的影响,相应的公式为

$$\Delta = \sum \int \frac{\overline{M}M_P}{EI}ds + \sum \int \frac{\overline{F}_N F_{NP}}{EA}ds + \frac{\overline{F}_N F_{NP} l}{EA} \tag{4.12b}$$

其中最后一项是拉杆的影响。

例 4 - 5 用式(4.8)求图 4.16a 所示刚架中 C 点的竖向位移,并比较弯矩、轴力和剪力对位移的影响。设刚架各杆的截面均为相同的矩形。

解 首先,作刚架在荷载作用下的弯矩图、轴力图和剪力图,见图 4.16b、c、d。

其次,在 C 点施加竖向单位荷载,如图 4.16e;作相应的内力图,见图 4.16f、g、h。

在 CB 杆和 AB 杆上分别建立坐标系 x 和 y,如图 4.16a。在这样的坐标系下,各杆由于实际荷载和虚拟单位荷载的内力如表 4.1 所示。

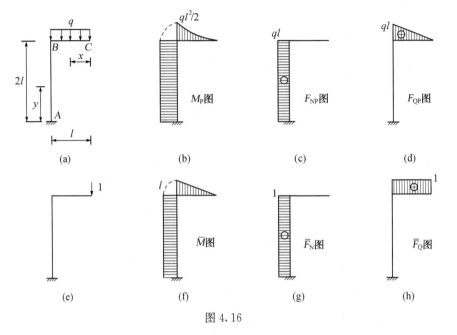

图 4.16

表 4.1

杆 件	弯 矩	轴 力	剪 力
CB	$\overline{M} = x$ $M_P = qx^2/2$	$\overline{F}_N = 0$ $F_{NP} = 0$	$\overline{F}_Q = 1$ $F_{QP} = qx$
AB	$\overline{M} = l$ $M_P = ql^2/2$	$\overline{F}_N = -1$ $F_{NP} = -ql$	$\overline{F}_Q = 0$ $F_{QP} = 0$

下面分别计算弯矩、轴力和剪力对所求位移的影响。

弯矩的影响为

$$\Delta_M = \sum \int \frac{\overline{M} M_P}{EI} \mathrm{d}s = \int_0^l \frac{x \cdot qx^2/2}{EI} \mathrm{d}x + \int_0^{2l} \frac{l \cdot ql^2/2}{EI} \mathrm{d}y = \frac{9ql^4}{8EI}$$

轴力的影响为

$$\Delta_N = \sum \int \frac{\overline{F}_N F_{NP}}{EA} \mathrm{d}s = \int_0^{2l} \frac{(-1) \cdot (-ql)}{EA} \mathrm{d}y = \frac{2ql^2}{EA}$$

剪力的影响为(对矩形截面,$k = 1.2$)

$$\Delta_Q = \sum \int \frac{k \overline{F}_Q F_{QP}}{GA} \mathrm{d}s = \int_0^l \frac{1.2 \cdot 1 \cdot qx}{GA} \mathrm{d}x = \frac{0.6ql^2}{GA}$$

将以上三项相加,得 C 点的竖向位移为

$$\Delta_{CV} = \Delta_M + \Delta_N + \Delta_Q = \frac{9ql^4}{8EI} + \frac{2ql^2}{EA} + \frac{0.6ql^2}{GA} (\downarrow)$$

设材料的泊桑比 $\mu = 0.3$,矩形截面的高和宽分别为 h 和 b,从而 $E/G = 2(1+\mu) = 2.6$, $I/A = h^2/12$。于是可得三种内力对位移的影响的比为

$$\Delta_{\mathrm{M}} : \Delta_{\mathrm{N}} : \Delta_{\mathrm{Q}} = 1 : 0.15(h/l)^2 : 0.12(h/l)^2$$

可见轴力和剪力的影响与截面高度对结构几何尺寸之比的平方成正比。如果 $h/l=1/10$，则两者的影响分别只有弯矩影响的 0.15% 和 0.12%。因此，对于由细长杆件组成的梁和刚架，计算位移时忽略轴力和剪力的影响是完全可以的。

例 4-6 已知图 4.17a 所示桁架各杆的弹性模量和横截面面积为

上弦杆　　　$E=3.0\times10^4$ MPa，$A=360$ cm^2

斜腹杆(GE、EH)　　$E=3.0\times10^4$ MPa，$A=270$ cm^2

下弦杆　　　$E=2.0\times10^5$ MPa，$A=7.6$ cm^2

直腹杆　　　$E=2.0\times10^5$ MPa，$A=3.8$ cm^2

求下弦中点 E 的竖向位移。

解　在 E 点施加竖向单位荷载，见图 4.17b。分别计算桁架在实际荷载和单位荷载作用下的内力，按式(4.10)计算 E 点的竖向位移。为使计算条理化和避免出错，对于杆件较多的桁架，计算宜列表进行，如表 4.2 所示。表中的最后一行为最后的计算结果，即

$$\Delta_{EV} = 0.38 \text{ cm}(\downarrow)$$

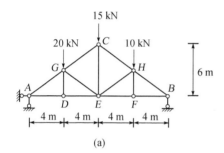

(a)

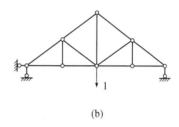

(b)

图 4.17

表 4.2

杆 件		EA (kN)	l (m)	F_{NP}(kN)	$\overline{F}_N$	$\overline{F}_N F_{NP} l/(EA)$ (m)
上弦杆	AG			-41.67	-0.83	1.60×10^{-4}
	GC	1.08×10^6	5.0	-25.00	-0.83	0.96×10^{-4}
	CH			-25.00	-0.83	0.96×10^{-4}
	HB			-33.33	-0.83	1.28×10^{-4}
斜腹杆	GE	0.81×10^6	5.0	-16.67	0	0
	EH			-8.33	0	0
下弦杆	AD			33.33	0.67	5.88×10^{-4}
	DE	1.52×10^5	4.0	33.33	0.67	5.88×10^{-4}
	EF			26.67	0.67	4.70×10^{-4}
	FB			26.67	0.67	4.70×10^{-4}
直腹杆	DG		3.0	0	0	0
	EC	0.76×10^5	6.0	15.00	1.00	11.84×10^{-4}
	FH		3.0	0	0	0
Σ						0.38×10^{-2}

例 4-7 图 4.18a 所示半圆形三铰拱受均布荷载作用,求顶铰 C 左右两个截面的相对转角。

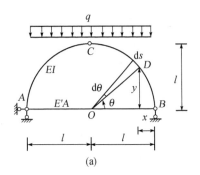

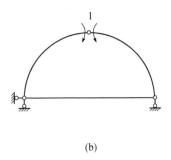

图 4.18

解 在顶铰 C 左右两个截面施加一对单位力偶,如图 4.18b。分别计算三铰拱由于均布荷载和广义单位力偶的内力如下。

(1) 由于均布荷载的内力

拉杆 AB 的轴力 $F_{NP}=F_{HP}=M_C^0/f=(ql^2/2)/l=ql/2$

截面 D 的弯矩 $M_P=M_P^0-F_{HP}\,y=qlx-qx^2/2-(ql/2)y$

$$=ql^2(1-\cos\theta)-ql^2(1-\cos\theta)^2/2-ql^2\sin\theta/2$$

$$=ql^2(\sin^2\theta-\sin\theta)/2$$

(2) 由于广义单位力偶的内力(计算过程从略)

拉杆 AB 的轴力 $\overline{F}_N=1/l$

截面 D 的弯矩 $\overline{M}=-\sin\theta$

与均布荷载相应的合理拱轴为二次抛物线,与圆弧线相差较大,计算位移时,对曲杆部分可以只考虑弯矩的影响,因而上面没有计算曲杆的轴力和剪力。拉杆轴力的影响则必须考虑。此外,由于在计算位移时要对圆弧杆求积分,用极坐标比较方便,所以这里取 θ 为自变量。

求相对转角的公式为

$$\phi_{cc}=\sum\int\frac{\overline{M}M_P}{EI}\mathrm{d}s+\frac{\overline{F}_N F_{NP}}{E'A}\cdot 2l$$

右边的第一项中, $\sum$ 表示对拱的左右两根曲杆求和,计算时可利用对称性;第二项代表拉杆的影响。具体计算如下:

$$\phi_{cc}=2\int_0^{\pi/2}\frac{(-\sin\theta)\cdot ql^2(\sin^2\theta-\sin\theta)/2}{EI}\cdot l\mathrm{d}\theta+\frac{(1/l)\cdot ql/2}{E'A}\cdot 2l$$

$$=\frac{ql^3}{12EI}(3\pi-8)+\frac{ql}{E'A}(\curvearrowright)$$

其中第一项为曲杆弯矩的影响,第二项为拉杆轴力的影响。它们的和为正值,所以 ϕ_{cc} 的方向与图 4.18b 中的广义单位力偶的方向相同。

4.4 图乘法

在例 4-5 和例 4-7 中,我们计算过下列形式的积分值:

$$\int \frac{M_i M_k}{EI} ds \tag{a}$$

其中 M_i 和 M_k 以函数形式表达。对于梁和刚架以及组合结构中的梁式杆,这种形式的积分计算常可利用本节将要介绍的图乘法得到简化。

(1) 图乘法的条件及其公式

应用图乘法的条件是:

① 杆件的轴线为直线。

② 杆件的截面不变,EI 为常数。

③ M_i 和 M_k 的图形中至少有一个为直线。

在同时满足以上三个条件的情况下,式(a)所示的积分可按下式计算:

$$\int \frac{M_i M_k}{EI} ds = \frac{1}{EI} \omega y_0 \tag{4.13}$$

下面结合图 4.19 对式(4.13)加以说明和证明。

在图 4.19 中,AB 为结构中相应于式(a)的积分区间的直杆段;M_i 图为直线;在 AB 段,M_k 图的形心为 C,面积为 ω;M_i 图中对应于 C 点的纵坐标为 y_0。式(4.13)说明:设 M_i 图为直线,则 $\int \frac{M_i M_k}{EI} ds$ 等于 M_k 图的面积与它的形心所对应的 M_i 图的纵坐标的乘积除以抗弯刚度。

式(4.13)可证明如下。

将杆轴取为 x 轴。若 M_i 图平行于 x 轴,即在 AB 段上 M_i 为常数,则式(4.13)的正确性是明显的,因为在此情况下 $M_i = y_0$ 和 EI 均为常数,故都可以提到积分号前面去;而 $\int M_k ds$ 就等于 M_k 图的面积 ω。因此不妨设 M_i 图不平行于

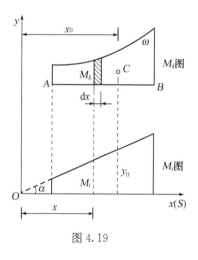

图 4.19

x 轴。取 M_i 图直线与 x 轴的交点 O 为坐标原点,并设该直线的倾角为 α,则 $M_i(x) = x \tan \alpha$,$\tan \alpha$ 为常数。于是

$$\int \frac{M_i M_k}{EI} ds = \int_A^B \frac{x \tan\alpha M_k}{EI} dx = \frac{\tan\alpha}{EI} \int_A^B x M_k dx \tag{b}$$

式(b)最右边的积分就是 AB 段 M_k 图对 y 轴的静面矩,因而有

$$\int_A^B x M_k dx = \omega \cdot x_0 \tag{c}$$

这里 ω 和 x_0 分别是 M_k 图的面积及其形心 C 到 y 轴的距离。将式(c)代入式(b),就得到

$$\int \frac{M_i M_k}{EI} ds = \frac{\omega \cdot x_0 \tan\alpha}{EI} = \frac{\omega \cdot y_0}{EI}$$

77

这就证明了式(4.13)。

（2）常用图形的面积及形心位置

直杆弯矩图常常是由一些简单的几何图形组成的。图4.20给出了一些常用图形的面积以及它们的形心的位置。掌握了这些图形的面积及形心位置,才能真正达到用式(4.13)简化积分计算的目的。

在图4.20中,所谓"顶点"指的是抛物线的极值点。顶点处的切线与基线平行。图中的四个抛物线的顶点均位于区间的端点或中点,这样的抛物线与基线围成的图形称为标准抛物线图形。图中的抛物线称为"标准"抛物线正是这个意思。在用图乘法计算位移时,一定要注意标准图形与非标准图形的区别。

（3）用图乘法计算梁和刚架的位移

用图乘法计算梁和刚架的位移,一般先要对梁和刚架进行分段,使图乘法的三个条件在每一段上都得到满足;其次,在分段计算时,如果取为"M_k"的弯矩图不是标准图形,则还要对它进行"分块"（块的划分与叠加法作弯矩图一致）,使所得到的每一块图形都是面积已知且形心位置确定的标准图形。例如在图4.21中,M_k图为二次抛物线却不是标准图形,将它分为一个三角形和一个抛物线图形,这两个"子图形"都是标准图形,其中抛物线图形以三角形的斜边为基线,抛物线上对应于基线中点处的切线平行于基线,因此它的面积和形心可按图4.20f的情况来计算和确定,即$\omega_2 = 2lh_2/3$,形心C_2的水平投影位于杆段的中点。具体的积分计算如下:

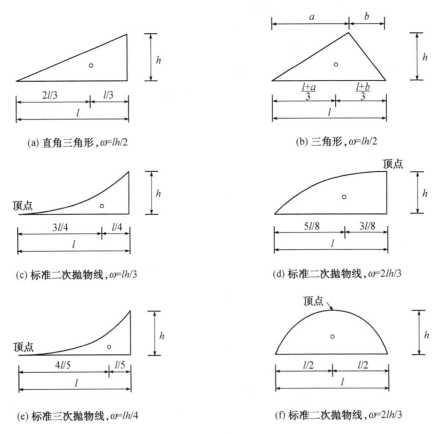

(a) 直角三角形,$\omega=lh/2$

(b) 三角形,$\omega=lh/2$

(c) 标准二次抛物线,$\omega=lh/3$

(d) 标准二次抛物线,$\omega=2lh/3$

(e) 标准三次抛物线,$\omega=lh/4$

(f) 标准二次抛物线,$\omega=2lh/3$

图4.20

$$\int \frac{M_i M_k}{EI} ds = \int \frac{M_i (M_{k1} + M_{k2})}{EI} dx$$
$$= \int \frac{M_i M_{k1}}{EI} dx + \int \frac{M_i M_{k2}}{EI} dx$$
$$= \frac{1}{EI} (\omega_1 y_{01} + \omega_2 y_{02})$$

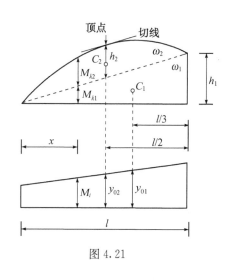

图 4.21

注意,在计算基线倾斜的图形的面积时,l 和 h 应分别取为基线水平投影的长度和基线端点或中点处的纵坐标。图 4.21 中的标准抛物线图形是一个例子,图 4.22 给出另外两个例子,分别对应于图 4.20 中 a、c 两种情况。

在应用图乘法时还要注意 ω 和 y_0 的乘积的符号问题:如果 ω 所代表的图形和 y_0 在基线的同侧,它们的乘积为正;反之,如果 ω 和 y_0 在基线的异侧,则乘积为负。

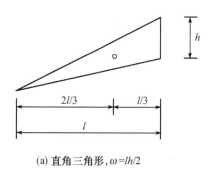

(a) 直角三角形,$\omega = lh/2$ (b) 标准二次抛物线,$\omega = lh/3$

图 4.22

例 4-8 图 4.23a 所示的简支梁受均布荷载并在 B 端受集中力偶作用,试求 A 端截面的转角 ϕ_A。

解 在 A 端施加单位力偶,分别作 M_P 图和 $\overline{M}$ 图,如图 4.23b、c 所示。将 M_P 图分为一个三角形和一个标准二次抛物线图形,其中三角形在基线以上,抛物线图形在基线以下;与它们的形心相应的 $\overline{M}$ 图中的两个纵坐标都在基线以上。因此三角形与相应纵坐标的乘积为正,抛物线图形与相应纵坐标的乘积为负。

$$\phi_A = \frac{1}{EI} \left[\left(\frac{1}{2} \cdot l \cdot \frac{1}{8} q l^2 \right) \frac{1}{3} - \left(\frac{2}{3} \cdot l \cdot \frac{1}{8} q l^2 \right) \frac{1}{2} \right]$$
$$= -\frac{q l^3}{48 EI} (\curvearrowleft)$$

例 4-9 试求图 4.24a 所示刚架中结点 B 的水平位移 Δ_{BH}。

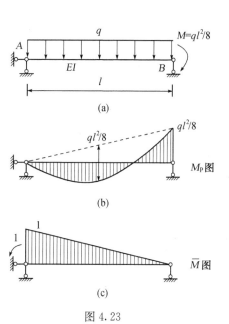

图 4.23

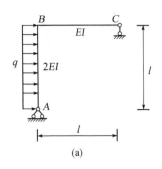
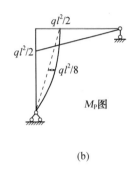
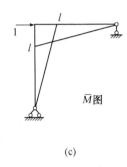

M_P图 $\overline{M}$图

(a) (b) (c)

图 4.24

解 在结点 B 施加单位水平力,分别作 M_P 图和 $\overline{M}$ 图,如图 4.24b、c 所示。在 AB 段,将 M_P 图分为一个三角形和一个标准二次抛物线图形,这两个图形以及与它们的形心相应的 $\overline{M}$ 图的两个纵坐标都在基线右侧。BC 段的两个弯矩图都是直线图形,可将其中任意一个取为 "M_i",下面仍取 $\overline{M}$ 图为"M_i"。BC 段的 M_P 图本来就是标准图形,无须分块。

$$\Delta_{BH}=\frac{1}{2EI}\left[\left(\frac{1}{2}\cdot l\cdot\frac{1}{2}ql^2\right)\frac{2l}{3}+\left(\frac{2}{3}\cdot l\cdot\frac{1}{8}ql^2\right)\frac{l}{2}\right]+\frac{1}{EI}\left(\frac{1}{2}\cdot l\cdot\frac{1}{2}ql^2\right)\frac{2l}{3}=\frac{13ql^4}{48EI}(\rightarrow)$$

讨论 如果能够由支座 C 处无水平反力看出 AB 杆上端的剪力为零,因而弯矩在此处取极值,AB 段的 M_P 图本来就是一个标准二次抛物线图形,则可以不对 M_P 图进行分块。上述计算可以简化如下:

$$\Delta_{BH}=\frac{1}{2EI}\left(\frac{2}{3}\cdot l\cdot\frac{1}{2}ql^2\right)\frac{5l}{8}+\frac{1}{EI}\left(\frac{1}{2}\cdot l\cdot\frac{1}{2}ql^2\right)\frac{2l}{3}=\frac{13ql^4}{48EI}(\rightarrow)$$

例 4-10 试求图 4.25a 所示悬臂梁自由端 C 的竖向位移 Δ_{CV}。

解 在 C 端施加单位竖向荷载,分别作 M_P 图和 $\overline{M}$ 图,如图 4.25b、c 所示。注意此梁分为两个等截面段,但两段的 EI 互不相等,因此应分段进行图乘法计算。在 BC 段,M_P 图为标准二次抛物线,无须分块;AB 段的 M_P 图不是标准图形,分为一个梯形和一个标准抛物线图形,梯形仍不是标准图形,于是进一步将它分为两个三角形。这两个三角形都在基线以上而抛物线图形在基线以下,三个图形对应的纵坐标都在基线以上。

上述 M_P 图中的各个子图形的形心所对应的 $\overline{M}$ 图的纵坐标分别为

AB 段标准抛物线图形:$\frac{1}{2}\times\left(\frac{l}{2}+l\right)=\frac{3}{4}l$

AB 段小三角形:$\frac{2}{3}\times\frac{l}{2}+\frac{1}{3}\times l=\frac{2}{3}l$

AB 段大三角形:$\frac{1}{3}\times\frac{l}{2}+\frac{2}{3}\times l=\frac{5}{6}l$

BC 段标准抛物线图形:$\frac{3}{4}\times\frac{l}{2}=\frac{3}{8}l$

因此所求位移为

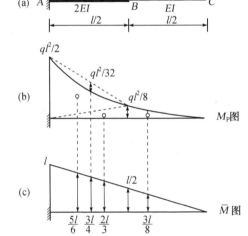

图 4.25

$$\Delta_{CV}=\frac{1}{2EI}\left[\left(\frac{1}{2}\cdot\frac{l}{2}\cdot\frac{l}{8}ql^2\right)\frac{2l}{3}+\left(\frac{1}{2}\cdot\frac{l}{2}\cdot\frac{1}{2}ql^2\right)\frac{5}{6}l-\left(\frac{2}{3}\cdot\frac{l}{2}\cdot\frac{1}{32}ql^2\right)\frac{3l}{4}\right]+$$

$$\frac{1}{EI}\left(\frac{1}{3}\cdot\frac{l}{2}\cdot\frac{1}{8}ql^2\right)\frac{3l}{8}=\frac{17ql^4}{256EI}(\downarrow)$$

4.5 静定结构在温度变化作用下的位移计算

计算静定结构由于温度变化而产生的位移,我们要重新回到不考虑支座移动的位移计算的一般公式(4.7),关键是确定结构的实际变形量 $d\theta$、$d\lambda$ 和 $d\eta$。由于静定结构在温度变化时不产生内力,因此结构的变形完全是材料热胀冷缩的结果。

图 4.26 示结构中的一个长度为 ds 的微段,截面的高度为 h,轴线到上下边缘的距离分别为 h_1 和 h_2。设杆件上下两个边缘的温度变化分别为 t_1 和 t_2,并且温度变化沿截面的高度是线性变化的,则上下边缘的温差为

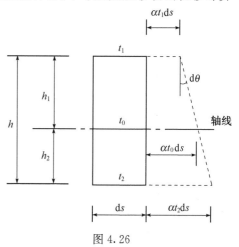

图 4.26

$$\Delta t = t_2 - t_1 \tag{4.14a}$$

杆件轴线的温度变化为

$$t_0 = \frac{h_1 t_2 + h_2 t_1}{h} \tag{4.14b}$$

对于对称截面,$h_1 = h_2 = h/2$,则由式(4.14b)可得

$$t_0 = (t_1 + t_2)/2$$

若材料的线胀系数为 α,则轴线的伸长为 $\alpha t_0 ds$,上下边缘的伸长分别为 $\alpha t_1 ds$ 和 $\alpha t_2 ds$,因此得微段轴线的轴向伸长和微段两端截面的相对转角分别为

$$d\lambda = \alpha t_0 ds \tag{a}$$

$$d\theta = \frac{\alpha t_2 ds - \alpha t_1 ds}{h} = \frac{\alpha(t_2 - t_1)}{h}ds = \frac{\alpha \Delta t}{h}ds \tag{b}$$

温度变化不引起剪切应变。将式(a)、(b)和 $d\eta = 0$ 代入式(4.7),得

$$\Delta = \sum \int \overline{M}\frac{\alpha \Delta t}{h}ds + \sum \int \overline{F}_N \alpha t_0 ds \tag{4.15}$$

若对于结构中的任一杆件,α、Δt、t_0 和 h 沿杆长不变,则

$$\Delta = \sum \frac{\alpha \Delta t}{h}\int \overline{M}ds + \sum \alpha t_0 \int \overline{F}_N ds \tag{4.16a}$$

或

$$\Delta = \sum \frac{\alpha \Delta t}{h}\omega_{\overline{M}} + \sum \alpha t_0 \omega_{\overline{F}_N} \tag{4.16b}$$

其中 $\omega_{\overline{M}}$ 和 $\omega_{\overline{F}_N}$ 分别为相应杆件上单位弯矩图和单位轴力图的面积。对于桁架,则有

$$\Delta = \sum \overline{F}_N \Delta l \tag{4.16c}$$

其中 Δl 为相应杆件由于温度变化的伸长。

式(4.15)和式(4.16)各式就是求静定结构由于温度变化而产生的位移的公式,其中的求和号表示对所有的杆件求和,积分号表示对各杆的全长积分。在应用这些公式时要注意有关的符号问题:如果 $\overline{M}$ 和 Δt 使杆件的同一侧伸长,则乘积为正,反之为负;$\overline{F}_N$ 以拉力为正,Δl 以伸长为正,t_0 以升高为正。

与结构受荷载作用的情况不同,对于梁和刚架,温度变化引起的轴向变形对位移的影响一般是不能忽略的。

例 4-11 图 4.27a 所示刚架,各杆截面均为矩形,$h = 50$ cm。温度变化如图所示,$\alpha = 10^{-5}$。试求自由端 C 的竖向位移 Δ_{CV}。

解 在 C 端施加单位竖向荷载,分别作刚架的 $\overline{M}$ 图和 $\overline{F}_N$ 图,如图 4.27b、c 所示。按题设条件,有

$$\Delta t = (10-5)\text{℃} = 5\text{℃}$$

$$t_0 = \frac{(10+5)\text{℃}}{2} = 7.5\text{℃}$$

将 Δt、t_0、α 和 h 的值代入式(4.16b),并注意无论是对 AB 杆还是对 BC 杆,$\overline{M}$ 和 Δt 都使杆的同一侧伸长,因此 $\omega_{\overline{M}}$ 和 Δt 的乘积为正;AB 杆的轴力为压力,$\omega_{\overline{F}_N}$ 为负,得

$$\Delta_{CV} = \left[10^{-5} \times \frac{5}{0.5} \times \left(6 \times 6 + \frac{1}{2} \times 6 \times 6 \right) + 10^{-5} \times 7.5 \times (-6) \right] \text{m} = 0.495 \text{ cm}(\downarrow)$$

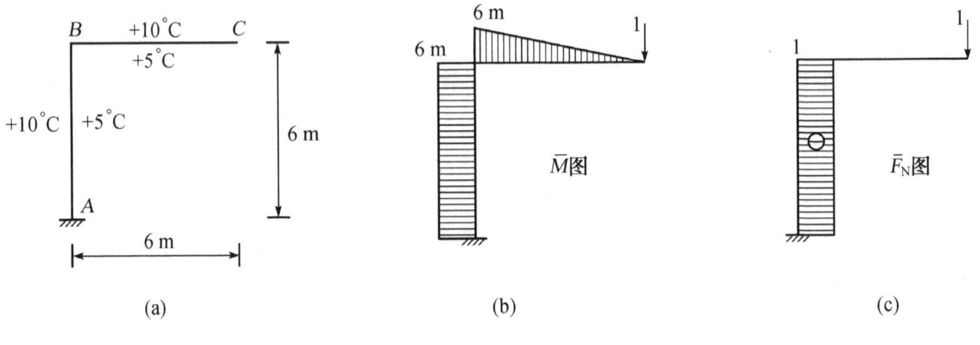

图 4.27

对于超静定结构,温度变化将引起内力,杆件的变形分为两部分:一是与材料热胀冷缩有关的变形,按本节的式(a)、(b)计算;二是与应力有关的变形,按 4.3 节中的式(a)计算。计算位移时应将这两部分的影响都考虑在内,详细讨论见 5.8 节。

4.6 线性变形体系的互等定理

所谓线性变形体系,指的是变形与荷载成比例关系或线性关系的结构体系。线性变形体

系必须满足以下两个条件:第一,结构的变形是微小的,因而在考虑力的平衡时可以忽略结构的变形;第二,材料服从虎克定律,应力与应变成正比。这两个条件也就是 3.2.2 节中讨论过的叠加原理成立的条件,因此对线性变形体系总是可以应用叠加原理的。关于线性变形体系有四个简单的互等定理:功的互等定理、位移的互等定理、反力的互等定理以及位移与反力的互等定理,其中功的互等定理是比较基本的一个定理,其他三个互等定理都可以从功的互等定理推导出来。在本课程后面的一些章节中将要用到这些定理。

(1) 功的互等定理

考虑图 4.28a、b 所示的线性变形体系的两种状态:

状态 1——体系受力系 $F_P^{(1)}$ 作用,相应的内力为 $M^{(1)}$ 和 $F_Q^{(1)}$,相应的位移为 $\Delta^{(1)}$。

状态 2——体系受力系 $F_P^{(2)}$ 作用,相应的内力为 $M^{(2)}$ 和 $F_Q^{(2)}$,相应的位移为 $\Delta^{(2)}$。

图 4.28

使状态 1 的力系和相应的内力在状态 2 的位移和变形上作功,则由虚功原理,有

$$\sum F_P^{(1)} \Delta^{(2)} = \int \frac{M^{(1)} M^{(2)}}{EI} \mathrm{d}s + \int \frac{k F_Q^{(1)} F_Q^{(2)}}{GA} \mathrm{d}s \qquad (a)$$

反过来,使状态 2 的力系和相应的内力在状态 1 的位移和变形上做功,则有

$$\sum F_P^{(2)} \Delta^{(1)} = \int \frac{M^{(2)} M^{(1)}}{EI} \mathrm{d}s + \int \frac{k F_Q^{(2)} F_Q^{(1)}}{GA} \mathrm{d}s \qquad (b)$$

以上二式中,左边是"外虚功"即外力的虚功,$\sum$ 表示对力系中所有外力的功求和,例如 $\sum F_P^{(1)} \Delta^{(2)} = F_{PC}^{(1)} \Delta_C^{(2)} + F_{PE}^{(1)} \Delta_E^{(2)}$;右边是"内虚功"的相反数。以 W_{12} 和 W_{21} 分别表示二式中的外虚功,W 的第一个下标表示作功的外力所属的状态,第二个下标表示相应的位移所属的状态,即 $W_{12} = \sum F_P^{(1)} \Delta^{(2)}$,$W_{21} = \sum F_P^{(2)} \Delta^{(1)}$,由于(a)、(b)两式的右边彼此相等,可知它们的左边也是互等的,即

$$W_{12} = W_{21} \qquad (4.17)$$

这就是功的互等定理:状态 1 的外力在状态 2 的位移上所作的功等于状态 2 的外力在状态 1 的位移上所作的功。

虽然以上只是结合图 4.28 所示简单的例子导出了这一定理,但从推导过程不难看出,对于更一般的线性变形体系,例如具有多根杆件和有轴力存在的情况,功的互等定理也是成立的。这一定理同样也适用于超静定结构和有支座移动的情况,只要将支座反力也包括在作功的力系之内,见本节后面关于反力的互等定理和位移与反力的互等定理的推导。

最后还要指出:两个状态的力系中所包含的"力",都可以是力、力偶或广义力,与之相应的分别是另一个状态中的线位移、角位移和广义位移。例如在图 4.28 中,状态 2 的力系中有一个力 $F_{PE}^{(2)}$ 和一个力偶 $F_{PB}^{(2)}$,它们分别对应于状态 1 中的线位移 $\Delta_D^{(1)}$ 和角位移 $\Delta_B^{(1)}$。

(2) 位移的互等定理

图 4.29 所示线性变形体系的两个状态的特点是它们的力系中分别只有一个外力。对这两个状态应用功的互等定理,得

$$F_{P1}\Delta_{12} = F_{P2}\Delta_{21} \qquad (c)$$

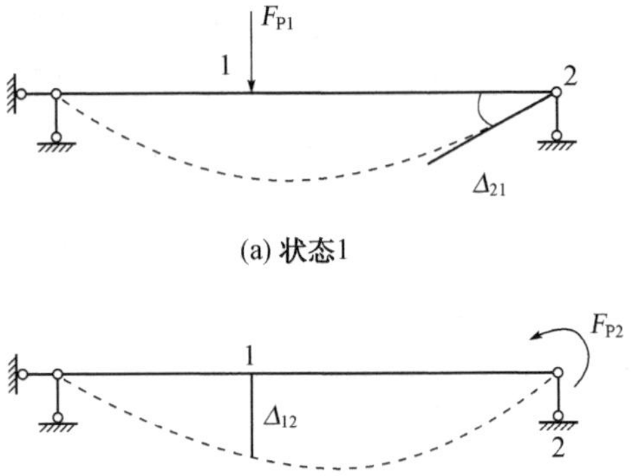

这里位移 Δ 的两个下标的意义与式(4.17)中虚功 W 的下标的意义不同,其中第一个下标表示与 Δ 相应的力(包括作用点和方向),第二个下标表示引起 Δ 的原因。例如 Δ_{12} 就是"F_{P2} 引起的与 F_{P1} 相应的位移"。

由式(c)可得

$$\frac{\Delta_{21}}{F_{P1}} = \frac{\Delta_{12}}{F_{P2}}$$

或

$$\delta_{21} = \delta_{12} \qquad (4.18)$$

其中

$$\delta_{ij} = \frac{\Delta_{ij}}{F_{Pj}} \quad (i,j = 1, 2) \qquad (d)$$

即位移除以引起该位移的力所得的商,称为位移影响系数。

位移影响系数 δ_{ij} 也可以理解为"由单位力 $F_{Pj}=1$ 引起的与 F_{Pi} 相应的位移"。例如,在图 4.29a、b 中分别令 $F_{P1}=1$ 和 $F_{P2}=1$,或者将图 4.29a 中的各物理量同除以 F_{P1} 而将图 4.29b 中的各物理量同除以 F_{P2},得到图 4.30a、b 所示的两个状态,这两个状态中的位移 δ_{12} 和 δ_{21} 实际上就是位移影响系数。对这两个状态应用功的互等定理可直接得出式(4.18)。为简便起见,后面在推导反力的互等定理和位移与反力的互等定理时,都将采取这一做法。

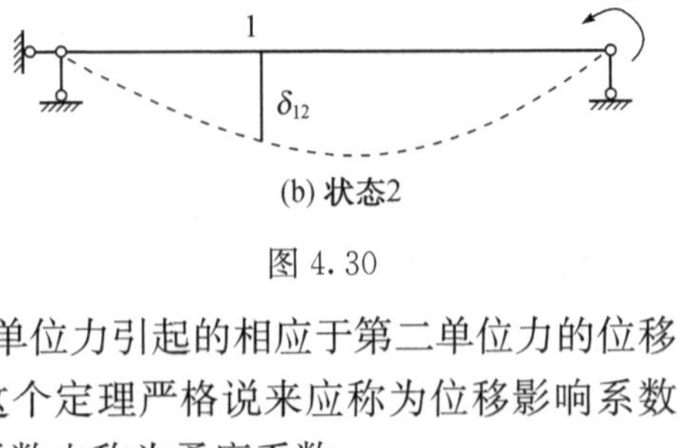

式(4.18)表明:第一个荷载引起的相应于第二个荷载的位移影响系数等于第二个荷载引起的相应于第一个荷载的位移影响系数。或者简单地说,"第一单位力引起的相应于第二单位力的位移等于第二单位力引起的相应于第一单位力的位移"。这个定理严格说来应称为位移影响系数互等定理,但习惯上称为位移的互等定理。位移影响系数也称为柔度系数。

在例 4-2 中曾就与单位荷载有关的反力影响系数和反力矩影响系数的量纲问题做过讨论。读者可结合图 4.30,对位移影响系数的量纲问题进行讨论。

图 4.29

(a) 状态1

(b) 状态2

图 4.30

(a) 状态1

(b) 状态2

位移的互等定理在用力法计算超静定结构(本书第 5 章)以及用柔度法进行结构动力计算(本书第 10 章)时都将得到应用。

（3）反力的互等定理

图 4.31 为线性变形体系的两个状态。在状态 1 中,支座 A 沿约束 1(转动约束)的方向发生单位位移,并引起了相应的支座反力;在状态 2 中,支座 B 沿约束 2 的方向发生单位位移,并引起了相应的支座反力。对这两个状态应用功的互等定理,得

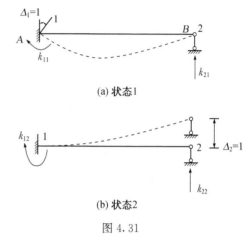

(a) 状态1

$$k_{11} \times 0 + k_{21} \times 1 = k_{12} \times 1 + k_{22} \times 0 \qquad \text{(e)}$$

其中 k_{ij} 为支座位移的反力影响系数,即支座反力与引起该反力的位移的比值。k 的第一个下标表示与 k 相应的支座约束,第二个下标表示引起 k 的原因。例如,k_{21} 的两个下标表明,该反力影响系数是与约束"2"即支座 B 的竖向约束相应的;引起该反

(b) 状态2

图 4.31

力的原因是约束"1"即支座 A 的转动约束发生了单位位移。由式(e)得

$$k_{21} = k_{12} \qquad (4.19)$$

式(4.19)表明:第一个约束发生的位移在第二个约束中引起的反力影响系数等于第二个约束发生的位移在第一个约束中引起的反力影响系数。或者简单地说,"第一约束的单位位移在第二约束中引起的反力等于第二约束的单位位移在第一约束中引起的反力"。这个定理在习惯上称为反力的互等定理。反力影响系数也称为刚度系数。

反力的互等定理将在计算超静定结构的位移法(本书第 6 章)和结构动力计算的刚度法(本书第 10 章)中得到应用。

（4）反力与位移的互等定理

图 4.32 为线性变形体系的两个状态。在状态 1 中,体系受单位力 $F_{P1} = 1$ 作用,约束 2 中相应的反力影响系数为 k'_{21};在状态 2 中,约束 2 发生单位位移 $c_2 = 1$,相应于 F_{P1} 的位移影响系数为 δ'_{12}。对这两个状态应用功的互等定理,得

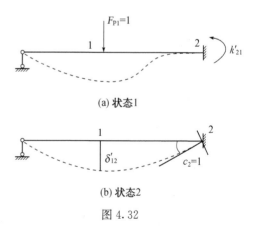

(a) 状态1

$$1 \times \delta'_{12} + k'_{21} \times 1 = 0 \qquad \text{(f)}$$

其中 δ'_{12} 和 k'_{21} 的两个下标的意义与前面相同。δ'_{12} 和 k'_{21} 右上角的一撇是为了强调它们与前面两个互等定理中的位移影响系数 δ_{ij} 和反力影响系数 k_{ij} 的区别:位移互等定理中的 δ_{ij} 是"力引起的位移",而这里的 δ'_{12} 是"位移引起的位移";反力互等定理中的 k_{ij} 是"位移引起的力",而这里的 k'_{21} 是"力引起的力"。由式(f)得

(b) 状态2

图 4.32

$$k'_{21} = -\delta'_{12} \qquad (4.20)$$

式(4.20)表明：荷载对结构某一约束的反力影响系数与该约束的位移对相应于该荷载的位移影响系数绝对值相等而符号相反。这个定理称为位移与反力的互等定理，它在计算超静定结构的混合法(本书不作介绍)以及用挠曲线比拟法作超静定结构的影响线(本书第8章)中得到应用。

4.7　本章小结

（1）位移计算有两种基本方法：几何法和虚功法。本章主要是用虚功原理，将静定结构位移计算的问题转化为结构在单位荷载作用下反力和内力的计算问题，简单地说，"功＝力×位移"，因此功可以在已解决的受力计算问题和待解决的位移计算问题之间起桥梁作用。

（2）用虚功法计算位移，首先要正确地计算结构的反力和内力。因此，第3章关于静定结构受力分析的内容是本章的重要基础。要结合本章的学习，对前一章的内容进行必要的复习，做到温故知新。

（3）本章介绍了一系列的虚功原理，重点是变形体系的虚功原理。刚体或刚体系的虚功原理可以看成是变形体系虚功原理的特例。如果结构的杆件只发生刚体位移（静定结构由于支座位移而发生的位移就属于这种情况），则用刚体或刚体系的虚功原理就可以解决问题；当结构受其他外因作用时，位移总是伴随变形而产生，这时就要用变形体系的虚功原理来计算位移。

（4）虚功原理一般有两种形式：虚位移原理和虚力原理。在位移计算中得到应用的是虚力原理。为了计算简便，计算位移时采用的"虚力"是与所求位移相应的单位荷载及其在结构中引起的反力和内力，这就是单位荷载法。在求广义位移时，虚设的荷载应是与广义位移相应的广义单位荷载。

（5）本章以变形体系虚功原理为基础，用单位荷载法建立了位移计算的一般公式，又给出了静定结构由于支座移动、制造误差、荷载和温度变化等不同因素而产生的位移的具体计算公式。此外，还结合各种结构形式给出了一些具体的计算公式。对于这些公式，要分清层次，理清它们的"来龙去脉"和各自的适用范围，切忌死记硬背，生搬硬套。

（6）当结构同时受到荷载、温度变化和支座移动的作用时，可先分别计算结构由于各种因素单独作用产生的位移，再用叠加原理将所得结果相加，求出它们共同作用所引起的总位移，也可按下式计算：

$$\Delta = \sum \int \frac{\overline{M}M_P}{EI}ds + \sum \int \frac{\overline{F}_N F_{NP}}{EA}ds + \sum \int \frac{k\overline{F}_Q F_{QP}}{GA}ds + \sum \int \overline{M}\frac{\alpha \Delta t}{h}ds + \sum \int \overline{F}_N \alpha t_0 ds$$
$$- \sum \overline{F}_{Ri}c_i \tag{4.21}$$

（7）在计算结构因荷载而产生的位移时，可用图乘法简化积分运算。在应用图乘法时，一般要"先分段，再分块"：先将结构分段，使图乘法的三个条件在每一段上都得到满足；再将弯矩图 M_k 分解成若干个标准图形。

（8）在本章的最后介绍了四个互等定理，其中功的互等定理是基本的，其余三个互等定理都可视为它的推论。注意这些互等定理只适用于线性变形体系。位移的互等定理、反力的互等定理和反力与位移的互等定理将在本书后面的一些章节中得到应用。

（9）位移计算的主要目的之一,是为超静定结构的内力计算打下基础。超静定结构内力计算的问题将从下一章开始讨论。由此可见,本章在静定结构内力计算和超静定结构内力计算之间起着承上启下的作用。

思考题

4-1　用虚位移原理求静定结构的反力或内力时,如果借鉴单位荷载法求位移的思路,将会得到一种与之对偶的方法,不妨称为"单位位移法"。试以图 4.7b 中反力 F_{BH} 的计算为例,说明这一方法的要点。

4-2　用虚力原理求位移,单位荷载法是不是虚设力系的唯一选择? 如果虚设其他力系,应注意什么问题? 单位荷载法有什么优越性?

4-3　将图 4.33 所示荷载看作广义单位荷载,它们各对应什么广义位移? 如果要求图(a)梁中截面 A 和 B 的竖向位移的平均值,应如何虚设广义荷载?

图 4.33

4-4　荷载作用下的位移计算公式(4.8)和温变作用下的位移计算公式(4.15)是如何从位移计算的一般公式(4.5)推导的? 推导过程中用到什么条件? 为什么公式(4.5)对弹性和非弹性材料都适用,而公式(4.8)只适用于弹性材料(或材料的弹性阶段)? 公式(4.15)对非弹性材料是否适用?

4-5　计算梁和刚架的位移时,在什么条件下可以忽略剪力和轴力的影响? 为什么?

4-6　刚度就是结构抵抗变形的能力。图 4.34 所示两个桁架的几何尺寸相同,所用材料也相同,在图示水平荷载下,哪个桁架中结点 A 的水平位移大? 从这个意义上说,哪个桁架的刚度大? 由此在提高结构刚度的措施方面可以受到什么启发?

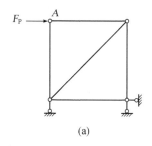 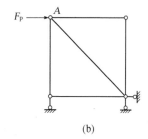

图 4.34

4-7　在复合式静定结构中,基本部分所受的荷载不引起附属部分的内力,是否也不引起附属部分的位移?

4-8　在用图乘法计算时,对图 4.35a 所示的两个梯形弯矩图进行虚线所示的划分,相应的积分结果为

$$(\omega_1 y_{01} + \omega_2 y_{02}) / EI = l(bc + ad)/6EI$$

试指出这种做法的错误,并加以改正。如果两个弯矩图如图 4.35b 所示,相应的积分应如何计算?

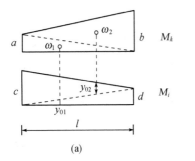

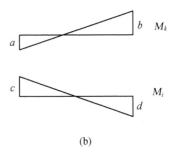

(a)   (b)

图 4.35

4-9 如何判断一个抛物线图形是不是标准图形? 对非标准的抛物线图形应如何处理? 图形的分块与叠加法作弯矩图有何联系?

4-10 在求图 4.25a 所示悬臂梁自由端 C 的竖向位移 Δ_{CV}(例 4-10)时,也可按下式计算:

$$\Delta_{CV} = \frac{1}{2EI}\left[\left(\frac{1}{3} \cdot l \cdot \frac{1}{2}ql^2\right)\frac{3l}{4} - \left(\frac{1}{3} \cdot \frac{l}{2} \cdot \frac{1}{8}ql^2\right)\frac{3l}{8}\right] + \frac{1}{EI}\left(\frac{1}{3} \cdot \frac{l}{2} \cdot \frac{1}{8}ql^2\right)\frac{3l}{8}$$

试做出解释。

4-11 试结合图 4.30、图 4.31 和图 4.32,说明相应互等定理中的有关系数不仅数值相等,而且量纲也相同。

4-12 反力的互等定理和位移与反力的互等定理都是对超静定结构推导出来的。这两个定理是否也适用于静定结构? 对于静定结构,试用虚功原理直接推导出位移与反力的互等定理。

4-13 将反力的互等定理和位移与反力的互等定理应用于静定结构时,关于线性变形体系的两个条件是否可以放宽?

习　题

*4-1 用刚体系虚功原理求图 4.36a 梁中支座 A 的竖向反力以及图 4.36b 支座 A 的竖向反力和反力矩。

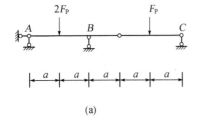

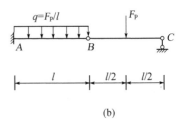

(a)   (b)

图 4.36

*4-2 用刚体系虚功原理求图 4.37 所示桁架中支座 A 的竖向反力和杆 1 的内力。

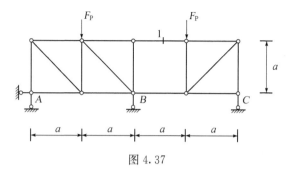

图 4.37

4-3 图 4.38 所示三铰刚架的支座 B 有微小的水平位移 $a=1.5$ cm 和竖向位移 $b=2$ cm,试求顶铰 C 的水平位移 $\triangle_{Cx}$ 和结点 D 的转角。

4-4 图 4.39 所示桁架的下弦各杆有相同的制造误差 $\delta=+0.05a$,求顶点 C 的竖向位移。

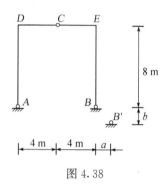

图 4.38

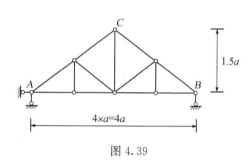

图 4.39

4-5 图 4.40 所示半圆三铰拱的两根曲杆的半径有相同的制造误差 $\delta>0$,从而杆相对于设计轴线有轴向应变 $\varepsilon=\delta/R$,但任意微段的两端均没有相对转角,两个支座的水平距离不变。求顶铰 C 的竖向位移。

4-6 图 4.41 所示结构的 AB 段因制造误差而有微小的曲率 κ,求截面 C 和 D 的相对位移。

4-7 用积分法求图 4.42 所示悬臂梁自由端 B 的竖向位移和转角。

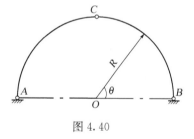

图 4.40

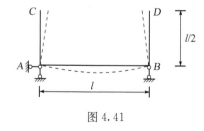

图 4.41

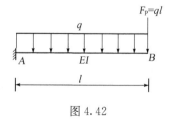

图 4.42

4-8 求图 4.43 所示四分之一圆弧形悬臂梁的自由端 B 在图示两种荷载作用下的竖向位移。

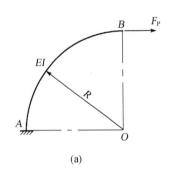

(a)

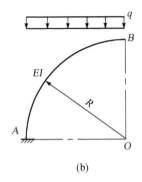

(b)

图 4.43

4-9　求图 4.44 所示桁架结点 D 的竖向位移,设各杆的 EA 相等。

4-10　求图 4.45 所示桁架结点 C 的水平位移和杆 EF 的转角,设各杆的 EA 相等。

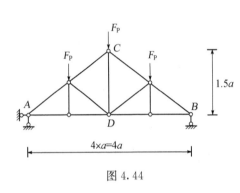

图 4.44

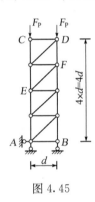

图 4.45

4-11　求图 4.46 所示组合结构结点 A 的竖向位移(计算因弯矩引起的位移用积分法,已知 $EA=15EI/a^2$)。

4-12　用图乘法求图 4.47 所示梁中点的位移。

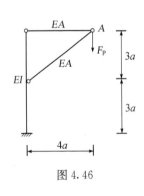

图 4.46

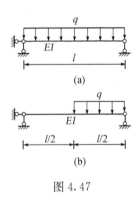

(a)

(b)

图 4.47

4-13　用图乘法重作习题 4-7。

4-14　求图 4.48 所示梁左端 A 的转角,已知 $E=2.1\times10^5$ MPa,$I=1\,680$ cm^4。

4-15　求图 4.49 所示刚架横梁的水平位移,$EI=$ 常数。

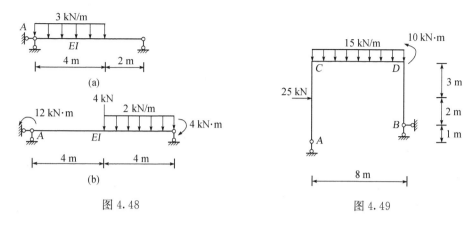

图 4.48　　　　　　　　图 4.49

4-16　求图 4.50 所示三铰刚架中:(1)顶铰 C 左右两个截面的相对转角;(2)顶铰 C 和支座 A 的相对位移。

4-17　求图 4.51 所示组合结构中 E 点的竖向位移,$EA=12.5EI/a^2$。

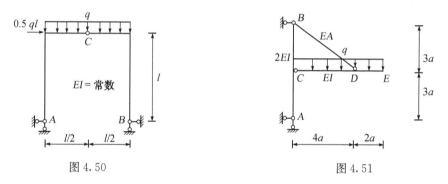

图 4.50　　　　　　　　图 4.51

4-18　设习题 4-16 中的三铰刚架中,$l=6$ m,各杆截面均为矩形,$h=60$ cm;外部降温 20℃,内部降温 10℃,$\alpha=10^{-5}$。试求顶铰 C 的竖向位移。

4-19　习题 4-10 中桁架的各杆均匀升温 t,求 C 点的水平位移。

4-20　图 4.52 所示刚架受荷载和未知力 F 的作用,试问力 F 为何值时,自由端 C 的竖向位移为零。$EI=$ 常数。

4-21　简支梁(图 4.53)的上下两边分别降温和升温 t,梁的截面为矩形,高度为 h。要使右端 B 的转角为零,在该截面施加的力偶 M 应为何值?

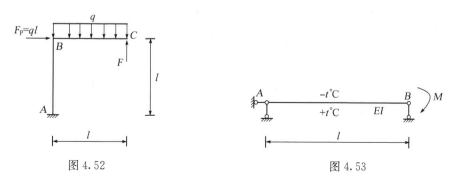

图 4.52　　　　　　　　图 4.53

5 用力法计算超静定结构

5.1 超静定结构及其计算方法概述

本章以及后续两章主要讨论超静定结构的计算问题。第3章在介绍静定结构的概念的同时也介绍了超静定结构的概念:在任意荷载作用下,如果结构中的未知力仅由静力平衡方程不能完全确定,它就是一个超静定结构。在超静定结构中,未知力的个数总是大于独立的静力平衡方程的个数,因此,如果超静定结构有满足静力平衡方程的内力解答,这样的解答就不是唯一的,而是有无限多组。为了求得超静定结构的内力的确定解答,除考虑平衡条件外,还必须考虑问题的几何方面和物理方面的条件。这是超静定结构的基本特性。

超静定结构的这一基本特性使它具有一系列区别于静定结构的其他特性,例如:温度改变、支座位移和制造误差在超静定结构中不仅会引起位移,一般还会引起内力;即使超静定结构的某一部分能在所受荷载下独立地保持平衡,结构的其余部分一般也会产生内力;对作用于超静定结构的一个内部几何不变部分的荷载作静力等效代换,可能会在结构的其余部分引起内力的改变;对超静定结构的一个内部几何不变部分作几何构造变换,同时保持该部分的几何不变性以及它与其余部分的连接方式,也有可能引起其余部分内力的改变。联系3.4节中对静定结构特性的论述,超静定结构的这些特性是不难理解的,这里不作详细的讨论。

超静定结构有两种基本的计算方法:力法和位移法。这两种方法分别采用不同的物理量作为基本未知量:力法以力为基本未知量,位移法以位移为基本未知量。所谓基本未知量,指的是这样一类未知量,结构中的其余未知量都可以表示为这些未知量的函数,一旦以某种方法求得了这些未知量,其余未知量的计算问题就迎刃而解了(在第3章中已经涉及了基本未知量的概念,见例3-15和例3-16)。因此可以说,基本未知量是超静定结构计算问题的"突破口"。

本章讨论用力法计算超静定结构的问题。第6章和第7章分别讨论位移法和力矩分配法,其中力矩分配法是以位移法为基础的一种渐近方法。在第9章中还要讨论矩阵位移法,矩阵位移法是一种以位移法为基础、以计算机为主要运算工具的方法。

5.2 超静定次数的确定

超静定结构中多于静力平衡方程个数的未知力称为多余力。结构中之所以有多余力,是由于结构中存在多余约束,这是超静定结构的几何组成特征。结构有多少多余约束,平衡方程组中就有多少多余力。例如,在图5.1a所示的刚架中,刚片 ABC 以四根链杆连接于地基,这四根链杆中的任何一根都可以视为多余约束(其余三根链杆视为必要约束);从静力平衡的角度考虑,如果将刚片 ABC 取为隔离体,则隔离体的三个平衡方程中将含有四个未知力,因此多余力的个数为1。如果撤掉多余约束,例如撤掉支座 C 处的水平支杆,如图5.1b,它就成了一个静定结构。

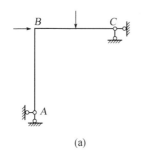
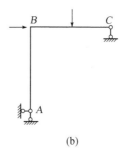

| (a) | (b) |

图 5.1

结构中多余力的个数称为结构的超静定次数。图 5.1a 所示的刚架中有一个多余力,因此它是一次超静定结构。静定结构的超静定次数为 0。

以上的讨论可概括为以下的等式:

超静定次数＝多余力数＝多余约束数＝将结构转化为静定结构所需撤除的约束数。

撤除多余约束,将结构转化为静定结构的方法是确定超静定次数的一个实用而有效的方法。回顾第 2 章中关于约束的讨论,可以得出以下一些有用的结论:

撤除(或截断)一根链杆＝撤除 1 个约束

撤除一个单铰＝撤除 2 个约束

撤除一个单刚结点＝撤除 3 个约束

将一个单刚结点换成铰结点＝撤除 1 个约束

......

图 5.2a、b、c 所示的三个超静定结构撤除多余约束后,分别得到图 5.3a、b、c 所示的静定结构,在图 5.3 中还画出了与被撤除约束相应的多余力或力矩,以 X_1、X_2 等表示。参照图 5.3 可见,图 5.2 中三个结构的超静定次数分别为 2、3 和 10。

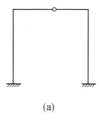
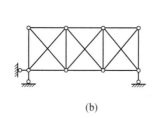
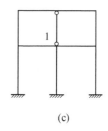

| (a) | (b) | (c) |

图 5.2

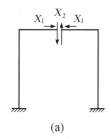
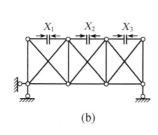
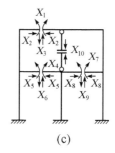

| (a) | (b) | (c) |

图 5.3

93

在图 5.2c 所示的超静定结构中,如果撤掉链杆 1,就得到图 5.4 所示的刚架。在这个刚架中,共有 3 个闭合的无铰"框"(包括杆件与地基形成的"框")。与图 5.3 对照可知,结构中每个闭合无铰"框"的超静定次数为 3。利用这一结论确定含有这种"框"的结构的超静定次数是很方便的。例如,图 5.4 所示的刚架的超静定次数为 3×3=9,因此图 5.2c 所示结构的超静定次数为 9+1=10;又如,图 5.5a 所示的刚架中共有 3×4=12 个"框",因此它的超静定次数为 12×3=36;图 5.5b 所示的无铰拱与地基形成 1 个"框",它是一个三次超静定结构。

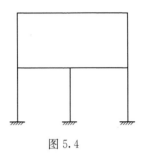

图 5.4

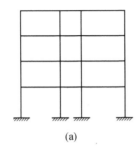

(a)

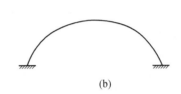

(b)

图 5.5

5.3　力法的基本概念和解题步骤

人们在面对一个陌生的、未知的领域时,很自然地要从他们所熟悉的、已知的领域中寻找解决问题的工具,架起一座从"已知"通向"未知"的桥梁。这种思路常常是成功的。用力法计算超静定结构,遵循的正是这样的思路。为了说明力法的基本思路和基本概念,让我们先来看一个简单的例子。

图 5.6a 为一个二次超静定刚架,不妨将结点 B 处的两个支座链杆视为多余约束,在荷载作用下,设相应的多余力为 F_{RBx} 和 F_{RBy}。撤去这两个多余约束并且保留相应的多余力以及荷载,得到如图 5.6b 所示的静定刚架,称为原结构的一个基本体系(图中用 X_1 和 X_2 表示两个多余力,是为了强调它们都是未知力)。显然,如果所受的荷载相同并且 $X_1=F_{RBx}$,$X_2=F_{RBy}$,这两个刚架的受力状态就是完全相同的,因而原结构的内力可以通过计算基本体系的内力求得。

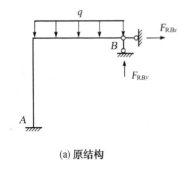

(a) 原结构

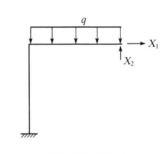

(b) 基本体系

图 5.6

计算基本体系的内力的关键是求出多余未知力 X_1 和 X_2，它们就是力法的基本未知量。如果注意到原结构和基本体系不仅受力相同,而且变形及位移也完全相同,就不难找到确定基本未知量所需要的条件了:原结构与 X_1 和 X_2 相应的位移即支座 B 的水平位移和竖向位移都是零,因此,在荷载和多余力的共同作用下,基本体系相应于 X_1 和 X_2 的位移也都应该是零。这一条件称为变形协调条件。根据叠加原理,有

$$\left.\begin{array}{l} \delta_{11}X_1+\delta_{12}X_2+\Delta_{1P}=0 \\ \delta_{21}X_1+\delta_{22}X_2+\Delta_{2P}=0 \end{array}\right\} \tag{5.1}$$

其中,δ_{11} 和 δ_{12} 分别表示与 X_1 和 X_2 相应的单位荷载 $\overline{X}_1$ 和 $\overline{X}_2$ 引起的与 X_1 相应的位移;δ_{21} 和 δ_{22} 分别表示 $\overline{X}_1$ 和 $\overline{X}_2$ 引起的与 X_2 相应的位移;Δ_{1P} 和 Δ_{2P} 分别表示荷载引起的与 X_1 和 X_2 相应的位移。

方程(5.1)称为力法的基本方程,δ_{ij} 和 $\Delta_{iP}(i,j=1,2)$ 分别称作力法方程的系数和自由项。与 4.6 节比较可知,力法方程的系数也就是 4.6 节中的位移影响系数或柔度系数;力法方程的系数和自由项的下标的意义与 4.6 节中位移互等定理的有关规定也是一致的。

力法方程的系数和自由项都是位移,它们可以用第 4 章中学习过的单位荷载法计算。系数和自由项确定以后,解力法方程,求得基本未知量,基本体系的内力(也就是原结构的内力)就完全确定了。基本体系的内力可以用叠加原理计算,例如,对于本例中的刚架,弯矩可按下式计算:

$$M=X_1\overline{M}_1+X_2\overline{M}_2+M_P \tag{5.2}$$

其中 $\overline{M}_1$、$\overline{M}_2$ 和 M_P 分别是基本体系在单位多余力 $\overline{X}_1=1$、$\overline{X}_2=1$ 和荷载作用下的弯矩。计算这些弯矩对于计算力法方程的系数和自由项是必需的,这里只不过再次利用其结果而已。

以上讨论中包含了用力法计算超静定结构的主要思路、基本概念和解题步骤。在力法的解题思路中,关键是将超静定的原结构转化为静定结构(通常称为基本结构)。转化的结果是,原结构中由于荷载而被动产生的多余力变成了与荷载一起加在基本结构上的主动力。力法的基本体系是静定和超静定的结合:结构是静定的,而结构所受的主动力除了已知的荷载之外还有超静定的未知力,因此,基本体系可以在静定结构和超静定结构的内力计算问题之间起桥梁作用。

将以上的讨论加以推广,很容易归纳出仅受荷载作用的一般的 n 次超静定结构的力法计算步骤:

(1)建立基本体系:撤除原结构的 n 个多余约束,同时保留相应的 n 个多余力 $X_1,X_2,\cdots,X_n$。注意,撤除多余约束后所得的基本结构必须是几何不变的。

(2)利用变形协调条件写出基本方程:

$$\left.\begin{array}{l} \delta_{11}X_1+\delta_{12}X_2+\cdots+\delta_{1n}X_n+\Delta_{1P}=0 \\ \delta_{21}X_1+\delta_{22}X_2+\cdots+\delta_{2n}X_n+\Delta_{2P}=0 \\ \cdots\cdots\cdots\cdots\cdots\cdots\cdots\cdots\cdots\cdots\cdots\cdots\cdots\cdots \\ \delta_{n1}X_1+\delta_{n2}X_2+\cdots+\delta_{nn}X_n+\Delta_{nP}=0 \end{array}\right\} \tag{5.3}$$

由位移互等定理可知,基本方程中的副系数是对称的,即

$$\delta_{ij} = \delta_{ji} \qquad (i \neq j) \tag{5.4}$$

任何超静定结构,只要超静定次数为 n,它们在荷载作用下的力法基本方程都具有式 (5.3)的形式,与问题的具体条件无关,所以式(5.3)又称为力法的典型方程。

(3)计算基本方程中的系数和自由项。为此,首先要计算基本结构在各个单位多余力 $\overline{X}_1, \overline{X}_2, \cdots, \overline{X}_n$ 以及荷载单独作用下的特定内力或作出它们的图形。例如,对于梁和刚架,首先作出弯矩图 $\overline{M}_1, \overline{M}_2, \cdots, \overline{M}_n$ (这些弯矩图称为"单位弯矩图")和 M_P,系数和自由项的计算公式为

$$\delta_{ii} = \sum \int \frac{\overline{M}_i^2}{EI} \mathrm{d}s, \quad \delta_{ij} = \sum \int \frac{\overline{M}_i \overline{M}_j}{EI} \mathrm{d}s, \quad \Delta_{iP} = \sum \int \frac{\overline{M}_i M_P}{EI} \mathrm{d}s \tag{5.5a}$$

对于桁架,则必须首先计算轴力 $\overline{F}_{N1}, \overline{F}_{N2}, \cdots, \overline{F}_{Nn}$ 和 F_{NP},系数和自由项的计算公式为

$$\delta_{ii} = \sum \frac{\overline{F}_{Ni}^2 l}{EA}, \quad \delta_{ij} = \sum \frac{\overline{F}_{Ni} \overline{F}_{Nj} l}{EA}, \quad \Delta_{iP} = \sum \frac{\overline{F}_{Ni} F_{NP} l}{EA} \tag{5.5b}$$

(4)将系数和自由项的计算结果代入基本方程,解出基本未知量 $X_1, X_2, \cdots, X_n$。

(5)用叠加原理计算结构的内力。例如对于梁和刚架,有

$$M = X_1 \overline{M}_1 + X_2 \overline{M}_2 + \cdots + X_n \overline{M}_n + M_P \tag{5.6a}$$

而对于桁架,则有

$$F_N = X_1 \overline{F}_{N1} + X_2 \overline{F}_{N2} + \cdots + X_n \overline{F}_{Nn} + F_{NP} \tag{5.6b}$$

用力法计算超静定结构在支座位移和温度变化作用下的内力的原理和步骤与荷载作用下的内力计算问题大体相同,但各有一定的特点,详细讨论见本章5.5节。

5.4　超静定结构在荷载作用下的内力计算

本节主要是按上节介绍的原理和步骤,通过一定数量的实例,具体讨论超静定结构在荷载作用下的内力计算问题,从而使读者掌握力法计算的要点并了解超静定结构的受力特点。

在力法计算中,位移计算占有很大的分量,这就是上述计算步骤中的第(3)步,系数和自由项的计算。不同类型结构的位移计算有着不同的特点,例如梁和刚架的位移计算中一般忽略剪力和轴力的影响,而桁架的位移则只与轴力有关,见第4章公式(4.9)～(4.12)以及本章的公式(5.5),因此下面对超静定结构的内力计算问题也按结构的类型分别进行讨论。

1)超静定梁和刚架

例 5-1　用力法计算图 5.7a 所示的连续梁,并作弯矩图和剪力图。EI = 常数。

解　(1)建立基本体系,见图 5.7b。原结构为三次超静定,这里取三个支座结点处的弯矩为基本未知量,基本结构为"串联"在一起的三段简支梁。

(2)基本方程为

$$\begin{cases} \delta_{11} X_1 + \delta_{12} X_2 + \delta_{13} X_3 + \Delta_{1P} = 0 \\ \delta_{21} X_1 + \delta_{22} X_2 + \delta_{23} X_3 + \Delta_{2P} = 0 \\ \delta_{31} X_1 + \delta_{32} X_2 + \delta_{33} X_3 + \Delta_{3P} = 0 \end{cases}$$

这三个方程的意义分别为:在荷载和三个多余力的共同作用下,基本体系在支座 A 转角为零,在支座 B 左右及支座 C 左右相邻截面的相对转角为零。

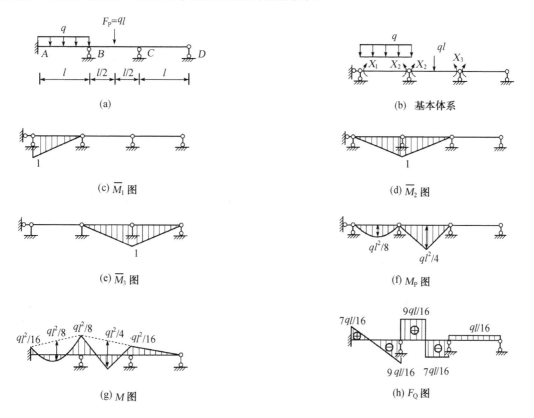

图 5.7

(3) 计算系数和自由项。作基本体系的 $\overline{M}_1$ 图、$\overline{M}_2$ 图、$\overline{M}_3$ 图和 M_P 图,分别见图 5.7c、d、e、f。用式(5.5a)及图乘法易得(计算过程从略)

$$\delta_{11} = \frac{l}{3EI}, \quad \delta_{12} = \delta_{21} = \frac{l}{6EI}, \quad \delta_{13} = \delta_{31} = 0$$

$$\delta_{22} = \frac{2l}{3EI}, \quad \delta_{23} = \delta_{32} = \frac{l}{6EI}$$

$$\delta_{33} = \frac{2l}{3EI}$$

$$\Delta_{1P} = \frac{ql^3}{24EI}, \quad \Delta_{2P} = \frac{5ql^3}{48EI}, \quad \Delta_{3P} = \frac{ql^3}{16EI}$$

(4) 将算得的系数和自由项代入基本方程,解得

$$X_1 = -ql^2/16, \quad X_2 = -ql^2/8, \quad X_3 = -ql^2/16$$

(5) 作弯矩图。用公式(5.6a)($n=3$)作梁的最后弯矩图,见图 5.7g。由于基本未知量就是支座截面弯矩,因此梁的最后弯矩图可用分段叠加法直接作出。如果采用其他形式的基本

体系,则首先要按式(5.6a)求出各杆端的弯矩,再用分段叠加法作弯矩图。弯矩图作出以后,用第 3 章中讨论过的方法可由弯矩图作梁的剪力图(参见第 3 章例 3-4 的讨论),见图 5.7h。

讨论 用力法计算超静定结构,可供选择的基本体系并不是唯一的。结构撤除多余约束以后,只要满足几何不变这一条件,都可以用作基本结构。但从是否便于计算的角度考虑,基本体系有优劣之分。图 5.7b 所示的基本体系有两个优点:第一,系数和自由项的计算比较简便而且很有规律;第二,解基本方程可直接得出各跨的杆端弯矩,便于作最后弯矩图。读者试按图 5.8a 或 5.8b 所示的基本体系对本例另行计算,当不难体会图 5.7b 所示基本体系的优点。

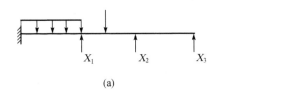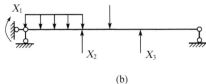

图 5.8

由于图 5.7b 所示的"串联简支梁"具有上述优点,用力法计算连续梁一般都采用这种形式的基本体系,特别是当连续梁的跨数较多时。设超静定次数为 n,与这种基本体系相应的基本方程组中的第一个方程为

$$\delta_{11}X_1+\delta_{12}X_2+\Delta_{1P}=0 \tag{5.7a}$$

第 $i(i=2,3,\cdots,n-1)$ 个方程为

$$\delta_{i,i-1}X_{i-1}+\delta_{ii}X_i+\delta_{i,i+1}X_{i+1}+\Delta_{iP}=0 \tag{5.7b}$$

最后一个方程为

$$\delta_{n,n-1}X_{n-1}+\delta_{nn}X_n+\Delta_{nP}=0 \tag{5.7c}$$

基本方程具有以上形式是由于每个单位弯矩图都局限于相应支座左右的两跨,因此只有相邻两个支座对应的弯矩图才互相"重叠",图乘的结果才不为零。由于每个基本方程最多只含有三个未知弯矩,式(5.7)称为"三弯矩方程"。

选择一个便于计算的基本体系,是一项需要经验和技巧的工作。相对基本原理和方法而言,这些经验和技巧是次要的。此外,由于结构力学的发展,特别是计算机方法在结构力学中日益广泛的应用,许多对于手算曾经是十分有用的经验和技巧,甚至力法本身,其作用都大大降低了。因此对于基本体系的优劣问题给予一定的考虑是有益的,但刻意追求"好"的基本体系则是没有必要的。

例 5-2 用力法计算图 5.9a 所示的刚架,并作弯矩图。

解 (1)建立基本体系,见图 5.9b。这里借鉴上例,取支座 A 和结点 B 处的弯矩为基本未知量。

(2)基本方程为

$$\begin{cases} \delta_{11}X_1 + \delta_{12}X_2 + \Delta_{1P} = 0 \\ \delta_{21}X_1 + \delta_{22}X_2 + \Delta_{2P} = 0 \end{cases}$$

两个方程的意义与上题相似。

（3）计算系数和自由项。作基本体系的 M_P 图、$\overline{M}_1$ 图和 $\overline{M}_2$ 图，分别见图 5.9c、d、e。用式（5.5a）及图乘法易得

$$\delta_{11} = \frac{l}{3kEI}, \quad \delta_{12} = \delta_{21} = \frac{l}{6kEI}, \quad \delta_{22} = \frac{(k+1)l}{3kEI}$$

$$\Delta_{1P} = 0, \quad \Delta_{2P} = \frac{ql^3}{24EI}$$

（4）将算得的系数和自由项代入基本方程，解得

$$X_1 = \frac{kql^2}{4(4k+3)}, \quad X_2 = -\frac{kql^2}{2(4k+3)}$$

（5）作弯矩图，见图 5.9f。

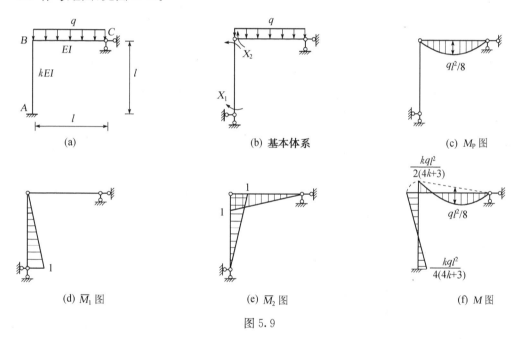

图 5.9

讨论 本例以及例 5-1 的内力计算结果均不包含杆件的抗弯刚度 EI，但本例的内力计算结果包含了立柱和横梁的抗弯刚度之比 k。这两个例子表明，超静定结构在荷载作用下的内力仅与结构各部分杆件刚度的比值有关，而与刚度的实际大小无关。这也是超静定结构的一个重要特性。例 5-1 是各杆刚度之比均为 1 的特例，如果改变各杆刚度的比值，内力也会随之改变。

在本例中，柱的弯矩和梁左端弯矩（负弯矩）的绝对值随着 k 的增大而增大，相应地，梁下部的弯矩（正弯矩）则随着 k 的增大而减小。当 k 的值很大时，柱下端和上端（梁左端）弯矩的绝对值分别约等于 $ql^2/16$ 和 $ql^2/8$，这就是柱端及梁端弯矩绝对值的上限，这时柱对于梁的约

束作用接近于固定端,梁的受力状态接近于左端固定右端简支的梁;反过来,当 k 的值很小时,柱端和梁端弯矩均接近于 0,这是它们的绝对值的下限,这时柱对于梁的弯曲变形几乎没有约束作用,梁的受力状态接近于简支梁。

需要提醒的是:在其他外因(温度变化、支座位移等)作用下,超静定结构的内力不仅与各部分杆件刚度的比值有关,而且与刚度的实际大小有关,不能套用荷载作用下的有关结论。详细讨论见 5.5 节。

2) 超静定桁架

对于超静定桁架,基本结构的选取方案有两种:一是截断多余杆件;二是撤除多余杆件。其中第一种方案的基本方程与式(5.3)相同,第二种方案的基本方程则与式(5.3)有所差别。在下面的例题中,我们将采用第一种方案。

需要说明的是,桁架的杆件都是只受轴力作用的二力杆,因此这里所说的"截断",只是撤除杆被"截断"处与轴力相应的约束,"截断"后形成的两部分杆件可以沿着轴线方向相对移动,但不能在垂直于轴线方向相对错动,也不能相对转动,它们之间的约束关系可用图 5.10b 表示。通常用图 5.10a 表示的"截断",也应按图 5.10b 理解,否则容易将它误认为几何可变体系。

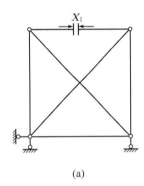
(a)

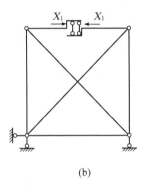
(b)

图 5.10

例 5 - 3 用力法计算图 5.11a 所示的超静定桁架。已知斜杆的抗拉压刚度为 $\sqrt{2}\,EA$,其余杆件的抗拉压刚度均为 EA。

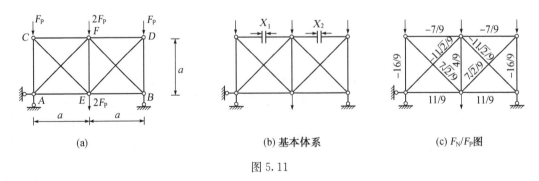
(a)　　　　　　　　(b) 基本体系　　　　　　(c) F_N/F_P 图

图 5.11

解 (1)原结构为二次超静定。截断杆 CF 和 FD,建立图 5.11b 所示的基本体系。

(2)基本方程为

$$\left.\begin{array}{l}\delta_{11}X_1+\delta_{12}X_2+\Delta_{1P}=0\\\delta_{21}X_1+\delta_{22}X_2+\Delta_{2P}=0\end{array}\right\}$$

这两个方程说明,在荷载和多余力 X_1、X_2 共同作用下,基本体系中被截断的两根杆件在断口处都没有相对位移。

（3）计算系数和自由项。用公式(5.5b)计算各项位移,计算宜列表进行,见表 5.1。注意:在求和时要将被截断的杆件(CF 和 FD)也计算在内。因为超静定结构在荷载作用下的内力与结构各杆件刚度的实际大小无关,表中给出的抗拉压刚度是它们的相对值。

由表 5.1 的最后一行,得

$$\delta_{11}=8a,\quad \delta_{12}=\delta_{21}=a,\quad \delta_{22}=8a$$

$$\Delta_{1P}=\Delta_{2P}=7F_{P}a$$

（4）将算得的系数和自由项代入基本方程,解得

$$X_1=X_2=-7F_P/9$$

（5）用公式

$$F_N=X_1\overline{F}_{N1}+X_2\overline{F}_{N2}+F_{NP}$$

计算桁架的轴力,计算结果见图 5.11c。

表 5.1

杆件	EA	l/a	$\overline{F}_{N1}$	$\overline{F}_{N2}$	F_{NP}/F_P	$\dfrac{\overline{F}_{N1}^2 l}{EA}$	$\dfrac{\overline{F}_{N1}\overline{F}_{N2} l}{EA}$	$\dfrac{\overline{F}_{N2}^2 l}{EA}$	$\dfrac{\overline{F}_{N1} F_{NP} l}{EA}$	$\dfrac{\overline{F}_{N2} F_{NP} l}{EA}$
AE			1	0	2	a	0	0	$2F_{P}a$	0
EB			0	1	2	0	0	a	0	$2F_{P}a$
CF			1	0	0	a	0	0	0	0
FD	1	1	0	1	0	0	0	a	0	0
AC			1	0	-1	a	0	0	$-F_{P}a$	0
EF			1	1	2	a	a	a	$2F_{P}a$	$2F_{P}a$
BD			0	1	-1	0	0	a	0	$-F_{P}a$
AF			$-\sqrt{2}$	0	$-2\sqrt{2}$	$2a$	0	0	$4F_{P}a$	0
CE	$\sqrt{2}$	$\sqrt{2}$	$-\sqrt{2}$	0	0	$2a$	0	0	0	0
ED			0	$-\sqrt{2}$	0	0	0	$2a$	0	0
FB			0	$-\sqrt{2}$	$-2\sqrt{2}$	0	0	$2a$	0	$4F_{P}a$
Σ						$8a$	a	$8a$	$7F_{P}a$	$7F_{P}a$

3）超静定组合结构

组合结构由梁式杆和二力杆组成。在计算系数和自由项时,对梁式杆一般只考虑弯矩的影响,对二力杆则按桁架的公式计算。

排架是工业厂房中常用的一种结构形式。在排架中,厂房的屋面结构简化成两端与柱铰接的链杆,当不考虑屋面所受的竖向荷载时,该链杆就成了二力杆。因此下面将这种情况下的排架也归入超静定组合结构讨论,见例 5-5。

例 5-4 用力法计算图 5.12a 所示的组合结构,求二力杆的轴力并作梁式杆的弯矩图。$EA = \dfrac{kEI}{a^2}$。

解 (1) 截断二力杆 CD,建立图 5.12b 所示的基本体系。

(2) 基本方程为

$$\delta_{11}X_1 + \Delta_{1P} = 0$$

方程的意义是:在荷载和多余力 X_1 的共同作用下,基本体系中 CD 杆截断处没有相对位移。

(3) 作梁式杆的单位弯矩图并计算二力杆的相应轴力,如图 5.12c。作荷载作用下梁式杆的弯矩图,此时二力杆的轴力为零,如图 5.12d。系数和自由项计算如下:

$$\delta_{11} = \frac{2}{EI}\left(\frac{1}{2} \cdot 4a \cdot 2a\right)\left(\frac{2}{3} \cdot 2a\right) + \frac{a^2}{kEI}\left[(-1)^2 \cdot 3a + 2 \cdot \left(\frac{5}{6}\right)^2 \cdot 5a\right] = \frac{(192k+179)a^3}{18kEI};$$

$$\Delta_{1P} = -\frac{2}{EI}\left(\frac{2}{3} \cdot 4a \cdot 8qa^2\right)\left(\frac{5}{8} \cdot 2a\right) = -\frac{160qa^4}{3EI}$$

(4) 将以上系数和自由项代入基本方程,解得

$$X_1 = \frac{\Delta_{1P}}{\delta_{11}} = \frac{960kqa}{192k+179}$$

(5) 按公式

$$M = X_1\overline{M}_1 + M_P$$

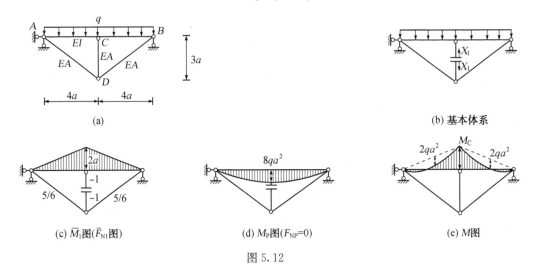

(a)

(b) 基本体系

(c) $\overline{M}_1$图($\overline{F}_{N1}$图)

(d) M_P图($F_{NP}=0$)

(e) M图

图 5.12

作梁式杆的弯矩图,见图 5.12e。其中 C 点的弯矩为(仍以梁的下边受拉为正)

$$M_C = \frac{960kqa}{192k+179} \times (-2a) + 8qa^2 = -\frac{(384k-1\,432)qa^2}{192k+179}$$

由于荷载作用下二力杆的轴力均为零,因此二力杆的最后轴力就等于 $X_1\overline{F}_{N1}$,计算结果如下:

$$F_{NAD} = F_{NBD} = \frac{800kqa}{192k+179}$$

$$F_{NCD} = -\frac{960kqa}{192k+179}$$

讨论 当 k 的值很大时,二力杆的轴力接近于 $-5qa$(竖杆)和 $25qa/6$(斜杆),C 点的弯矩约等于 $-2qa^2$,梁 ACB 的受力状态接近于在 C 点有一个刚性支座的两跨连续梁;反之,当 k 的值很小时,二力杆的轴力接近于 0,它们对于梁的变形几乎没有约束作用,C 点的弯矩约等于 $8qa^2$,梁的受力状态接近于简支梁。一般情况处于上述两种极端状态之间,梁 ACB 的受力状态相当于在 C 点有一个弹性支座的两跨连续梁。

例 5-5 用力法计算图 5.13a 所示的排架,并作弯矩图。

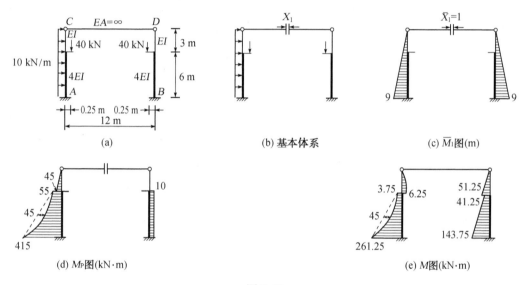

图 5.13

解 (1)截断二力杆 CD,建立图 5.13b 所示的基本体系。

(2)基本方程为

$$\delta_{11}X_1 + \Delta_{1P} = 0$$

方程的意义与上题相同。

(3)分别作柱在单位多余力和荷载作用下的弯矩图,如图 5.13c、d。两种情况下 CD 杆的轴力分别为 1 和 0。CD 杆的 $EA=\infty$ 意味着该杆没有轴向变形,因此无论是系数还是自由项的计算均不涉及该杆。系数和自由项计算如下。

$$\delta_{11} = \left\{ \frac{2}{EI}\left(\frac{1}{2}\times 3^2\right)\times 2 + \frac{2}{4EI}\left[\left(\frac{1}{2}\times 6\times 3\right)\times 5 + \left(\frac{1}{2}\times 6\times 9\right)\times 7\right]\right\}\text{m}^3 = \frac{135}{EI}\text{m}^3$$

$$\Delta_{1P} = \left\{ \frac{1}{EI}\left(\frac{1}{3}\times 3\times 45\right)\times\frac{9}{4} + \frac{1}{4EI}\left[\left(\frac{1}{2}\times 6\times 55\right)\times 5 + \left(\frac{1}{2}\times 6\times 415\right)\times 7 - \right.\right.$$

$$\left.\left.\left(\frac{2}{3}\times 6\times 45\right)\times 6 + (6\times 10)\times 6\right]\right\}\text{kN}\cdot\text{m}^3$$

$$= \frac{9\ 225}{4EI}\ kN \cdot m^3$$

（4）将以上系数和自由项代入基本方程，解得

$$X_1 = -\frac{\Delta_{1P}}{\delta_{11}} = -17.08\ kN$$

（5）按公式

$$M = X_1\overline{M}_1 + M_P$$

作柱的弯矩图，见图 5.13e。

4）超静定拱

土木工程中常用的拱都具有对称性，利用对称性可在一定程度上简化超静定结构的计算。对称性的利用问题将在 5.6 节中讨论，因此，我们将超静定拱的计算问题留到 5.6 节以后专门讨论，见 5.7 节。

5.5　超静定结构在温度变化和支座位移作用下的内力计算

用力法计算超静定结构在温度变化和支座位移作用下的内力，原理和总体步骤与荷载作用下的内力计算问题是相同的，但基本方程中自由项的含义及其计算与结构受荷载作用时的情况不同。在支座位移的情况下，力法基本方程的形式也与式（5.3）有所不同。此外，由于温度变化和支座位移在静定的基本结构中均不引起内力，结构的内力完全是由多余力引起的。下面对这两种情况分别进行讨论。

1）温度变化问题

在温度变化情况下，力法的基本方程为

$$\left.\begin{aligned}
\delta_{11}X_1 + \delta_{12}X_2 + \cdots + \delta_{1n}X_n + \Delta_{1t} = 0 \\
\delta_{21}X_1 + \delta_{22}X_2 + \cdots + \delta_{2n}X_n + \Delta_{2t} = 0 \\
\cdots\cdots\cdots\cdots\cdots\cdots\cdots\cdots\cdots\cdots\cdots\cdots\cdots\cdots \\
\delta_{n1}X_1 + \delta_{n2}X_2 + \cdots + \delta_{nn}X_n + \Delta_{nt} = 0
\end{aligned}\right\} \tag{5.8}$$

其中系数 $\delta_{ij}(i,j=1,2,\cdots,n)$ 的意义和计算方法与结构受荷载作用的情况相同（实际上，这些系数属于基本结构自身的特性，与外因无关）；自由项 $\Delta_{it}(i=1,2,\cdots,n)$ 的第二个下标"t"表明它是基本结构由于温度变化而产生的位移，通常情况下，对于结构中的任一杆件，线胀系数 α、截面高度 h 和温度变化量 Δt、t_0 均沿杆长不变，其计算公式为

$$\Delta_{it} = \sum \frac{\alpha\Delta t}{h}\int \overline{M}_i ds + \sum \alpha t_0 \int \overline{F}_{Ni} ds \tag{5.9}$$

这个公式实际上就是式（4.16a），详细讨论见 4.5 节。

温度变化在基本结构中不引起内力，因此，解出基本未知量以后，结构的内力（以弯矩为例）按下式计算：

$$M = X_1\overline{M}_1 + X_2\overline{M}_2 + \cdots + X_n\overline{M}_n \tag{5.10}$$

104

例 5-6 刚架受温度变化作用,如图 5.14a 所示。已知各杆的截面均为矩形,$b=20$ cm,$h=50$ cm,$E=3\times10^7$ kN/m²,$\alpha=10^{-5}$,试用力法计算并作刚架的弯矩图。

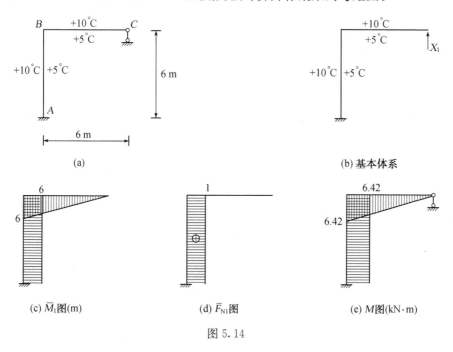

图 5.14

解 首先,由题设条件可得

$$EI=3\times10^7\times\frac{1}{12}\times0.2\times0.5^3 \text{ kN}\cdot\text{m}^2=6.25\times10^4 \text{ kN}\cdot\text{m}^2$$

$$\Delta t=(10-5)℃=5℃$$

$$t_0=\frac{(10+5)℃}{2}=7.5℃$$

下面进行力法计算。

(1) 撤除支座链杆 C,得图 5.14b 所示的基本体系。

(2) 基本方程为

$$\delta_{11}X_1+\Delta_{1t}=0$$

方程的意义是:在温度变化和多余力 X_1 的共同作用下,基本体系中的 C 点在竖向没有位移。

(3) 作基本结构的单位弯矩图和单位轴力图,图 5.14c、d。系数和自由项计算如下。

$$\delta_{11}=\sum\frac{1}{EI}\int\overline{M}_1^2\mathrm{d}s=\frac{1}{6.25\times10^4}(\frac{1}{2}\times6^2\times4+6^2\times6)\text{m/kN}=4.61\times10^{-3} \text{ m/kN}$$

$$\Delta_{1t}=\sum\frac{\alpha\Delta t}{h}\int\overline{M}_1\mathrm{d}s+\sum\alpha t_0\int\overline{F}_{N1}\mathrm{d}s$$

$$=[\frac{10^{-5}\times5}{0.5}(-\frac{1}{2}\times6^2-6^2)+10^{-5}\times7.5\times6]\text{m}=-4.95\times10^{-3}\text{m}$$

注意,计算系数可忽略轴向变形的影响,而计算自由项则一般必须考虑轴向变形的影响。

(4) 将以上系数和自由项代入基本方程,解得

$$X_1 = \frac{\Delta_{1t}}{\delta_{11}} = 1.07 \text{ kN}$$

(5) 按公式 $M = X_1 \overline{M}_1$ 作刚架的弯矩图,见图 5.14e。

讨论 在本例中,基本方程的系数与杆件的刚度成反比,而自由项与刚度无关,因而由基本方程解出的多余力与刚度成正比。因此,温度变化在超静定结构中引起的内力不仅与各杆件刚度的比值有关,而且与刚度的实际大小成正比。这与荷载作用下的情况是不同的。

2) 支座位移问题

在支座位移情况下,力法的基本方程为

$$\left.\begin{array}{l} \delta_{11}X_1 + \delta_{12}X_2 + \cdots + \delta_{1n}X_n + \Delta_{1c} = \Delta_1 \\ \delta_{21}X_1 + \delta_{22}X_2 + \cdots + \delta_{2n}X_n + \Delta_{2c} = \Delta_2 \\ \cdots\cdots\cdots\cdots\cdots\cdots\cdots\cdots\cdots\cdots\cdots\cdots\cdots\cdots \\ \delta_{n1}X_1 + \delta_{n2}X_2 + \cdots + \delta_{nn}X_n + \Delta_{nc} = \Delta_n \end{array}\right\} \tag{5.11}$$

其中第 i 个方程的意义是:在支座位移和多余力的共同作用下,基本体系产生的与 X_i 相应的位移等于原结构相应于同一未知量 X_i 的位移。在这个方程中,系数 $\delta_{ij}(j = 1, 2, \cdots, n)$ 的意义和计算方法与结构受荷载或温度变化作用的情况相同;自由项 Δ_{ic} 的意义是"基本体系的支座位移引起的与 X_i 相应的位移",其第二个下标"c"说明引起位移的原因是"支座位移"。Δ_{ic} 的计算公式为

$$\Delta_{ic} = -\sum \overline{F}_{Rji} c_j \tag{5.12}$$

其中 $\overline{F}_{Rji}$ 是 $\overline{X}_i = 1$ 引起的与基本体系的第 j 个支座位移 c_j 相应的反力。

与结构受荷载或温度变化作用的情况不同,方程(5.11)的右边不是 0 而是 Δ_i,Δ_i 是原结构相应于 X_i 的位移。这里要强调 Δ_{ic} 和 Δ_i 的区别:两者虽然是相应于同一 X_i 的位移,但发生位移的主体不同,Δ_{ic} 是基本结构的位移而 Δ_i 是原结构的位移。还要强调"基本体系的支座位移"与原结构的支座位移的区别:前者指的是原结构撤除多余约束以后仍保留在基本体系中的支座位移,前者包含在后者之中。如果原结构支座位移的个数不大于超静定次数,并且撤除多余约束时已将原结构所有发生支座位移的约束全部撤掉,结果得到的基本体系将不再含有任何支座位移,在这种情况下,基本方程中所有的自由项 Δ_{ic} 都等于零。

其实,在结构受荷载或温度变化作用的情况下,相应的基本方程(5.3)或(5.8)的右边也可以写成 Δ_i,只不过在这两种情况下,所有的 $\Delta_i(i = 1, 2, \cdots, n)$ 都等于 0。

支座位移在基本结构中不引起内力,因此,在解出基本未知量以后,结构内力(以弯矩为代表)的计算公式与式(5.10)相同。

例 5 - 7 图 5.15a 所示的两端固定梁的左支座发生转动,转角为 θ_A;右支座发生竖向位移 Δ_B。试用力法计算并作梁的弯矩图。

解 该梁是 3 次超静定结构,但由于问题不涉及轴力,并且轴力对弯矩没有影响,可以作为 2 次超静定问题求解。

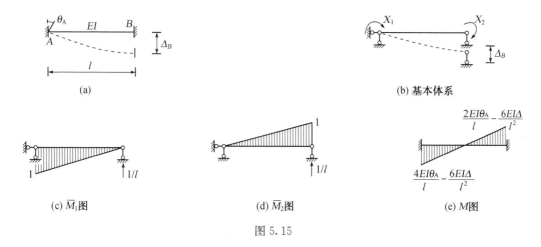

图 5.15

（1）取图 5.15b 所示的简支梁为基本体系。在这个基本体系中保留了原结构与右端竖向位移相应的约束，但撤除了与左端转角相应的约束。

（2）原结构与基本未知量 X_1 和 X_2 相应的位移分别为 θ_A 和 $0(\Delta_1=\theta_A,\Delta_2=0)$，因此基本方程为

$$\left.\begin{array}{l}\delta_{11}X_1+\delta_{12}X_2+\Delta_{1c}=\theta_A\\\delta_{21}X_1+\delta_{22}X_2+\Delta_{2c}=0\end{array}\right\}$$

（3）作单位弯矩图并在图中表示出与基本体系中的支座位移相应的反力，如图 5.14c、d。基本方程的系数为（计算过程从略）

$$\delta_{11}=\frac{l}{3EI},\quad\delta_{12}=\delta_{21}=-\frac{l}{6EI},\quad\delta_{22}=\frac{l}{3EI}$$

自由项为

$$\Delta_{1c}=-(-\frac{1}{l})\Delta_B=\frac{\Delta_B}{l},\quad\Delta_{2c}=\frac{\Delta_B}{l}$$

（4）将以上系数和自由项代入基本方程，解得

$$X_1=4EI\theta_A/l-6EI\Delta_B/l^2,\quad X_2=2EI\theta_A/l-6EI\Delta_B/l^2$$

（5）按公式 $M=X_1\overline{M}_1+X_2\overline{M}_2$ 作梁的弯矩图，见图 5.15e。

讨论 在本例中，基本方程的系数与杆件的刚度成反比，而自由项与杆件的刚度无关，因而由基本方程解出的多余力与刚度成正比。由此可见，支座位移在超静定结构中引起的内力不仅与各杆件刚度的比值有关，而且与刚度的实际大小成正比，这一点与温度变化作用下的情况相同，与荷载作用下的情况不同。

5.6 对称性的利用

工程中的不少结构具有对称性：结构轴线的形状和支承方式、截面的几何特征（I、A 等）、材料性质（E、G 等）都对称于某一轴线，这样的结构称为对称结构，如图 5.16a 所示的刚架就

是一个对称结构。例 5-5 中的排架(图 5.13a)和例 5-7 中的梁(图 5.15a)也都是对称结构。

应该说,一个结构是否对称是由结构本身的条件所决定的,与结构所受的外部作用(荷载、温度变化、支座移动等)无关。但也有这样的情况:某些结构本身并不严格满足对称条件,但在特定的外部条件下,如果仅从受力的角度考虑,结构却可以认为是对称的。如例 5-3 中的桁架(图 5.11a)、例 5-4 中的组合结构(图 5.12a),它们的支承条件是不对称的,因此它们并不是对称结构;另一方面,结构除左边的水平支杆外其他方面都是对称的,如果结构仅受竖向荷载作用,则支座的水平反力等于零,仅从受力的角度考虑,该水平链杆不起作用,因此结构可以认为是对称的。

利用对称性可以简化结构的计算,常用的方法之一是采用对称的基本结构。以图 5.16a 所示的 3 次超静定结构刚架为例。将刚架的横梁从对称轴处截断,得到图 5.16b 所示的基本结构,三个基本未知量分别是截断处的轴力 X_1、弯矩 X_2 和剪力 X_3。设想将结构的计算简图沿对称轴折叠起来,则对称轴两边的轴力和弯矩完全重合且方向相同,剪力作用线重合而方向相反。因此,X_1 和 X_2 是对称的多余力,而 X_3 则称为反对称的多余力。分别作三个单位弯矩图,图 5.16c、d、e,可见对称多余力的单位弯矩图也是对称的,反对称多余力的单位弯矩图也是反对称的。用图乘法计算力法基本方程的系数,易知有

$$\delta_{13}=\delta_{31}=\delta_{23}=\delta_{32}=0 \tag{a}$$

因而本来是三元联立方程组的基本方程现在被"解耦"为阶数较低的两部分:

$$\left.\begin{aligned}\delta_{11}X_1+\delta_{12}X_2+\Delta_{1P}=0\\\delta_{21}X_1+\delta_{22}X_2+\Delta_{2P}=0\end{aligned}\right\} \tag{b}$$

以及

$$\delta_{33}X_3+\Delta_{3P}=0 \tag{c}$$

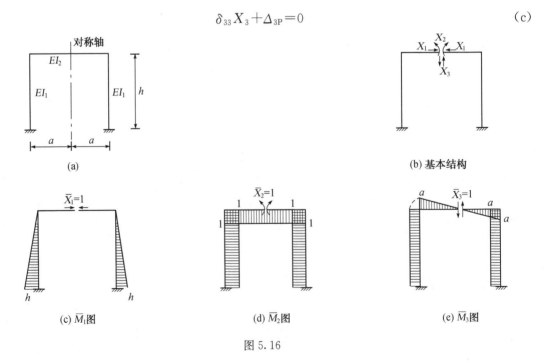

图 5.16

如果荷载是对称的,则采用上面的基本结构,与荷载相应的弯矩图也是对称的,如图 5.17a 所示。于是有

$$\Delta_{3P}=0$$

代入式(c)并求解,得

$$X_3=0$$

最后弯矩图用下式表示:

$$M=X_1\overline{M}_1+X_2\overline{M}_2+M_P$$

因为 $\overline{M}_1$、$\overline{M}_2$ 和 M_P 都是对称的,所以 M 图也是对称的。

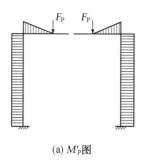
(a) M'_P图

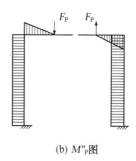
(b) M''_P图

图 5.17

反过来,如果荷载是反对称的,则与荷载相应的弯矩图也是反对称的,如图 5.17b 所示。于是有

$$\Delta_{1P}=\Delta_{2P}=0$$

代入式(b)并求解,得

$$X_1=X_2=0$$

最后弯矩图用下式表示:

$$M=X_3\overline{M}_3+M_P$$

因为 $\overline{M}_3$ 和 M_P 都是反对称的,所以 M 图也是反对称的。

从以上的讨论可以得出以下结论:在对称荷载作用下,对称结构的反力和内力是对称的;在反对称荷载作用下,对称结构的反力和内力是反对称的。根据这一结论,可以使各种形式的对称结构的计算得到简化。

在一般情况下,荷载既不是对称的也不是反对称的。这时可用叠加原理,先将荷载分为两组,一组是对称的而另一组是反对称的,利用对称性分别计算两组荷载作用下的内力,再将它们叠加起来,就得到所需要的解答。

例 5-8 图 5.18a 为一对称刚架及其所受荷载。试说明如何利用对称性简化力法计算。

解 这是一个四次超静定刚架。为了利用对称性,可将荷载分为两组,其中一组为对称荷载,另一组为反对称荷载,分别如图 5.18b、c 所示。

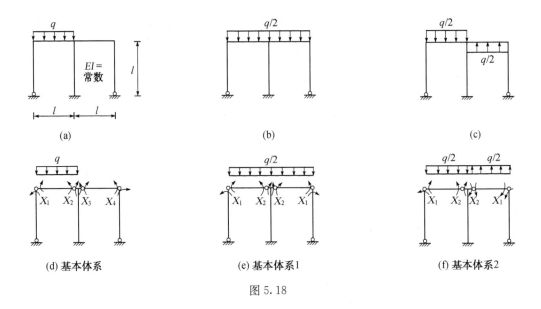

(a)　　　　　　　　　　(b)　　　　　　　　　　(c)

(d) 基本体系　　　　　　(e) 基本体系1　　　　　　(f) 基本体系2

图 5.18

采用图 5.18d 所示的对称基本体系,在荷载未分组的情况下,共有四个基本未知量。分组后,在对称荷载组作用下,由内力的对称性可知有 $X_1 = X_4, X_2 = X_3$,从而这四个基本未知量可以用两个对称的广义未知力来表示,见图 5.18e 所示的基本体系 1。在反对称荷载组作用下,由内力的反对称性可知有 $X_1 = -X_4, X_2 = -X_3$,从而这四个基本未知量可以用两个反对称的广义未知力来表示,见

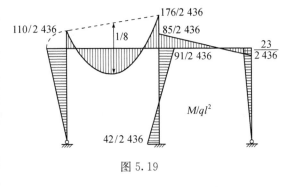

图 5.19

图 5.18f 所示的基本体系 2。这样就把一个 4 次超静定的问题变成了两个 2 次超静定的问题,分别求解这两个 2 次超静定问题,最后叠加所得结果,就得到所需要的解答。刚架的最后弯矩图见图 5.19,具体的计算留给读者自己完成。

5.7　用力法计算超静定拱

第 1 章(绪论)中介绍了拱的主要力学特征:在竖直向下的荷载作用下,拱的支座产生向内的水平反力(推力)。在 3.3.3 节中,通过对三铰式静定结构的分析和计算,我们初步掌握了静定拱和拱式结构的力学特性及其计算方法,同时也了解到:可以在拱式结构中设置系杆,用系杆的拉力代替支座的水平推力(例 3-9)。

本节讨论超静定拱的计算。工程中常用的超静定拱有两种:二铰拱(1 次超静定,图 5.20a、b)和无铰拱(3 次超静定,图 5.20c)。超静定拱的主要力学特征仍然是:在竖直向下的荷载作用下,拱的支座产生水平推力(或在系杆中产生拉力)。将两种超静定拱作一比较,无铰拱的施工要相对简单一些。但当地基发生不均匀沉降时,无铰拱中会产生较大的内力(见例 5-11),而二铰拱则不产生内力,因而后者更适用于比较软弱的地基。在工程中常用的拱都具

110

有对称性,因此本节只讨论对称超静定拱的计算。

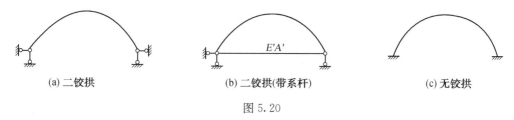

(a) 二铰拱　　　　　　　　(b) 二铰拱(带系杆)　　　　　　　(c) 无铰拱

图 5.20

5.7.1　二铰拱在荷载作用下的计算

二铰拱可分为带系杆和不带系杆的两种。带系杆的二铰拱对支座不产生水平推力,对地基的要求不是太高,这是它的优点。在图 5.20b 中,如果系杆的抗拉刚度 $E'A' \rightarrow \infty$,则拱的右支座的水平位移为零,与图 5.20a 所示的不带系杆的二铰拱相同。因此不带系杆的二铰拱可视为带系杆的二铰拱的特殊情况,下面着重讨论带系杆的二铰拱。

图 5.21a 为一带系杆的二铰拱,拱轴线的方程在图示坐标系中为 $y=y(x)$。拱由曲杆(梁式杆)和系杆(二力杆)组成,设曲杆的弹性模量、横截面面积和惯性矩分别为 E、A 和 I,系杆的弹性模量和横截面面积分别为 E' 和 A'。截断系杆,以系杆的拉力 X_1 为基本未知量,建立图 5.21b 所示的基本体系,相应的基本方程为

$$\delta_{11}X_1 + \Delta_{1P} = 0 \tag{a}$$

这个方程表明,在荷载和多余力 X_1 的共同作用下,基本体系中系杆的截断处两边没有相对位移。

在单位多余力 $\overline{X}_1=1$ 作用下,系杆中 $\overline{F}_{N1}=1$,曲杆的弯矩和轴力为

$$\overline{M}_1 = -y, \quad \overline{F}_{N1} = -\cos\phi$$

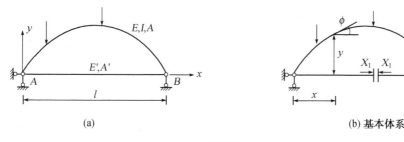

(a)　　　　　　　　　　　　　　(b) 基本体系

图 5.21

在荷载作用下,基本体系中被截断的系杆不受力,曲杆的弯矩与跨度相同的简支梁(即3.3.3 节中引用过的"代梁")的弯矩相同:

$$M_P(X) = M^0(X)$$

基本方程(a)的系数和自由项按下式计算:

$$\delta_{11} = \int \frac{\overline{M}_1^2}{EI}\mathrm{d}s + \int \frac{\overline{F}_{N1}^2}{EA}\mathrm{d}s + \frac{1^2 \cdot l}{E'A'} = \int \frac{y^2}{EI}\mathrm{d}s + \int \frac{\cos^2\phi}{EA}\mathrm{d}s + \frac{l}{E'A'}$$

$$\Delta_{1P} = \int \frac{\overline{M}_1 M_P}{EI}\mathrm{d}s = -\int \frac{M^0 y}{EI}\mathrm{d}s \qquad\qquad\qquad (b)$$

以上计算中均略去了曲杆剪切变形的影响,在计算 Δ_{1P} 时还略去了曲杆轴向变形的影响。但在计算 δ_{11} 时,曲杆轴向变形的影响一般不能忽略,系杆轴向变形的影响更是必须考虑的。当拱不很扁(高跨比 $\frac{f}{l} > \frac{1}{3}$)或拱身不很厚(曲杆截面厚度和跨度之比 $\frac{h}{l} < \frac{1}{10}$)时,曲杆轴向变形对 δ_{11} 的影响也可以忽略。由于是曲杆,式中的积分计算不能用图乘法代替。当积分有困难时,可用数值方法近似计算。将式(b)代入式(a),可得

$$F_H = X_1 = \frac{\Delta_{1P}}{\delta_{11}} = \frac{\displaystyle\int \frac{M_0 y}{EI}\mathrm{d}s}{\displaystyle\int \frac{y^2}{EI}\mathrm{d}s + \int \frac{\cos^2\phi}{EA}\mathrm{d}s + \frac{l}{E'A'}} \qquad\qquad (5.13)$$

求出系杆的拉力以后,曲杆的内力按下式计算:

$$M = M^0 - F_H y, \quad F_N = -F_H\cos\phi - F_Q^0\sin\phi, \quad F_Q = -F_H\sin\phi + F_Q^0\cos\phi \qquad (5.14)$$

其中 F_Q^0 是代梁的剪力。公式(5.14)实际上与 3.3.3 节中三铰拱的内力公式(3.10)、(3.11)相同,不过三铰拱支座的水平推力(或系杆的拉力)F_H 是静定的,按式(3.8)计算;而二铰拱系杆的拉力是超静定的,要按式(5.13)计算。当系杆的抗拉刚度 $E'A' \to \infty$ 时,式(5.13)成为

$$F_H = \frac{\displaystyle\int \frac{M_0 y}{EI}\mathrm{d}s}{\displaystyle\int \frac{y^2}{EI}\mathrm{d}s + \int \frac{\cos^2\phi}{EA}\mathrm{d}s} \qquad\qquad (5.15)$$

这就是不带系杆的二铰拱的支座水平推力的计算公式。其曲杆的内力仍按式(5.14)计算。

例 5-9 图 5.22 为一等截面抛物线二铰拱,拱轴线的方程为

$$y = \frac{4f}{l^2}x(l-x) \qquad\qquad (c)$$

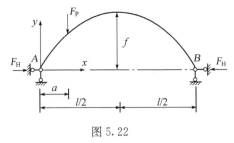

图 5.22

设忽略轴向变形对位移的影响,试求在图示竖向集中荷载作用下拱支座的水平推力,并利用所得结果,求拱在左半跨及全跨均布荷载(集度为 q)作用下的弯矩。在计算积分时可认为拱的轴线形状比较扁平,因而可近似地取 $\mathrm{d}s = \mathrm{d}x$。

解 在图示集中荷载作用下,基本体系中曲梁的弯矩为

$$M^0 = \begin{cases} F_P x(l-a)/l & 0 \leqslant x \leqslant a \\ F_P(l-x)a/l & a \leqslant x \leqslant l \end{cases} \qquad\qquad (d)$$

将式(c)、(d)代入式(b),在其中略去反映曲杆轴向变形影响的项并取 $E'A' = \infty$ 及 $\mathrm{d}s = \mathrm{d}x$,得

$$\delta_{11}=\frac{1}{EI}\int y^2\mathrm{d}s=\frac{1}{EI}\int_0^l\left[\frac{4f}{l^2}x(l-x)\right]^2\mathrm{d}x=\frac{8f^2l}{15EI}$$

$$\Delta_{1P}=-\frac{1}{EI}\int yM^0\mathrm{d}s=-\frac{1}{EI}\left[\int_0^a\frac{4f}{l^2}x(1-x)F_Px\frac{l-a}{l}\mathrm{d}x+\int_a^l\frac{4f}{l^2}x(l-x)F_P(l-x)\frac{a}{l}\mathrm{d}x\right]$$

$$=-\frac{F_Pfl^2}{3EI}\left[\frac{a}{l}-2\left(\frac{a}{l}\right)^3+\left(\frac{a}{l}\right)^4\right]$$

因此由式(5.15),支座的水平推力为

$$F_H=\frac{5F_Pl}{8f}\left[\frac{a}{l}-2\left(\frac{a}{l}\right)^3+\left(\frac{a}{l}\right)^4\right]\tag{e}$$

当拱在左半跨承受集度为 q 的均布荷载时(图5.23a),将作用于区间 $[0,l/2]$ 上的每个微段 $\mathrm{d}x$ 上的均布荷载用集中力 $q\mathrm{d}x$ 代替,将式(e)中的 a 换成变量 x, F_P 换成 $q\mathrm{d}x$,利用叠加原理可得支座水平推力为

$$F_H=\frac{5l}{8f}\int_0^{l/2}q\left[\frac{x}{l}-2\left(\frac{x}{l}\right)^3+\left(\frac{x}{l}\right)^4\right]\mathrm{d}x=\frac{ql^2}{16f}$$

而此时代梁的弯矩为

$$M^0=\begin{cases}qx(3l-4x)/8 & 0\leqslant x\leqslant\dfrac{l}{2}\\[2mm]ql(l-x)/8 & \dfrac{l}{2}\leqslant x\leqslant l\end{cases}$$

因此由式(5.14)得

$$M=M^0-F_Hy$$
$$=\begin{cases}qx(l-2x)/8 & 0\leqslant x\leqslant l/2\\q(l-x)(l-2x)/8 & l/2\leqslant x\leqslant l\end{cases}\tag{f}$$

相应的弯矩图见图5.23b。

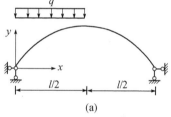

(a)

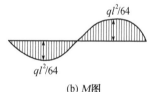

(b) M图

图5.23

当拱在整个跨度内承受集度为 q 的均布荷载时,由对称性易知支座水平推力将是半跨均布荷载下推力的两倍,即

$$F_H=\frac{ql^2}{8f}$$

此时代梁的弯矩为

$$M^0=\frac{q}{2}x(l-x)$$

所以

$$M=M^0-F_Hy=0$$

讨论 无论是全跨还是半跨受均布荷载作用,抛物线二铰拱的支座反力和内力都与相应的对称三铰拱相同。但不能因此得出两者在任何荷载下反力和内力都相同的结论。例如在图5.22所示集中荷载作用下,二铰拱的支座水平推力按式(e)计算,而对称三铰拱的支座水平推力为

$$F_H = \frac{F_P a}{2f} \tag{g}$$

两者仅当 a 为区间 $(0, l)$ 上的两个特定值 $(a \approx 0.348l$ 和 $a \approx 0.652l)$ 时才是相等的。当 $a = l/2$ 时,三铰拱的推力为 $0.25F_P l/f$,而二铰拱的推力约为 $0.195F_P l/f$,两者相差 20% 以上。另外,以上二铰拱的推力是在忽略轴向变形的前提下得出的,如果考虑轴向变形,即使在全跨或半跨均布荷载作用下,二铰拱和三铰拱的计算结果也是不同的。例如在全跨均布荷载作用下,如果考虑轴向变形,将会发现二铰拱中实际上是存在比较微小的弯矩的。

5.7.2 对称无铰拱的计算

无铰拱是 3 次超静定结构。对于受荷载作用的对称无铰拱(图 5.24a),如果采用图 5.24b 所示的对称基本体系,则由 5.6 节可知,相应的力法基本方程将由一个二元方程组和一个一元方程组成,即

$$\left.\begin{array}{l} \delta_{11}X_1 + \delta_{12}X_2 + \Delta_{1P} = 0 \\ \delta_{21}X_1 + \delta_{22}X_2 + \Delta_{2P} = 0 \end{array}\right\} \tag{h}$$

和

$$\delta_{33}X_3 + \Delta_{3P} = 0 \tag{i}$$

其中方程组(h)只含对称的多余未知力 X_1 和 X_2,方程(i)只含反对称的多余未知力 X_3。

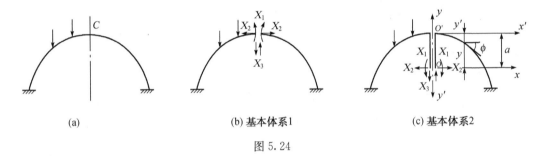

(a)   (b) 基本体系1   (c) 基本体系2

图 5.24

我们还希望将方程组(h)进一步"解耦",即设法使其中的副系数 $\delta_{12} = \delta_{21} = 0$,从而将式(h)化成两个形式与(i)相同的分别含有 X_1 和 X_2 的一元方程。为此,将无铰拱在轴线的对称点 C 切开,在切口的两侧沿对称轴加上两个长度为 a 的刚臂,两个刚臂均有 $EI = \infty$,$EA = \infty$,分别在切口的两侧与拱刚性连接,如图 5.24c。显然,如果切口两侧的截面没有相对水平位移、相对竖向位移和相对转角,则两个刚臂的下端也不会有这些相对位移和转角。反过来,如果两个刚臂的下端没有相对位移和转角,则切口两侧的截面也不会有相对位移和转角。因此,如果将多余未知力加在刚臂的下端,则根据变形协调条件写出的力法基本方程将与式(h)和式(i)相同,余下的问题是选择刚臂的长度 a,使 $\delta_{12} = \delta_{21} = 0$。

在上述基本体系中建立坐标系,如图 5.24c 所示,其原点置于刚臂的端点。则在 $\overline{X}_1 = 1$ 作用下,基本体系中的内力为

$$\overline{M}_1 = 1, \quad \overline{F}_{Q1} = 0, \quad \overline{F}_{N1} = 0 \tag{j}$$

在 $\overline{X}_2 = 1$ 作用下,内力为

114

$$\overline{M}_2 = -y, \quad \overline{F}_{Q2} = -\sin\phi, \quad \overline{F}_{N2} = -\cos\phi \tag{k}$$

在 $\overline{X}_3 = 1$ 作用下，内力为

$$\overline{M}_3 = x, \quad \overline{F}_{Q3} = \cos\phi, \quad \overline{F}_{N3} = -\sin\phi \tag{m}$$

在以上各式中，ϕ 为拱轴切线与 x 轴的夹角，ϕ 在左半拱为正，右半拱为负。

由式(j)和式(k)得

$$\delta_{12} = \int \frac{\overline{M}_1 \overline{M}_2}{EI} \mathrm{d}s = \int \frac{-y}{EI} \mathrm{d}s = -\int \frac{a-y'}{EI} \mathrm{d}s = \int \frac{y'}{EI} \mathrm{d}s - a \int \frac{1}{EI} \mathrm{d}s$$

因此，要使 $\delta_{12} = \delta_{21} = 0$，就必须并且只须

$$a = OO' = \frac{\displaystyle\int \frac{y'}{EI} \mathrm{d}s}{\displaystyle\int \frac{1}{EI} \mathrm{d}s} \tag{5.16}$$

假想一条状图形，其轴线为无铰拱的轴线，其宽度等于 $\dfrac{1}{EI}$，如图 5.25 所示，则式(5.16)右边分式的分母和分子分别为该图形的面积和对 x' 轴的面积矩，因而由式(5.16)确定的刚臂的端点就是该条状图形的形心，称为拱的弹性中心。弹性中心的位置与参考坐标系 $x'O'y'$ 的选取无关。在图 5.24c 及图 5.25

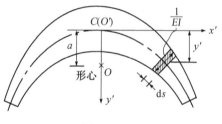

图 5.25

中，O' 与拱的顶点重合，因而有 $OO' = a$。一般情况下，按式(5.16)算得的结果是刚臂的端点 O 到 x' 轴的距离，并不一定等于刚臂的长度 a，见例 5-10。

由以上讨论可知，当图 5.24c 中的刚臂端点为拱的弹性中心时，力法基本方程中所有的副系数都等于零，从而基本方程化为三个相互独立的方程：

$$\left.\begin{array}{l} \delta_{11} X_1 + \Delta_{1P} = 0 \\ \delta_{22} X_2 + \Delta_{2P} = 0 \\ \delta_{33} X_3 + \Delta_{3P} = 0 \end{array}\right\} \tag{5.17}$$

在计算方程(5.17)中的系数和自由项时，除 δ_{22} 以外，一般可以忽略剪力和轴力对变形的影响。当拱不很扁或拱身不很厚时，轴向变形对 δ_{22} 的影响也可以忽略。参考式(j)、(k)、(m)，系数和自由项按下式计算：

$$\delta_{11} = \int \frac{1}{EI} \mathrm{d}s, \quad \delta_{22} = \int \frac{y^2}{EI} \mathrm{d}s + \int \frac{\cos^2\phi}{EA} \mathrm{d}s, \quad \delta_{33} = \int \frac{x^2}{EI} \mathrm{d}s \tag{5.18a}$$

$$\Delta_{1P} = \int \frac{M_P}{EI} \mathrm{d}s, \quad \Delta_{2P} = -\int \frac{y M_P}{EI} \mathrm{d}s, \quad \Delta_{3P} = \int \frac{x M_P}{EI} \mathrm{d}s \tag{5.18b}$$

以上计算无铰拱的方法称为弹性中心法，其要点：一是确定弹性中心并建立图 5.24c 所示的基本体系；二是基本方程为式(5.17)，系数和自由项按式(5.18)计算。弹性中心法也适用于无铰拱在温度变化和支座位移作用下的计算问题，但方程(5.17)中的自由项 $\Delta_{iP}(i = 1, 2, 3)$

在两种情况下分别应改为 Δ_{it} 和 Δ_{ic}，按 5.5 节中的式(5.9)和式(5.12)计算。将式(j)、(k)、(m)代入式(5.9)可将其具体化为

$$\Delta_{1t} = \frac{\alpha\Delta t}{h}\int \mathrm{d}s, \quad \Delta_{2t} = -\frac{\alpha\Delta t}{h}\int y\,\mathrm{d}s - \alpha t_0\int\cos\phi\,\mathrm{d}s, \quad \Delta_{3t} = \frac{\alpha\Delta t}{h}\int x\,\mathrm{d}s - \alpha t_0\int\sin\phi\,\mathrm{d}s \quad (5.19)$$

例 5 - 10 等截面无铰拱轴线为圆弧，半径为 R，受半跨均布荷载作用，如图 5.26 所示。试求支座反力和拱顶、拱脚的弯矩。设轴向变形对 δ_{22} 的影响也可以忽略。

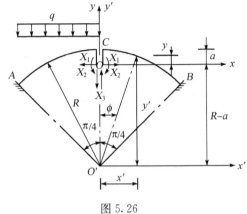

图 5.26

解 （1）确定弹性中心的位置

本例中的拱为等截面，故确定弹性中心的条状图形的宽度 $\dfrac{1}{EI}$ 为常数。采用图 5.26 所示的参考坐标系，按式(5.16)计算的结果将等于 $R-a$。计算如下：

$$\int\frac{y'}{EI}\mathrm{d}s = \frac{1}{EI}\int_{-\pi/4}^{\pi/4}R\cos\phi R\,\mathrm{d}\phi$$

$$= \frac{R^2}{EI}\left[\sin\phi\right]_{-\pi/4}^{\pi/4} = \frac{\sqrt{2}}{EI}R^2$$

$$\int\frac{1}{EI}\mathrm{d}s = \frac{1}{EI}\int_{-\pi/4}^{\pi/4}R\,\mathrm{d}\phi = \frac{R}{EI}\left[\phi\right]_{-\pi/4}^{\pi/4} = \frac{\pi}{2EI}R$$

因此刚臂的端点到 x' 轴的距离为

$$OO' = R-a = \frac{\int\dfrac{y'}{EI}\mathrm{d}s}{\int\dfrac{1}{EI}\mathrm{d}s} = \frac{2\sqrt{2}R}{\pi} \approx 0.900\,3\,R$$

由此确定弹性中心，并建立 xOy 坐标系，如图 5.26。

（2）计算基本方程的系数和自由项

由图 5.26 可见，拱轴上一点的坐标 (x,y) 与参考坐标 (x',y') 以及 ϕ 角的关系为

$$y = y' - OO' = R\cos\phi - OO' = R(\cos\phi - 0.900\,3)$$

$$x = x' = -R\sin\phi$$

第二个式子中的负号是因为在左半拱，$x = x' < 0$ 而 $\phi > 0$；在右半拱，$x = x' > 0$ 而 $\phi < 0$。

由式(5.18a)并忽略轴向变形对 δ_{22} 的影响，得

$$\delta_{11} = \frac{1}{EI}\int_{-\pi/4}^{\pi/4}R\,\mathrm{d}\phi = \frac{\pi R}{2EI} = \frac{1.570\,8R}{EI}$$

$$\delta_{22} = \int\frac{y^2}{EI}\mathrm{d}s = \frac{1}{EI}\int_{-\pi/4}^{\pi/4}R^2(\cos\phi - 0.900\,3)^2 R\,\mathrm{d}\phi = \frac{0.012\,3R^3}{EI}$$

$$\delta_{33} = \int\frac{x^2}{EI}\mathrm{d}s = \frac{1}{EI}\int_{-\pi/4}^{\pi/4}R^2\sin^2\phi R\,\mathrm{d}\phi = \frac{0.285\,4R^3}{EI}$$

基本体系由于荷载产生的弯矩为

$$M_P = -\frac{qx^2}{2} = -\frac{qR^2\sin^2\phi}{2} \qquad (0 \leqslant \phi \leqslant \frac{\pi}{4})$$

因此由式(5.18b)得

$$\Delta_{1P} = \int \frac{M_P}{EI}ds = -\frac{1}{EI}\int_0^{\pi/4}\frac{qR^2\sin^2\phi}{2}Rd\phi = -\frac{0.071\,3qR^3}{EI}$$

$$\Delta_{2P} = -\int \frac{yM_P}{EI}ds = \frac{1}{EI}\int_0^{\pi/4}\frac{qR^2\sin^2\phi}{2} \cdot R(\cos\phi - 0.900\,3)Rd\phi$$

$$= -\frac{0.005\,3qR^4}{EI}$$

$$\Delta_{3P} = \int \frac{xM_P}{EI}ds = \frac{1}{EI}\int_0^{\pi/4}\frac{qR^2\sin^2\phi}{2} \cdot R\sin\phi Rd\phi = \frac{0.038\,7qR^4}{EI}$$

（3）求解基本未知量并计算反力和弯矩

基本未知量为

$$X_1 = \frac{\Delta_{1P}}{\delta_{11}} = \frac{0.071\,3qR^3}{1.570\,8R} = 0.045\,4qR^2$$

$$X_2 = -\frac{\Delta_{2P}}{\delta_{22}} = \frac{0.005\,3qR^4}{0.012\,3R^3} = 0.430\,9qR$$

$$X_3 = -\frac{\Delta_{3P}}{\delta_{33}} = -\frac{0.038\,7qR^4}{0.285\,4R^3} = -0.135\,6qR$$

支座水平推力 F_H、竖向反力 F_{yA} 和 F_{yB} 计算如下：

$$F_H = X_2 = 0.430\,9qR$$

$$F_{yA} = X_3 + \sqrt{2}qR/2 = 0.571\,5qR$$

$$F_{yB} = -X_3 = 0.135\,6qR$$

拱顶和拱脚的三个弯矩 M_C、M_A 和 M_B 计算如下（拱顶和拱脚的纵坐标分别为 $y_C = a = R(1-0.900\,3) = 0.099\,7R$，$y_A = y_B = a - f = a - R(1-\sqrt{2}/2) = -0.193\,2R$）：

$$M_C = X_1 - X_2 \times a = 0.045\,4qR^2 - 0.430\,9qR \times 0.099\,7R = 0.002\,4qR^2$$

$$M_A = X_1 - X_2 \times y_A - X_3 \times \sqrt{2}R/2 - q(\sqrt{2}R/2)^2/2$$
$$= (0.045\,4 + 0.430\,9 \times 0.193\,2 + 0.135\,6 \times 0.707\,1 - 0.25)qR^2$$
$$= -0.025\,5qR^2$$

$$M_B = X_1 - X_2 \times y_B + X_3 \times \sqrt{2}R/2$$
$$= (0.045\,4 + 0.430\,9 \times 0.193\,2 - 0.135\,6 \times 0.707\,1)qR^2 = 0.032\,8qR^2$$

讨论 下面将无铰拱的反力与对应的三铰拱作一比较，见表5.2。

表 5.2

	F_H/qR	F_{yA}/qR	F_{yB}/qR
无 铰 拱	0.430 9	0.571 5	0.135 6
三 铰 拱	0.426 8	0.530 3	0.176 8
比值(无铰拱/三铰拱)	1.009 6	1.077 7	0.767 0

由上表可见,两者的推力十分接近,但竖向反力相差较大。计算表明,在全跨均布荷载下,无铰拱的推力与三铰拱也十分接近。

例 5-11 上例中无铰拱的右支座有微小的下沉 $\Delta=0.002R$,求支座反力和反力矩。

解 无铰拱的不均匀支座沉降可以分解为两部分,一部分为均匀沉降,另一部分为反对称的支座竖向位移。前者不引起反力和内力,后者将引起反力和内力。在本例中,均匀沉降为 $\Delta/2$,支座反对称竖向位移为左支座上抬 $\Delta/2$,右支座下沉 $\Delta/2$。

无铰拱的弹性中心已在上例确定,无须重新计算。采用与上例相同的基本结构,在支座反对称竖向位移作用下,对称的多余力 $X_1=X_2=0$,确定反对称多余力 X_3 的方程为

$$\delta_{33}X_3+\Delta_{3c}=0$$

其中

$$\delta_{33}=\frac{0.285\ 4R^3}{EI}$$

在上题已经算出,无须重新计算。

单位多余力 $\overline{X}_3=1$ 在基本结构中引起的与支座位移相应的反力 $\overline{F}_{yA3}=\overline{F}_{yB3}=1$。因此

$$\Delta_{3c}=-(\overline{F}_{yA3}\Delta/2+\overline{F}_{yB3}\Delta/2)=-\Delta=-0.002R$$

于是

$$X_3=-\frac{\Delta_{3c}}{\delta_{33}}=\frac{0.002R}{0.285\ 4R^3/(EI)}=\frac{0.007EI}{R^2}$$

支座水平推力 $F_H=0$。竖向反力(以向上为正)为

$$F_{yA}=X_3=0.007EI/R^2,\quad F_{yB}=-X_3=-0.007EI/R^2$$

支座反力矩(以拱下侧受拉为正)为

$$M_A=-X_3\cdot\sqrt{2}R/2=-0.005EI/R$$
$$M_B=-M_A=0.005EI/R$$

讨论 为了对支座不均匀沉降对于无铰拱的影响获得一个较为清晰的概念,我们给以上计算结果赋予一定的数值,并与上题的结果做一些比较。设 $R=10$ m,$h=1.2$ m,$b=0.8$ m,材料为混凝土,弹性模量取为 $E=3.0\times10^7$ kN/m²,则 $EI=0.345\ 6\times10^7$ kN·m²,拱支座的竖向反力 $F_{yA}=241.9$ kN,支座反力矩的绝对值为 1 728 kN·m。与上例相比,在半跨均布荷载作用下,要使支座 A 产生这样的反力矩,均布荷载的集度 q 必须达到 677 kN/m,而本例的支座下沉只有不到跨度 $(l=\sqrt{2}R)$ 的 1.5‰,可见支座不均匀沉降对于无铰拱的影响是相当大的。

5.8 超静定结构位移的计算和内力计算的校核

5.8.1 超静定结构位移的计算

回顾第4章中导出的结构位移计算的一般公式,式(4.5):

$$\Delta = \sum \int \overline{M} \mathrm{d}\theta + \sum \int \overline{F}_N \mathrm{d}\lambda + \sum \int \overline{F}_Q \mathrm{d}\eta - \sum \overline{F}_{Ri} c_i$$

这一公式是在变形体系虚功原理的基础上,利用单位荷载法导出的。第4章中同时还指出:这一公式既适用于静定结构,也适用于超静定结构。因此,超静定结构的位移计算从原理和方法上都不是什么新问题:原理——变形体系虚功原理;方法——单位荷载法。但是,在用单位荷载法计算超静定结构的位移时,单位荷载施加的对象不同,却会导致计算工作量差异很大。下面通过一个具体算例来说明这一问题。

图5.27a为一二次超静定刚架,EI=常数,其横梁受均布荷载作用。现在我们来求刚架中结点 B 的转角 ϕ_B。刚架的内力计算问题实际上就是在5.4节中已经讨论过的例5-2(图5.9)当 k=1时的特例,因此,在图5.9f的最后弯矩图中令 k=1,就得到本例刚架在荷载作用下的弯矩图,见图5.27b。

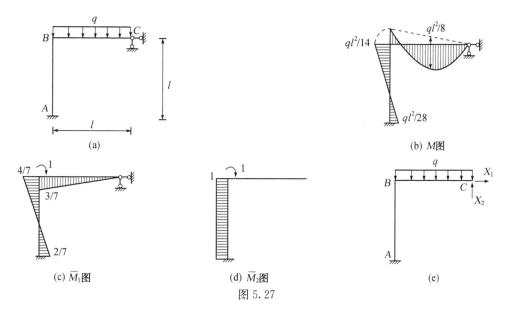

图 5.27

为了计算结点 B 的转角,用单位荷载法,在结点 B 施加一个单位力偶,将相应的单位弯矩图与 M_P 图用图乘法相乘,就得出所求的转角。下面采用两个方案。

方案1——将单位力偶加在原结构的结点 B,相应的弯矩图($\overline{M}_1$ 图)见图5.27c。

$$\phi_B = \frac{1}{EI} \left(\frac{1}{2} \times l \times \frac{ql^2}{14} \times \frac{2}{7} + \frac{1}{2} \times l \times \frac{ql^2}{28} \times 0 - \frac{1}{2} \times l \times \frac{ql^2}{14} \times \frac{2}{3} \times \frac{3}{7} + \frac{2}{3} \times l \times \frac{ql^2}{8} \times \frac{1}{2} \times \frac{3}{7} \right)$$

$$= \frac{ql^3}{56EI} (\downarrow)$$

方案 2——将单位力偶加在一个静定基本结构的结点 B，相应的弯矩图（$\overline{M}_2$ 图）见图 5.27d。

$$\phi_B = \frac{1}{EI}\left(\frac{1}{2} \times l \times \frac{ql^2}{14} \times 1 - \frac{1}{2} \times l \times \frac{ql^2}{28} \times 1\right) = \frac{ql^3}{56EI}(\downarrow)$$

显然，方案 2 比方案 1 优越：第一，作单位弯矩图，方案 2 比方案 1 容易得多，前者是作静定结构的弯矩图，而后者是作超静定结构的弯矩图，原结构的超静定次数越高，按方案 1 作单位弯矩图的工作量就越大；第二，图乘法的计算工作量，方案 2 也比方案 1 少，因为方案 2 的单位弯矩图比较简单并且具有局部性。

方案 2 的合理性可以说明如下。图 5.27e 是用力法计算图 5.27a 所示刚架可以采用的一个基本体系。只要多余未知力的计算是正确的，基本体系的内力、变形和位移就与原结构完全相同，因此，原结构结点 B 转角的计算问题可以转化为基本体系中结点 B 转角的计算问题。而原结构在荷载作用下的弯矩图（图 5.27b）也就是基本结构在荷载和多余力共同作用下的弯矩图，因此，将图 5.27b、d 两个弯矩图相乘，就给出了基本体系中结点 B 的转角，也就是原结构结点 B 的转角。

由以上讨论可知，用单位荷载法计算超静定结构的位移，单位荷载可加在原结构的任何一个静定的基本结构上。用力法计算内力时，采用不同的基本体系，内力计算的最后结果应该是相同的；用单位荷载法计算位移时，将单位荷载施加于不同的基本结构，相应的内力一般是不同的，但位移计算的最后结果也应该是相同的。读者试采用不同的基本结构，例如将支座 A 改为铰支座，结点 B 改为铰结点来验证这一结论。

以上就超静定结构受荷载作用的情况讨论了位移计算的问题。在超静定结构受温度变化和支座位移作用的情况下，计算位移时同样可将单位荷载施加于静定的基本结构，但要注意的是，此时基本结构同时受到两方面的作用：一是温度变化或支座位移的作用；二是多余力的作用。计算位移时必须将这两方面都考虑在内。

例 5-12 已知图 5.28a 所示梁的跨度 l、抗弯刚度 EI 和线胀系数 α，梁的截面为矩形，高度为 h。梁在温度变化作用下的弯矩图已经作出，见图 5.28b。试求梁端点 B 的转角。

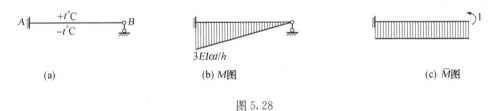

(a)　　　　　　　　(b) M图　　　　　　　　(c) $\overline{M}$图

图 5.28

解 在图 5.28c 所示基本结构的 B 端施加单位力偶，并在图中作出相应的单位弯矩图。B 端由于温度变化的转角为

$$\phi_{B1} = \frac{\alpha \Delta t}{h}\int \overline{M}\mathrm{d}s = -\frac{\alpha \cdot 2t}{h} \cdot l = -\frac{2\alpha tl}{h}(\downarrow)$$

B 端由于多余力的转角为

$$\phi_{B2} = \frac{1}{EI} \int \overline{M} M \mathrm{d}s = \frac{1}{EI} \cdot \left(\frac{1}{2} \cdot l \cdot \frac{3EI\alpha t}{h} \right) \cdot 1 = \frac{3\alpha t l}{2h} \ (\uparrow)$$

因此原结构 B 端因温度变化而产生的转角为

$$\phi_B = \phi_{B1} + \phi_{B2} = -\frac{2\alpha t l}{h} + \frac{3\alpha t l}{2h} = -\frac{\alpha t l}{2h} \ (\downarrow)$$

5.8.2 力法计算结果的校核

结构分析计算是结构设计的重要环节,其结果正确与否,关系到所设计结构的安全性和经济合理性,因此,校核工作的重要性也是不言而喻的。校核工作大体包括两方面:一是在计算过程中对每个步骤的计算结果进行阶段性校核;二是在计算过程完成后,对最后的计算结果进行总的校核。本小节将要讨论的是第二方面的校核。

关于静定结构内力计算结果的校核问题,在第 3 章的部分例题中已经有所涉及(见例 3 - 1 和例 3 - 2)。静定结构满足平衡条件的内力解是唯一的,因此对静定结构内力计算的结果只要从平衡方面进行校核,满足了平衡条件,计算结果就是正确的。

超静定结构的校核则没有这么单纯。超静定结构可以有无限多组内力满足平衡条件,满足平衡条件的解不一定是正确的解,只有同时满足平衡条件和变形协调条件的解才是正确的解答。以刚架的弯矩图为例,只要 $\overline{M}_1, \overline{M}_2, \cdots, \overline{M}_n$ 和 M_P 图都满足平衡条件,则无论 X_1, $X_2, \cdots, X_n$ 正确与否,按公式(5.6a):

$$M = X_1 \overline{M}_1 + X_2 \overline{M}_2 + \cdots + X_n \overline{M}_n + M_P$$

作出的弯矩图一般也一定是满足平衡条件的,除非在相加的过程中产生了错误。因此对超静定结构内力计算的结果必须从"平衡"和"协调"两方面进行校核。

例如图 5.27a 所示的超静定刚架,其弯矩图如图 5.27b 所示。下面对这个弯矩图进行校核。首先,这个弯矩图满足在结构中任意选取的隔离体(例如结点 B)的平衡条件;其次,校核变形协调条件,例如,原结构的支座 A 为固定支座,结点 B 为刚结点,我们可以从待校核的弯矩图是否满足在结点 A 转角为零以及 BA 杆和 BC 杆在结点 B 处相对转角为零的条件来进行校核。取图 5.29a 所示的基本结构,在结点 A 和 B 分别施加一个和一对单位力偶,得图 5.29a、b 所示的两个单位弯矩图。这两个单位弯矩图与图 5.27b 所示的弯矩图分别进行图乘的结果都是零(读者试自行验证),说明待校核的弯矩图是满足上述两个约束条件的。我们还可以从这个弯矩图是否满足原结构支座 A 和 C 处水平位移和竖向位移都为零的条件来进行校核,请读者自行完成。

必须指出,有时仅凭一两个平衡条件和协调条件是发现不了计算结果中的错误的,因此校核工作要尽可能全面。仍以图 5.27a 所示的超静定刚架为例。有人作出了图 5.29c 所示的弯矩图,这个弯矩图仅从平衡方面看是无懈可击的,而且它与图 5.29a 所示的单位弯矩图相乘的结果也是零,说明它满足结点 A 转角为零的条件。但是,这个弯矩图与图 5.29b 所示的单位弯矩图相乘的结果却不等于零,说明它不满足刚结点 B 处杆件相对转角为零的条件,因此这个弯矩图是错误的。

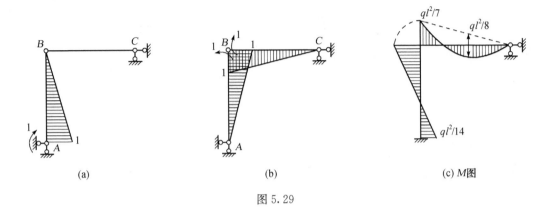

(a)　　　　　　　　　(b)　　　　　　(c) M图

图 5.29

对于含有闭合无铰框的刚架在荷载作用下的弯矩图,可以用以下的性质进行校核:

$$\oint \frac{M}{EI}\mathrm{d}s = 0 \tag{5.20}$$

其中的闭路积分即沿闭合无铰框的积分。这一性质可结合图 5.30 简单地证明如下。

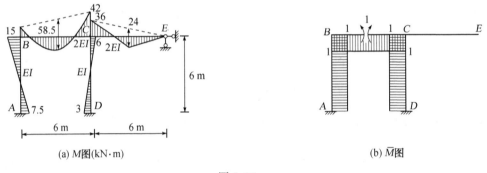

(a) M图(kN·m)　　　　　　　(b) $\overline{M}$图

图 5.30

图 5.30a 为一刚架及其在荷载作用下的弯矩图,其中 $ABCD$ 是一个闭合无铰框。为了对这个弯矩图进行校核,采用图 5.30b 所示的基本结构,在梁 BC 的切断处加一对单位力偶,并在图中画出相应的单位弯矩图,这个单位弯矩图的特点是在组成闭合框的杆件上弯矩都为 1,其余杆件的弯矩都为零。根据梁 BC 的变形协调条件,切断处两边的相对转角应该等于 0,因此如果待校核的弯矩图是正确的,则应有

$$\sum \frac{M\overline{M}}{EI}\mathrm{d}s = \oint \frac{M \cdot 1}{EI}\mathrm{d}s = \oint \frac{M}{EI}\mathrm{d}s = 0$$

这就证明了式(5.20)。

在本例中,式(5.20)中的闭路积分等于(M 以框外为正)

$$\frac{1}{EI} \times \frac{1}{2} \times 6 \times (15-7.5+6-3) + \frac{1}{2EI} \times \left[\frac{1}{2} \times 6 \times (15+42) - \frac{2}{3} \times 6 \times 58.5\right] = 0$$

因此该弯矩图是满足上述协调条件的。

5.9 本章小结

（1）超静定结构的内力不能用静力平衡方程唯一地确定，这是它与静定结构的根本区别。由于这一特点，超静定结构的内力计算与静定结构的内力计算也有很大的不同：静定结构的内力计算只要考虑静力平衡条件，而超静定结构的内力计算则要同时考虑静力平衡条件和变形协调条件。超静定结构的两种基本计算方法（力法和位移法）都离不开这两个条件，只是在满足这两个条件的次序上和方式上有所不同。

（2）用力法计算超静定结构，首先，撤除多余约束，将超静定结构变成静定结构，同时保留相应的多余力（基本未知量），这就是力法的基本体系；其次，利用静力平衡条件，求出基本结构在荷载和单位多余力作用下的内力；利用变形协调条件，建立力法的基本方程，进而求出基本未知量；最后，用叠加原理求出超静定结构的内力。可以说，在静力平衡条件和变形协调条件中，力法首先满足的是静力平衡条件。以式（5.6a）：

$$M = X_1 \overline{M}_1 + X_2 \overline{M}_2 + \cdots + X_n \overline{M}_n + M_P$$

为例，如果不考虑变形协调条件，式中的 n 个多余未知力 $X_1, X_2, \cdots, X_n$ 可以是任意的，这时式（5.6a）就代表了满足平衡条件的无限多组内力（弯矩）。

（3）本章可以说是前面几章所学知识的一次综合运用。首先，超静定次数的确定和基本结构的选取，要用到第 2 章中几何组成分析的知识；其次，求基本结构在荷载和单位多余力作用下的内力，用的是第 3 章中静定结构内力计算的知识；最后，基本方程中的系数和自由项无非是静定结构在各种外因下的位移，它们的计算问题属于第 4 章静定结构位移计算的内容。因此，前几章是本章的重要基础。在学习本章的内容时，要对前几章的内容进行必要的复习，做到温故知新；同时，通过本章的学习，要对如何利用已有知识开拓新的领域有所领会，提高运用知识分析问题、解决问题的能力。

（4）同一个超静定结构，可以选取不同的基本体系进行计算。基本体系不同，计算工作量的大小可能有很大差别，这与静定结构内力计算中选取不同的隔离体所带来的差别是相似的。选取一个"好"的基本体系需要经验和技巧。相对于基本原理和方法而言，经验和技巧是次要的，前者是"会"与"不会"的问题，而后者是"巧"和"拙"的问题。我们总希望自己"巧"一些，但初学者首先要解决的是"会"的问题，不要舍本逐末。对称性的利用同样也是带有技巧性的问题，目的是节省计算工作量。本章介绍的利用对称性的方式，主要是采用对称的基本结构。在下章讲位移法时还要介绍另一种方式，即取"半结构"的方式。取"半结构"的方式也适用于力法，学习时要做到融会贯通。

（5）超静定拱的计算问题与其他形式的超静定结构在原理上是相同的，具体计算上则要注意拱的特点，如系数和自由项的计算不适用图乘法、轴向变形的影响并不是总能忽略等等。在无铰拱的计算中主要介绍了弹性中心法，目的也是为了节省计算工作量。

（6）超静定结构的位移计算仍然是用单位荷载法，需要掌握的要点是，为了便于计算，要将单位荷载施加于任意的静定基本结构上，而不是施加于原来的超静定结构上。

（7）对超静定结构内力计算的结果，要从"平衡"和"协调"两个方面进行校核，这两个方面是同等重要的。但是，"协调"方面的校核属于以往没有涉及过的新问题，而且用力法计算超静定结构往往在"协调"方面更容易发生错误,因此本章特别强调了"协调"方面的校核问题。

思考题

5-1 在图 3.26 所示的静定结构中,内力和反力满足平衡方程的一组解答是:$F_{\mathrm{NFG}} = F_{\mathrm{NGH}} = F_{\mathrm{P}}$,其余都为零。根据静定结构的特性可以断定,这组解答就是正确的解答。如果在结点 B 增加一个支杆,使结构成为超静定结构,如图 5.31 所示,则在同样的荷载作用下,上述解答是否仍然满足平衡方程? 是否满足平衡方程的唯一解答? 如果不是,试给出满足平衡方程的另一组解答。

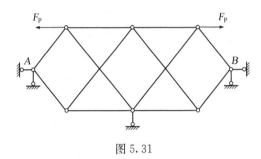

图 5.31

5-2 图 3.27、图 3.28a、图 3.29 和图 3.30 是 3.4 节中用来说明静定结构特性的另外几个例子。试仿照上题,在结构中适当地增加一两个约束,使之成为超静定结构,再参照 3.4 节中的讨论,说明有关结论对于超静定结构不再是正确的。

5-3 为什么一个无铰闭合框的超静定次数为 3? 试结合图 5.32 所示的两个结构加以说明。

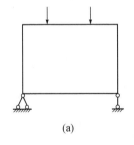

(a)

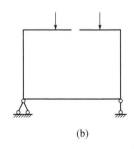

(b)

图 5.32

5-4 什么是变形协调条件? 在图 5.6 中,如果支座 B 有水平位移 Δ_{BH} 和竖向位移 Δ_{BV},则变形协调条件应如何表示?

5-5 在式(5.2)中,如果 $\overline{M}_1$、$\overline{M}_2$ 和 M_{P} 图都是正确的,但 X_1、X_2 不正确,则 $M = X_1\overline{M}_1 + X_2\overline{M}_2 + M_{\mathrm{P}}$ 满足什么条件? 不满足什么条件?

5-6 用力法计算超静定桁架时,如果将撤除多余杆件后的结构作为基本结构,则变形协调条件是什么? 试结合例 5-3 加以说明,并写出相应的基本方程。

5-7 当超静定刚架受温度变化作用时,为什么计算力法基本方程的系数可以忽略轴向变形的影响,而计算自由项一般却不能忽略轴向变形的影响? 在什么情况下计算自由项也可以忽略轴向变形的影响？

5-8 对于超静定梁和刚架,增大截面高度 h 能否减小温度变化引起的应力？试结合例 5-6,具体讨论 h 对 δ_{11}、Δ_{1t}、X_1 以及刚架的弯矩、轴力和最大正应力各有什么影响。

5-9 在计算图 5.15a 所示的超静定梁时,如果采用图 5.33 中所示的两种基本结构,则基本体系中分别包含什么支座位移？写出相应的基本方程。如果希望基本体系中不包含任何支座位移,应如何选取基本结构？如果希望基本体系包含原结构的两个支座位移,又应如何选取基本结构？以上两种情况下,相应的力法方程有什么特点？

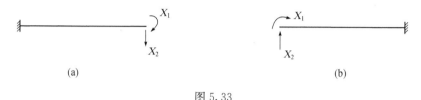

(a)   (b)

图 5.33

5-10 什么是对称性？如何利用对称性？利用对称性能从哪些环节上节省计算工作量？

5-11 计算超静定结构的位移时,为什么可以将单位荷载加在静定的基本结构上？

5-12 用力法计算超静定结构,计算结果如何校核？为什么仅仅校核平衡条件是不够的？如何校核变形协调条件？

5-13 公式 $\oint \dfrac{M}{EI} ds = 0$ 的意义是什么？在什么条件下是正确的？如果一个闭合无铰框受温度变化作用而产生弯矩,这个公式是否仍然成立？以图 5.30a 所示的刚架为例,如果刚架因支座 D 下沉而产生弯矩,则对于 $ABCD$ 进行的这个闭路积分是否仍应等于零？如果支座 D 发生转角呢？

5-14 用力法计算超静定结构,是否也可以只撤除部分多余约束而选取超静定的基本体系,从而建立一个阶数低于原结构超静定次数的基本方程？在什么条件下可以这样做？

习　题

5-1 试确定图 5.34 所示各结构的超静定次数。

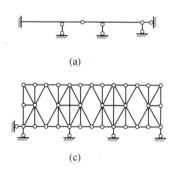

(a)

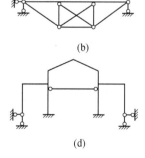

(b)

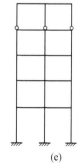

(c)   (d)   (e)

图 5.34

5-2 用力法计算图 5.35 所示超静定梁,作弯矩图和剪力图。

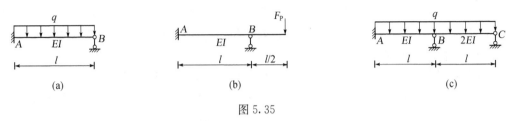

图 5.35

5-3 用力法计算图 5.36 所示超静定刚架,对图 5.36a 作弯矩图、剪力图和轴力图,对图 5.36b、c 只作弯矩图。

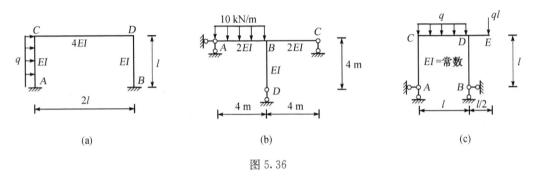

图 5.36

5-4 用力法计算图 5.37 所示超静定桁架各杆的轴力(两个桁架中各杆 EA 均为常数)。

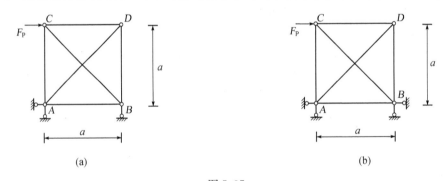

图 5.37

5-5 用力法计算图 5.38 所示超静定组合结构,求二力杆的轴力并作梁式杆的弯矩图。

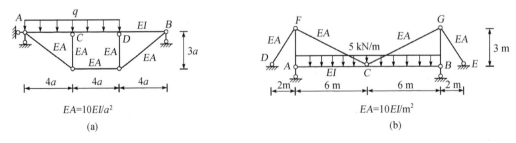

图 5.38

5-6 用力法计算图 5.39 所示排架,作弯矩图。

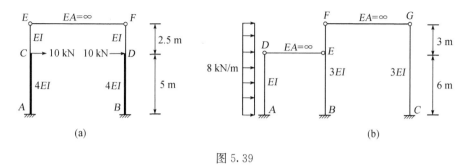

图 5.39

5-7 图 5.40 所示梁的上侧和下侧分别升温和降温 $t℃$,试用力法计算并作弯矩图。

5-8 图 5.41 所示刚架各杆的截面均为矩形,$b=20$ cm,$h=45$ cm,$E=3×10^7$ kN/m²,$α=10^{-5}$,温度变化如图所示,试用力法计算并作刚架的弯矩图。

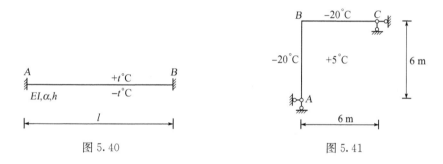

图 5.40   图 5.41

5-9 图 5.42 所示梁的支座 A 和支座 B 分别发生转角 θ 和下沉 $\triangle$,试用力法计算并作弯矩图。

5-10 图 5.43 所示刚架的支座 A 发生顺时针转角 θ 和下沉 $\triangle$,试用力法计算并作刚架的弯矩图。

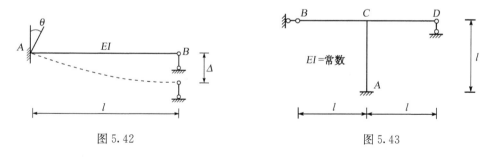

图 5.42   图 5.43

5-11 试用力法并利用对称性计算图 5.44 所示刚架,并作弯矩图。

5-12 试用力法并利用对称性计算图 5.45 所示排架,并作弯矩图。(提示:在图 5.45 所示荷载作用下,两根横梁的轴力有什么特点?)

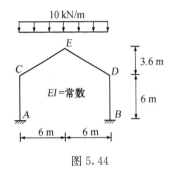

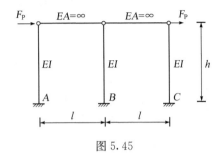

图 5.44　　　　　　　　　　　　　图 5.45

5-13　试用力法并利用对称性计算图 5.46 所示刚架,并作弯矩图。

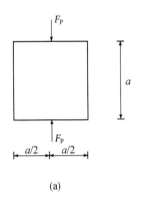

(a)

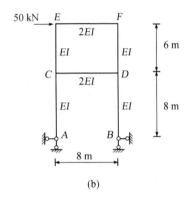

(b)

图 5.46

5-14　已知图 5.47 所示烟囱的横截面为正八边形,各边厚度 h 为常数,线胀系数为 α。试用力法并利用对称性计算烟囱单位高度上的弯矩。

5-15　用力法并利用对称性计算图 5.48a 所示 4 次超静定刚架,作弯矩图。(提示:可采用图 5.48b 所示基本结构)

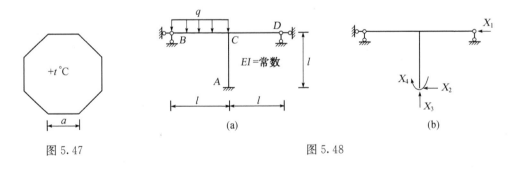

图 5.47　　　　　　　　　　图 5.48

5-16　图 5.49 所示等截面抛物线二铰拱受两个集中荷载作用,试求支座的水平推力和拱的弯矩,忽略轴向变形对位移的影响。计算时可利用例 5-9 的结果。

5-17　等截面圆弧无铰拱,半径为 R,受全跨均布荷载作用(如图 5.50)。试求支座反力和拱顶、拱脚的弯矩,忽略轴向变形对位移的影响。

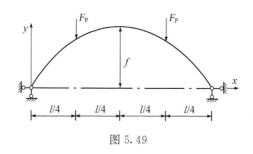

图 5.49

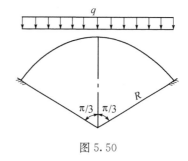

图 5.50

5-18 试用弹性中心法重做习题 5-11 和习题 5-14。

5-19 试求图 5.35a、c 中 B 点的转角。

5-20 试求 5.36c 中 C 点的水平位移。

5-21 试求习题 5-8(图 5.41)中 BC 杆中点的竖向位移。

5-22 试求习题 5-9(图 5.42)中梁中点的转角。

6 位移法

6.1 引言

和力法一样,位移法也是超静定结构的一种基本分析方法。与力法相比,位移法的适应面更广。对于各种不同类型的静定或超静定结构,包括刚架、桁架和组合结构等,位移法都是普遍适用的。从总体思路上讲,它也有自己的基本体系、基本未知量和求解这些未知量的典型方程,因而从形式上看,位移法的提出,明显受到了力法思想的启迪。但由于处理问题的着眼点和手法不同,位移法模型更适合于现代大型通用分析程序的编制,所以,较之力法,位移法对近代结构分析的影响更大、更深远。

本章介绍的位移法,主要是在 20 世纪 20 年代末,在"刚构分析热"中独立发展起来的,从基本概念到解题程式都有其独到之处。下面以刚架为例,就位移法的某些特点做一简要说明。

图 6.1 为一单跨多层刚架在荷载作用下的变形图。可以看出,如果不计梁、柱的轴向变形,则任一结点 j 有一个角位移 θ_j 和一个线位移 Δ_j。用位移法进行分析时,就以这些结点位移为待求的基本未知量。根据刚结点的变形连续性,这些位移就是汇交于该结点的所有梁、柱的杆端位移。

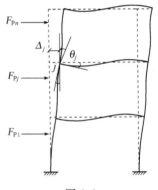

图 6.1

位移法的核心是单根杆件的物理方程,它反映了任一受弯杆件两端的杆端内力(弯矩和剪力)和杆端位移(角位移和线位移)之间的相互关系,通称"转角位移方程"(详见下节)。它不仅是已知杆端位移求杆端内力的运算公式,而且是建立位移法基本方程的基本工具。

用位移法求解问题时,先求出结点位移,再计算杆端内力。与力法相比,表面上看似多了一道工序,是一种"间接法"。然而,由于位移法基本方程可直接用转角位移方程建立,所以操作非常简便。而且对于大跨结构、高层建筑框架和柔性塔桅等复杂结构,位移计算也是不可缺少的重要方面。因此,位移法的位移计算环节不仅不显得累赘,反而非常实用。

位移法概念的形成和相伴提出的转角位移方程,对结构分析方法的发展有着深远的影响。它既是 20 世纪上半叶盛行的各种"渐近法"的先导,也是 20 世纪后半叶迄今广泛应用的电算方法——"矩阵位移法"的基础。和力法不同,位移法具有更强的通用性。力法的对象是超静定结构,对于没有多余未知力的静定结构就没有什么用处了。但位移法对静定和超静定结构同样有效,在适用范围上几乎没有什么限制。因此,位移法是现代结构力学课程中一个不可或缺的核心内容。

6.2 等截面直杆的转角位移方程

6.2.1 转角位移方程通式

图 6.2a 为等截面杆件 ab,跨间有直接荷载作用;抗弯刚度 EI 和跨长 l 均为常量,它可看作图 6.1 所示一类刚架中任一变形杆件的典型代表。为了叙述方便,常将 a 端称为近端,b 端称为远端。现令近端 a 的杆端弯矩为 M_{ab},剪力为 F_{Qab};杆端转角为 θ_a,侧移(即垂直于轴线的线位移)为 Δ_a。远端 b 的杆端弯矩为 M_{ba},剪力为 F_{Qba};杆端转角为 θ_b,侧移为 Δ_b。这些未知量均以图示方向为正向。注意,这里对弯矩的符号规定是以顺时针方向作用于结点为正,与前面有所不同。

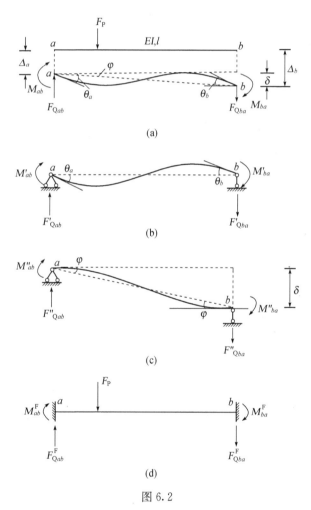

图 6.2

为了便于导出上述杆端力和杆端位移之间以及杆端力与直接荷载之间的关系,可将杆件 ab 的受力变形状况分解为如下三个组成部分:

(1) 杆件两端只有转角 θ_a 和 θ_b 而无侧移($\Delta_a = \Delta_b = 0$),也无直接荷载作用。相应的杆端弯矩记作 M'_{ab}、M'_{ba},剪力记作 F'_{Qab}、F'_{Qba}。计算简图示于图 6.2b。

（2）杆件两端只有相对线位移 $\delta=\Delta_b-\Delta_a$ 而无转角（$\theta_a=\theta_b=0$），也无直接荷载作用。相应的杆端弯矩记作 M''_{ab}、M''_{ba}，剪力记作 F''_{Qab}、F''_{Qba}。计算简图示于图 6.2c。

（3）杆件两端没有转角和位移（$\theta_a=\theta_b=\Delta_a=\Delta_b=0$），只有直接荷载作用。相应的杆端弯矩 M^F_{ab}、M^F_{ba} 和剪力 F^F_{Qab}、F^F_{Qba}，称为荷载作用下的固端弯矩和固端剪力。计算简图示于图 6.2d。

根据弹性小变形理论的叠加原理和上述力与位移的正负号规定，有：

$$\left.\begin{aligned}
M_{ab}&=M'_{ab}+M''_{ab}+M^F_{ab}\\
M_{ba}&=M'_{ba}+M''_{ba}+M^F_{ba}\\
F_{Qab}&=F'_{Qab}+F''_{Qab}+F^F_{Qab}\\
F_{Qba}&=F'_{Qba}+F''_{Qba}+F^F_{Qba}
\end{aligned}\right\} \tag{a}$$

对于图 6.2b 所示受杆端力矩 M'_{ab} 和 M'_{ba} 作用的简支梁，利用单位荷载法极易求出

$$\left.\begin{aligned}
\theta_a&=\frac{M'_{ab}l}{3EI}-\frac{M'_{ba}l}{6EI}\\
\theta_b&=\frac{M'_{ba}l}{3EI}-\frac{M'_{ab}l}{6EI}
\end{aligned}\right\} \tag{b}$$

联立解此二式，得

$$\left.\begin{aligned}
M'_{ab}&=2i(2\theta_a+\theta_b)\\
M'_{ba}&=2i(2\theta_b+\theta_a)
\end{aligned}\right\} \tag{c}$$

其中 $i=\dfrac{EI}{l}$，称为杆件的线刚度。相应的杆端剪力为

$$F'_{Qab}=F'_{Qba}=-\frac{6i}{l}(\theta_a+\theta_b) \tag{d}$$

图 6.2c 所示简支梁，除受杆端弯矩作用外支座 b 还有竖向位移。用单位荷载法同样不难求得

$$\left.\begin{aligned}
\theta_a&=\frac{M''_{ab}l}{3EI}-\frac{M''_{ba}l}{6EI}+\frac{\delta}{l}\\
\theta_b&=\frac{M''_{ba}l}{3EI}-\frac{M''_{ab}l}{6EI}+\frac{\delta}{l}
\end{aligned}\right\} \tag{e}$$

将 $\theta_a=\theta_b=0$ 代入式（e）并求解杆端弯矩和杆端相对侧移的关系，得

$$M''_{ba}=M''_{ab}=-6i\varphi \tag{f}$$

相应的杆端剪力为

$$F''_{Qba}=-\frac{2M''_{ba}}{l}=12i\,\frac{\varphi}{l} \tag{g}$$

在上列两式中，φ 称为杆件的侧移角或弦转角：

$$\varphi=\frac{\delta}{l}=\frac{\Delta_b-\Delta_a}{l} \tag{6.1}$$

将式(c)、(d)和式(f)、(g)代入式(a),即得

$$
\left.
\begin{aligned}
M_{ab} &= i(4\theta_a + 2\theta_b - 6\varphi) + M_{ab}^{\mathrm{F}} \\
M_{ba} &= i(4\theta_b + 2\theta_a - 6\varphi) + M_{ba}^{\mathrm{F}} \\
F_{\mathrm{Q}ab} &= -\frac{6i}{l}(\theta_a + \theta_b - 2\varphi) + F_{\mathrm{Q}ab}^{\mathrm{F}} \\
F_{\mathrm{Q}ba} &= -\frac{6i}{l}(\theta_b + \theta_a - 2\varphi) + F_{\mathrm{Q}ba}^{\mathrm{F}}
\end{aligned}
\right\}
\tag{6.2}
$$

这就是适用于等截面直杆的转角位移方程的一般表达式,它反映了杆端力与杆端位移以及跨间荷载之间的关系。其中的固端弯矩和固端剪力只与跨间荷载(包括变温等)有关,可用力法求得,通称"载常数"。为便于应用查考,表 6.1 给出了几种常见荷载作用下的固端弯矩和固端剪力。

表 6.1　常见荷载作用下的固端弯矩和固端剪力

序号	荷载形式	固端弯矩		固端剪力	
		M_{ab}^{F}	M_{ba}^{F}	$F_{\mathrm{Q}ab}^{\mathrm{F}}$	$F_{\mathrm{Q}ba}^{\mathrm{F}}$
1		$-\dfrac{1}{12}ql^2$	$\dfrac{1}{12}ql^2$	$\dfrac{1}{2}ql$	$-\dfrac{1}{2}ql$
2		$-\dfrac{1}{30}ql^2$	$\dfrac{1}{20}ql^2$	$\dfrac{3}{20}ql$	$-\dfrac{7}{20}ql$
3		$-\dfrac{F_{\mathrm{P}}ab^2}{l^2}$	$\dfrac{F_{\mathrm{P}}a^2b}{l^2}$	$\dfrac{F_{\mathrm{P}}b^2(l+2a)}{l^3}$	$-\dfrac{F_{\mathrm{P}}a^2(l+2b)}{l^3}$
4		$\dfrac{b(2a-b)m}{l^2}$	$\dfrac{a(2b-a)m}{l^2}$	$-\dfrac{6abm}{l^3}$	$-\dfrac{6abm}{l^3}$

6.2.2　转角位移方程的简化

转角位移方程(6.2)是适用于杆件两端均为刚结点的一般形式。对于下列两种特殊情况,方程形式可作如下简化。

(1) 远端 b 为铰接端(图 6.3a)。

因已知 $M_{ba}=0$,故由式(6.2)的第二式可以解出:

$$
2i\theta_b = -i\theta_a + 3i\varphi - \frac{1}{2}M_{ba}^{\mathrm{F}}
$$

将它代入式(6.2)的第一和第三式,则得

$$M_{ab} = 3i(\theta_a - \varphi) + \overline{M}_{ab}^{\mathrm{F}} \left.\vphantom{\frac{3i}{l}}\right\}$$
$$F_{\mathrm{Q}ab} = -\frac{3i}{l}(\theta_a - \varphi) + \overline{F}_{\mathrm{Q}ab}^{\mathrm{F}} \left.\vphantom{\frac{3i}{l}}\right\} \tag{6.3}$$

这就是远端 b 为铰接时,近端 a 的弯矩和剪力的简化算式,其中不含未知量 θ_b;$\overline{M}_{ab}^{\mathrm{F}}$ 和 $\overline{F}_{\mathrm{Q}ab}^{\mathrm{F}}$ 表示 a 端的修正固端弯矩和修正固端剪力,按下式确定:

$$\overline{M}_{ab}^{\mathrm{F}} = M_{ab}^{\mathrm{F}} - \frac{1}{2}M_{ba}^{\mathrm{F}} \left.\vphantom{\frac{3}{2l}}\right\}$$
$$\overline{F}_{\mathrm{Q}ab}^{\mathrm{F}} = F_{\mathrm{Q}ab}^{\mathrm{F}} + \frac{3}{2l}M_{ba}^{\mathrm{F}} \left.\vphantom{\frac{3}{2l}}\right\} \tag{6.4}$$

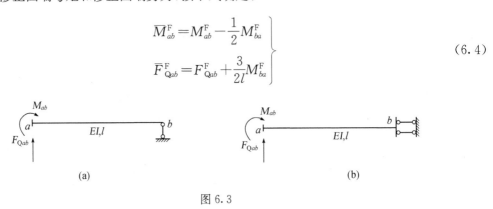

图 6.3

（2）远端 b 为滑移端(图 6.3b)。

因已知 $\theta_b = 0$ 和 $F_{\mathrm{Q}ba} = 0$,故由式(6.2)的第四式可以解出

$$6i\varphi = 3i\theta_a - \frac{1}{2}lF_{\mathrm{Q}ba}^{\mathrm{F}}$$

代入式(6.2)的前二式,即得

$$M_{ab} = i\theta_a + \overline{M}_{ab}^{\mathrm{F}} \left.\vphantom{\theta_a}\right\}$$
$$M_{ba} = -i\theta_a + \overline{M}_{ba}^{\mathrm{F}} \left.\vphantom{\theta_a}\right\} \tag{6.5}$$

这就是 b 为滑移端时,a 端和 b 端的弯矩算式,其中只有一个基本未知量 θ_a。修正固端弯矩则按下式计算:

$$\overline{M}_{ab}^{\mathrm{F}} = M_{ab}^{\mathrm{F}} + \frac{l}{2}F_{\mathrm{Q}ba}^{\mathrm{F}} \left.\vphantom{\frac{l}{2}}\right\}$$
$$\overline{M}_{ba}^{\mathrm{F}} = M_{ba}^{\mathrm{F}} + \frac{l}{2}F_{\mathrm{Q}ba}^{\mathrm{F}} \left.\vphantom{\frac{l}{2}}\right\} \tag{6.6}$$

近端固定远端滑移的梁是超静定的,但由于滑移端没有剪力,其任意截面的剪力都是静定的,剪力的数值等于该截面与滑移端之间所有横向荷载的代数和。因此,这样的梁又称为"剪力静定"梁。剪力静定梁的这一性质在位移法计算中的应用详见例 6-5 的讨论和例 6-2。

按式(6.4)和(6.6)分别计算一端固定一端铰支和一端固定一端滑移的梁在表 6.1 中几种常见荷载作用下的杆端弯矩和剪力(载常数),结果列于表 6.2 中,以便读者应用查考。对于表中未列出的情况(例如这两种梁在跨间受集中力偶作用的情况),仍需按式(6.4)或(6.6)由两端固定梁的有关资料(表 6.1)计算修正固端弯矩,见例 6-2。

表 6.2　常见荷载作用下两种梁的杆端弯矩和杆端剪力

序号	荷载形式	杆端弯矩		杆端剪力	
		$\overline{M}_{ab}^F$	$\overline{M}_{ba}^F$	$\overline{F}_{Qab}^F$	$\overline{F}_{Qba}^F$
1		$-\dfrac{ql^2}{8}$	0	$\dfrac{5ql}{8}$	$-\dfrac{3ql}{8}$
2		$-\dfrac{7ql^2}{120}$	0	$\dfrac{9ql}{40}$	$-\dfrac{11ql}{40}$
3		$-\dfrac{F_Pb(l^2-b^2)}{2l^2}$	0	$\dfrac{F_Pb(3l^2-b^2)}{2l^3}$	$-\dfrac{F_Pa^2(3l-a)}{2l^3}$
4		$-\dfrac{ql^2}{3}$	$-\dfrac{ql^2}{6}$	ql	0
5		$-\dfrac{F_Pa(2l-a)}{2l}$	$-\dfrac{F_Pa^2}{2l}$	F_P	0
6		$-\dfrac{F_Pl}{2}$	$-\dfrac{F_Pl}{2}$	F_P	$(\overline{F}_{Qba}^F)^L=F_P$ $(\overline{F}_{Qba}^F)^R=0$

6.3　连续梁和无侧移刚架的计算

在荷载作用下,结点只有转角而无线位移的刚架称为无侧移刚架。用位移法计算连续梁和无侧移刚架的要点是相同的,大体上包括以下几个方面。

(1)首先要选定计算的基本未知量。对于连续梁和无侧移刚架,根据刚结点的变形连续性,每个内结点只有一个未知转角。固定支座处的转角为已知;铰支座处的转角和滑移支座处的线位移均不作为基本未知量,可利用支座处弯矩或剪力为零的条件消去[见式(6.3)和式(6.5)]。

(2)计算荷载作用下的固端弯矩。几种常见荷载情况下的固端弯矩见表 6.1。对于远端为铰接或滑移端的杆件,则须按式(6.4)或式(6.6)计算近端的修正固端弯矩。几种常见荷载情况下的修正固端弯矩也可从表 6.2 直接查得。

(3)利用转角位移方程(6.2)、(6.3)或式(6.5)写出每个内结点所含杆件的近端弯矩算

135

式,并根据结点力矩平衡条件建立位移法基本方程。因独立方程数与基本未知量数都等于结点数,故问题有唯一解。

（4）从平衡方程解得结点转角以后,再代回已列出的转角位移方程展开式,即可算出所有杆端弯矩,进而绘制梁或刚架的内力图。

关于计算过程中的某些具体细节,详见下面的例题。

例 6-1 用位移法求图 6.4a 所示连续梁的杆端弯矩,并绘制其弯矩图和剪力图。杆旁圆圈内之数字表示各杆线刚度 $i = \dfrac{EI}{l}$ 的相对值。

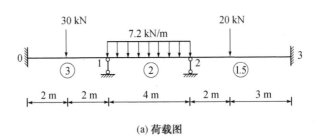

(a) 荷载图

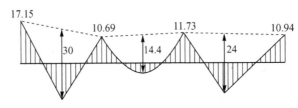

(b) 弯矩图(kN·m)

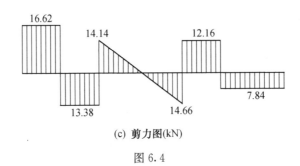

(c) 剪力图(kN)

图 6.4

解 （1）待求的基本未知量有两个:θ_1 和 θ_2。

（2）按表 6.1 提供的资料,不难算得图示荷载作用下的固端弯矩:

$M_{01}^F = -15 \text{ kN} \cdot \text{m}$, $M_{10}^F = 15 \text{ kN} \cdot \text{m}$, $M_{12}^F = -9.6 \text{ kN} \cdot \text{m}$, $M_{21}^F = 9.6 \text{ kN} \cdot \text{m}$,

$M_{23}^F = -14.4 \text{ kN} \cdot \text{m}$, $M_{32}^F = 9.6 \text{ kN} \cdot \text{m}$

（3）利用转角位移方程(6.2),写出结点 1 和结点 2 所含杆件的近端弯矩,并按力矩平衡条件建立位移法方程。

结点 1:

$$M_{10}=4i_1\theta_1+M_{10}^F=12\theta_1+15$$
$$M_{12}=4i_2\theta_1+2i_2\theta_2+M_{12}^F=8\theta_1+4\theta_2-9.6$$

(a)

按 $M_{10}+M_{12}=0$,有

$$20\theta_1+4\theta_2=-5.4$$

(b)

结点 2:

$$M_{21}=4i_2\theta_2+2i_2\theta_1+M_{21}^F=4\theta_1+8\theta_2+9.6$$
$$M_{23}=4i_3\theta_2+M_{23}^F=6\theta_2-14.4$$

(c)

按 $M_{21}+M_{23}=0$,有

$$4\theta_1+14\theta_2=4.8$$

(d)

联立解方程(b)与(d),即得

$$\begin{cases}\theta_1=-0.359\\\theta_2=0.445\end{cases}$$

注意:由于给定的 i 是各杆线刚度的相对值,故此处求得的结点转角 θ_1 和 θ_2 也只是相对值而不是实际值。但由转角位移方程(6.2)可知,这并不影响求出杆端内力的实际值。

(4) 将已知的 θ_1 和 θ_2 代回式(a)和式(c),即得各杆的杆端弯矩如下:

$$M_{10}=12\times(-0.359)+15=10.69 \text{ kN}\cdot\text{m}$$

$$M_{12}=8\times(-0.359)+4\times0.445-9.6=-10.69 \text{ kN}\cdot\text{m}$$

$$M_{21}=4\times(-0.359)+8\times0.445+9.6=11.73 \text{ kN}\cdot\text{m}$$

$$M_{23}=6\times0.445-14.4=-11.73 \text{ kN}\cdot\text{m}$$

此外,

$$M_{01}=6\times(-0.359)-15=-17.15 \text{ kN}\cdot\text{m}$$

$$M_{32}=3\times0.445+9.6=10.94 \text{ kN}\cdot\text{m}$$

据此可进一步作出连续梁的弯矩图和剪力图,见图 6.4b、c。

例 6-2 用位移法求图 6.5a 所示无侧移刚架的杆端弯矩,并绘制其弯矩图。设已知各杆的相对线刚度:横梁为 1,竖柱为 1.5。

解 (1) 取 θ_1 和 θ_2 为基本未知量。

(2) 图示荷载作用下的固端弯矩依次为

$$\overline{M}_{01}^F=\frac{1}{8}\times60\times4=30 \text{ kN}\cdot\text{m}$$

$$\overline{M}_{10}^F=\frac{3}{8}\times60\times4=90 \text{ kN}\cdot\text{m}$$

$$M_{12}^F=-\frac{1}{12}\times21\times64=-112 \text{ kN}\cdot\text{m}$$

$$M_{21}^F = 112 \text{ kN} \cdot \text{m}$$

$$\overline{M}_{23}^F = \frac{2(8-2)(-150)}{36} - \frac{1}{2} \times \frac{4(4-4)(-150)}{36} = -50 \text{ kN} \cdot \text{m}$$

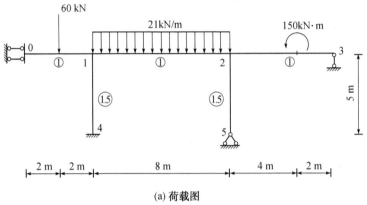

(a) 荷载图

(b) 弯矩图(kN·m)

图 6.5

（3）建立位移法方程,求解结点转角 θ_1 和 θ_2。

结点 1：

$$\left.\begin{array}{l}M_{10} = i_1\theta_1 + \overline{M}_{10}^F = \theta_1 + 90 \\ M_{12} = 4i_2\theta_1 + 2i_2\theta_2 + \overline{M}_{12}^F = 4\theta_1 + 2\theta_2 - 112 \\ M_{14} = 4 \times 1.5\theta_1 = 6\theta_1\end{array}\right\} \tag{e}$$

据此得结点 1 的力矩平衡方程

$$11\theta_1 + 2\theta_2 = 22 \tag{f}$$

结点 2：

$$\left.\begin{array}{l}M_{21} = 4\theta_2 + 2\theta_1 + 112 \\ M_{23} = 3\theta_2 - 50 \\ M_{25} = 3 \times 1.5\theta_2 = 4.5\theta_2\end{array}\right\} \tag{g}$$

结点 2 的力矩平衡方程为

138

$$2\theta_1 + 11.5\theta_2 = -62 \tag{h}$$

联立解式(f)与式(h),得 θ_1 和 θ_2 的相对值

$$\begin{cases} \theta_1 = 3.077\ 55 \\ \theta_2 = -5.926\ 53 \end{cases}$$

(4)将 θ_1 和 θ_2 的值代回式(e)与式(g),即得各杆端弯矩:

$$\begin{cases} M_{10} = 93.078 \text{ kN} \cdot \text{m} \\ M_{12} = -111.543 \text{ kN} \cdot \text{m} \\ M_{14} = 18.465 \text{ kN} \cdot \text{m} \\ M_{21} = 94.450 \text{ kN} \cdot \text{m} \\ M_{23} = -67.780 \text{ kN} \cdot \text{m} \\ M_{25} = -26.670 \text{ kN} \cdot \text{m} \end{cases}$$

刚架弯矩图见图 6.5b。

6.4 有侧移刚架的计算

与无侧移刚架对应,结点有线位移的刚架称为有侧移刚架。刚架结点有无线位移和有多少个独立线位移,实用而简便的判断方法是直接进行观察。观察判断一般要考虑以下两点:

(1)是否忽略杆件的轴向变形。因为刚架构件设计时抗弯能力起控制作用,其轴向变形很小。在位移法的应用中,为了简化计算,一般不考虑杆件的轴向变形。

(2)为使刚架结点没有线位移,是否需要以及需要多少个附加侧向支撑。所需的附加侧向支撑数,就是结点的独立线位移数。

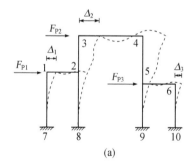 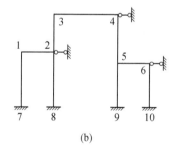

图 6.6

以图 6.6a 所示的刚架为例。由于不考虑杆件的轴向变形,各杆两端的结点之间,不会有沿杆轴方向的相对线位移,因而只需在 2、4、6 三个结点处分别设置一个水平支撑,整个刚架就不再可能有线位移(图 6.6b)。由此可见,在一般荷载作用下,此刚架应有三个独立线位移。

用位移法计算有侧移和无侧移刚架,有两个基本点是完全一致的,即

(1)首先,确定位移法的基本未知量。

（2）利用静力平衡条件建立求解这些未知量的位移法方程。

但是，以上两个基本点的内涵对于无侧移刚架和有侧移刚架略有不同。对于无侧移刚架，基本未知量只有结点转角，位移法方程就是结点力矩平衡方程，两者都等于内结点数，情况比较单一。对于有侧移刚架，基本未知量除了结点转角外，还有独立的结点线位移，未知量总数等于结点转角数与独立结点线位移数之和。为了求解这两组性质不同的未知量，必须在结点力矩平衡方程之外，补充数目足够的完全独立的侧力平衡方程，问题方可获得解决。仍以图 6.6 所示刚架为例。在任意荷载作用下，它有 6 个未知结点转角 $\theta_j(j=1,2,3,\cdots,6)$ 和 3 个独立侧向线位移 $\Delta_j(j=1,2,3)$。显然，为了求得这 9 个未知量，在 6 个结点力矩平衡方程之外，还可根据三根横梁隔离体的侧力平衡条件，补充 3 个独立的侧力平衡方程（图 6.7a、b、c）

$$\left.\begin{array}{r} F_{Q32}+F_{Q45}=F_{P2} \\ -F_{Q23}+F_{Q17}+F_{Q28}=F_{P1} \\ -F_{Q54}+F_{Q59}+F_{Q6,10}=F_{p3} \end{array}\right\}$$

这样，问题就迎刃而解了。具体应用中的一些细节，将结合算例来说明。

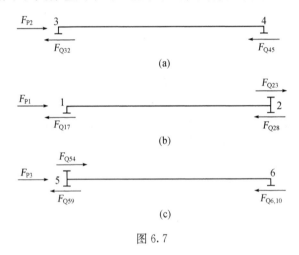

图 6.7

例 6-3　图 6.8a 所示刚架的几何物理参数、竖向荷载均与图 6.5 相同，仅左端的滑移支座改为竖向链杆支承，且在该端作用有水平荷载 18 kN。试用位移法求各杆端弯矩和杆端剪力。

解　（1）本例的基本未知量有两个结点转角 θ_1、θ_2 和一个水平侧移 Δ（或侧移角 $\varphi=\Delta/5$）。荷载作用下的固端弯矩为

$\overline{M}_{10}^{F}=45\ \mathrm{kN\cdot m}, M_{12}^{F}=-112\ \mathrm{kN\cdot m}, M_{21}^{F}=112\ \mathrm{kN\cdot m}, \overline{M}_{23}^{F}=-50\ \mathrm{kN\cdot m}$

（2）位移法方程

结点 1 和结点 2 所含杆件的近端弯矩分别为

$$\left.\begin{array}{l} M_{10}=3\theta_1+45 \\ M_{12}=4\theta_1+2\theta_2-112 \\ M_{14}=6\theta_1-9\varphi \end{array}\right\}$$

和

$$
\begin{rcases}
M_{21}=4\theta_2+2\theta_1+112 \\
M_{23}=3\theta_2-50 \\
M_{25}=4.5\theta_2-4.5\varphi
\end{rcases}
$$

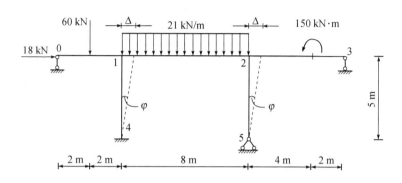

(a) 荷载图

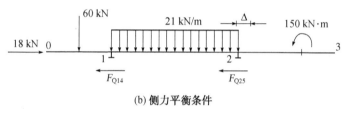

(b) 侧力平衡条件

图 6.8

故由结点力矩平衡条件

$$
M_{10}+M_{12}+M_{14}=0
$$

和

$$
M_{21}+M_{23}+M_{25}=0
$$

得到两个结点力矩平衡方程

$$
\begin{rcases}
13\theta_1+2\theta_2-9\varphi=67 \\
2\theta_1+11.5\theta_2-4.5\varphi=-62
\end{rcases}
\tag{a}
$$

取横梁作隔离体,如图 6.8b 所示(图中省略了与水平侧力平衡无关的内力和反力),考虑水平侧力平衡条件,应有

$$
F_{Q14}+F_{Q25}=18
$$

其中,按式(6.2)的第四式和式(6.3)的第二式,有

$$
\begin{rcases}
F_{Q14}=-1.8\theta_1+3.6\varphi \\
F_{Q25}=-0.9\theta_2+0.9\varphi
\end{rcases}
$$

将它们代入上式,即得一个独立的水平侧力平衡方程

$$0.4\theta_1 + 0.2\theta_2 - \varphi = -4 \tag{b}$$

联立解方程(a)与(b),即得各位移的相对值

$$\left.\begin{array}{l} \theta_1 = 11.050 \\ \theta_2 = -4.359 \\ \varphi = 7.548 \\ \Delta = 37.740 \end{array}\right\}$$

(3)杆端弯矩和杆端剪力

经过简单回代,不难算得各杆端弯矩和剪力如下:

$$\left\{\begin{array}{l} M_{10} = 78.15 \text{ kN} \cdot \text{m} \\ M_{12} = -76.52 \text{ kN} \cdot \text{m} \\ M_{14} = -1.63 \text{ kN} \cdot \text{m} \\ M_{21} = 116.66 \text{ kN} \cdot \text{m} \\ M_{23} = -63.08 \text{ kN} \cdot \text{m} \\ M_{25} = -53.58 \text{ kN} \cdot \text{m} \\ M_{41} = -34.78 \text{ kN} \cdot \text{m} \end{array}\right.$$

$$\left\{\begin{array}{l} F_{Q14} = F_{Q41} = 7.28 \text{ kN} \\ F_{Q25} = 10.72 \text{ kN} \\ F_{Q01} = 10.46 \text{ kN} \\ F_{Q10} = -49.54 \text{ kN} \\ F_{Q12} = 78.98 \text{ kN} \\ F_{Q21} = -89.02 \text{ kN} \\ F_{Q23} = 35.51 \text{ kN} \\ F_{Q32} = 35.51 \text{ kN} \end{array}\right.$$

例 6-4 用位移法求图 6.9a 所示刚架的结点转角和侧移,并作弯矩图。已知立柱 01、横梁 12 和斜柱 23 的线刚度 i 的相对值依次为 1、2、2。

解 (1)本例的基本未知量仍然只有三个,即结点 1 和结点 2 的转角 θ_1、θ_2 和立柱 01 的侧移角 $\varphi_{01} = \Delta/3 = \varphi$。在图示水平荷载作用下,虽然三根杆件都有侧移角,但根据图 6.9b 所示结点的位移几何关系可知,横梁 12 和斜柱 23 的侧移角都不是独立的,它们与 φ 存在下列关系:

$$\left.\begin{array}{l} \varphi_{12} = -0.75\varphi \\ \varphi_{23} = 0.75\varphi \end{array}\right\}$$

(2)位移法方程。

由转角位移方程(6.9)可以直接写出:

$$M_{10}=4\theta_1-6\varphi$$
$$M_{12}=8\theta_1+4\theta_2+9\varphi$$
$$M_{21}=4\theta_1+8\theta_2+9\varphi$$
$$M_{23}=8\theta_2-9\varphi$$
$$F_{Q10}=-2\theta_1+4\varphi$$
$$F_{Q23}=-2.4\theta_2+3.6\varphi$$

故由平衡条件

$$M_{10}+M_{12}=0$$

和

$$M_{21}+M_{23}=0$$

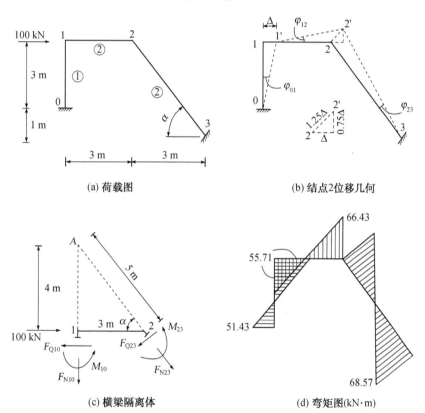

(a) 荷载图　　　　　　　　(b) 结点2位移几何

(c) 横梁隔离体　　　　　　(d) 弯矩图(kN·m)

图 6.9

可得两个结点力矩平衡方程

$$\left.\begin{array}{l}12\theta_1+4\theta_2+3\varphi=0\\ \theta_1+4\theta_2=0\end{array}\right\}\qquad(c)$$

横梁隔离体的受力示意见图 6.9c。力系对矩心 A 的力矩平衡条件为

143

$$M_{10} + M_{23} - (4F_{Q10} + 5F_{Q23}) + 4 \times 100 = 0$$

化简后,得到一个补充的独立平衡方程:

$$12\theta_1 + 20\theta_2 - 49\varphi + 400 = 0 \qquad\qquad (d)$$

联立解方程(c)与(d),即得各位移的相对值

$$\begin{cases} \theta_1 = -2.143 \\ \theta_2 = 0.536 \\ \varphi = 7.857 \\ \Delta = 23.571 \end{cases}$$

经过简单回代,可算出各杆端弯矩。据此绘制的弯矩图见图 6.9d。

6.5 对称性的利用

在第 5.6 节中已经讨论过利用结构的对称性简化力法计算的问题,其中介绍了利用对称性的第一种方式——采用对称的基本结构。用位移法分析对称结构,同样可以利用对称性简化计算。本节介绍利用对称性的第二种方式——取"半结构"的方式。应该指出,这两种方式无论对力法和位移法都是通用的,也就是说,用位移法也可以采用对称的基本结构(见第 6.6 节),用力法也可以取半结构。

在第 5.6 节中我们看到:对称结构受对称荷载作用,其内力和变形也是对称的;对称结构受反对称荷载作用,其内力和变形也是反对称的。对于既不对称也不反对称的荷载,可以将它分解为对称和反对称的两组,分别计算后再叠加所得的结果。下面以奇数跨和偶数跨刚架两种情况为例,说明"半结构"法的要点。

1) 奇数跨对称刚架的等价半刚架

以三跨对称刚架为例。不难理解,在对称荷载作用下(图 6.10a),奇数跨对称刚架位于对称轴两侧对应位置的杆端弯矩和结点转角,都具有"大小相等、方向相反"的对称关系;而位于对称轴上的截面将只有弯矩、轴力和竖向线位移($M \neq 0$,$F_N \neq 0$,$\Delta_V \neq 0$),但没有剪力、水平线位移和角位移($F_Q = 0$,$\Delta_H = 0$,$\theta = 0$),因而其受力性能与图 6.10b 所示具有滑移支座的半刚架完全等价,可用后者取代前者来进行分析。

同理,在反对称荷载作用下(图 6.11a),奇数跨对称刚架位于纵向对称轴两侧对应位置的杆端弯矩、结点转角和水平线位移,都具有"大小相等、方向相同"的反对称关系;而位于对称轴上的截面弯矩、轴力和竖向线位移都等于零($M = 0$,$F_N = 0$,$\Delta_V = 0$),但有剪力、水平线位移和角位移($F_Q \neq 0$,$\Delta_H \neq 0$,$\theta \neq 0$),因而其受力性能将与图 6.11b 所示具有竖向链杆支座的半刚架完全等价,可用后者代替前者来进行分析。

2) 偶数跨对称刚架的等价半刚架

以两跨对称刚架为例。显然,在对称荷载作用下(图 6.12a),偶数跨对称刚架位于纵向对称轴上的结点,既没有竖向和水平线位移,也没有角位移,对左右两半片刚架而言,它形同一个固定支承,因而原刚架的受力性能与图 6.12b 所示的半刚架完全等价。

如图 6.13a 所示,在反对称荷载作用下,偶数跨对称刚架位于纵向对称轴两侧对应位置的

主要计算量,包括对称轴左邻和右邻对应截面的弯矩在内,仍具有"大小相等、方向相同"的反对称关系,因而其受力性能与图 6.13b 所示的左(或右)半刚架完全等价,其中与对称轴重合的立柱的线刚度,应取原来线刚度的一半。此外,还须注意,设原刚架中柱 25 的线刚度为 $2i$(图 6.13a),则其杆端弯矩和杆端剪力分别为

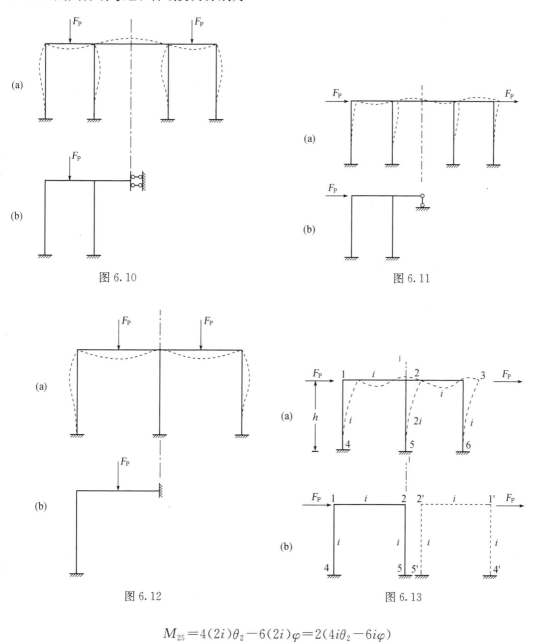

图 6.10

图 6.11

图 6.12

图 6.13

$$M_{25}=4(2i)\theta_2-6(2i)\varphi=2(4i\theta_2-6i\varphi)$$

$$F_{Q25}=-\frac{6(2i)}{h}(\theta_2-2\varphi)=2\left[-\frac{6i}{h}(\theta_2-2\varphi)\right]$$

这意味着,原刚架中柱 25 的实际弯矩和剪力,应为等价半刚架对应立柱相应值的两倍。但轴力则不同:因左、右两半刚架同一立柱的轴力"大小相等、正负相反",故原刚架中柱 25 的实际

轴力应为零。

例 6 - 5 用位移法并利用对称性计算图 6.14a 所示刚架,作弯矩图。

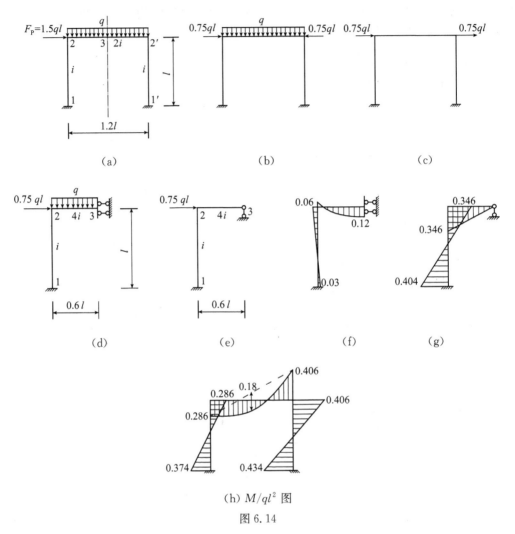

(h) M/ql^2 图

图 6.14

解 将荷载分解为对称和反对称的两组,如图 6.14b、c 所示;对称荷载和反对称荷载作用下的半结构分别如图 6.14d、e 所示。注意:因为横梁的长度缩减了一半,其线刚度增大一倍。

(1) 图 6.14d 所示的半结构是无侧移刚架,只有一个角位移 θ_2。由转角位移方程得

$$M_{12}=2i\theta_2, M_{21}=4i\theta_2; M_{23}=4i\theta_2-0.12ql^2, M_{32}=-4i\theta_2-0.06ql^2$$

从而得到结点 2 的力矩平衡方程:

$$8i\theta_2-0.12ql^2=0$$

解之得

$$\theta_2=0.015ql^2/i$$

所以

$$M_{12}=0.03ql^2,M_{21}=0.06ql^2;M_{23}=-0.06ql^2,M_{32}=-0.12ql^2$$

根据以上计算,作图 6.14d 所示半结构的弯矩图,见图 6.14f。

(2) 图 6.14e 所示的半结构是有侧移刚架,有一个角位移 θ_2 和一个线位移 Δ_2(以向右为正)。由转角位移方程得

$$M_{12}=2i\theta_2-6i\Delta_2/l,M_{21}=4i\theta_2-6i\Delta_2/l,M_{23}=12i\theta_2;$$

$$F_{Q21}=-6i\theta_2/l+12i\Delta_2/l^2$$

再由结点 2 的力矩平衡方程和横梁水平方向的投影平衡方程得

$$\begin{cases}16i\theta_2-6i\Delta_2/l=0\\-6i\theta_2/l+12i\Delta_2/l^2-0.75ql=0\end{cases}$$

解之得

$$\begin{cases}\theta_2=0.0288ql^2/i\\\Delta_2=0.0769ql^3/i\end{cases}$$

所以

$$M_{12}=-0.404ql^2,M_{21}=-0.346ql^2;M_{23}=0.346ql^2$$

根据以上计算,作图 6.14e 所示半结构的弯矩图,见图 6.14g。

(3) 与图 6.14b 和图 6.14c 相应的弯矩图分别是对称的和反对称的,图 6.14f、g 所示的弯矩图分别是它们的左半边。据此并根据叠加原理可作出图 6.14a 所示刚架的弯矩图,见图 6.14h。

讨论 图 6.14d 所示的半结构为二次超静定,用力法计算有两个基本未知量,而用位移法计算,只有一个基本未知量,位移法优于力法;图 6.14e 所示的半结构为一次超静定,用力法计算只有一个基本未知量,而用位移法计算,则有两个基本未知量,力法优于位移法。由此可见,从手算的角度看,力法和位移法各有其适用范围,不能笼统地说那个方法更好。

其实,用位移法计算图 6.14e 所示的半结构,线位移 Δ_2 也可以不作为基本未知量。首先,杆 23 的内力显然不受线位移 Δ_2 的影响;其次,就杆 12 而言,其下端固定,上端的水平位移是自由的,相当于滑移端。结点 2 在转动的同时发生滑移,这种情况下的内力和变形与结点 2 只发生转动而支座 1 发生反方向的滑移相同。总之,杆 12 是剪力静定杆(图 6.3b),其杆端弯矩可以按式(6.5)计算(这时发生转角的结点 2 是"近端",结点 1 是"远端")。具体步骤如下。

只取角位移 θ_2 为基本未知量。由式(6.5)和(6.4)得

$$M_{12}=-i\theta_2-0.375ql^2,M_{21}=i\theta_2-0.375ql^2,M_{23}=12i\theta_2$$

由结点 2 的力矩平衡方程得

$$13i\theta_2-0.375ql^2=0$$

解之得

$$\theta_2=0.0288ql^2/i$$

所以

$$M_{12}=-0.404ql^2,M_{21}=-0.346ql^2;M_{23}=0.346ql^2$$

结果与取两个未知量$(\theta_2$和$\Delta_2)$得到的相同。弯矩图仍见图6.14g。

从上例的讨论可见,如果剪力静定杆ab的两端同时发生转角θ_a和θ_b,则式(6.5)可以扩充为

$$\left.\begin{array}{c}M_{ab}=i\theta_a-i\theta_b+\overline{M}_{ab}^{\mathrm{F}}\\M_{ba}=-i\theta_a+i\theta_b+\overline{M}_{ba}^{\mathrm{F}}\end{array}\right\} \tag{6.7}$$

例 6-6 图6.15a所示刚架,已知各杆的线刚度:底层柱为1.5i,其余均为i。试用位移法并利用刚架的对称性求图示水平荷载作用下各杆的杆端弯矩。

解 将荷载分解为对称和反对称的两组,其中对称荷载只引起横梁的轴力,对结点水平位移和杆端弯矩没有影响;反对称荷载作用下的半结构如图6.15b所示。其中半根横梁的线刚度为2i,柱的线刚度不变。

(1) 图6.15b中,各层柱均为剪力静定杆,梁的内力不受侧移影响,因此可只取5个结点转角$\theta_1,\theta_2,\theta_3,\theta_4,\theta_5$为基本未知量;每根柱的情况相当于下端固定、上端滑移,在顶部受水平集中力作用,力的大小等于该层以上所有水平荷载之和,从下到上依次为

5 kN,4 kN,3 kN,2 kN,1 kN

(2) 由转角位移方程(6.7)、(6.4)以及表6.2中的第6项,得各杆端弯矩:

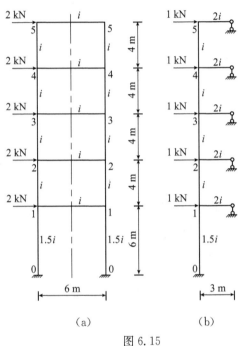

(a)　　　　(b)

图6.15

$$M_{01}=-1.5i\theta_1-15,M_{10}=1.5i\theta_1-15;M_{12}=i\theta_1-i\theta_2-8,M_{21}=-i\theta_1+i\theta_2-8;$$
$$M_{23}=i\theta_2-i\theta_3-6,M_{32}=-i\theta_2+i\theta_3-6;M_{34}=i\theta_3-i\theta_4-4,M_{43}=-i\theta_3+i\theta_4-4;$$
$$M_{45}=i\theta_4-i\theta_5-2,M_{54}=-i\theta_4+i\theta_5-2;$$
$$M_{11}=6i\theta_1;M_{22}=6i\theta_2;M_{33}=6i\theta_3;M_{44}=6i\theta_4;M_{55}=6i\theta_5$$

(3) 根据各结点的力矩平衡条件,列位移法基本方程如下:

$$\begin{cases}8.5i\theta_1-i\theta_2-23=0\\-i\theta_1+8i\theta_2-i\theta_3-14=0\\-i\theta_2+8i\theta_3-i\theta_4-10=0\\-i\theta_3+8i\theta_4-i\theta_5-6=0\\-i\theta_4+7i\theta_5-2=0\end{cases}$$

这个方程组有一个特点,即除第一个和最后一个方程外,其余的每个方程都含有三个未知

转角,分别为与平衡条件相应的结点及其上下两个相邻结点的转角,因此称为"三转角方程组"。

(4)解位移法基本方程,得结点转角

$$\theta_1 = 2.980/i, \theta_2 = 2.331/i, \theta_3 = 1.668/i, \theta_4 = 1.012/i, \theta_5 = 0.430/i$$

代入杆端弯矩表达式,得

$$M_{01} = -19.47 \text{ kN} \cdot \text{m}, M_{10} = -10.53 \text{ kN} \cdot \text{m};$$
$$M_{12} = -7.35 \text{ kN} \cdot \text{m}, M_{21} = -8.65 \text{ kN} \cdot \text{m};$$
$$M_{23} = -5.34 \text{ kN} \cdot \text{m}, M_{32} = -6.66 \text{ kN} \cdot \text{m};$$
$$M_{34} = -3.34 \text{ kN} \cdot \text{m}, M_{43} = -4.66 \text{ kN} \cdot \text{m};$$
$$M_{45} = -1.42 \text{ kN} \cdot \text{m}, M_{54} = -2.58 \text{ kN} \cdot \text{m};$$
$$M_{11} = 17.88 \text{ kN} \cdot \text{m}; M_{22} = 13.99 \text{ kN} \cdot \text{m};$$
$$M_{33} = 10.01 \text{ kN} \cdot \text{m}; M_{44} = 6.07 \text{ kN} \cdot \text{m};$$
$$M_{55} = 2.58 \text{ kN} \cdot \text{m}$$

再根据弯矩图的反对称性质,可知刚架右半边的杆端弯矩值与以上相同。

例 6-7 用位移法并利用对称性求图 6.16a 所示刚架在反对称荷载作用下的杆端弯矩。

解 半结构如图 6.16b 所示。显然,柱 01 和 12 是剪力静定杆,梁的内力不受侧移影响。与上例不同的是,结点 0 不是固定支座而是铰支座,可以发生转角,因此,有三个未知转角 θ_0、θ_1、θ_2。注意到 01 柱除受均布荷载作用以外还在顶部受到从上层传来的水平集中力作用,其大小为 $3 \times 4 = 12$ kN,写出各杆端弯矩如下:

$$\left.\begin{array}{l} M_{01} = 2i\theta_0 - 2i\theta_1 - 24 - 36 \\ M_{10} = 2i\theta_1 - 2i\theta_0 - 12 - 36 \end{array}\right\} \quad \text{(a)}$$

$$\left.\begin{array}{l} M_{12} = 2i\theta_1 - 2i\theta_2 - 16 \\ M_{21} = -2i\theta_1 + 2i\theta_2 - 8 \\ M_{11} = 6i\theta_1 \\ M_{22} = 6i\theta_2 - 7.5 \end{array}\right\} \quad \text{(b)}$$

因为支座 0 为铰支座,$M_{01} = 0$,由式(a)可得 $\theta_0 = \theta_1 + 30/i$,$M_{10} = -108$,从而由结点 1、2 的力矩平衡条件可得

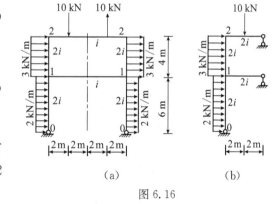

图 6.16

$$\left.\begin{array}{l} 8i\theta_1 - 2i\theta_2 - 124 = 0 \\ -2i\theta_1 + 8i\theta_2 - 15.5 = 0 \end{array}\right\}$$

解之,得

$$\theta_1 = 17.05/i, \theta_2 = 6.20/i$$

将 θ_1、θ_2 的值代入(b),得其余各杆的杆端弯矩为

$$M_{12} = 5.7 \text{kN} \cdot \text{m}, M_{21} = -29.7 \text{kN} \cdot \text{m}, M_{11} = 102.3 \text{kN} \cdot \text{m}, M_{22} = 29.7 \text{kN} \cdot \text{m}$$

右半边各杆的杆端弯矩值与此相同。

讨论　本题刚架的支座为铰而不是固定支座,因此其底层柱不仅是剪力静定杆,连弯矩也是静定的。在图 6.16b 中,由平衡条件可得支座处剪力为 $F_{Q01}=2\times6+3\times4=24$ kN,进而可得 $M_{10}=-24\times6+2\times6^2/2=-108$ kN·m,与上面先写出式(a)再利用 $M_{01}=0$ 消去未知转角求得的结果相同。事实上,由于支座 0 为铰支座并且结点 1 的水平位移不受约束,M_{10} 只与荷载有关,与结点 1 的转角无关。

*6.6　位移法基本体系

前面各节利用转角位移方程和载常数,先将杆端弯矩和剪力表达为未知杆端转角和侧移的函数;再利用隔离体(结点或部分杆件)的平衡条件,列出位移法基本方程;求解基本方程,求得未知杆端转角和侧移(或它们的相对值),代回杆端弯矩和剪力的表达式,就得到了所求的内力;这是用位移法分析计算结构的一种形式。位移法还有另一种形式,也是我们通过学习力法耳熟能详的"建立基本体系—列基本方程—求系数和自由项—解基本方程—求内力"这样一种"五部曲"的形式。虽然形式和步骤完全相同,但原理和内涵却大不相同。下面以图 6.17a 所示刚架为例,说明从建立基本体系出发,利用位移法解题的思路及其特点。

这个刚架的计算问题在例 6-3 中已经讨论过。基本未知量有三个:结点 1、2 的转角 θ_1、θ_2 和横梁的水平位移 Δ。为使写出的基本方程具有代表性,下面将所有的基本未知量统一记作 $\Delta_i(i=1,2,\cdots,n$;其中 n 为基本未知量的总数),本例中 $n=3,\Delta_1=\theta_1,\Delta_2=\theta_2,\Delta_3=\Delta$。

(1)建立基本体系。为建立位移法基本体系,对所有的未知结点转角和线位移加以约束,如图 6.17b 所示。其中在刚结点施加的约束称为"刚臂",它只限制结点的转角而不限制线位移;为了限制横梁的线位移,在结点 3 附加了一个水平支杆。这样的结构称为位移法的基本结构。显然,在荷载作用下,只要使附加刚臂和支杆分别发生与原结构相同的位移 Δ_1、Δ_2 和 Δ_3,基本结构的内力和变形就与原结构完全相同,这个体系就是位移法的基本体系。

(2)列基本方程。分别考虑基本结构的以下几种状态:

无荷载作用,结点 1 发生单位转角 $\bar{\Delta}_1=1,\Delta_2=\Delta_3=0$;

无荷载作用,结点 2 发生单位转角 $\bar{\Delta}_2=1,\Delta_1=\Delta_3=0$;

无荷载作用,横梁发生单位水平位移 $\bar{\Delta}_3=1,\Delta_1=\Delta_2=0$;

只有荷载作用,$\Delta_1=\Delta_2=\Delta_3=0$。

根据叠加原理,将前三种状态下的内力和变形分别乘以 Δ_1、Δ_2 和 Δ_3 后,再与荷载状态下的内力和变形叠加,就得到原结构的内力和变形。问题的关键是求 Δ_1、Δ_2 和 Δ_3。为此,作以上四种状态的弯矩图,其中前三种状态的弯矩图 $\bar{M}_1$、$\bar{M}_2$、$\bar{M}_3$ 利用转角位移方程很容易作出,分别如图 6.17c、d、e 所示;荷载作用下的弯矩图 M_P 可利用载常数表 6-1、6-2 和式(6.4)作出,如图 6.17f 所示。

在以上弯矩图中,还表示了附加约束中相应的反力,其中 $k_{ij}(i,j=1,2,3)$ 是第 j 个约束的单位位移在第 i 个约束中引起的反力,这就是第 4.6 节中介绍反力互等定理时提到过的反力影响系数或刚度系数;$F_{iP}(i=1,2,3)$ 是荷载在第 i 个约束中引起的反力。

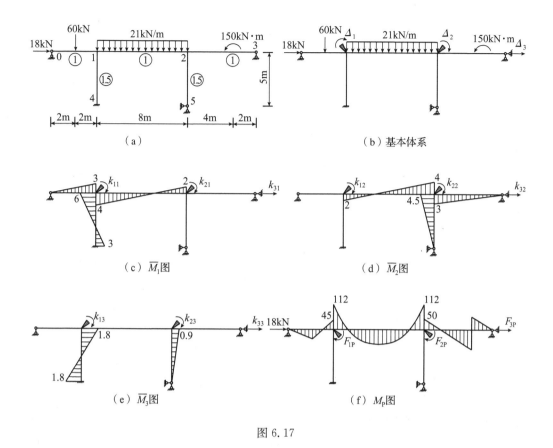

图 6.17

要使基本结构的受力和变形状态与原结构完全相同,必须使附加约束中的反力与原结构完全相同;而原结构并没有这些附加约束,相应的约束力都是零,因此基本结构附加约束中的反力也必须为零。由叠加原理,有

$$
\left.
\begin{array}{l}
k_{11}\Delta_1+k_{12}\Delta_2+k_{13}\Delta_3+F_{1P}=0 \\
k_{21}\Delta_1+k_{22}\Delta_2+k_{23}\Delta_3+F_{2P}=0 \\
k_{31}\Delta_1+k_{32}\Delta_2+k_{33}\Delta_3+F_{3P}=0
\end{array}
\right\}
\tag{6.8}
$$

这就是位移法的基本方程。其中,$k_{ij}(i,j=1,2,3)$称为方程组的系数,由反力互等定理,有

$$
k_{ij}=k_{ji}(i\neq j)
\tag{6.9}
$$

$F_{iP}(i=1,2,3)$称为自由项。式(6.9)表明,位移法基本方程的系数矩阵是对称的。

(3)求系数和自由项。基本方程的系数和自由项由平衡条件确定。例如,在图 6.17c 中,分别考虑结点 1、2 的力矩平衡条件,可得 $k_{11}=13$,$k_{21}=2$;由杆 14、25 两端的弯矩求得 $F_{Q14}=-(6+3)/5=-1.8$ 以及 $F_{Q25}=0$,再考虑横梁的水平投影平衡条件,可得 $k_{31}=-1.8$。用同样的方法,从图 6.17d、e、f 可求得其余系数和自由项,这里不一一列举。利用基本方程系数矩阵的对称性可以使计算过程得到简化,例如考虑图 6.17e 中结点 1 的力矩平衡条件可得 $k_{31}=k_{13}=-1.8$,就比上面先求剪力再求 k_{31} 来得简单,两者可以相互校核。将求得的系数和自由项代入(6.8),得

$$\left.\begin{array}{l} 13\Delta_1 + 2\Delta_2 - 1.8\Delta_3 - 67 = 0 \\ 2\Delta_1 + 11.5\Delta_2 - 0.9\Delta_3 + 62 = 0 \\ -1.8\Delta_1 - 0.9\Delta_2 + 0.9\Delta_3 - 18 = 0 \end{array}\right\} \tag{a}$$

（4）解基本方程。解方程组（a），就得到基本未知量的相对值：

$$\Delta_1 = 11.050, \Delta_2 = -4.359, \Delta_3 = 37.740$$

这与例 6-3 所得的结果相同。

（5）求内力。解出了基本未知量，可用叠加原理得出原结构的内力。原结构的弯矩图可利用现有的 $\overline{M}_1$、$\overline{M}_2$、$\overline{M}_3$ 和 M_P 图按下式作出：

$$M = \Delta_1 \overline{M}_1 + \Delta_2 \overline{M}_2 + \Delta_3 \overline{M}_3 + M_P \tag{6.10}$$

例如其中杆 12 右端的弯矩

$$M_{21} = 11.050 \times 2 - 4.359 \times 4 + 37.740 \times 0 + 112 = 116.66 \text{ kN} \cdot \text{m}$$

其余从略，请读者自行计算，并与例 6-3 用转角位移方程计算所得的结果核对。

以上方法很容易推广到有 $n(n > 3)$ 个基本未知量的情况，这里从略。

6.7 本章小结

位移法是结构力学中经典而又富有现代活力的一种分析方法。无论是 20 世纪三、四十年代工程界广为流传的力矩分配法（第 7 章），还是目前结构分析程序中普遍采用的矩阵位移法（第 9 章），都是以位移法思想为核心的。因此，本章内容对整个结构力学学习至关重要。

用位移法解答问题时，首先需要明确结构的基本未知量。这一步看似简单，其实非常关键。选取的基本未知量将原来各部分相互关联的结构，分解成彼此可以独立使用转角位移方程的杆件。在此基础上，就可以利用杆件的转角位移方程，根据结构的结点或局部平衡条件建立位移法方程。将求解位移法方程所得的未知量回代入各杆件的转角位移方程，即可求得各杆件的杆端弯矩。位移法的特点决定了它在结构力学中的地位，其求解问题的各个环节都应熟练掌握。

位移法基本体系利用附加约束，同样达到了将结构分解为相互独立的杆件的目的。与前述方式不同的是，它不是直接将杆端内力表达为所有杆端位移的函数，而是对未知位移"各个击破"，考虑它们各自对杆端力的影响，再利用叠加原理建立基本方程。两种方式都要通过考虑平衡条件来建立基本方程，体现了它们共同的本质。采用建立基本体系的方式应用位移法，其解题步骤与力法完全对应，但力法是通过撤除多余约束建立基本体系，位移法却是通过添加约束建立基本体系；两者的基本方程，力法是变形协调方程，位移法是静力平衡方程；基本方程的系数和自由项，力法是位移，位移法是力，因此计算方法根本不同。比较力法和位移法的异同，是发人深省的。

对称性的利用是结构分析中颇具灵性的一个技巧，利用对称性可以将问题大幅度简化。这不仅对手算练习非常有效，而且对实际工程问题的程序分析也意义重大。因此，如何利用对称性取半结构进行分析，也是必须掌握的一个实用技巧。

思考题

6-1 图 6.18 所示远端铰支和远端滑支的梁在远端 b 分别有集中力和集中力偶作用。试写出近端 a 的弯矩和 b 端荷载之间的关系式。

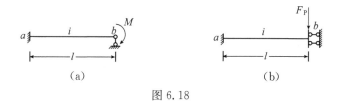

图 6.18

6-2 用位移法求解特定结构时,未知量的个数是否有上限? 试举例说明。

6-3 用位移法求解桁架和组合结构,应如何确定基本未知量? 如何建立基本方程? 试结合图 6.19 所示的结构加以说明。

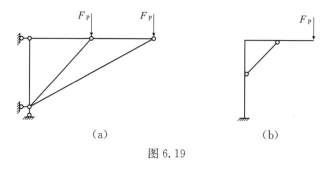

图 6.19

6-4 在荷载作用下,根据相对线刚度求出的位移和内力是相对值还是实际值? 为什么?

6-5 试结合例 6-4,总结用位移法分析带有斜杆的刚架的特点和关键问题的处理方法。

6-6 试指出图 6.20 所示的结构中,哪些杆件是剪力静定杆,哪些是两端无相对侧移的杆件,并指出用位移法求解时,最少要用几个基本未知量。

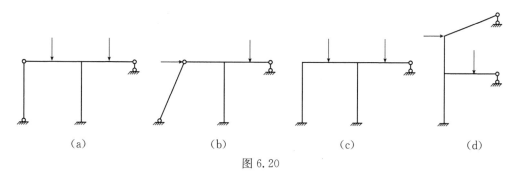

图 6.20

6-7 用位移法求解刚架的温度变化问题时,在哪个环节上考虑了轴向变形? 在哪个环节上又忽略了轴向变形?

6-8 试比较力法和位移法的解题思路、原理、步骤的异同以及它们的优缺点。

习　题

6-1　试分析用位移法求解图 6.21 所示结构时的基本未知量。

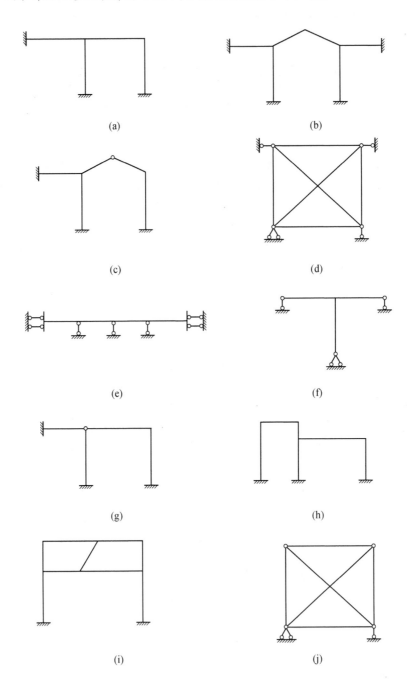

图 6.21

6-2 用位移法求解图 6.22 所示刚架,并作弯矩图。

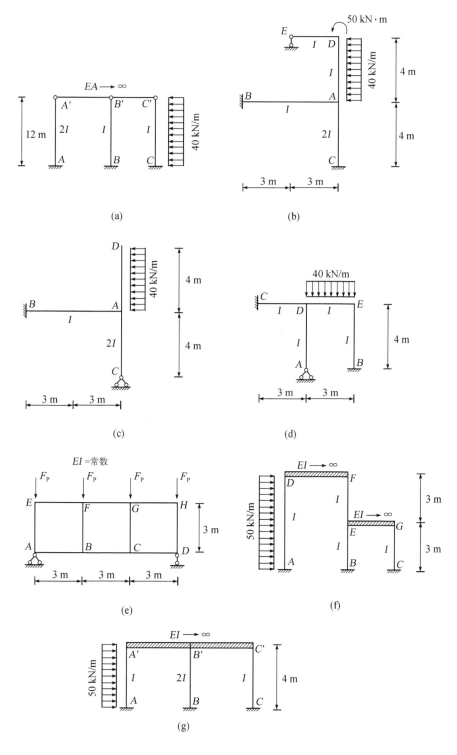

图 6.22

6-3 图 6.23 所示连续梁各跨具有相同的线刚度(取 $i=1$),试用位移法绘制其弯矩图和剪力图。

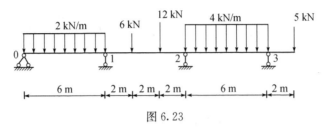

图 6.23

6-4 图 6.24 所示刚架各杆具有相同的抗弯刚度 EI,试用位移法绘制其弯矩图和剪力图。

6-5 图 6.25 所示刚架各杆的相对线刚度均为 $i=1$,用位移法求杆端弯矩。

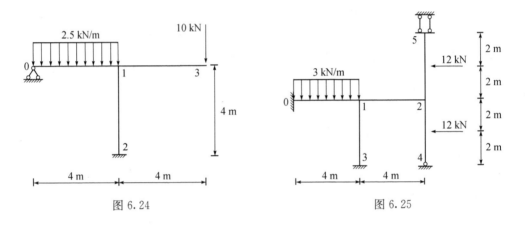

图 6.24

图 6.25

6-6 图 6.26 所示刚架,各杆的相对线刚度分别为 $i_1=4,i_2=6,i_3=3$。试用位移法计算刚架的杆端弯矩。

6-7 在图 6.27 所示刚架中,两杆的相对线刚度分别为 $i_1=1,i_2=0.27$,试用位移法绘制其弯矩图和剪力图。

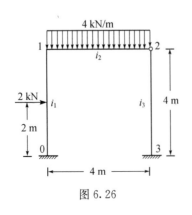

图 6.26

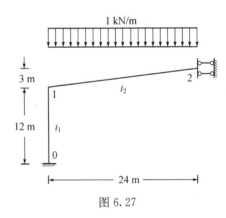

图 6.27

156

6-8 图 6.28 所示刚架所有横梁的线刚度均为 $b=1$,竖柱线刚度自下而上依次为 $c_1=3,c_2=2,c_3=1$,试用位移法并利用对称性求刚架的杆端弯矩。

6-9 试用位移法并利用上部结构的两重对称性计算图 6.22e 所示刚架,作弯矩图。

6-10 图 6.29 所示刚架支座 A 产生线位移和角位移,试用位移法进行分析,并绘制弯矩图。

6-11 图 6.30 所示刚架支座 A 和 B 产生位移,$\Delta_A=20$ mm,$\Delta_B=10$ mm,$\theta=0.01$ rad,各杆 $EI=6\times10^4$ N·m²。试用位移法进行分析,并绘制弯矩图。

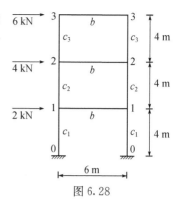

图 6.28

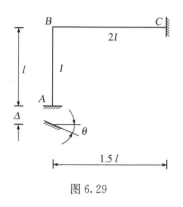

图 6.29

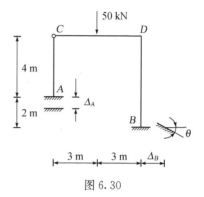

图 6.30

*6-12 试用建立位移法基本体系的方法计算 6-3~6-7 各题。

7 力矩分配法

7.1 引言

力矩分配法是分析连续梁和无侧移刚架的一个简便方法,特别是在临时只有简单运算工具的情况下非常实用。从理论基础上讲,力矩分配法是位移法的直接产物,但在方法技巧上,它与位移法有几点明显不同:

第一,力矩分配法不必建立基本方程,从而也就无须求解联立方程。

第二,力矩分配法直接以杆端弯矩为计算对象,通过一种渐近方式逐步逼近其真实值,而不是像位移法那样,先要求出结点位移,再进行回代以计算杆端弯矩。

第三,力矩分配法给位移法的纯粹数学力学计算过程,赋予了明晰的物理概念,形象生动而易于运用和掌握。

正是由于这些诱人特点,在仅有简单运算工具的历史时期,力矩分配法曾经受到工程结构设计人员的广泛青睐;在今天也仍然有一定的意义和价值。下面先以一个简单的三跨连续梁为例,扼要说明力矩分配法处理问题的基本思路和物理概念。

7.2 力矩分配法的物理概念

图 7.1a 所示的三跨连续梁,已知各跨的相对线刚度分别为 i_1、i_2 和 i_3。此梁在荷载作用下,结点不会发生线位移,只有角位移 θ_a 和 θ_b。为了计算各杆端弯矩,力矩分配法沿用了位移法的全部公式和方程,但改取了如下看似迂回,而实质是两步并作一步的直接方式:

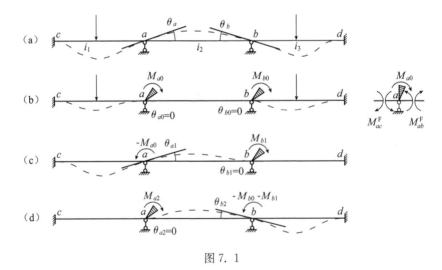

图 7.1

（1）给结点 a 和 b 分别加上一个能够阻止它们转动的约束，也就是上一章第 6.7 节中所说的"刚臂"，使连续梁变成各跨彼此独立的两端固定梁，如图 7.1b 所示。由表 6.1 可以求出各跨在荷载作用下的固端弯矩。利用结点的力矩平衡条件，可以求出附加转动约束提供的反力矩，如图 7.1b 中的结点 a 所示，有

$$M_{a0}=M_{ac}^{\mathrm{F}}+M_{ab}^{\mathrm{F}}$$

同理可得

$$M_{b0}=M_{ba}^{\mathrm{F}}+M_{bd}^{\mathrm{F}}$$

M_{a0} 和 M_{b0} 称为约束力矩，方向以顺时针为正。

（2）继续保持结点 b 的转动约束，单独放松结点 a 任其自由转动，这相当于在结点 a 施加了一个与 M_{a0} 大小相等方向相反的力偶，如图 7.1c 所示（注意该图中的结点转角和力矩表示的是在图 7.1b 基础上的增量）。在这个力偶作用下，结点 a 将发生转角，设为 θ_{a1}，结点 b 的转角仍受约束，$\theta_{b1}=0$。由转角位移方程可知结点 a 所含二杆的近端弯矩为

$$\left.\begin{array}{l}M_{ac1}=4i_1\theta_{a1}\\M_{ab1}=4i_2\theta_{a1}\end{array}\right\}$$

这时结点 a 的力矩平衡条件为

$$-M_{a0}=M_{ac1}+M_{ab1}$$

从以上两式消去 θ_{a1}，得

$$\left.\begin{array}{l}M_{ac1}=-\dfrac{i_1}{i_1+i_2}M_{a0}\\[2mm]M_{ab1}=-\dfrac{i_2}{i_1+i_2}M_{a0}\end{array}\right\}\tag{a}$$

由此可见，在单独放松结点 a 的条件下，求与该结点相关的两个近端弯矩，只要按杆件线刚度的比例，将约束力矩反号后进行分配即可。这样得到的近端弯矩通常称为"分配弯矩"。

由于结点 a 的转动，ab 和 ac 两杆除在近端 a 产生上述分配弯矩外，远端 b 和 c 也会分别产生相应的弯矩。由转角位移方程可以推知它们与分配弯矩之间的关系：

$$\left.\begin{array}{l}M_{ca1}=2i_1\theta_{a1}=M_{ac1}/2\\M_{ba1}=2i_2\theta_{a1}=M_{ab1}/2\end{array}\right\}\tag{b}$$

这意味着，在近端获得分配弯矩的同时，只需将分配弯矩的一半传递给远端，就得到远端由于近端转动产生的弯矩。因此，这样得到的弯矩通常称为"传递弯矩"。

必须指出，在单独放松结点 a 时，由于结点 b 的转角受到人为的约束而不是原有的真实状态，结点 a 的转动不可能一步到位，转角 θ_{a1} 以及相伴产生的分配弯矩和传递弯矩都还不是各自的最终值，计算工作仍需继续进行下去。

（3）结点 a 转动 θ_{a1} 以后，该结点处附加转动约束中的反力矩已经消除，而结点 b 处附加转动约束的反力矩除了原有的 M_{b0} 外，又新增了 $M_{b1}=M_{ba1}$。为了消除结点 b 处附加转动约束中的反力矩，利用附加转动约束将结点 a 重新"锁"住，单独放松结点 b 任其自由转动，这相当于在结点 b 施加一个与附加约束中现有反力偶 $M_{b0}+M_{b1}$ 大小相等方向相反的力偶，如图 7.1d 所示。在这个力偶作用下，结点 b 将发生转角 θ_{b2}，而结点 a 的转角受到约束，增量 $\theta_{a2}=0$；

相应地,与结点 b 相关杆件的近端将获得分配弯矩,远端将获得传递弯矩,它们的计算方法与上一步相同,类似于式(a)、(b):

$$
\left.
\begin{aligned}
M_{ba2} &= -\frac{i_2}{i_2+i_3}(M_{b0}+M_{b1}) \\
M_{bd2} &= -\frac{i_3}{i_2+i_3}(M_{b0}+M_{b1})
\end{aligned}
\right\}
$$

$$
\left.
\begin{aligned}
M_{ab2} &= M_{ba2}/2 \\
M_{db2} &= M_{bd2}/2
\end{aligned}
\right\}
$$

此时结点 b 已处于平衡状态,从而完成了对两个刚结点 a 与 b 的第一轮弯矩分配与传递工作。不过要注意,计算工作到此并没有完结,因为在结点 b 放松转到平衡位置的同时,由于传递弯矩 M_{ab2} 的产生,结点 a 的平衡又被打破,其附加约束中产生新的结点约束力矩,其大小等于 M_{ab2}。为此,需要将结点 b 固定在新位置上,再单独放松结点 a,重复上述计算而使之第二次归于平衡。但此时结点 b 又因新的传递弯矩而处于不平衡状态,这就需要再重复上述运算,使之重归平衡。如此循环往复,直至所有刚结点的不平衡力矩渐趋消失为止。这就是力矩分配法的解题思路和物理概念,整个计算过程完全不涉及"建立方程和解方程"这样的常规程序,也省去了从结点位移到杆端弯矩的回代运算,更不需要什么复杂公式。这一方法思路的清晰和运算操作的简便,确实是无与伦比的。但也应该看到,它毕竟只是一个特殊方法,只适用于连续梁和结点没有线位移的无侧移刚架,适用范围实属有限。在这方面,它是不能和力法或位移法相提并论的。

7.3 力矩分配法的基本要素

由上节所述物理概念可知,力矩分配法有三个基本要素,即形成不平衡力矩的"固端弯矩",计算近端分配弯矩的"分配系数",以及计算远端传递弯矩的"传递系数"。确定了这三个基本要素,往后的计算就只是利用分配系数和传递系数这两个常量乘子,对不平衡力矩进行分配与传递的四则运算过程,操作程序单一而简便。关于几种常见荷载作用下的固端弯矩算式,已载入表 6.1 和 6.2,可直接引用。下面仅就分配系数和传递系数两个要素作一专门说明。

7.3.1 弯矩分配系数

为了计算弯矩分配系数,先引入结点转动刚度的概念。所谓结点转动刚度,就是当结点发生单位转角时,需要在结点上施加的力偶的大小。单根杆件的结点转动刚度与杆件的线刚度成正比,也与远端的约束条件有关。以 S_{ab} 表示杆 ab 的结点 a 的转动刚度,由转角位移方程可知:

$$
S_{ab} =
\begin{cases}
4i & (b\ \text{端固支}) \\
3i & (b\ \text{端铰支}) \\
i & (b\ \text{端滑移}) \\
0 & (b\ \text{端自由或轴向支承})
\end{cases}
\tag{7.1}
$$

如图 7.2 所示。由于轴向支承对杆 ab 的微小转动没有约束作用,它的反力在杆 ab 中不引起弯矩,所以 $S_{ab}=0$。这与 b 端自由的情况完全相同。

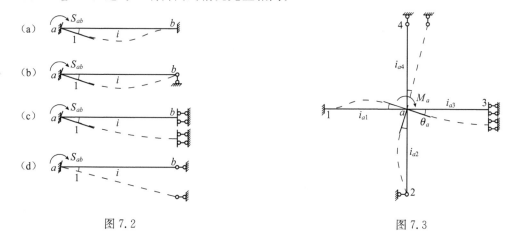

图 7.2

图 7.3

图 7.3 示一由四根杆件组成的结构,结点 a 在力偶 M_a 的作用下发生转角 θ_a,由转动刚度的定义可知

$$M_{aj}=S_{aj}\theta_a \quad (j=1,2,3,4) \tag{a}$$

根据结点 a 的力矩平衡条件,有

$$M_a=\sum_{(a)}M_{aj}=\sum_{(a)}S_{aj}\theta_a=\theta_a\sum_{(a)}S_{aj}=S_a\theta_a \tag{b}$$

其中

$$S_a=\sum_{(a)}S_{aj} \tag{7.2}$$

称为结点 a 的总转动刚度,$\sum_{(a)}$ 表示对与结点 a 连接的所有杆件求和。

由式(b)可得

$$\theta_a=\frac{M_a}{S_a}=\frac{M_a}{\sum_{(a)}S_{aj}}$$

代入式(a)得

$$M_{aj}=\frac{S_{aj}}{\sum_{(a)}S_{aj}}M_a=\mu_{aj}M_a \tag{7.3}$$

其中 μ_{aj} 称为 aj 杆的分配系数:

$$\mu_{aj}=\frac{S_{aj}}{\sum_{(a)}S_{aj}}=\frac{S_{aj}}{S_a} \tag{7.4}$$

即分配系数等于 aj 杆 a 端的转动刚度除以结点 a 的总转动刚度。显然,同一结点各杆近端的分配系数之和应等于 1:

$$\sum_{(a)}\mu_{aj}=1 \tag{7.5}$$

分配系数与各杆的转动刚度成正比。一个简单的情况是各杆远端都是固支,转动刚度都是线刚度的 4 倍,这时分配系数与各杆的线刚度成正比。对于图 7.3 所示的结构,设各杆的线刚度相同,则杆 $a1$、$a2$、$a3$ 和 $a4$ 的分配系数分别为 0.5、0.375、0.125 和 0。

161

7.3.2 弯矩传递系数

图 7.3 所示刚结点受到力偶荷载作用后,在各杆近端获得分配弯矩的同时,远端也会产生传递弯矩,两者之间可通过"传递系数"相联系。这个系数的具体数值由远端支承情况决定,简介如下:

对于图 7.2 所示的几种常见边界支承条件,因已知:

b 为固定端(图 7.2a)时 $\qquad M_{ab}=4i\theta_a$, $M_{ba}=2i\theta_a$

b 为铰支端(图 7.2b)时 $\qquad M_{ab}=3i\theta_a$, $M_{ba}=0$

b 为滑移端(图 7.2c)时 $\qquad M_{ab}=i\theta_a$, $M_{ba}=-i\theta_a$

故远近两端弯矩之间的关系可统一写为

$$M_{ba}=C_{ab}M_{ab} \tag{7.6}$$

式中 C_{ab} 称为由 a 端至 b 端的弯矩"传递系数",其值因远端支承条件而异:

$$\left.\begin{array}{ll} \text{远端固定时} & C_{ab}=0.5 \\ \text{远端铰支时} & C_{ab}=0 \\ \text{远端滑移时} & C_{ab}=-1 \end{array}\right\} \tag{7.7}$$

总之,在近端获得分配弯矩 M_{ab} 之后,利用式(7.6)和式(7.7),可以立即知晓远端的传递弯矩 M_{ba}。由此可见,弯矩的分配与传递,都只是一种纯粹的四则运算过程,操作非常简便。

7.4 力矩分配法的解题步骤

根据前述的物理概念和基本要素,力矩分配法用于分析连续梁和无侧移刚架的解题程式可归结如下:

(1)计算分配系数。根据结构的几何物理参数,先求出各杆件的相对线刚度($i=\dfrac{EI}{l}$),再按式(7.4)计算各杆的分配系数 μ_{aj} ,并分别写在所属杆端一侧的方格中。

(2)计算固端弯矩。设想给梁和刚架的所有内结点施加转动约束,使之处于固定不动状态,同时求出各杆在荷载作用下的固端弯矩,分别写在所属杆端附近。几种常见荷载的固端弯矩算式,可参考第 6 章的表 6.1。对于边跨杆件,需注意非固定支承条件引起的相应修正。

(3)依次放松每一内结点,逐个进行弯矩分配与传递。具体做法是:从任一(一般选不平衡力矩最大的)结点开始,将约束力矩反号后分别乘以所属杆端的分配系数,即得各杆近端的分配弯矩。此时结点周围弯矩的代数和必为零,于是在各杆分配弯矩的下方画一横线,以示此结点暂时达到平衡,并重新被固定起来。接着将各杆近端分配弯矩乘以传递系数,即得同杆远端的传递弯矩,使周围紧邻结点的约束力矩都有所增减。将此项计算工作遍及梁与刚架的所有内结点,使每个内结点获得一次弯矩分配与传递。值得指出的是,某结点经过一次弯矩分配与传递之后,自身获得暂时平衡的同时,随即破坏了周围紧邻各结点的平衡。反过来也一样。因此,力矩分配法的操作过程,也是使结点力矩"从不平衡到平衡,又从平衡到不平衡"的反复更迭过程,不过每一次循环造成的"不平衡"将越来越轻微。待到各结点由相互传递而来的不平衡力矩数值很小而允许忽略不计时,可作最后一次的弯矩分配而不再向周围传递,并画上双横线,以示"分配与传递"过程的结束。必须注意,上述过程只需在内结点之间进行。对于边界结点,如为固定端和滑移端,只需传入而不传出;如为铰支端,则既不传入,也不传出。

（4）计算杆端弯矩。累计各杆端所属固端弯矩、分配弯矩与传递弯矩的代数和，即得所有杆端的最后实际弯矩。至此，力矩分配法的全过程宣告结束。

下面的例题将进一步说明具体求解时的有关细节。

需要指出的是，对于含有剪力静定杆（参见第 6 章 6.5 节例 6-5 的讨论）的刚架，以上解题程式也是完全适用的。这种刚架虽然有侧移，但在结点转动时剪力静定杆中没有剪力产生（因为这一特点，这种刚架的力矩分配法在有的教科书中被称为"无剪力分配法"），利用这一点可以从转角位移方程中消去侧移，从而在远端转角被固定而近端转动时，杆件中的弯矩只与近端转角有关，这样就满足了力矩分配法的前提条件。对于此类杆件，力矩分配法三个基本要素的确定与远端滑移的情况完全相同：结点转动刚度等于线刚度 i；弯矩传递系数为 -1；固端弯矩可查表 6-2 或利用式（6.6）对表 6-1 中的数据进行修正后得到。参见下面的例 7-3 和例 7-4。

例 7-1 用力矩分配法求解第 6 章例 6-1。

解 （1）因各结点杆件的远端均为固定，分配系数与线刚度成正比，故

$$\left\{\begin{array}{l} \mu_{10}=\dfrac{3}{3+2}=0.6 \\[2mm] \mu_{12}=\dfrac{2}{5}=0.4 \\[2mm] \mu_{21}=\dfrac{2}{2+1.5}=0.57 \\[2mm] \mu_{23}=\dfrac{1.5}{3.5}=0.43 \end{array}\right.$$

将以上分配系数填入对应杆端的方格中。

（2）图 7.4 运算格式中方格下的第一行数字，表示对应杆件的固端弯矩，参见例 6.1。

（3）自第二行起至双横线止，表示弯矩的分配与传递过程。对于本例，在结点 1 分配了三次，在结点 2 只分配了两次，不平衡力矩都已经很小了，故可停止工作。在一般情况下，分配与传递大体都在 3～4 个轮次，就可满足结构设计的精度要求。

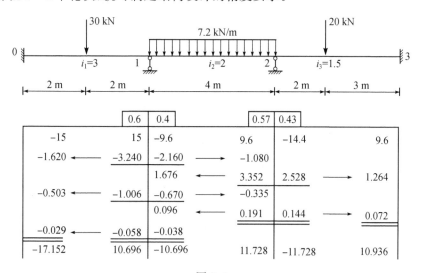

图 7.4

163

（4）双横线下的数字，就是各杆最后的杆端弯矩，即

$$\begin{cases} M_{01}=-17.15 \text{ kN}\cdot\text{m} \\ M_{10}=10.70 \text{ kN}\cdot\text{m} \\ M_{12}=-10.70 \text{ kN}\cdot\text{m} \\ M_{21}=11.73 \text{ kN}\cdot\text{m} \\ M_{23}=-11.73 \text{ kN}\cdot\text{m} \\ M_{32}=10.94 \text{ kN}\cdot\text{m} \end{cases}$$

这与例6-1用位移法所得的计算结果一致。

例7-2 用力矩分配法解答第6章例6-2,刚架的尺寸、相对线刚度、边界条件与荷载情况等,详见图6.5a。

解 （1）因为有远端非固定端的杆件,先按式(7.1)计算各杆近端转动刚度,再按式(7.4)求分配系数:

$$\begin{cases} \mu_{10}=\dfrac{1}{1+4+6}=0.091 \\ \mu_{12}=\dfrac{4}{11}=0.364 \\ \mu_{14}=\dfrac{6}{11}=0.545 \\ \mu_{21}=\dfrac{4}{4+3+4.5}=0.348 \\ \mu_{23}=\dfrac{3}{11.5}=0.261 \\ \mu_{25}=\dfrac{4.5}{11.5}=0.391 \end{cases}$$

（2）力矩分配法的运算格式见表7.1。固端弯矩的计算参见例6.2。在两个内结点1与2之间的弯矩分配与传递,只进行了三个轮次就已满足精度要求。最后杆端弯矩示于双横线之下,与例6-2用位移法计算的结果一致。

表7.1 例7-2的运算格式

	0.091	0.545	0.364		0.348	0.391	0.261	
01	10	14	12		21	25	23	41
30	90		−112		112		−50	
			−10.788	←	−21.576	−24.242	−16.182	
−2.981	←	2.981	17.884	11.923	→	5.962		8.942
			−1.038	←	−2.075	−2.331	−1.556	
−0.094	←	0.094	0.566	0.378	→	0.189		0.283
			−0.033	←	−0.066	−0.074	−0.049	
−0.003	←	0.003	0.018	0.012				0.009
26.922	93.078	18.468	−111.546		94.434	−26.647	−67.787	9.234

（3）为了省时省事，对两根立柱的分配过程可以省去，其杆端弯矩可在最后由结点力矩平衡条件直接推出。例如：

$$M_{14}=111.55-93.08=18.47 \text{ kN} \cdot \text{m}$$

$$M_{41}=\frac{1}{2}M_{14}=9.23 \text{ kN} \cdot \text{m}$$

例 7 - 3 试用力矩分配法计算第 6 章例 6 - 6 中刚架各杆的杆端弯矩，刚架的几何尺寸、相对线刚度与荷载见图 6.15。

解 根据与例 6 - 6 解答中同样的理由，只需计算反对称荷载作用下的半结构，如图 6.15b 所示。

（1）计算分配系数。图 6.15b 中，各层柱均为剪力静定杆，因此各结点分配系数为

$$\begin{cases} \mu_{10}=\dfrac{1.5}{1.5+3\times2+1}=0.176 \\[2mm] \mu_{11}=\dfrac{6}{8.5}=0.706 \\[2mm] \mu_{12}=\dfrac{1}{8.5}=0.118 \\[2mm] \mu_{21}=\mu_{32}=\mu_{43}=\dfrac{1}{1+3\times2+1}=0.125 \\[2mm] \mu_{22}=\mu_{33}=\mu_{44}=\dfrac{6}{8}=0.750 \\[2mm] \mu_{23}=\mu_{34}=\mu_{45}=\dfrac{1}{8}=0.125 \\[2mm] \mu_{54}=\dfrac{1}{1+3\times2}=0.143 \\[2mm] \mu_{55}=\dfrac{6}{7}=0.857 \end{cases}$$

（2）计算固端弯矩。参见例 6 - 6，结果见表 7 - 2 所示运算格式的相应柱端下面的第一行。

（3）分配与传递过程见表 7.2 中固端弯矩以下各行，至双横线结束。先锁住结点 2、4，同时松开结点 1、3、5 进行分配和传递；接着锁住结点 1、3、5，同时松开结点 2、4 进行分配和传递，如此循环进行。二、三个轮次后，精度要求已经满足，最后累加得到的杆端弯矩与例 6 - 6 用位移法计算的结果一致。

表7.2　例7-3的运算格式

01	10	11	12	21	22	23	32	33	34	43	44	45	54	55
	0.176	0.706	0.118	0.125	0.750	0.125	0.125	0.750	0.125	0.125	0.750	0.125	0.143	0.857
−15	−15		−8	−8		−6	−6		−4	−4		−2	−2	
	4.048	16.238	2.714				1.250	7.500	1.250				0.286	1.714
−4.048				−2.714		−1.250				−1.250		−0.286		
			−2.246	2.246	13.473	2.245	−2.245		−0.942	0.942	5.652	0.942	−0.942	
	0.395	1.586	0.265	−0.265		−0.399	0.399	2.390	0.398	−0.398		−0.135	0.135	0.807
−0.395							−0.083		−0.067	0.067	0.400	0.066	−0.066	
				0.083	0.498	0.083								
			−0.083	−0.010		−0.019	0.019	0.112	0.019	−0.019		−0.009	0.009	0.057
	0.015	0.058	0.010	0.004	0.021	0.004				0.004	0.021	0.003		
−0.015														
−19.458	−10.542	17.882	−7.340	−8.656	13.992	−5.336	−6.660	10.002	−3.342	−4.654	6.073	−1.419	−2.578	2.578

166

例 7-4 用力矩分配法计算第 6 章例 6-7 中刚架各杆的杆端弯矩,刚架的几何尺寸、相对线刚度、支承与荷载情况见图 6.16a。

解 半结构如图 6.16b 所示。

(1) 计算分配系数。图 6.16b 中,各层柱均为剪力静定杆;这里需要特别指出的是,最下面的支座不是固支而是铰支,当结点 1 转动时,支座 0 不仅不限制相对于结点 1 的侧移,同时也不限制转角,相当于轴向支承,对弯矩的作用与自由端相同,因此柱 01 的转动刚度为 0。各结点的分配系数为

$$
\begin{cases}
\mu_{10} = \dfrac{0}{0+3\times 2+2} = 0 \\[2mm]
\mu_{11} = \dfrac{6}{8} = 0.75 \\[2mm]
\mu_{12} = \dfrac{2}{8} = 0.25 \\[2mm]
\mu_{21} = \dfrac{2}{2+3\times 2} = 0.25 \\[2mm]
\mu_{22} = \dfrac{6}{8} = 0.75
\end{cases}
$$

(2) 计算固端弯矩,结果见表 7-3 所示运算格式的相应杆端下面的第一行。其中 $M_{10}^{F}=-24\times 6+2\times 6^2/2=-108$ kN·m,第一个等号后的第一项是支座水平反力(大小等于 24 kN)对固端弯矩的影响,第二项是均布荷载对固端弯矩的影响,因为此时 01 杆"上端滑移下端铰支",其弯矩与"上端固定下端轴向支承或自由"的杆件的弯矩相同。其余参见例 6-7。

(3) 分配与传递过程见表 7.3 固端弯矩以下各行,至双横线结束。最后累加得到的杆端弯矩与例 6-7 用位移法计算的结果一致。

表 7.3 例 7-4 的运算格式

0	0.75	0.25		0.25	0.75
10	11	12		21	22
−108		−16		−8	−7.5
	93.000	31.000	⟶	−31.000	
		−11.625	⟵	11.625	34.875
	8.719	2.906	⟶	−2.906	
		−0.727	⟵	0.727	2.179
	0.545	0.182	⟶	−0.182	
		−0.046	⟵	0.046	0.136
	0.034	0.012			
−108	102.298	5.702		−29.690	29.690

*7.5 有侧移刚架分析的力矩分配法

前面曾多次提出,力矩分配法是一个只适合于结点无线位移刚架的特殊分析方法,其优越性在连续梁和无侧移刚架的应用中比较突出,对于结点有线位移刚架的内力分析,一般是不适用的。本节说明,如果辅以位移法建立基本体系补充"侧移方程",在有侧移刚架的内力分析中,力矩分配法还是可以发挥作用的。

以图 7.5a 所示刚架为例。显然,在图示荷载作用下,刚架除有结点转角 θ_1 和 θ_2 外,还有一个未知的水平线位移 Δ。对此刚架进行分析时,为了创造能够引进力矩分配法的条件,可先在结点 2 处设置一个虚拟的水平支杆,使之暂时不能发生水平侧移(图 7.5b),从而可以运用力矩分配法求出刚架在这种状态下的杆端弯矩 M_P,以及相应的柱端剪力 F_{Q10} 和 F_{Q23};再通过水平侧移的平衡条件,确定支杆中的虚拟水平反力 F_P。然后撤除荷载,并使结点 1 和结点 2 在没有转动的情况下,连同虚拟支座一起向右平移单位距离,如图 7.5c 所示。计算由单位侧移引起的固端弯矩,形成结点不平衡力矩。同理进行力矩分配与传递,可求出刚架因单位侧移引起的杆端弯矩 $\overline{M}$、柱端剪力 $\overline{F}_{Q10}$ 和 $\overline{F}_{Q23}$,并进而确定虚拟支杆中的相应水平反力 k。

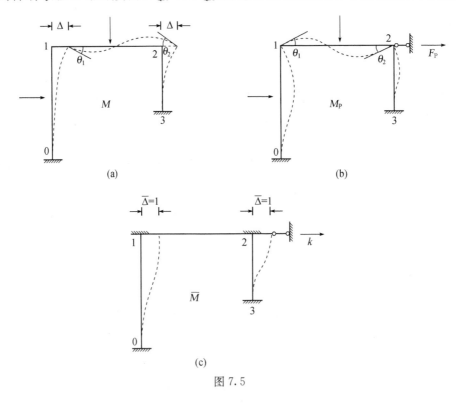

图 7.5

因虚拟支杆实际上是不存在的,根据叠加原理,两类虚拟水平反力之和应为零,即应有如下类似位移法的补充方程

$$F_P + k\Delta = 0 \tag{7.8}$$

由此可以解得

168

$$\Delta = -\frac{F_P}{k} \qquad (7.9)$$

于是,刚架的最后杆端弯矩算式可表示为

$$M = M_P + \Delta \cdot \overline{M} \qquad (7.10)$$

对于具有多个独立线位移的刚架,可用类似方法进行计算。例如,图 7.6a 所示刚架有两个独立的水平线位移 Δ_1 和 Δ_2,在相应位置设置两个虚拟支杆(图 7.6b),便可按无侧移刚架进行力矩分配,求出由荷载引起的杆端弯矩 M_P,并通过各层的柱端剪力确定虚拟反力 F_{P1} 和 F_{P2}。再分别令 $\overline{\Delta}_1 = 1$ 和 $\overline{\Delta}_2 = 1$,用力矩分配法求出两种单位侧移状态下的杆端弯矩和虚拟反力 $\overline{M}_1$、k_{11}、k_{21}(图 7.6c)及 $\overline{M}_2$、k_{22}、k_{12}(图 7.6d)。然后利用虚拟支杆实际并不存在的条件,建立如下两个等式:

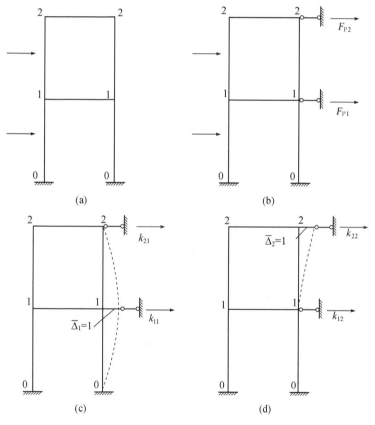

图 7.6

$$\left.\begin{array}{l} k_{11}\Delta_1 + k_{12}\Delta_2 + F_{P1} = 0 \\ k_{21}\Delta_1 + k_{22}\Delta_2 + P_{P2} = 0 \end{array}\right\} \qquad (7.11)$$

据此可以解得 Δ_1 和 Δ_2。最后按下式计算刚架的实际杆端弯矩:

$$M = M_P + \Delta_1\overline{M}_1 + \Delta_2\overline{M}_2 \qquad (7.12)$$

169

同理,对于具有 n 个独立结点线位移的刚架,求解 $\Delta_i(i=1,2,3,\cdots,n)$ 的 n 元联立方程将具有下列形式:

$$\left.\begin{array}{l} k_{11}\Delta_1+k_{12}\Delta_2+\cdots+k_{1n}\Delta_n+F_{\mathrm{P1}}=0 \\ k_{21}\Delta_1+k_{22}\Delta_2+\cdots+k_{2n}\Delta_n+F_{\mathrm{P2}}=0 \\ k_{31}\Delta_1+k_{32}\Delta_2+\cdots+k_{3n}\Delta_n+F_{\mathrm{P3}}=0 \\ \cdots\cdots\cdots\cdots\cdots\cdots\cdots\cdots\cdots\cdots\cdots \\ k_{n1}\Delta_1+k_{n2}\Delta_2+\cdots+k_{nn}\Delta_n+F_{\mathrm{Pn}}=0 \end{array}\right\} \qquad (7.13)$$

杆端弯矩则需要按下式进行计算:

$$M=M_{\mathrm{P}}+\Delta_1\overline{M}_1+\Delta_2\overline{M}_2+\cdots+\Delta_n\overline{M}_n \qquad (7.14)$$

回顾第 6 章第 6.7 节可见,图 7.5b 和 7.6b 实际上就是一种位移法基本体系,不过它只用附加支杆来限制结点线位移而不限制结点转角;式(7.8)、(7.11)和(7.13)就是只含未知结点线位移的位移法典型方程;上述方法的总体求解步骤与第 6.7 节所述的位移法"五部曲"是完全一致的,只不过在作单位位移作用下的 $\overline{M}_i$ 图($i=1,2,\cdots,n$)和荷载作用下的 M_{P} 图时,要用到力矩分配法作为一种辅助工具而已。力矩分配法的应用,减少了位移法基本未知量的个数;用附加支杆限制线位移,建立位移法的基本体系,为应用力矩分配法创造了前提条件。这种方法在求解独立的结点线位移较少而结点转角较多的刚架(例如多跨单层或两层刚架)时优越性比较明显,而当独立的结点线位移较多时,它的优势也就不复存在了。

例 7 - 5 用力矩分配法解答第 6 章例 6 - 4,刚架的几何尺寸、相对线刚度与荷载情况见图 6.9a。

解 (1)显然,本例除结点转角 θ_1 和 θ_2 外,还有一个独立的未知线位移 Δ。

(2)图 7.7a、b 分别表示计算所需的无侧移状态和单位位移状态。对于无侧移状态,因水平荷载 100 kN 与横梁轴线重合,故在结点 2 处设置虚拟水平支杆后,所有杆件都不产生端弯矩,即 $M_{\mathrm{P}}=0$。虚拟支承反力可直接求得为 $F_{\mathrm{P}}=-100$ kN(图 7.7a)。

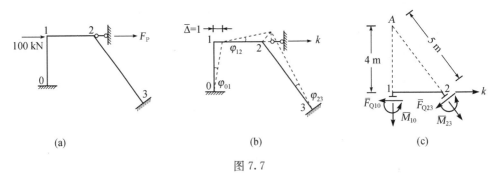

图 7.7

(3)如图 7.7b 所示,令横梁向右平移单位距离($\overline{\Delta}=1$),由例 6 - 4 已知,各杆的弦转角应为

$$\begin{cases} \varphi_{01}=\dfrac{1}{3} \\[2mm] \varphi_{12}=-\dfrac{1}{4} \\[2mm] \varphi_{23}=\dfrac{1}{4} \end{cases}$$

由此引起的固端弯矩分别为

$$\overline{M}_{10}^{\mathrm{F}}=\overline{M}_{01}^{\mathrm{F}}=-6i_{01}\varphi_{01}=-2\ \mathrm{kN\cdot m}$$

$$\overline{M}_{12}^{\mathrm{F}}=\overline{M}_{21}^{\mathrm{F}}=-6i_{12}\varphi_{12}=3\ \mathrm{kN\cdot m}$$

$$\overline{M}_{23}^{\mathrm{F}}=\overline{M}_{32}^{\mathrm{F}}=-6i_{23}\varphi_{23}=-3\ \mathrm{kN\cdot m}$$

（4）对单位位移($\overline{\Delta}=1$)引起的结点不平衡力矩所作的弯矩分配见表 7.4,经过两个轮次即可停止。

表 7.4　例 7-5 的运算格式

1/3	2/3		1/2	1/2	
01	10	12	21	23	32
−2	−2	3	3	−3	−3
−0.167 ←	−0.333	−0.667 →	−0.334		
		0.084 ←	0.167	0.167 →	0.084
−0.014 ←	−0.028	−0.056 →	−0.028		
			0.014	0.014 →	0.007
−2.181	−2.361	2.361	2.819	−2.819	−2.909

（5）图 7.7c 为单位位移状态下(图 7.7b)横梁隔离体的受力示意图。根据对矩心 A 的力矩平衡条件,有

$$(\overline{M}_{10}+\overline{M}_{23})-(4\overline{F}_{\mathrm{Q}10}+5\overline{F}_{\mathrm{Q}23})+4k=0$$

又由表 7.4 所示的计算结果已知

$$\overline{M}_{10}=-2.361\ \mathrm{kN\cdot m}, \quad \overline{M}_{23}=-2.819\ \mathrm{kN\cdot m}$$

及

$$\overline{F}_{\mathrm{Q}10}=\frac{1}{3}(2.361+2.181)=1.514\ \mathrm{kN}$$

$$\overline{F}_{\mathrm{Q}23}=\frac{1}{5}(2.819+2.909)=1.146\ \mathrm{kN}$$

将它们代入上式,即可解得

$$k=4.242\ \mathrm{kN}$$

由方程

$$F_P + k\Delta = 0$$

解得

$$\Delta = 23.574$$

（6）最后，由式（7.10）得

$$M = M_P + \Delta \cdot \overline{M} = 23.574\overline{M}$$

利用表 7.4 的分配结果，极易求得刚架的所有杆端弯矩为

$$\begin{cases} M_{01} = -51.41 \text{ kN} \cdot \text{m} \\ M_{10} = -55.66 \text{ kN} \cdot \text{m} \\ M_{12} = 55.66 \text{ kN} \cdot \text{m} \\ M_{21} = 66.46 \text{ kN} \cdot \text{m} \\ M_{23} = -66.46 \text{ kN} \cdot \text{m} \\ M_{32} = -68.58 \text{ kN} \cdot \text{m} \end{cases}$$

这与例 6-4 按位移法求解的结果是一致的。

7.6　本章小结

计算机出现以前，力矩分配法在实际工程设计中得到了广泛的应用，很受人们青睐。目前，随着计算机和结构分析程序的日益普及，力矩分配法的应用价值已大大降低了。但是，从一般学习的角度看，力矩分配法将位移法求解过程形象化、流程化的处理手法还是颇值得思考和回味的。本章的学习重点，可以放在连续梁和无侧移刚架的求解上，主要掌握转动刚度、分配系数、传递系数等基本概念的运用。

思考题

7-1　力矩分配法的原始力学模型是位移法还是力法？请简要说明理由。

7-2　为什么力矩分配法是收敛的？

7-3　力矩分配法求解哪种结构时，得到的是精确解？

7-4　为什么在多结点力矩分配过程中可以同时放松所有互不相邻的结点？试结合例 7-3 加以说明。

7-5　如何将力矩分配法与位移法概念结合，求解图 7.8 所示结构？

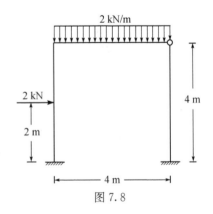

图 7.8

习　题

7-1　用力矩分配法求解图 7.9 所示连续梁，EI 为常数。

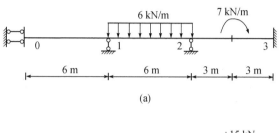

(a)

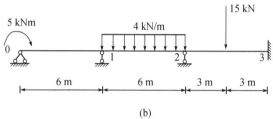

(b)

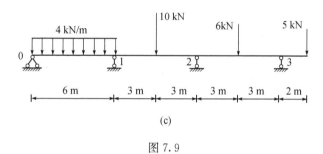

(c)

图 7.9

7-2　用力矩分配法求解图 7.10 所示刚架，EI 为常数。

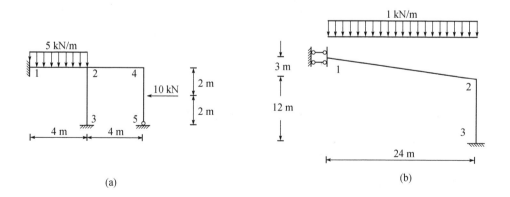

(a)　　　　　　　　　　　　　　　　(b)

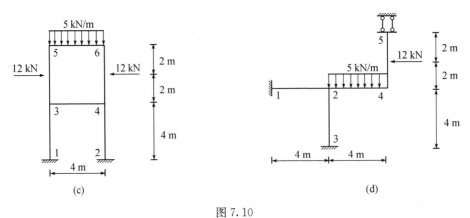

图 7.10

7-3 用力矩分配法并利用对称性求解图 7.11 所示刚架,EI 为常数。

7-4 图 7.12 所示结构支座 1 下沉 20 mm,已知 $E=2.1\times10^2$ GPa ,$I=4\times10^{-4}$ m⁴,试用力矩分配法作其弯矩图。

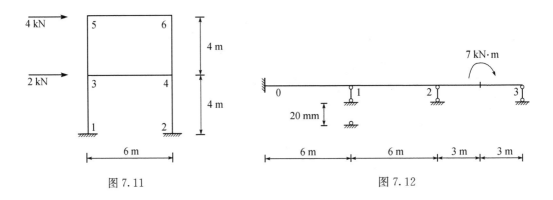

图 7.11   图 7.12

7-5 图 7.13 所示刚架支座 3 发生角位移 $\theta=5°$,支座 5 下沉 $\Delta=15$ mm,已知 $E=2.1\times10^2$ GPa,$I=3\times10^{-4}$ m⁴,试用力矩分配法作其弯矩图。

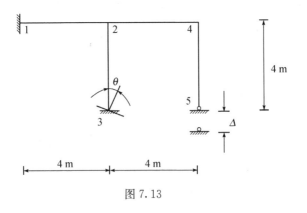

图 7.13

8 影响线

8.1 影响线的概念

在绪论中讲到荷载的分类时,曾将荷载按其在结构上的作用位置变化与否分为移动荷载和固定荷载两类。影响线是研究移动荷载对结构影响的重要工具,同时在研究固定荷载时也有一定的用途。本章讨论结构的反力和内力影响线的作法和应用的问题。

为了引入影响线的概念,先讨论一个简单的问题:图 8.1a 所示的简支梁受一个集中荷载 F_P 的作用,荷载的作用点 C 与左支座 A 的距离为 x,求支座反力 F_{RA} 和 F_{RB}。利用隔离体平衡法,容易求得

$$F_{RA}=F_P(l-x)/l, \quad F_{RB}=F_P x/l \tag{a}$$

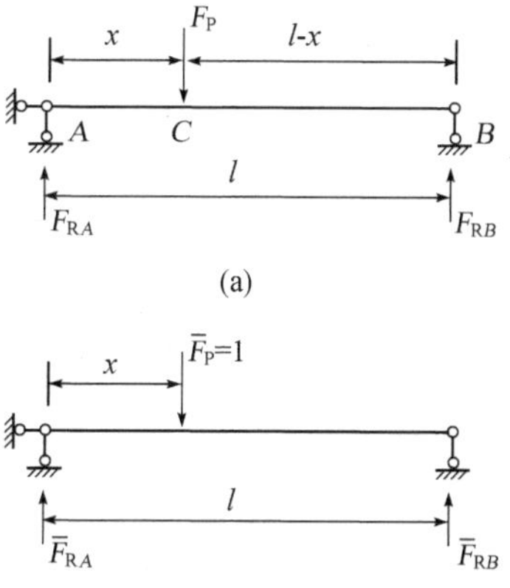

显然,这两个支座反力都不仅与荷载 F_P 的大小有关,也与它的作用位置(用 x 表示)有关,换句话说,它们都是 F_P 和 x 的二元函数;如果荷载 F_P 的大小不变,这两个反力就都只与荷载的作用位置有关,或者说,它们就都是 x 的一元函数了。为了更清楚地反映反力与荷载作用位置的关系,我们将图 8.1a 中的荷载 F_P 换成一个单位荷载 $\overline{F}_P=1$,设相应的支座反力分别为 $\overline{F}_{RA}$ 和 $\overline{F}_{RB}$,如图 8.1b 所示;将式(a)中的两个式子两边都除以 F_P,得

$$\overline{F}_{RA}=(l-x)/l, \quad \overline{F}_{RB}=x/l \tag{8.1}$$

其中

$$\overline{F}_{RA}=F_{RA}/F_P, \quad \overline{F}_{RB}=F_{RB}/F_P \tag{b}$$

回顾第 4 章 4.6 节中关于位移影响系数和反力影响系数的讨论,$\overline{F}_{RA}$ 和 $\overline{F}_{RB}$ 更准确地应该分别称为荷载对于反力 F_{RA} 和 F_{RB} 的影响系数,简称反力 F_{RA} 和 F_{RB} 的影响系数。式(8.1)表明:简支梁反力的影响系数是表示荷载作用位置的变量 x 的线性函数。这种函数关系用图形表示出来,就称为相应反力的影响线,如图 8.2 所示。

影响线直观地反映了单位荷载在结构上移动时,结构中某一物理量随荷载位置变化的规律。例如从图 8.2a 可见,当单位荷载直接作用于支座 A 时,反力 F_{RA} 的值最大,并且就等于荷载值"1";随着荷载向右移动,F_{RA} 的值线性地减小;当荷载作用于支座 B 时,F_{RA} 取得最小值 0。F_{RB} 的变化情况正好

图 8.1

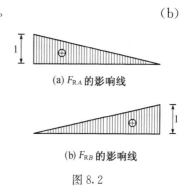

(a) F_{RA} 的影响线

(b) F_{RB} 的影响线

图 8.2

相反,如图 8.2b 所示。

关于影响系数和影响线的量纲讨论如下。在式(b)中,荷载 F_P 以及反力 F_{RA} 和 F_{RB} 的量纲都是[力],因此由式(b)可见,F_{RA} 和 F_{RB} 的影响系数 $\overline{F}_{RA}$ 和 $\overline{F}_{RB}$ 的量纲都是[力]/[力]=[1]。F_{RA} 和 F_{RB} 的影响线是 $\overline{F}_{RA}$ 和 $\overline{F}_{RB}$ 函数的图形表达,它们的量纲与 $\overline{F}_{RA}$ 和 $\overline{F}_{RB}$ 的量纲相同。其他物理量的影响线的情况与此相似,它们的量纲分别等于相应物理量的量纲除以[力],例如弯矩的量纲为[力×长度],所以弯矩影响线的量纲为[力×长度]/[力]=[长度]。

有了影响线,就可以方便地求得结构在一般荷载作用下相应物理量的值,称为该物理量的影响量。例如在图 8.3a 中,简支梁受两个集中力 F_{P1}、F_{P2} 的作用,在图 8.3b 所示的反力影响线中,与这两个集中力的作用点相应的纵标分别是 y_1 和 y_2,则根据叠加原理,简支梁在这两个集中力作用下的反力 F_{RA} 为

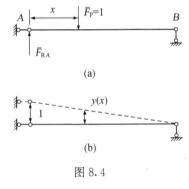

(a)

(b) F_{RA} 的影响线

图 8.3

$$F_{RA} = F_{P1}y_1 + F_{P2}y_2$$

关于这一问题,在 8.5 节中还要进一步讨论。

8.2 静定梁的影响线

本节及其后续两节(8.3 节、8.4 节)主要讨论静定结构反力和内力影响线的作法问题。作静定结构的影响线有两种基本方法:静力法和机动法。上节作简支梁反力影响线用的就是静力法。用静力法作结构的某一反力或内力 Z 的影响线可按以下步骤进行:首先,将单位荷载作用于结构上的任意位置,并且建立适当的坐标系,以坐标变量 x 表示荷载的位置;其次,用隔离体平衡法,将 Z 的影响系数 $\overline{Z}$ 表达为 x 的函数;最后,作该函数的图形,就得到 Z 的影响线。

作静定结构的影响线也可以用机动法。机动法以虚位移原理为依据。以图 8.1a 所示的简支梁为例,为了作反力 F_{RA} 的影响线,将支座 A 处的竖向支杆去掉,得到图 8.4a 所示的机构,这个机构在单位荷载 $\overline{F}_P = 1$ 和反力 $\overline{F}_{RA}$ 的作用下处于平衡状态。令该机构发生图 8.4b 所示的虚位移,其中相应于 $\overline{F}_{RA}$ 的位移为单位位移"1",方向与 $\overline{F}_{RA}$ 相同;相应于单位荷载的位移为 $y(x)$,方向与荷载相反(这里将相应于单位荷载的位移用 $y(x)$ 表示,是因为荷载的位置 x 是变化的,与荷载相应的位移是 x 的函数)。规定荷载以向下为正,反力以向上为正,机构位移以向上为正,则由虚位移原理,荷载和 $\overline{F}_{RA}$ 在虚位移上所做的总功为零,即

$$\overline{F}_{RA} \times 1 - 1 \times y(x) = 0$$

所以

$$\overline{F}_{RA} = y(x) \tag{a}$$

176

这个式子表明,图8.4b所示的机构位移图就是F_{RA}的影响线。比较图8.2a和图8.4b可见,两者是完全一致的。

一般地,用机动法作某一反力或内力Z的影响线可按以下步骤进行:首先,撤除结构中与Z相应的约束,将结构转化为具有一个运动自由度的机构;其次,使该机构在Z的正方向上发生单位虚位移,则相应的机构位移在荷载方向上的投影图就是Z的影响线。机动法的符号规定是:机构位移的分量与荷载的正方向相反者为正。对梁而言,竖向荷载以向下为正,所以机构位移以向上为正。

1)简支梁弯矩和剪力的影响线

用静力法作简支梁AB中某一截面C的弯矩M_C和剪力F_{QC}的影响线,分两种情况考虑:

(1)单位荷载作用在截面C的左边(图8.5a)。

(2)单位荷载作用在截面C的右边(图8.5b)。

对于第一种情况,取截面C的右边即梁的CB段为隔离体,由平衡条件可得

$$\overline{M}_C = \overline{F}_{RB} \times b \quad (0 \leqslant x \leqslant a), \quad \overline{F}_{QC} = -\overline{F}_{RB} \quad (0 \leqslant x < a) \tag{b}$$

(弯矩和剪力的正负号规定与第3章相同)。

对于第二种情况,取截面C的左边即梁的AC段为隔离体,可得

$$\overline{M}_C = \overline{F}_{RA} \times a \quad (a \leqslant x \leqslant l), \quad \overline{F}_{QC} = \overline{F}_{RA} \quad (a < x \leqslant l) \tag{c}$$

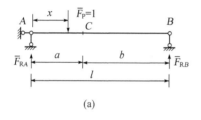

(a)

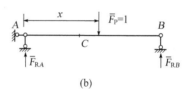

(b)

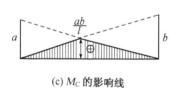

(c) M_C 的影响线

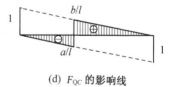

(d) F_{QC} 的影响线

图 8.5

将式(8.1)代入式(b)、(c)并重新整理,得

$$\overline{M}_C = \begin{cases} bx/l & (0 \leqslant x \leqslant a) \\ a(l-x)/l & (a \leqslant x \leqslant l) \end{cases} \tag{8.2}$$

$$\overline{F}_{QC} = \begin{cases} -x/l & (0 \leqslant x < a) \\ (l-x)/l & (a < x \leqslant l) \end{cases} \tag{8.3}$$

根据以上两式作M_C和F_{QC}的影响线,分别见图8.5c、d。其中,M_C的影响线由相交于截面C处的两段直线组成,交点的纵标为ab/l;F_{QC}的影响线在截面C处有一个间断点,它由相互平行并且竖距为1的两段直线组成,在截面C的左侧和右侧,影响线的纵标分别为$-a/l$和b/l。

M_C 和 F_{QC} 的影响线也可以直接利用式(b)、(c)和已知的反力 F_{RA} 和 F_{RB} 的影响线(图 8.2)来作。以 M_C 的影响线为例,因为在 AC 段,$\overline{M}_C = \overline{F}_{RB} \times b$,而在 CB 段,$\overline{M}_C = \overline{F}_{RA} \times a$,所以只要分别将 F_{RB} 的影响线的纵标乘以 b 并且舍去其截面 C 以右的部分,将 F_{RA} 的影响线的纵标乘以 a 并且舍去其截面 C 以左的部分,如图 8.5c 中的虚线所示,余下的部分就组成了 M_C 的影响线。用同样的方法也可以作出 F_{QC} 的影响线。

以上用静力法作出了 M_C 和 F_{QC} 的影响线,下面讨论机动法。

为了作 M_C 的影响线,首先将简支梁中相应于 M_C 的约束去掉,即将截面 C 处的刚性连接换成一个铰,如图 8.6a;其次,使所得机构在 M_C 的方向上发生单位虚位移,即使得铰 C 两侧的截面发生微小的单位相对转角"1",相应的机构位移如图 8.6b 所示。由图中的几何关系可知,左右两个支座处用虚线表示的竖标分别为 a 和 b,这与图 8.5c 所示的 M_C 的影响线是一致的。

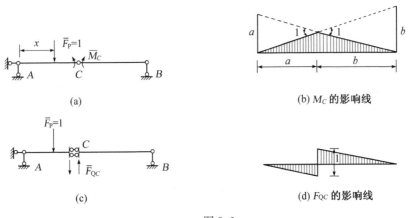

(a)

(b) M_C 的影响线

(c)

(d) F_{QC} 的影响线

图 8.6

用机动法作 F_{QC} 的影响线,首先撤除梁中相应于 F_{QC} 的约束,即将截面 C 处的刚性连接换成图 8.6c 所示的定向约束,该约束允许 C 点两侧的截面发生竖向相对滑动但不允许它们发生相对转动和轴向的相对位移;其次,使所得机构在 F_{QC} 的方向上发生单位虚位移,即使得铰 C 的左侧向下、右侧向上发生微小的相对竖向位移"1",相应的机构位移如图 8.6d 所示。由于截面 C 处定向约束的关系,左右两段梁在发生机构位移后应保持平行,这与图 8.5d 所示的 F_{QC} 的影响线也是一致的。

这里有必要将 M_C 的影响线和单位荷载作用于 C 点时梁的弯矩图作一比较,这对于进一步理解影响线的概念是有帮助的。图 8.7a、b 分别示简支梁受单位移动荷载作用及 M_C 的影响线,图 8.7c、d 分别示简支梁在 C 点受单位荷载作用及相应的弯矩图。从表面上看,M_C 的影响线和图 8.7d 所示的弯矩图不仅形状相同,而且纵标也完全相同,只不过前者将正的纵标画在基线以上,而后者将正的纵标画在基线以下。而实际上,这两个图形只在一点是相同的,那就是两者在 C 点的纵标都表示单位荷载作用于 C 点时 $\overline{M}_C = ab/l$。除此之外,这两个图形的含义有很大的不同,它们的差别简要地列于表 8.1 中。

2)伸臂梁的影响线

图 8.8a 为一伸臂梁,荷载在梁上从左端 D 到右端 E 移动,如果仍然采用与前面的简支梁相同的坐标系,将坐标原点置于左支座 A,则变量 x 的定义域将是 $[-c, l+d]$。现在我们来

178

作反力 F_{RB}、跨内截面 C 的弯矩 M_C、支座 B 左侧截面的剪力 F_{QB}^L 以及伸臂上的截面 F 的弯矩 M_F 和剪力 F_{QF} 的影响线。作这些影响线可以用静力法，也可以用机动法，下面用机动法。

表 8.1

	M_C 的影响线(图 8.7b)	$\bar{M}$ 图(图 8.7d)
荷载类型	移动荷载	固定荷载(作用于 C 点)
图形表示的内力	固定截面(C)的弯矩	各个截面的弯矩
一般点(D)纵标的含义	单位荷载作用于 D 点时 $\bar{M}_C = bx/l$	单位荷载作用于 C 点时 $\bar{M}_D = bx/l$
A 点纵标为零的含义	单位荷载作用于 A 点时 $\bar{M}_C = 0$	单位荷载作用于 C 点时 $\bar{M}_A = 0$

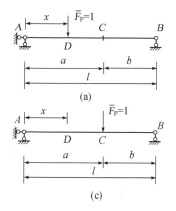

(a)

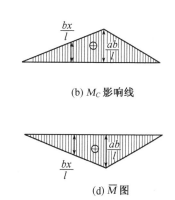

(b) M_C 影响线

(c)

(d) $\bar{M}$ 图

图 8.7

(1) F_{RB} 的影响线

撤除支座处的支杆，使所得机构沿 F_{RB} 的正方向发生单位位移，则相应的机构位移图就是 F_{RB} 的影响线，如图 8.8b 所示。该影响线为一直线，其纵标在支座 A 以左为负，在支座 A 以右为正，在支座 A 和 B 处分别等于 0 和 1。由几何关系可得左端 D 和右端 E 的纵标分别为 $-c/l$ 和 $(l+d)/l$。

(2) M_C 的影响线

与 M_C 相应的机构及 M_C 的影响线(机构位移图)见图 8.8c。M_C 的影响线由夹角为微小的单位"1"的两段直线组成，它们相交于截面 C 处，交点的纵标可由图示的几何关系求得为 ab/l。由几何关系还可求得左端 D 和右端 E 的纵标分别为 $-bc/l$ 和 $-ad/l$。

将图 8.8b、c 分别和图 8.2b、图 8.5c 比较可知，伸臂梁的反力以及跨内截面的内力的影响线可以由相应简支梁的同一反力或内力的影响线向外延长得到。

(3) F_{QB}^L 的影响线

与 F_{QB}^L 相应的机构及 F_{QB}^L 的影响线(机构位移图)见图 8.8d。该影响线由相互平行且竖距为 1 的两段直线组成，这里要注意的是，由于支座 B 左侧的定向约束的作用，梁的 DB 段和 BE 段只能在 B 点左侧发生竖向相对位移，但两段梁必须保持相互平行；另一方面，由于支座 B 的约束作用，BE 段只能绕 B 点转动而不能在 B 点发生竖向位移，因此要使 DB 段和 BE 段在 B 点左侧发生单位竖向相对位移，只能使 DB 段在该处发生单位竖向位移。由几何关系还可求得左端 D 和右端 E 的纵标分别为 c/l 和 $-d/l$。

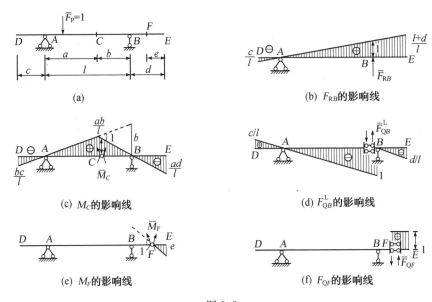

图 8.8

(4) M_F 的影响线

将截面 F 处的刚性连接换成铰接,梁在 F 左边的部分仍然是几何不变的,右边可以绕铰 F 作转动。M_F 的影响线(机构位移图)见图 8.8e。该影响线由两段直线组成,截面 F 左边的线段与梁的轴线重合,纵标为零;截面 F 右边的线段与梁轴线的夹角为微小的单位"1",右端点 E 的纵标为 $-e$。

(5) F_{QF} 的影响线

将截面 F 处的刚性连接换成图 8.8f 所示的定向约束,梁在 F 左边的部分仍然是几何不变的,右边可以相对于左边作竖向滑动。F_{QF} 的影响线(机构位移图)见图 8.8f。该影响线由两段直线组成,截面 F 左边的线段与梁的轴线重合,纵标为零;截面 F 右边的线段与梁的轴线平行,竖距为"1"。

由 M_F 和 F_{QF} 的影响线可见,伸臂梁伸臂部分内力影响线的纵标只在有关截面到自由端之间不为零,其余部分均为零。如果将截面到自由端之间的梁段看成附属部分,其余部分看成基本部分,则上述影响线表明,当荷载在基本部分移动时,附属部分不产生内力。这符合我们在第 3 章 3.3.4 节中获得的认识。

3) 多跨静定梁的影响线

多跨静定梁的影响线一般是由多条线段组成折线形,如果用静力法作影响线,需要将梁分为较多的段,再用隔离体平衡法逐段求出荷载作用于该段时的影响函数,比较麻烦。因此通常是用机动法作多跨静定梁的影响线。下面仅举一例。

例 8-1 用机动法作图 8.9a 所示多跨静定梁的下列物理量的影响线:F_{RB}、F_{RG}、M_C、M_F、F_{QC}、F_{QF}、F_{QG}^R,其中 F_{QG}^R 表示支座 G 右侧截面的剪力。

解 所求影响线见图 8.9b~图 8.9h。这里为了醒目起见,省略了各机构中的剩余约束,只给出了机构位移图即影响线,也省略了影响线中的符号标志。

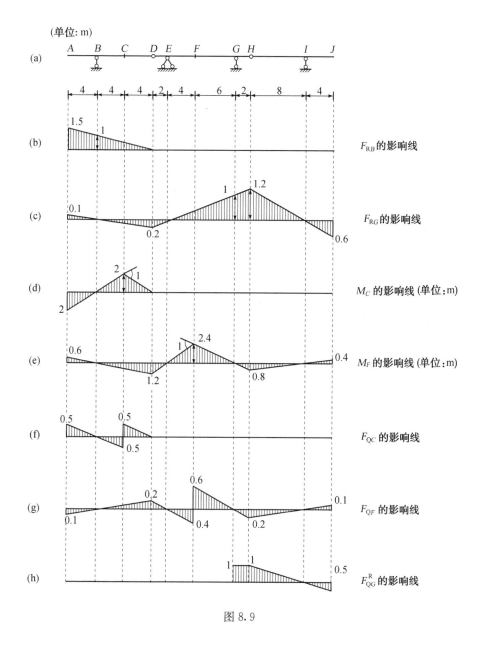

图 8.9

各影响线均为折线，它们的控制点的纵标可以分为两类：一类是根据机动法"单位虚位移"的要求和机构约束条件确定的纵标，例如 M_F 的影响线中 F 截面的纵标"24"；另一类是由几何关系和已确定的第一类纵标推算出的纵标，例如 M_F 的影响线中其余控制点的纵标。读者试对其他各影响线的纵标按以上方法进行分类，弄清楚它们的来龙去脉。

最后指出，本题是一个数字例题，长度单位为 m；弯矩影响线的量纲为[长度]，反力和剪力影响线的量纲为[1]，因此对弯矩影响线的纵标应给出长度单位，而对反力和剪力的影响线则不必注明单位。

讨论 在上列 7 个物理量中，F_{RG}、M_F 和 F_{QF} 属于基本部分的反力或内力，它们的影响线的纵标除支座截面外均不为零；F_{RB}、M_C、F_{QC} 和 F_{QG}^R 属于附属部分的反力或内力，它们的影响线的纵标除有关附属部分外均为零。这与伸臂梁的情况是相似的。

可以看出,属于基本部分的 F_{RG}、M_F 和 F_{QF} 的影响线可由作为基本部分的伸臂梁 DH 的相应影响线在几何约束条件下简单扩充得到。

8.3 其他静定结构的影响线

本节讨论梁式桁架及组合结构与三铰拱的反力和内力的影响线的作法。作这些结构的影响线要掌握两个要点:第一,要灵活运用静力法和机动法,包括它们的联合运用;第二,要尽量利用已经掌握的影响线,例如简支梁的反力和内力的影响线。第二点在上节中实际上已经有所体现,例如利用简支梁的反力影响线作弯矩和剪力的影响线;利用简支梁的影响线作伸臂梁的某些影响线。其他静定结构如刚架的影响线也可以用本节的方法作出。

1) 梁式桁架及组合结构的影响线

"梁式桁架"是区别于"拱式桁架"和"索式桁架"而言,在竖向荷载作用下,后两者的支座产生水平反力(推力或拉力),而梁式桁架只产生竖向反力。

在作梁式桁架的影响线之前,先对影响线的形状作一个大致的定性的分析。图 8.10a 为一简支梁式桁架,荷载在上弦移动。以上弦杆 1(bc) 的轴力 F_{N1} 的影响线为例,用机动法,截断上弦杆 1,使截断后的两段杆件只能相对作轴向移动(参考第 5 章图 5.10b 及有关说明),得到图 8.10b 所示的机构。该机构由图中阴影所示的两个刚片组成,当被截断的杆 1 在 F_{N1} 的正方向上发生单位位移(即杆 1 缩短一个单位长度)时,机构位移如图中的虚线所示。由机动法的原理,桁架上弦位移的竖向分量就是 F_{N1} 的影响线,如图 8.10c。在上述机构位移中,桁架各杆的轴线仍然为直线,被截断的杆 1 也只是轴向长度有所变化,因此,桁架的影响线在各结点间为直线。这一结论具有普遍性。为了作桁架的影响线,只要求得若干个控制点(结点)的纵标,再在相邻的控制点之间连以直线就行了。

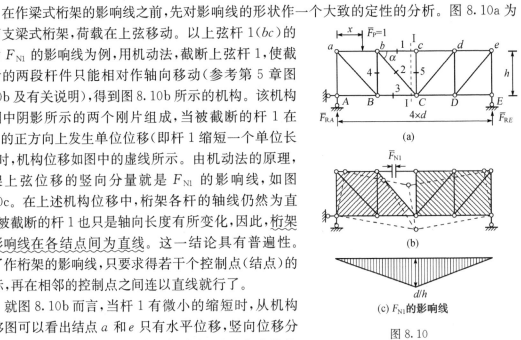

(c) F_{N1} 的影响线

图 8.10

就图 8.10b 而言,当杆 1 有微小的缩短时,从机构位移图可以看出结点 a 和 e 只有水平位移,竖向位移分量等于 0;结点 c、d、e 属于同一个刚片,因此发生机构位移后仍在一直线上。总之,各结点的竖向位移图即 F_{N1} 的影响线由三段直线组成,其中两点(a 和 e)的位置已经确定,只需要再补充两个结点(b 和 c)的纵标。将单位荷载分别作用于原结构的这两个结点,用第 3 章中的截面法很容易求得(请读者自己完成)相应的 $\bar{F}_{N1}$ 分别等于 $d/(2h)$ 和 d/h。这一计算结果表明,机构位移后结点 a、b、c 也在一直线上。据此可以定量地画出图 8.10c 所示的影响线。

结点 b 和 c 的影响线纵标也可以由机构位移图中的几何关系得出,但不如用静力法简便。

以上联合应用机动法和静力法作出了 F_{N1} 的影响线。这个影响线也可以单纯用静力法来作,简单讨论如下。

作截面 I—I,该截面从结点 c 左侧截断杆 1。当荷载在结点 c 左边时,取截面右边的部分为隔离体,由 $\sum M_C = 0$ 可得 $\overline{F}_{N1} = -\overline{F}_{RE} \times 2d/h$;当荷载在结点 c 及其右边时,取截面左边的部分为隔离体,由 $\sum M_C = 0$ 可得 $\overline{F}_{N1} = -\overline{F}_{RA} \times 2d/h$。利用代梁的概念,显然有 $\overline{F}_{RA} = \overline{F}_{RA}^0$,$\overline{F}_{RE} = \overline{F}_{RE}^0$,$\overline{F}_{RA}^0$ 和 $\overline{F}_{RE}^0$ 分别是跨度为 $4d$ 的简支梁(代梁)反力影响系数,因此有

$$\overline{F}_{N1} = \begin{cases} -\overline{F}_{RE}^0 \times 2d/h & (0 \leqslant x < 2d) \\ -\overline{F}_{RA}^0 \times 2d/h & (2d \leqslant x \leqslant 4d) \end{cases}$$

或

$$\overline{F}_{N1} = -\overline{M}_C^0/h \tag{a}$$

其中 $\overline{M}_C^0$ 是代梁中点 C 的弯矩影响系数。将代梁 $\overline{M}_C^0$ 的影响线纵坐标除以 $-h$,就得到 F_{N1} 的影响线,与图 8.10c 相同。

例 8-2 作图 8.10a 所示桁架中杆件 2、3、4、5 的轴力的影响线。

解 (1) 作 F_{N2} 的影响线

截断杆 2,与 F_{N2} 方向上发生的单位虚位移相应,上弦杆将形成由 ab、bc 和 ce 三段直线组成的机构位移图。单位荷载分别作用于原结构的结点 a、e 时,$\overline{F}_{N2} = 0$;作用于结点 b、c 时,$\overline{F}_{N2}$ 分别等于 $-\dfrac{1}{4\sin\alpha}$ 和 $\dfrac{1}{2\sin\alpha}$,这里 α 为杆 2 与弦杆的夹角。据此作出 F_{N2} 的影响线,如图 8.11a。

(2) 作 F_{N3} 和 F_{N4} 的影响线

截断杆 3,相应于 F_{N3} 方向上发生的单位虚位移,上弦杆将形成由 ab、be 两段直线组成的机构位移图。杆 4 的情况与此相同。将单位荷载分别作用于原结构的结点 a、e,$\overline{F}_{N3} = \overline{F}_{N4} = 0$;作用于结点 b,$\overline{F}_{N3} = \dfrac{3d}{4h}$,$\overline{F}_{N4} = -3/4$。据此分别作出 F_{N3} 和 F_{N4} 的影响线,如图 8.11b、c。

(3) F_{N5} 的影响线

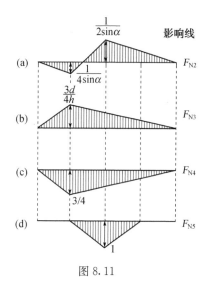

图 8.11

显然,单位荷载作用于结点 c 时,$\overline{F}_{N5} = -1$,作用于其他结点时,$\overline{F}_{N5} = 0$。F_{N5} 的影响线见图 8.11d。

静定梁式组合结构的影响线作法与桁架类似,下面仅举一例。

例 8-3 作图 8.12a 所示组合结构中 F_{NFG}、M_{DC} 的影响线。

解 (1) 作 F_{NFG} 的影响线

截断杆 FG,与 F_{NFG} 方向上的单位虚位移相应,梁式杆将形成由 AC 和 CB 两段直线组成的机构位移图。单位荷载作用于原结构的结点 C 时,$\overline{F}_{NFG} = 4/3$。F_{NFG} 的影响线见图 8.12b。

(2) 作 M_{DC} 的影响线

将杆 AD 和 DC 间的刚结点换成铰结点,相应的机构位移图为 AD、DC 和 CB 三段直线组成的折线。单位荷载作用于原结构的结点 D 和 C 时,$\overline{M}$ 分别等于 1 m 和 -2 m。据此作出 M_{DC} 的影响线,如图 8.12c。

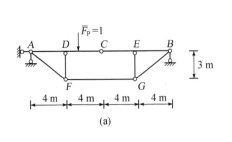

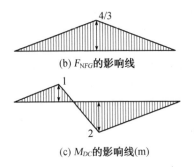

(b) F_{NFG}的影响线

(c) M_{DC}的影响线(m)

图 8.12

2）三铰拱的影响线

本节只讨论支座等高的三铰拱的影响线。此类三铰拱反力和内力的一般公式为

$$F_{yA}=F_{yA}^0\ ,\ F_{yB}=F_{yB}^0\ ,\ F_H=M_C^0/\ f \tag{b}$$

$$M_K=M_K^0-F_H y \tag{c}$$

$$F_{NK}=-F_H \cos\phi-F_{QK}^0\ \sin\phi,F_{QK}=-F_H \sin\phi+F_{QK}^0 \cos\phi \tag{d}$$

它们分别是第 3 章中的式(3.8)、式(3.10)和式(3.11)，其中 f 为拱高，上标"0"表示"代梁"。借助于这些公式，可以方便地利用代梁(简支梁)的影响线作出三铰拱的影响线。

例 8 - 4 试作图 8.13a 所示三铰拱的反力和截面 K 的内力的影响线。设拱轴线为抛物线，轴线方程为 $y=x-x^2/16$。

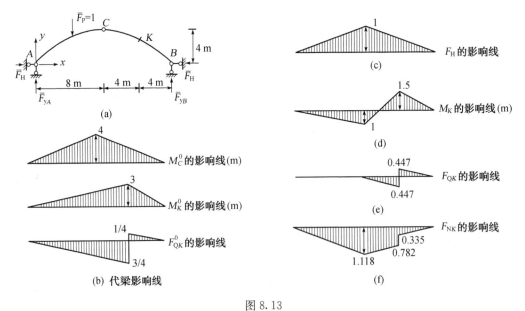

图 8.13

解 首先，作代梁的截面 C 的弯矩 M_C^0、截面 K 的弯矩 M_K^0 和剪力 F_{QK}^0 的影响线，如图 8.13b 所示；其次，由拱轴线方程以及

$$\tan\phi = \frac{\mathrm{d}y}{\mathrm{d}x} = 1 - \frac{x}{8}$$

对于截面 $K(x=12 \text{ m})$ 可得 $y=3 \text{ m}, \tan\phi=-0.5$, 从而 $\sin\phi=-0.447, \cos\phi=0.894$。下面来作所求的影响线。

（1）作反力的影响线

由式（b），三铰拱竖向反力的影响线与简支梁的反力影响线相同，从略；水平反力 F_H 的影响线可由 M_C^0 的影响线除以拱高（4m）得到，如图 8.13c。

（2）作截面 K 的内力的影响线

由式（c），$M_K = M_K^0 - F_H y$，所以将 F_H 的影响线乘以 $-y$ 后叠加到 M_K^0 的影响线上就得到 M_K 的影响线。由于 F_H 的影响线和 M_K^0 的影响线的形状都是三角形但顶点对应的截面不同，所以 M_K 的影响线由三段直线组成，必须对截面 C 和 K 分别计算相应的纵标。截面 C 的纵标为

$$2 \text{ m} - 1 \times 3 \text{ m} = -1 \text{ m}$$

截面 K 的纵标为

$$3 \text{ m} - 0.5 \times 3 \text{ m} = 1.5 \text{ m}$$

据此可作出 M_K 的影响线，如图 8.13d 所示。

由式（d），F_{NK} 和 F_{QK} 的影响线可由 F_H 和 F_{QK}^0 的影响线分别乘以一定的系数后叠加得到。F_{NK} 和 F_{QK} 的影响线也各由三段直线组成，必须对截面 C 和 K 的左侧和右侧分别计算相应的纵标。F_{NK} 和 F_{QK} 的影响线见图 8.13e、f。其中 F_{QK} 的影响线在截面 C 处的纵标为

$$-1 \times (-0.447) + (-0.5) \times 0.894 = 0$$

其他纵标的计算从略，请读者自己验证。

8.4　结点荷载作用下的影响线

在前几节的讨论中，我们都假定荷载直接作用在结构上；但在实际工程中，不少结构是通过结点间接地承受荷载的作用的。例如在图 8.14a 所示的桥面支承体系中，荷载通过纵梁下的横梁传递到主梁。纵梁是一系列简支梁，横梁是纵梁的支座，而它们本身又是由主梁支承的。对主梁而言，横梁称为结点。不管纵梁上的荷载如何变化，主梁所受的荷载的位置（结点）是不变的。在房屋结构中，作用于楼面上的荷载通过楼板下的次梁传递给主梁，也属于这种情况。主梁所受的这种荷载称为结点荷载，或间接荷载。下面根据机动法的原理，以主梁截面 F 的内力为例，研究结点荷载作用下的影响线的作法。

为了清楚地表示机构位移的几何关系，我们将图 8.14a 所示的结构体系用图 8.14b 的计算简图来代替。先看 M_F 的影响线。将主梁在截面 F 处截断后装上一个铰，使所得机构在 M_F 的方向上发生单位虚位移，如图 8.14b 中的虚线所示。由机动法的原理可知，如果荷载直接作用于主梁，则 M_F 的影响线（直接荷载）就是以 AB 为基线的折线 $AF'B$；而现在荷载作用于纵梁，所以 M_F 的影响线（结点荷载）是以 ab 为基线的折线 $ac'd'e'b$。由图示几何关系可知，结点荷载作用下的影响线有以下两个特点：

（1）结点荷载作用下的影响线在相邻结点之间为直线。

（2）结点荷载作用下的影响线和直接荷载作用下的影响线在结点处的纵标相等（即 $cc' = CC'$，$dd' = DD'$，$ee' = EE'$）。

根据这两个特点，可按以下方法作结点荷载作用下的影响线：

（1）作直接荷载作用下的影响线。

（2）将各结点投影到所得的影响线上，再在相邻的投影点之间连以直线，就得到结点荷载作用下的影响线。

上述第（2）步可以看成是对直接荷载作用下的影响线的一种"修饰"：如果在相邻结点之间影响线不是直线，就将它"修饰"成直线。

按照以上方法，作结点荷载作用下 M_F 的影响线，如图 8.14c 所示。其中虚线代表"修饰"后被取代的部分。同理可作结点荷载作用下 F_{QF} 的影响线，如图 8.14d 所示。

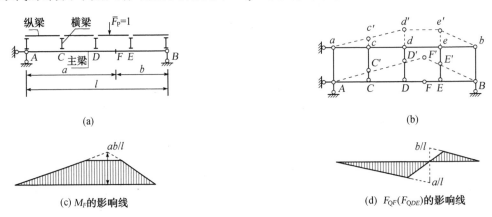

图 8.14

由图 8.14d 可以看出，无论 F 在结点 D 和 E 之间的什么位置，F_{QF} 的影响线都是相同的。两个相邻结点之间的梁段称为一个节间。在结点荷载的情况下，同一节间各个截面的剪力相同，称为节间剪力。因此 F_{QF} 也可以用 F_{QDE} 表示，F_{QF} 的影响线就是 F_{QDE} 的影响线。

图 8.15a 为一受结点荷载作用的多跨静定梁，图 8.15b、c、d 分别是按上述方法作出的 F_{RB}、M_D 和 F_{QD} 的影响线。读者试验证它们的正确性。

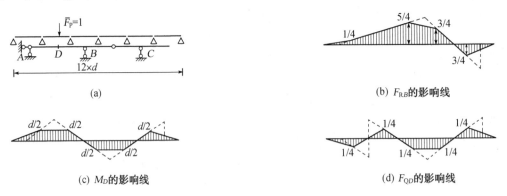

图 8.15

8.5 影响线的应用

前面主要是讨论影响线的作法问题。作影响线的目的是为了用它来解决工程中的实际问题,主要是确定结构在移动荷载作用下产生的最大内力或反力的问题。本节将集中讨论有关影响线应用的两个问题:第一,集中力系和分布荷载作用下影响量的计算问题;第二,移动荷载最不利位置的确定和最大影响量的计算问题。

8.5.1 集中力系和分布荷载作用下影响量的计算

1) 集中力系

图 8.16a 为一结构受到一组集中荷载 $F_{P1},F_{P2},\cdots,F_{Pn}$ 的作用,结构中的某个物理量 Z 的影响线如图 8.16b 所示,其中与 $F_{P1},F_{P2},\cdots,F_{Pn}$ 对应的纵坐标分别为 $y_1,y_2,\cdots,$ y_n。按照影响线的定义,当 $\overline{F}_{Pi}=1$ 时,$\overline{Z}=y_i$,因而在 F_{Pi} 作用下,$Z=F_{Pi}y_i(i=1,2,\cdots,n)$。根据叠加原理,这一组集中荷载产生的影响量为

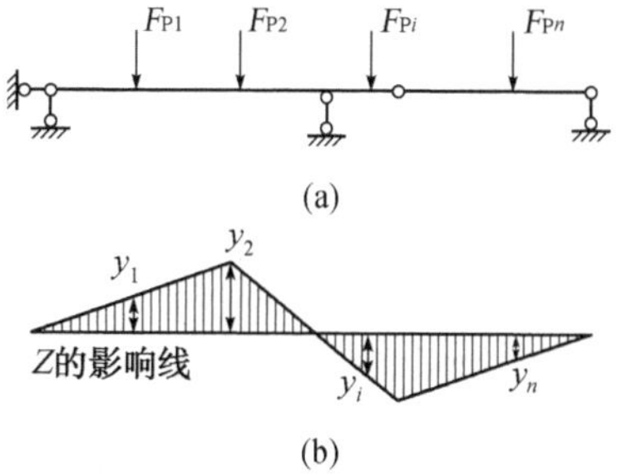

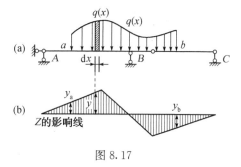

图 8.16

$$Z=F_{P1}y_1+F_{P2}y_2+\cdots+F_{Pn}y_n=\sum_{i=1}^{n}F_{Pi}y_i$$
$$(8.4)$$

2) 分布荷载

设结构的 ab 段受到分布荷载的作用,分布荷载的集度为 $q(x)$,如图 8.17a 所示,Z 的影响线见图 8.17b,其与结构的微分长度 dx 上的荷载 $q(x)dx$ 对应的纵坐标为 $y(x)$,则 $q(x)dx$ 产生的影响量为 $dZ=qydx$,于是 ab 段的全部分布荷载产生的影响量为

图 8.17

$$Z=\int_a^b dZ=\int_a^b qydx \qquad (8.5)$$

工程中最常见的分布荷载是均布荷载,$q(x)=q$(常数)。在此情况下,上式简化为

$$Z=q\int_a^b ydx=q\omega \qquad (8.6)$$

其中 ω 表示 ab 段影响线图形的面积,面积的正负号取决于纵坐标 y 的正负号。

式(8.6)表明,在均布荷载作用下,Z 的影响量等于荷载的集度与荷载作用段的影响线面积的乘积。

公式(8.4)、(8.5)、(8.6)主要用于移动荷载位于结构上的给定位置时影响量的计算,从而为解决本节开头提出的第二个问题即移动荷载最不利位置的确定和最大影响量的计算问题打下了基础。这几个公式也可用于计算固定荷载所产生的影响量。在第 5 章例 5-9 中,首先用力法求出集中荷载作用于二铰拱上某一位置时支座的水平推力,再将此推力看成位置坐标的函数,用积分法求得了拱在半跨均布荷载作用下的推力,这与式(8.5)的推导过程是一致的。

这一过程已经体现了影响线的概念。实际上,将例5-9所得的水平推力公式中的 a 看成坐标变量并将两边同除以 F_P,就得到该例题中二铰拱(超静定结构)支座水平推力的影响线。

8.5.2 移动荷载的最不利位置和最大影响量

1) 基本概念

当荷载在结构上移动到某一位置时,结构中的某一物理量 Z 取得最大值,则对于 Z 而言,荷载的这一位置称为最不利位置,相应的 Z 值就是该移动荷载作用下 Z 的最大影响量。

当 Z 的影响纵标可取负值时,Z 在给定移动荷载作用下的"最大负值"即绝对值最大的负值也是应该关心的,荷载相应于 Z 的最大负影响量的位置也可能是一个最不利位置。

在简单情况下,移动荷载的最不利位置是容易确定的。例如,如果移动荷载只是一个集中力,它的最不利位置显然就是影响线纵标绝对值最大的截面(即影响线的顶点对应的截面);又如,如果移动荷载是可在结构上任意布置的均布荷载(这种荷载有时也称为可移荷载),则它的最不利位置就是在影响纵标为正的部分(例如在图8.17a中的 AB 段)布满荷载或在影响纵标为负的部分(例如图8.17a中的 BC 段)布满荷载,这两种最不利位置分别对应于最大正影响量和最大负影响量。

一般情况下,求移动荷载最不利位置的原则是:<u>将数值大的荷载尽可能密集地布置在影响线的顶点附近,同时尽可能避免在影响线的异号区域布置荷载</u>。后面讨论临界荷载时将要证明,在集中力系的情况下,荷载处于最不利位置时,必有一个集中力作用于影响线的顶点所对应的截面。具体是哪一个集中力作用于该截面为最不利位置,常常需要进行试算和比较。

例8-5 图8.18a中的梁受一组间距不变的集中力作用,其中 $F_{P1}=F_{P2}=8$ kN,$F_{P3}=F_{P4}=10$ kN。试确定该组荷载对于 E 截面正弯矩的最不利位置和 M_E 的最大影响量。

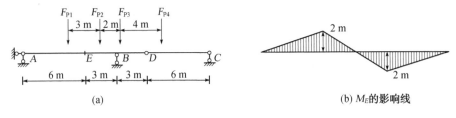

图8.18

解 作 M_E 的影响线,如图8.18b所示。调整荷载的位置,依次使 F_{P2}、F_{P3} 和 F_{P4} 作用于截面 E,相应的影响量为

F_{P2} 作用于截面 E:$M_E=(8\times1+8\times2+10\times\dfrac{1}{3}\times2-10\times2)$kN·m$=10.67$ kN·m

F_{P3} 作用于截面 E:$M_E=(8\times\dfrac{1}{6}\times2+8\times\dfrac{2}{3}\times2+10\times2-10\times\dfrac{1}{3}\times2)$kN·m$=26.67$ kN·m

F_{P4} 作用于截面 E:$M_E=(10\times\dfrac{1}{3}\times2+10\times2)$kN·m$=26.67$ kN·m

根据以上计算,后两种情况都是荷载对 E 截面正弯矩的最不利位置,M_E 的最大影响量为26.67 kN·m。

在以上三种情况中,第一种情况虽然顶点附近的荷载比较密集,但同时有一个荷载(F_{P4})

落在了影响纵标为负的区域并且该荷载和相应影响纵标的绝对值都相当大,故该位置并不是最不利位置。

2）临界位置、临界荷载及其判定

当移动荷载中包含多个集中力时,通常是首先找出荷载的临界位置,再从若干个临界位置中确定最不利位置。

所谓临界位置,就是当 Z 的影响量取得某一极值时移动荷载的位置。

若 Z 为极大值,则当荷载从临界位置移动一个微小的长度 Δx 时,无论这个移动是向右（$\Delta x > 0$）还是向左（$\Delta x < 0$）,都应有 $\Delta Z \leqslant 0$（右移和左移时等号不同时成立,下面遇到类似情况时不再交代）;反之,若 Z 为极小值,则当荷载移动 Δx 时,无论右移还是左移,都应有 $\Delta Z \geqslant 0$。利用这一特点,可以建立荷载临界位置的判别公式。

设移动荷载为一组大小和间距都不变的平行集中力,如图 8.19a 所示;影响线为折线形,由 n 个直线段组成,如图 8.19b 所示。将作用于影响线的第 $i(i=1,2,\cdots,n)$ 个直线段上的集中力用它们的合力 F_i 代替,与 F_i 相应的影响线纵标为 y_i,不难证明该段荷载产生的影响量为 $F_i y_i$（请读者自己证明）,从而各段荷载所产生的总影响量为

$$Z = F_1 y_1 + F_2 y_2 + \cdots + F_n y_n = \sum_{i=1}^{n} F_i y_i$$

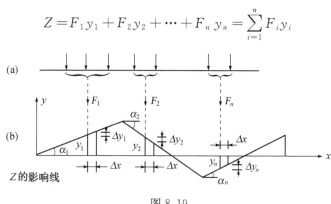

图 8.19

当荷载移动 Δx 时,y_i 的增量为

$$\Delta y_i = \Delta x \tan\alpha_i$$

其中 α_i 为第 i 段直线与 x 轴的夹角,以 x 轴到该直线的转动为逆时针方向者为正;Z 的增量为

$$\Delta Z = \Delta x \cdot \sum_{i=1}^{n} F_i \tan\alpha_i \tag{a}$$

根据前面的讨论,如果 Z 为极大值,则无论 $\Delta x > 0$ 或 $\Delta x < 0$,都有

$$\Delta x \cdot \sum_{i=1}^{n} F_i \tan\alpha_i \leqslant 0$$

所以

$$\left.\begin{array}{ll} \sum F_i \tan\alpha_i \leqslant 0 & (\Delta x > 0)(\rightarrow) \\ \sum F_i \tan\alpha_i \geqslant 0 & (\Delta x < 0)(\leftarrow) \end{array}\right\} \tag{8.7a}$$

同理,如果 Z 为极小值,则应有

$$\left.\begin{array}{ll} \sum F_i \tan\alpha_i \geqslant 0 & (\Delta x > 0)(\rightarrow) \\[2mm] \sum F_i \tan\alpha_i \leqslant 0 & (\Delta x < 0)(\leftarrow) \end{array}\right\} \tag{8.7b}$$

式(8.7a)和式(8.7b)就是折线形影响线情况下荷载临界位置的判别式。由这两个式子可见,当荷载从临界位置向左和向右各移动微小长度时,$\sum F_i \tan\alpha_i$ 的符号应当有所改变(包括零和非零之间的改变),而为了实现这一点,必须至少有一个集中力作用于影响线某一顶点所对应的截面,否则在移动过程中,F_i 和 α_i 都是常数,$\sum F_i \tan\alpha_i$ 是不可能改变符号的。处于影响线顶点的这个集中力,当整个荷载左移时,它就归入顶点左边的线段,荷载右移时,它就归入右边的线段,从而使得顶点左边或右边荷载的合力 F_i 发生改变。如果这一改变满足式(8.7a)或(8.7b),则该集中力称为一个临界荷载,它处于该顶点时荷载的位置就是一个临界位置。概括地说,荷载的最不利位置可以按以下步骤确定:首先,将估计有望成为临界荷载的集中力依次置于影响纵标较大的顶点,用式(8.7a)或式(8.7b)找出其中的临界荷载,并对每一个临界位置计算相应的影响量;其次,比较各临界位置下的影响量,其中最大的影响量所对应的临界位置就是荷载的最不利位置。

例 8-6 试确定例 8-5 中的临界荷载。

解 在 M_E 的影响线(图 8.18b)中,从左至右三段直线的倾角的正切为

$$\tan\alpha_1 = 1/3, \tan\alpha_2 = -2/3, \tan\alpha_3 = 1/3$$

下面分别检查 F_{P1}、F_{P2}、F_{P3} 和 F_{P4} 是否是临界荷载。

(1) F_{P1} 作用于截面 E

荷载右移,$F_1 = 0, F_2 = 26 \text{ kN}, F_3 = 10 \text{ kN}$,

$$\sum F_i \tan\alpha_i = (0 - 26 \times 2/3 + 10 \times 1/3)\text{kN} < 0$$

荷载左移,$F_1 = 8 \text{ kN}, F_2 = 18 \text{ kN}, F_3 = 10 \text{ kN}$,

$$\sum F_i \tan\alpha_i = (8 \times 1/3 - 18 \times 2/3 + 10 \times 1/3)\text{kN} < 0$$

$\sum F_i \tan\alpha_i$ 未变号,所以 F_{P1} 不是临界荷载。

(2) F_{P2} 作用于截面 E

荷载右移,$F_1 = 8 \text{ kN}, F_2 = 18\text{kN}, F_3 = 10 \text{ kN}$,

$$\sum F_i \tan\alpha_i = (8 \times 1/3 - 18 \times 2/3 + 10 \times 1/3)\text{kN} < 0$$

荷载左移,$F_1 = 16 \text{ kN}, F_2 = 20 \text{ kN}, F_3 = 0$,

$$\sum F_i \tan\alpha_i = (16 \times 1/3 - 20 \times 2/3 + 0)\text{kN} < 0$$

$\sum F_i \tan\alpha_i$ 未变号,所以 F_{P2} 也不是临界荷载。

(3) F_{P3} 作用于截面 E

荷载右移,$F_1 = 16 \text{ kN}, F_2 = 20 \text{ kN}, F_3 = 0$,

$$\sum F_i \tan\alpha_i = (16 \times 1/3 - 20 \times 2/3 + 0)\text{kN} < 0$$

荷载左移,$F_1 = 26 \text{ kN}, F_2 = 10 \text{ kN}, F_3 = 0$,

$$\sum F_i \tan\alpha_i = (26 \times 1/3 - 10 \times 2/3 + 0)\text{kN} > 0$$

$\sum F_i \tan\alpha_i$ 变号，所以 F_{P3} 是临界荷载。

（4）F_{P4} 作用于截面 E

荷载右移，$F_1 = 18$ kN，$F_2 = 10$ kN，$F_3 = 0$，

$$\sum F_i \tan\alpha_i = (18 \times 1/3 - 10 \times 2/3 + 0)\text{kN} < 0$$

荷载左移，$F_1 = 20$ kN，$F_2 = F_3 = 0$，

$$\sum F_i \tan\alpha_i = (20 \times 1/3 - 0 + 0)\text{kN} > 0$$

$\sum F_i \tan\alpha_i$ 变号，所以 F_{P4} 也是临界荷载。

讨论 在上述第（1）（2）两种情况下，无论荷载左移还是右移，都有 $\sum F_i \tan\alpha_i < 0$。由式（8.7a）可知，在这两种情况下，荷载右移时 $\Delta Z < 0$ 而左移时 $\Delta Z > 0$，因此为了得到相应于 Z 的极大值的临界位置，应该将荷载继续左移。反之，如果无论荷载左移还是右移，都有 $\sum F_i \tan\alpha_i > 0$，则为了得到相应于 Z 的极大值的临界位置，应该将荷载继续右移。

在折线形影响线中，最简单也最常用的是三角形影响线（图 8.20），例如简支梁的弯矩影响线、简支桁架弦杆的影响线。在此情况下，临界荷载的判别式（8.7）可得到简化。以 F_{cr} 表示临界荷载，F^L 和 F^R 分别表示作用于影响线左边和右边线段上的荷载的合力，因为现在是求 Z 的极大值的问题，所以按式（8.7a），应有

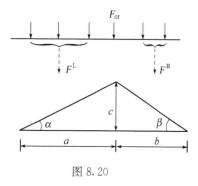

图 8.20

$$(F^L + F_{cr})\tan\alpha - F^R \tan\beta \geqslant 0 \quad （左移）$$

$$F^L \tan\alpha - (F_{cr} + F^R)\tan\beta \leqslant 0 \quad （右移）$$

而 $\tan\alpha = c/a$，$\tan\beta = c/b$，所以由以上两式可得

$$\left.\begin{array}{l} \dfrac{F^L + F_{cr}}{a} \geqslant \dfrac{F^R}{b} \\[2mm] \dfrac{F^L}{a} \leqslant \dfrac{F_{cr} + F^R}{b} \end{array}\right\} \tag{8.8}$$

将梁段上的总荷载与梁段长度的比称为该段的平均荷载，则式（8.8）表明，临界荷载的特点是：将它归入哪一边，哪一边的平均荷载就大于或等于另一边的平均荷载。

如果移动荷载中既有集中力系又有均布荷载（铁路列车的标准活荷载就属于这种情况），且临界荷载为集中力（图 8.21a），则容易证明，在此情况下临界荷载的判别式仍为式（8.8）；如果荷载的临界位置是均布荷载跨越三角形影响线的顶点（图 8.21b），则临界位置的判别式是

$$\frac{F^L}{a} = \frac{F^R}{b} \tag{8.9}$$

这两种情况下的结论的证明留给读者思考。

最后还要指出，以上关于三角形影响线的结论不适用于直角三角形的情况（例如简支梁的反力影响线），以及影响线中含有间断点的情况（例如简支梁的剪力影响线）。这两种情况实际

上是比较简单的,可按本节基本概念中提出的一般原则来寻找荷载的最不利位置。

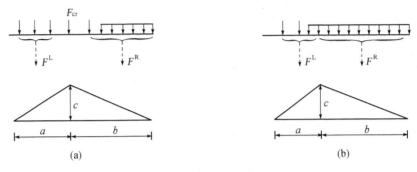

图 8.21

例 8-7 简支梁受吊车荷载作用,如图 8.22a 所示,其中 $F_{P1}=F_{P2}=435$ kN,$F_{P3}=F_{P4}=295$ kN,试求截面 C 的最大弯矩。

解 作 M_C 的影响线,如图 8.22b 所示。容易看出,荷载的最不利位置应该是 F_{P2} 或 F_{P3} 作用于截面 C。因此虽然 F_{P1} 和 F_{P4} 按式(8.8)的要求都是临界荷载(请读者自己验证),但可以不加考虑。

将 F_{P2} 置于影响线顶点(图 8.22c),因为

$$\frac{2\times435}{7.2}<\frac{295}{1.8}$$

所以 F_{P2} 并不是临界荷载。

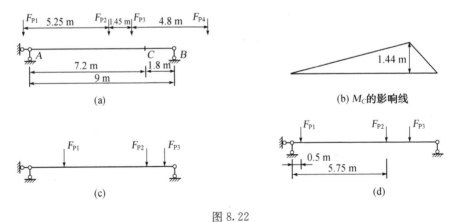

图 8.22

将 F_{P3} 置于影响线顶点(图 8.22d),此时有

$$\frac{2\times435+295}{7.2}>\frac{0}{1.8}$$

$$\frac{2\times435}{7.2}<\frac{295}{1.8}$$

所以 F_{P3} 是一个临界荷载,相应的 M_C 为

$$\left(435 \times \frac{0.5}{7.2} + 435 \times \frac{5.75}{7.2} + 295\right) \times 1.44 \text{ kN} \cdot \text{m} = 968.55 \text{ kN} \cdot \text{m}$$

这就是所求的截面 C 的最大弯矩。

例 8-8 简支梁受列车荷载作用,如图 8.23a 所示,其中 $F_{P1} = F_{P2} = F_{P3} = F_{P4} = F_{P5} = 220$ kN,均布荷载的分布长度为 30 m,$q = 92$ kN/m。试求截面 C 的最大弯矩。

解 作 M_C 的影响线,如图 8.23b 所示。

试将 F_{P4} 置于影响线顶点,因为

$$\frac{4 \times 220}{10} = 88$$

$$\frac{220 + 92 \times (15 - 2 \times 1.5)}{15} = 88.27$$

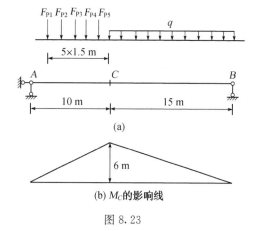

(a)

(b) M_C的影响线

图 8.23

说明此时即使将 F_{P4} 计入左边,左边的平均荷载仍小于右边,因此为求得临界位置,应将荷载向左移动。

将 F_{P5} 置于影响线顶点,此时有

$$\frac{5 \times 220}{10} > \frac{92 \times (15 - 1.5)}{15}$$

$$\frac{4 \times 220}{10} < \frac{220 + 92 \times (15 - 1.5)}{15}$$

因此 F_{P5} 是一个临界荷载。相应的影响量为

$$\left[5 \times 220 \times 6 \times \frac{7}{10} + 92 \times \frac{1}{2}(15 - 1.5) \times 6 \times \frac{15 - 1.5}{15}\right] \text{ kN} \cdot \text{m} = 7\,973.4 \text{ kN} \cdot \text{m}$$

本例荷载还有一个临界位置,属于图 8.21b 所示的类型,但相应的影响量小于上面求得的值(请读者自行计算),因此 M_C 的最大值就是 7 973.4 kN·m。

8.6 简支梁的内力包络图和绝对最大弯矩

8.6.1 简支梁的内力包络图

在给定的荷载(包括恒荷载和活荷载)作用下,结构任一截面的某一内力 Z 都有一个最大值 Z_{max} 和一个最小值 Z_{min}。Z_{max} 和 Z_{min} 都是截面位置 x 的函数,$Z_{max} = Z_{max}(x)$,$Z_{min} = Z_{min}(x)$。反映这种函数关系的图形称为 Z 的包络图。内力包络图反映了各个截面上内力的上下限,它对结构设计的重要性是不言而喻的。

在某些简单的情况下,可以求得 $Z_{max}(x)$ 和 $Z_{min}(x)$ 的数学表达式,因而不难作出 Z 的包络图。例如,当恒荷载不计,活荷载为单个移动集中力 F_P 时(图 8.24a),易知简支梁与左支座距离为 x 的截面 C 的最大弯矩为 $M_{max} = F_P x(l-x)/l$(当 F_P 作用于 C 点),最小弯矩为

$M_{min}=0$（当 F_P 作用于支座结点）；最大剪力为 $F_{Qmax}=F_P(l-x)/l$（当 F_P 作用于 C 点右侧），最小剪力为 $F_{Qmin}=-F_P x/l$（当 F_P 作用于 C 点左侧），因此梁的弯矩包络图为一条直线和一条二次抛物线，剪力包络图为两条平行直线，如图 8.24b、c 所示。

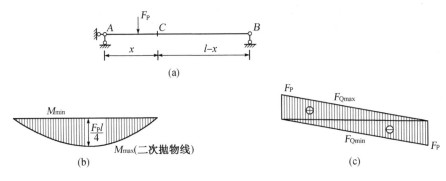

图 8.24

一般情况下，要求得 $Z_{max}(x)$ 和 $Z_{min}(x)$ 的数学表达式是困难的，通常的做法是将梁分为若干段，对每一个分点求出 Z 的最大值和最小值，再用描点法作 Z 的包络图。图 8.25a 和图 8.25b 分别是图 8.22a 中的梁在所示移动荷载下的弯矩包络图和剪力包络图，作图时将梁分为 10 等份，其中横坐标为 7.2 m 的截面的最大弯矩的计算见例 8-7；横坐标为 4.21m 的点是最大弯矩包络图的最大值点，其位置的确定以及相应最大弯矩的计算见 8.6.2 节。

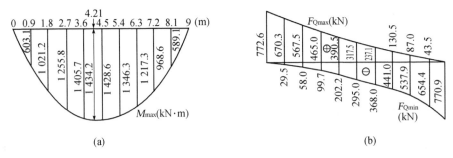

图 8.25

8.6.2 简支梁的绝对最大弯矩

在给定的移动荷载作用下，简支梁每个截面的弯矩都有一个最大值。这些最大值是截面位置的函数，它们的最大值（"最大值中的最大值"）称为简支梁的绝对最大弯矩。绝对最大弯矩就是梁在给定荷载下所能发生的最大弯矩，它对简支梁的设计是十分重要的。

比较绝对最大弯矩与包络图的定义不难看出，绝对最大弯矩就是最大弯矩包络图的最大值，见图 8.25a。求绝对最大弯矩似乎可以采用以下的方法；第一步，作最大弯矩包络图；第二步，利用这个包络图求绝对最大弯矩。这一想法是很自然的，但实行起来却十分困难。如前所述，作弯矩包络图通常要用分段计算、描点作图的方法，不仅计算工作量大，而且所得到的包络图只在有限个分点上是准确的，用这样的图形来求绝对最大弯矩，显然误差是难免的。因此，为了准确地求得绝对最大弯矩，这一方法并不可取。

当移动荷载为间距不变的集中力系(例如吊车的轮压)时,计算绝对最大弯矩可以遵循以下思路:第一,由于集中力系的特点,无论荷载移动到什么位置,梁的弯矩图都是下凸的折线,每个转折点都对应于一个集中力,因此,最大弯矩必然发生于某一集中力之下;第二,每个集中力下面的弯矩都是该集中力位置的函数,可以设法求得该函数的最大值;第三,对每个集中力求相应的最大弯矩,再在这些最大弯矩中求最大值,它就是绝对最大弯矩。

如图 8.26 所示,x 为力系中的 F_{Pi} 与左支座 A 的距离,F 为目前作用于梁上的所有荷载的合力,F 与 F_{Pi} 的作用点的距离为 a(a 的符号规定为:当 F 在 F_{Pi} 的右边,$a > 0$),则支座 A 的反力为

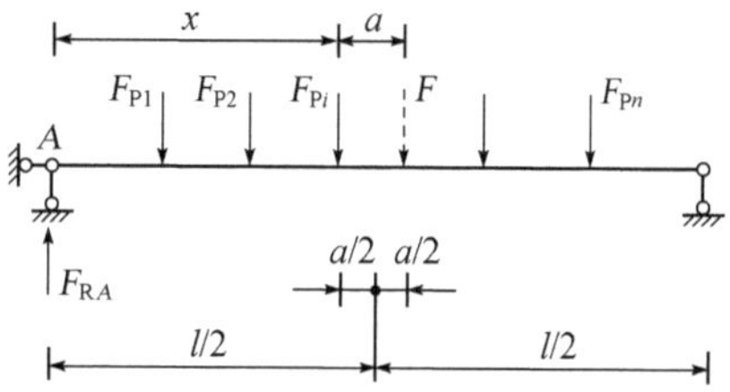

图 8.26

$$F_{RA} = \frac{F(l-x-a)}{l}$$

F_{Pi} 的作用点的弯矩为

$$M_i = \frac{F(l-x-a)}{l} \cdot x - M_i^L \tag{a}$$

其中 M_i^L 表示 F_{Pi} 左边的荷载对 F_{Pi} 的作用点的合力矩,因为荷载的大小和间距都是不变的,因此 M_i^L 是一个与 x 无关的常数。

在式(a)中令 $\mathrm{d}M_i/\mathrm{d}x = 0$,得

$$x = \frac{l}{2} - \frac{a}{2} \tag{8.10}$$

将式(8.10)代入式(a),得

$$M_{i\max} = \frac{F(l-a)^2}{4l} - M_i^L \tag{8.11}$$

式(8.10)表明,当 F_{Pi} 下的弯矩最大时,F_{Pi} 和 F 的作用点正好在梁的中点两侧,并且到中点的距离相等(参见图 8.26)。

用式(8.11)计算 $M_{i\max}$,要注意 F 是实际作用于梁上的荷载的合力,M_i^L 是实际作用于 F_{Pi} 左边的荷载的合力矩,在按式(8.10)调整荷载的位置后,必须检查梁上的荷载有无变化,如果有新荷载进入梁内或原有荷载移出梁外的情况,就必须根据梁上荷载的实际情况重新计算 F、a 和 M_i^L 的值。

大量计算实例表明,简支梁的绝对最大弯矩总是发生于梁的中点附近,因此只有那些在梁的中点引起最大弯矩的荷载有希望在其作用点下产生绝对最大弯矩。利用这一点,可以事先排除一些荷载而不必将所有的集中力一一进行排查。

例 8-9 试求例 8-7 中的简支梁(图 8.22a)的绝对最大弯矩。

解 由于绝对最大弯矩总是发生于梁的中点附近,因此它只会发生于 F_{P2} 或 F_{P3} 之下。

(1) 求 F_{P2} 之下的 $M_{2\max}$。考虑以下三种情况:

① F_{P1}、F_{P2}、F_{P3} 在梁上(图 8.27a)

此时,合力 $F = 1\,165$ kN,F 与 F_{P2} 的距离 $a = (295 \times 1.45 - 435 \times 5.25)$kN·m/1 165 m $= -1.59$ m。

负号说明 F 的作用点在 F_{P2} 的左边。按式(8.10)调整荷载的位置,使 F 与 F_{P2} 的作用点关于梁的中点为对称,并不改变梁上荷载的组成。由式(8.11),

$$M_2^{(1)} = \left[\frac{1\,165 \times (9+1.59)^2}{4 \times 9} - 435 \times 5.25\right]\text{kN} \cdot \text{m}$$
$$= 1\,345.5\ \text{kN} \cdot \text{m}$$

这里我们没有将计算结果写成 M_{2max},是因为还要考虑梁上荷载的其他组成情况。

② F_{P2}、F_{P3} 在梁上(图 8.27b)

$F = 730\ \text{kN}, a = 0.59\ \text{m}$。按式(8.10)调整荷载的位置,梁上荷载的组成不变。于是,

$$M_2^{(2)} = \left[\frac{730 \times (9-0.59)^2}{4 \times 9} - 0\right]\text{kN} \cdot \text{m} = 1\,434.2\ \text{kN} \cdot \text{m}$$

③ F_{P2}、F_{P3}、F_{P4} 在梁上(图略)

$F = 1\,025\ \text{kN}, a = 2.22\ \text{m}$。按式(8.10)调整荷载的位置后,$F_{P4}$ 移出梁外,结果与情况② 相同。

由以上计算结果可知,

$$M_{2max} = M_2^{(2)} = 1\,434.2\ \text{kN} \cdot \text{m}$$

(2) 求 F_{P3} 之下的 M_{3max}。情况之一是 F_{P2}、F_{P3} 在梁上,这时 F_{P3} 之下的 M_{3max} 显然小于 M_{2max},因此不需要考虑;需要考虑的只是 F_{P2}、F_{P3}、F_{P4} 在梁上的情况(图 8.27c)。这种情况下,$F = 1\,025\ \text{kN}, a = 0.77\ \text{m}$,由式(8.11)得

$$M_{3max} = 1\,297.8\ \text{kN} \cdot \text{m}$$

比较 M_{2max} 和 M_{3max} 可知,绝对最大弯矩发生于距梁左端 $(9-0.59)\text{m}/2 = 4.21\text{m}$ 的截面,其值为 $1\,434.2\text{kN} \cdot \text{m}$。图 8.25a 中弯矩包络图的最大值点的坐标就是这样确定的。

8.7 连续梁的影响线和内力包络图

本章前面各节在静定结构的范围内介绍了影响线的概念、作法及其应用,本节讨论连续梁影响线和内力包络图的作法问题。连续梁属于超静定结构,其内力或反力的影响线与静定结构的影响线相比有明显的不同,例如前者为曲线,后者为直线或折线。与静定结构的影响线相比,定量地作出连续梁的影响线要困难得多;但有时(例如当活荷载为可移荷载时)我们并不需要准确地知道连续梁影响线各点的纵标,而只需要掌握影响线的大致形状,这就没有太大困难了。同样,当活荷载为可移荷载时,作连续梁的内力包络图也没有想象的那样困难。

8.7.1 连续梁的影响线

连续梁的影响线一般用类似于作静定结构影响线的机动法的方法来作。以图 8.28a 所示的连续梁为例。如果要作反力 F_{RB} 的影响线,首先撤除与 F_{RB} 相应的约束,得到图 8.28b 所示的超静定次数降低一次的梁;其次,使该梁在 F_{RB} 的正方向上发生单位虚位移,则所得的梁

的变形曲线就是 F_{RB} 的影响线。为了证明这一点，以图 8.28a 和图 8.28b 分别为"状态 1"和"状态 2"，则由功的互等定理，状态 1 的荷载和反力在状态 2 的相应位移上所做的功等于状态 2 的荷载和反力在状态 1 的相应位移上所做的功，即

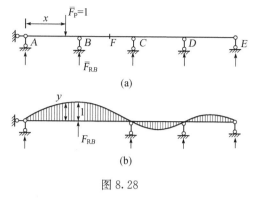

$$-1 \times y + \overline{F}_{RB} \times 1 = 0$$

故

$$\overline{F}_{RB} = y \qquad\qquad (a)$$

图 8.28

其中 y 是状态 2 中与单位荷载 $\overline{F}_P = 1$ 相应的位移。当单位荷载在梁上移动时，$\overline{F}_{RB}$ 和 y 都是荷载位置的函数，它们的图形分别是 F_{RB} 的影响线和图 8.28b 所示的变形曲线，这就证明了本方法的合理性。

可以看出，以上证明与第 4 章 4.6 节中反力与位移互等定理的证明实际上是相同的，因此式(a)可以由该定理直接导出。需要注意的是，因为影响线的纵标 y 以向上为正，与荷载的正方向相反，而反力与位移互等定理中的位移影响系数则以荷载的正方向为正，所以两者的结论也相差一个负号。

连续梁是超静定结构，撤除一个多余约束后梁的超静定次数降低了一次，但并没有变为机构，所以上述方法称为"机动法"并不合适，称为"挠曲线比拟法"则比较妥当。连续梁内力（弯矩和剪力）的影响线也可以用挠曲线比拟法来作，只要将反力与位移互等定理中"反力"的概念扩充为一般的"约束力"就能得出相应的结论。

例 8-10 用挠曲线比拟法大致描绘出图 8.28a 所示连续梁中 M_B、M_F、F_{QF}、F_{QC}^R（支座 C 右侧的剪力）的影响线的形状。

解 先作 M_B 的影响线。在支座 B 处将梁段的刚性连接改为铰接，再使铰 B 两边的截面在 M_B 的正方向发生微小的单位相对转角"1"，则梁的变形曲线就是 M_B 的影响线，其中支座 B 两边曲线的切线夹角为"1"，如图 8.29a 所示。

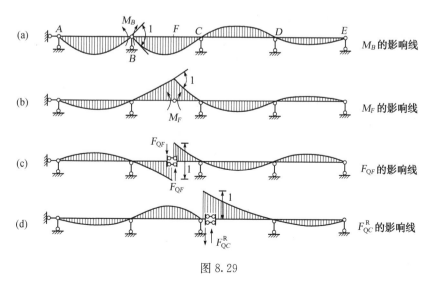

图 8.29

用类似的方法可以作出 M_F、F_{QF} 和 F_{QC}^R 的影响线,分别见图 8.29b、c、d。在图 8.29b 中,截面 F 两边曲线的切线夹角为"1";在图 8.29 c 和图 8.29d 中,截面 F 或支座 C 两边曲线的切线相互平行且竖距为"1"。

从上例可见,用挠曲线比拟法描绘影响线的大致形状是很方便的。在活荷载为可移荷载的大多数情况下,只要有了影响线的大致形状,就足以给出活荷载的最不利布置。在上例中,对 M_B 而言,将活荷载布置在梁的第一、二、四跨是最不利的,这将使支座 B 产生绝对值最大的负弯矩;对 M_F 和 F_{QC}^R 而言,最不利的情况分别是在梁的第二、四跨和第二、三跨布置活荷载。

如果要用挠曲线比拟法定量地作连续梁的影响线,就要求出相应挠曲线的方程或各点的挠度。以上例中的 M_B 为例,其影响线可按以下步骤定量地作出:

(1) 撤除与 M_B 相应的约束,在铰 B 两边施加一对力偶 M_B,并作梁的 M 图(图 8.30a)。

(2) 由 M 图求铰 B 两边截面的相对转角 $\theta_B = \theta_{BA} + \theta_{BC}$。

(3) 将 M 图除以 θ_B,由比例关系可知,所得的图形就是铰 B 两边发生单位相对转角时的 $\overline{M}$ 图(图 8.30b)。

(4) 利用 $\overline{M}$ 图求铰 B 两边发生单位相对转角时的挠曲线方程。

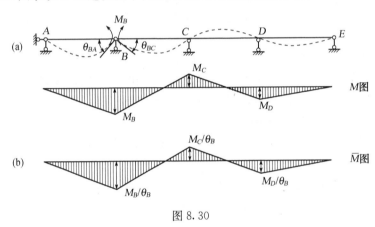

图 8.30

在上述第(2)步和第(4)步中,由已知弯矩图求转角和挠度,可利用仅受梁端弯矩作用的简支梁(图 8.31)的转角挠度公式来计算。

转角公式为

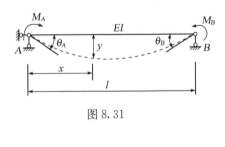

图 8.31

$$\left.\begin{aligned}\theta_A &= \frac{l}{6EI}(2M_A + M_B)\\\theta_B &= \frac{l}{6EI}(2M_B + M_A)\end{aligned}\right\} \tag{8.12}$$

挠度公式为

$$y(x) = \frac{x(l-x)}{6EIl}[M_A(2l-x) + M_B(l+x)] \tag{8.13}$$

这两个公式不难用图乘法推导出来,请读者自行练习。用这两个公式计算转角和挠度,要注意公式中各量的符号规定,见图 8.31。

例 8-11　作图 8.32a 所示连续梁的支座弯矩 M_B 的影响线,设 EI = 常数。

解　(1) 将梁在截面 B 处的刚接改为铰接,在铰 B 两边施加力偶 M_B,用力矩分配法作梁的 M 图,如图 8.32b。

(2) 用式(8.12)计算铰 B 两边由于 M_B 的相对转角:

$$\theta_{BA}=\frac{6}{6EI}(2M_B-M_B/2)=\frac{3M_B}{2EI}, \quad \theta_{BC}=\frac{6}{6EI}(2M_B-M_B/4)=\frac{7M_B}{4EI}$$

$$\theta_B=\theta_{BA}+\theta_{BC}=\frac{3M_B}{2EI}+\frac{7M_B}{4EI}=\frac{13M_B}{4EI}$$

(3) 将 M 图除以 θ_B,得铰 B 两边发生单位相对转角时的 $\overline{M}$ 图,如图 8.32c。

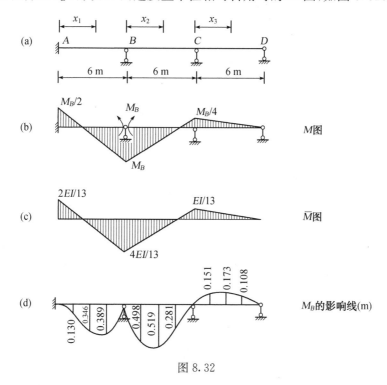

图 8.32

(4) 利用 $\overline{M}$ 图和式(8.13)求铰 B 两边发生单位相对转角时的挠曲线方程,即 M_B 的影响线。为方便起见,首先对每一跨建立局部的参考坐标系 x_1、x_2 和 x_3,见图 8.32a。下面分别求各跨的挠曲线方程。

第一跨:

$$y(x_1)=\frac{x_1(6-x_1)}{6EI\times 6}\left[-\frac{2EI}{13}(2\times 6-x_1)+\frac{4EI}{13}(6+x_1)\right]=\frac{x_1^2(6-x_1)}{78}$$

第二跨:

$$y(x_2)=\frac{x_2(6-x_2)}{6EI\times 6}\left[\frac{4EI}{13}(2\times 6-x_2)-\frac{EI}{13}(6+x_2)\right]=\frac{x_2(6-x_2)(42-5x_2)}{468}$$

第三跨:

$$y(x_3) = \frac{x_3(6-x_3)}{6EI \times 6}\left[-\frac{EI}{13}(2\times 6-x_3)+0\right] = -\frac{x_3(6-x_3)(12-x_3)}{468}$$

根据以上挠曲线方程,作 M_B 的影响线,如图 8.32d 所示。

连续梁的支座弯矩影响线可以作为作连续梁其他内力或反力影响线的基础。对于连续梁第 i 跨(图 8.33)的截面 S,不难证明

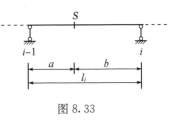

图 8.33

$$M_S = M_S^0 + \frac{b}{l_i}M_{i-1} + \frac{a}{l_i}M_i \qquad (8.14)$$

以及

$$F_{QS} = F_{QS}^0 - \frac{1}{l_i}M_{i-1} + \frac{1}{l_i}M_i \qquad (8.15)$$

其中 M_S^0 和 F_{QS}^0 分别是将第 i 跨作为简支梁时截面 S 的弯矩和剪力。

关于连续梁支座反力的影响线也可写出类似的公式。

首先,由支座结点 i 的平衡条件(图 8.34),可得

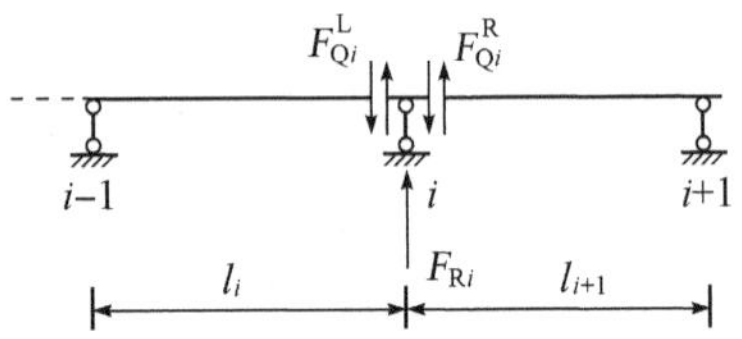

$$F_{Ri} = -F_{Qi}^L + F_{Qi}^R \qquad (8.16a)$$

其次,由式(8.15)及式(8.16a)可得

图 8.34

$$F_{Ri} = F_{Ri}^0 + \frac{M_{i-1}}{l_i} - \left(\frac{1}{l_i} + \frac{1}{l_{i+1}}\right)M_i + \frac{M_{i+1}}{l_{i+1}} \qquad (8.16b)$$

其中 F_{Ri}^0 表示将第 i 跨和第 $i+1$ 跨均视为简支梁时支座 i 的反力。

根据公式(8.14)、(8.15)、(8.16b),就可在已知支座弯矩影响线的基础上用叠加法作连续梁的其他内力或反力影响线。图 8.35 是作某一连续梁第三跨的跨中弯矩影响线的示意图,该影响线是由三部分影响线叠加得到的。

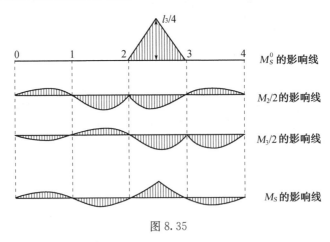

图 8.35

8.7.2 连续梁的内力包络图

连续梁的内力包络图的概念与 8.6.1 节中讨论过的简支梁的内力包络图相同:内力包络

图上任一点的纵标表示在给定荷载(包括恒荷载和活荷载)下该截面可能发生的内力的最大值或最小值。下面只讨论一个简单的例子。

图 8.36a 为一三跨等截面连续梁,设恒荷载为 $q=20$ kN/m 的均布荷载,活荷载为 $p=37.5$ kN/m 的全跨均布可移荷载。就是说,对某一跨而言只有两种情况:要么不受活荷载作用,要么全跨布满活荷载,不考虑跨内局部受活荷载的情况。

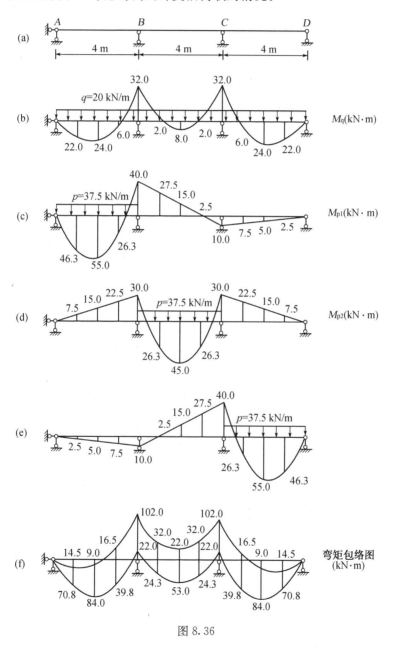

图 8.36

为了作梁的弯矩包络图,先作恒荷载作用下梁的弯矩图(图 8.36b)和活荷载单独作用于第一跨、第二跨和第三跨时梁的弯矩图(图 8.36c、d、e),这些弯矩图可用计算超静定结构内力的任何一种方法例如力矩分配法作出(见第 7 章)。将同一截面的弯矩图的纵标按以下原则叠

加,就得到该截面弯矩包络图的纵标:

最大弯矩值＝恒荷载下的弯矩值＋$\sum$ 活荷载下的正弯矩值

最小弯矩值＝恒荷载下的弯矩值＋$\sum$ 活荷载下的负弯矩值

按照以上原则求出各截面弯矩的最大值或最小值,再将代表各最大值或最小值的点连成曲线,就得到弯矩包络图,如图 8.36f 所示。例如,对于支座 B 对应的截面,由图 8.36a、d 得最大弯矩为$(-32.0+10.0)$kN·m$=-22.0$ kN·m,它是在第三跨布满活荷载时由恒荷载和活荷载共同产生的;由图 8.36a、b、c 得最小弯矩为$(-32.0-40.0-30.0)$kN·m$=-102.0$ kN·m,它对应于第一跨和第二跨布满活荷载的情况。读者试取其他一两个截面,验证弯矩包络图的正确性。

连续梁的剪力包络图可用同样的方法作出,留给读者作为习题(习题 8-21)。

8.8　本章小结

(1) 影响线反映了结构中某一物理量与单位荷载位置之间的函数关系,因此它成为研究移动荷载(包括可移荷载)的一个有力工具,同时也可用来计算各种固定荷载作用下结构的内力。要从影响线与内力图的对比中理解两者的区别,从而正确理解影响线的概念。

(2) 作影响线有两种基本方法。第一种是静力法,它从影响线的概念出发,利用平衡条件首先建立影响方程,再作影响线;第二种是机动法(静定结构)或挠曲线比拟法(超静定结构),它利用虚位移原理或功的互等定理,将内力或反力的计算问题转化为几何问题,直接得出影响线的图形。要把这两种方法结合起来,灵活运用,充分发挥它们各自的优点。

(3) 用静力法作影响线,要注意影响方程中自变量的变化范围,为方便起见,有时对结构中的各区段要采用不同的局部坐标系。用机动法或挠曲线比拟法作影响线,要注意机构位移或变形曲线必须符合撤除一个约束之后所得的机构或结构的约束条件,还要注意所谓机构位移 $y(x)$ 指的是在荷载方向的位移分量,其正方向与移动荷载的方向相反。

(4) 作影响线还要善于利用已经掌握的较简单的影响线(例如简支梁的影响线)以及变量之间的力学关系,解决较复杂的未知的影响线的作法问题。

(5) 移动荷载最不利位置的确定和最大影响量的计算问题对于结构设计是十分重要的。首先要根据影响线的概念和叠加原理掌握最大影响量产生的条件以及确定荷载最不利位置的一般原则,其次要理解某些特殊情况(折线形和三角形影响线)下求荷载临界位置的方法。

(6) 内力包络图和简支梁绝对最大弯矩对于梁的设计同样是十分重要的。要着重理解它们的概念,了解作内力包络图和求简支梁绝对最大弯矩的方法。

思考题

8-1　如何用静力法和机动法作简支梁在单位移动力偶作用下的反力和内力的影响线?

8-2　试证明,简支梁某一点(例如图 8.5a 中的 C 点)挠度的影响线就是单位荷载作用于该点时梁的挠度曲线。这一结论对于超静定结构是否也成立?

8-3　荷载分别作用于桁架的上弦和下弦时,桁架的影响线有何不同? 在什么条件下,两种情况下的影响线是相同的?

202

8-4 如何从三铰拱及其代梁的影响线的比较中看拱的受力特点?

8-5 如何由图8.10b所示的机构位移图的几何关系得出图8.10c所示的影响线中结点 b 和 c 的纵标?

8-6 用静力法的思路说明结点荷载作用下影响线的特点。

8-7 从公式(8.4)、(8.5)的推导说明影响线的应用是以叠加原理成立为前提的。

8-8 当梁上有集中力偶和/或分布力偶作用时,如何利用单位移动集中力作用下的影响线求相应的影响量?试以图8.37所示的两种情况下求支座 B 的反力为例予以说明。

(a)   (b)

图 8.37

8-9 什么是移动荷载的临界位置?它与荷载的最不利位置有什么关系?

8-10 什么是内力包络图?简支梁的内力包络图与绝对最大弯矩有何关系?绝对最大弯矩所对应的荷载对于其他截面是否一定是临界荷载?举例说明你的结论。

8-11 我们用虚位移原理推导了作静定结构影响线的机动法,又用功的互等定理(反力与位移互等定理)推导了作连续梁影响线的挠曲线比拟法,实际上两者的推导完全可以统一起来。试加以说明。(提示:参考思考题4-12)

习 题

8-1 用静力法作图8.38中指定量的影响线:

(1) 作图8.38a中 F_{yA}、M_C、F_{QC}、F_{NC} 的影响线。

(2) 作图8.38b中 F_{xA}、F_{yA}、M_C、F_{QC}、F_{NC} 的影响线。

(3) 作图8.38c中 F_{yA}、M_C、F_{QC}、F_{NC} 的影响线。

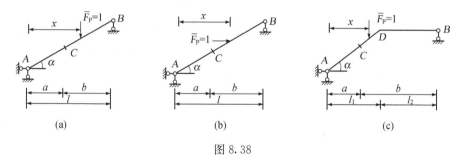

(a)   (b)   (c)

图 8.38

8-2 用机动法作图8.38a、b中各量的影响线。

8-3 作图8.39所示伸臂梁中 F_{RA}、F_{QB}^L、M_C、F_{QC}、M_D、F_{QD} 的影响线。

8-4 图8.40所示结构中,荷载在 DE 上移动,求作 M_{CA}、F_{QCA}、M_{CF} 的影响线(M_{CF} 以右侧受拉为正)。

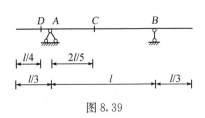

图 8.39

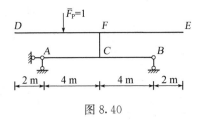

图 8.40

8-5 作图 8.41 所示多跨静定梁中下列各量的影响线：M_A、F_{RC}、F_{QF}^R、M_H、M_I、F_{QJ}。

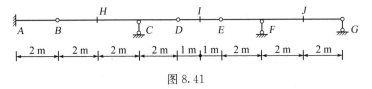

图 8.41

8-6 作图 8.42 所示桁架中指定杆件的内力的影响线，假定荷载在上弦移动。

8-7 作图 8.43 所示桁架中指定杆件的内力的影响线，考虑两种情况：

(1) 单位荷载在上弦移动。

(2) 单位荷载在下弦移动。

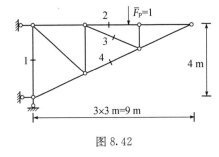

图 8.42

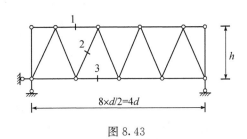

图 8.43

8-8 作图 8.44 所示组合结构的 AB 杆中下列各量的影响线：F_{xA}、F_{yA}、M_C、F_{QC}^O、F_{QC}^U（F_{QC}^O 和 F_{QC}^U 分别表示结点 C 上侧截面和下侧截面的剪力）。单位荷载在 CE 上移动。

8-9 作图 8.45 所示三铰刚架中 F_{xA}、F_{yA}、M_F、F_{QF} 的影响线。考虑以下两种情况：

(1) 单位竖向荷载在 DE 上移动。

(2) 单位水平荷载在 AD 上移动。

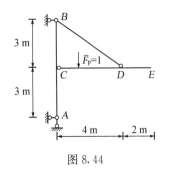

图 8.44

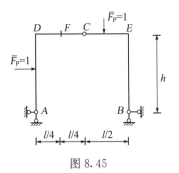

图 8.45

8-10 图 8.46 所示结构中,荷载在纵梁上移动,试作 F_{RA}、M_D、F_{QD}、F_{QB}^L 的影响线。

8-11 图 8.46 所示结构中,纵梁的 bf 段受集度为 20 kN/m 的均布荷载作用。利用影响线求 M_D 和 F_{QD} 的值。

8-12 求图 8.47 所示伸臂梁中截面 C 的最大弯矩、最大剪力和最小剪力。

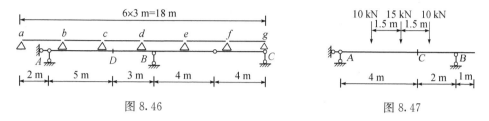

图 8.46

图 8.47

8-13 图 8.48a 为我国公路桥涵设计规范中使用的汽车—10 级荷载(车队向左行驶),图 8.48b 为一跨度为 35 m 的简支梁桥的计算简图。试求截面 C 在汽车—10 级荷载下的最大弯矩。计算中考虑两种情况:(1)车队向左行驶;(2)车队向右行驶(此时荷载从右向左的排列与图 8.48a 中从左向右的排列相同,间距不变)。

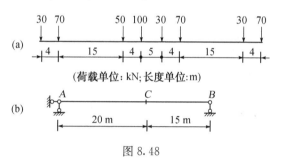

图 8.48

8-14 上题中,若简支梁受结点荷载作用,纵梁和横梁的布置如图 8.49 所示,求截面 C 在汽车—10 级荷载下的最大弯矩(计算中仍需考虑两种情况)。

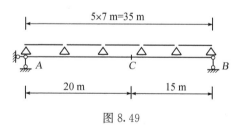

图 8.49

8-15 简支梁的跨度 $l=8$ m,受全跨均布恒荷载 $q=10$ kN/m 和移动集中荷载 $F_P=15$ kN 作用,求作梁的弯矩包络图和剪力包络图。

8-16 试求图 8.22a 所示梁的弯矩包络图和剪力包络图中距左端 4 m 处的纵标。

8-17 试求图 8.50 所示简支梁的绝对最大弯矩。

205

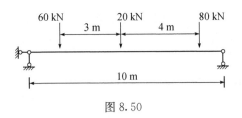

图 8.50

8-18 画出图 8.51 所示连续梁中 M_A、F_{RA}、M_G、F_{QG}、M_D 和 F_{QD}^L 的影响线的大致形状。

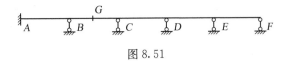

图 8.51

8-19 试作例 8-11(图 8.32a)中连续梁的支座弯矩 M_C 的影响线,并将梁的每一跨等分为 4 段,对每一分点给出影响线的纵标。

8-20 作上题中连续梁的支座反力 F_{RC} 的影响线,并将梁的每一跨等分为 4 段,对每一分点给出影响线的纵标。用以下两种方法:

(1) 利用例 8-11 及上题所得的 M_B 和 M_C 的影响线,按式(8.16b)叠加求解;

(2) 直接用挠曲线比拟法求解,按式(8.13)求挠曲线方程并作图。

8-21 作图 8.36a 中的连续梁的剪力包络图(每跨等分为 4 段)。

8-22 设将图 8.36a 中的连续梁所受的恒荷载和活荷载均转化为作用于支座和跨中的结点荷载,作用于跨中的恒荷载为 $F_q=40$ kN,可移活荷载为 $F_p=75$ kN,试作梁的弯矩包络图和剪力包络图。

9 矩阵位移法

9.1 引言

从基本概念、未知量的选取到力学方程的建立,乃至处理问题的某些手法等等,矩阵位移法和位移法是一脉相承的。两者解决问题的基本思路都是:先把一个完整的结构拆散,分解为一根根无直接荷载作用、仅在端点受力的杆件单元,和一个个分散隔离的结点群;再通过力学分析,找到杆端力与杆端位移之间的变换关系,即通称的物理方程或刚度方程。然后根据结点与杆端间的变形协调条件和静力平衡条件,把这些杆件单元重新集合起来,恢复到结构受力的完整原貌。前一步工作称为结构的离散化或"化整为零";后一步工作称为结构的整体集成或"集零归整"。经过这样的"一分一合、先分后合"过程,达到解决结构分析问题的目的。

从理论概念上讲,矩阵位移法对结构力学并没有增添什么新的内容。但从发展历程和处理问题的着眼点来看,两者毕竟有所不同,根本区别在于:位移法是 20 世纪 30 年代初在简单运算工具的先决条件下,以初等代数作为数学基础建立起来的,背景是"手算"。它所强调的是如何利用各类结构固有的特殊性,使计算过程尽可能简化,极力避免大量重复性的数字运算工作,而不刻意追求方法的统一性和通用性。与此相反,矩阵位移法是"电脑"介入结构工程设计的直接产物,前提是"电算",因而主要以矩阵代数作为推理和计算手段,力求使绝大部分计算工作尽可能由"电脑"来完成。它刻意追求的是如何使计算过程条理明晰,操作程序简单,能适应各种类型结构的力学分析,考虑尽可能多的影响因素,以便充分借助于电脑的高速运算功能,使各种大型复杂结构的力学计算迅速获得全面解决,使设计人员从大量繁重的数字计算中解脱出来。

为了实现上述意图,矩阵位移法有两个基本环节:一个是"单元分析",要求以矩阵形式表达出单元杆端力和杆端位移之间的关系,以及单元所受的非结点荷载向杆端力的转化,为下一步分析提供素材;另一个是"整体分析",要求根据单元之间的连接方式,利用局部坐标与整体坐标之间的变换关系,建立结构层面上的结点位移与结点荷载之间的联系,形成结构的整体刚度矩阵,使结构的位移和内力分析问题最终获得解决。矩阵位移法的复杂分析过程和大量数字计算工作主要集中在后一步,而这一繁琐工作恰巧可以依靠"电算"来完成,使"手算"部分减少到最低限度,这正是矩阵位移法之所以获得人们广泛青睐的根本原因。

9.2 单元分析

如前所述,单元分析是矩阵位移法的第一个基本环节,是方法的前奏。所谓单元分析,就是对杆件轴线上无直接荷载作用、仅在端部受力的杆件进行力学分析,找出两端所有杆端力和所有杆端位移之间的变换关系,并以矩阵形式表达出来。这种物理性质的方程,通称单元刚度方程,而其变换矩阵则称为单元刚度矩阵。下面就杆系结构中常见的三种受力杆件单元分别进行论述。

9.2.1 轴力杆件单元

图 9.1 所示是轴力杆件的一个典型单元 e，杆端编码取左端为 1、右端为 2，并规定从 1 指向 2 的方向作为坐标轴正向。杆长 l 和轴向刚度 EA 均为已知常数。设仅在杆端 1 和杆端 2 受有轴向力 F_{x1} 和 F_{x2}，相应的杆端轴向位移分别为 u_1 和 u_2，都以图示方向作为正向。注意这里轴向力的正方向与以往熟知的"轴力"有所不同。由虎克定律已知：

$$\begin{cases} F_{N1} = \dfrac{EA}{l}(u_1 - u_2) \\ F_{N2} = -\dfrac{EA}{l}(u_1 - u_2) \end{cases}$$

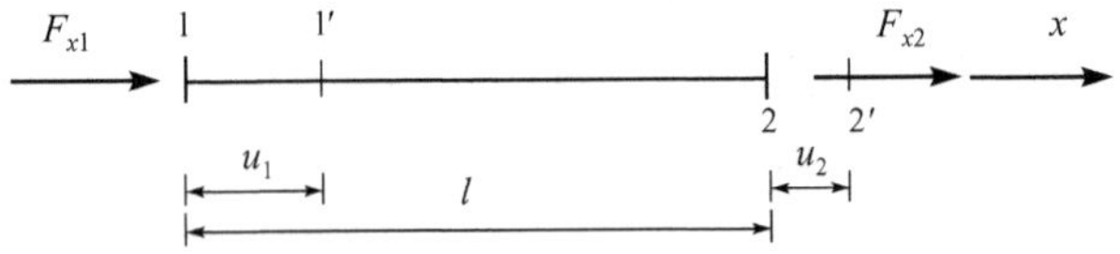

图 9.1

上列二式可合并为一个矩阵等式：

$$\begin{Bmatrix} F_{x1} \\ F_{x2} \end{Bmatrix} = \begin{bmatrix} \dfrac{EA}{l} & -\dfrac{EA}{l} \\ -\dfrac{EA}{l} & \dfrac{EA}{l} \end{bmatrix} \begin{Bmatrix} u_1 \\ u_2 \end{Bmatrix} \tag{9.1}$$

如果引入定义

$$\{F\}^e = \begin{bmatrix} F_{x1} & F_{x2} \end{bmatrix}^{\mathrm{T}} \tag{9.2}$$

$$\{\Delta\}^e = \begin{bmatrix} u_1 & u_2 \end{bmatrix}^{\mathrm{T}} \tag{9.3}$$

并分别称之为轴力单元的杆端力向量和杆端位移向量，则上式可写为更紧凑的形式：

$$\{F\}^e = [k]^e \{\Delta\}^e \tag{9.4}$$

其中

$$[k]^e = \frac{EA}{l} \begin{bmatrix} 1 & -1 \\ -1 & 1 \end{bmatrix} \tag{9.5}$$

式(9.1)就是轴力杆件的单元刚度方程，它以矩阵形式表达了杆件两端的力向量与位移向量之间的变换关系；$[k]^e$ 则称为轴力杆件的单元刚度矩阵，它在杆端力向量和位移向量之间起着变换矩阵的作用。式(9.1)和式(9.5)主要用于平面桁架的矩阵分析。

9.2.2 平面弯曲杆件单元

图 9.2a 是平面弯曲杆系中的一个典型单元，杆长 l 和抗弯刚度系数 $i = EI/l$ 均为已知常量，杆端局部编码仍为左 1 右 2。设跨间无直接荷载作用，仅在端部受有横向力和弯矩

$$\begin{cases} \{F_1\}^e = \begin{bmatrix} F_{y1} & M_1 \end{bmatrix}^{\mathrm{T}} \\ \{F_2\}^e = \begin{bmatrix} F_{y2} & M_2 \end{bmatrix}^{\mathrm{T}} \end{cases}$$

对应地,有线位移和角位移:

$$\begin{cases} \{\Delta_1\}^e = \begin{bmatrix} v_1 & \theta_1 \end{bmatrix}^{\mathrm{T}} \\ \{\Delta_2\}^e = \begin{bmatrix} v_2 & \theta_2 \end{bmatrix}^{\mathrm{T}} \end{cases}$$

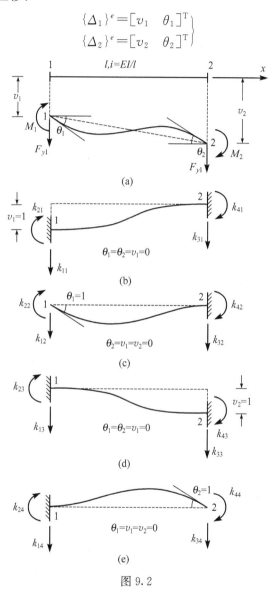

图 9.2

它们均以图示方向作为正向。注意杆端横向力的正方向规定与剪力有所不同。利用第 6 章的转角位移方程可以直接写出:

$$\left.\begin{array}{l} M_1 = 4i\theta_1 + 2i\theta_2 + \dfrac{6i}{l}v_1 - \dfrac{6i}{l}v_2 \\[2mm] M_2 = 2i\theta_1 + 4i\theta_2 + \dfrac{6i}{l}v_1 - \dfrac{6i}{l}v_2 \\[2mm] F_{y1} = -F_{y2} = \dfrac{6i}{l}\theta_1 + \dfrac{6i}{l}\theta_2 + \dfrac{12i}{l^2}v_1 - \dfrac{12i}{l^2}v_2 \end{array}\right\} \qquad (a)$$

式(a)可写为一个矩阵等式：

$$
\begin{Bmatrix} F_{y1} \\ M_1 \\ F_{y2} \\ M_2 \end{Bmatrix} =
\begin{bmatrix}
\dfrac{12i}{l^2} & \dfrac{6i}{l} & -\dfrac{12i}{l^2} & \dfrac{6i}{l} \\[2mm]
\dfrac{6i}{l} & 4i & -\dfrac{6i}{l} & 2i \\[2mm]
-\dfrac{12i}{l^2} & -\dfrac{6i}{l} & \dfrac{12i}{l^2} & -\dfrac{6i}{l} \\[2mm]
\dfrac{6i}{l} & 2i & -\dfrac{6i}{l} & 4i
\end{bmatrix}
\begin{Bmatrix} v_1 \\ \theta_1 \\ v_2 \\ \theta_2 \end{Bmatrix}
\tag{9.6}
$$

式(9.6)也可写为像式(9.4)一样的紧凑形式：

$$
\{F\}^e = [k]^e \{\Delta\}^e \tag{9.7}
$$

其中

$$
\{F\}^e = \begin{bmatrix} F_{y1} & M_1 & F_{y2} & M_2 \end{bmatrix}^{\mathrm T} \tag{9.8}
$$

$$
\{\Delta\}^e = \begin{bmatrix} v_1 & \theta_1 & v_2 & \theta_2 \end{bmatrix}^{\mathrm T} \tag{9.9}
$$

分别表示平面弯曲单元的杆端力向量和位移向量：

$$
[k]^e =
\begin{bmatrix}
\dfrac{12i}{l^2} & \dfrac{6i}{l} & -\dfrac{12i}{l^2} & \dfrac{6i}{l} \\[2mm]
\dfrac{6i}{l} & 4i & -\dfrac{6i}{l} & 2i \\[2mm]
-\dfrac{12i}{l^2} & -\dfrac{6i}{l} & \dfrac{12i}{l^2} & -\dfrac{6i}{l} \\[2mm]
\dfrac{6i}{l} & 2i & -\dfrac{6i}{l} & 4i
\end{bmatrix}
\tag{9.10}
$$

式(9.7)和式(9.10)分别称为平面弯曲杆件的单元刚度方程和单元刚度矩阵。由式(9.10)和方程(9.7)可以看出,单元刚度矩阵一般具有如下三点性质：

(1) 其中的每一列都有明显的物理意义,例如,$k_{j1}(j=1,2,3,4)$ 表示 $v_1=1,\theta_1=\theta_2=v_2=0$ 时,杆件两端的力和力矩。其余与此类似,详见图 9.2b~9.2e。

(2) 根据反力互等定理,$k_{ij}=k_{ji}$,故 $[k]^e$ 恒为对称矩阵。

(3) 不难看出,$[k]^e$ 的行列式值等于零,因而 $[k]^e$ 是一奇异矩阵,不存在逆矩阵。这意味着,如果已知杆端位移向量 $\{\Delta\}^e$,由方程(9.7)可以直接求得对应的杆端力向量 $\{F\}^e$。但问题是不可逆的,即如果给定力向量 $\{F\}^e$,却不能由方程(9.7)作出杆端位移向量 $\{\Delta\}^e$ 的唯一解。这是因为,对于无支承约束的自由杆件,在已知杆端力的作用下,除去弹性变形外,在自身平面内还存在刚体位移,而后者单凭静力平衡条件是无法确定的。

显而易见,式(9.5)定义的轴力单元刚度矩阵同样具有上述三点性质。

图 9.3 是一个端点无线位移的特殊弯曲单元,$v_1=v_2=0$。删去刚度矩阵(9.10)中的第一、三行和第一、三列,可将单元刚度方程(9.6)简化为

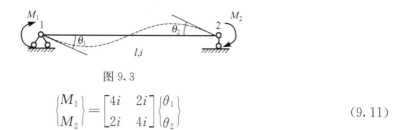

图 9.3

$$\begin{Bmatrix} M_1 \\ M_2 \end{Bmatrix} = \begin{bmatrix} 4i & 2i \\ 2i & 4i \end{bmatrix} \begin{Bmatrix} \theta_1 \\ \theta_2 \end{Bmatrix} \tag{9.11}$$

式(9.11)就是图 9.3 所示简支单元的刚度方程,相应的刚度矩阵是非奇异矩阵,原因是图示的简支单元不是自由单元,而是具有完整支承约束的简支梁,故杆端力向量和位移向量之间是可逆的。

9.2.3　一般平面杆件单元

在图 9.4 所示平面杆件单元上,每端各有一个 3×1 阶力向量和与之对偶的位移向量:

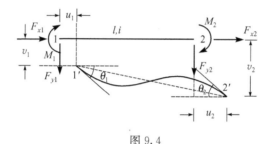

图 9.4

$$\{F_1\}^e = \begin{bmatrix} F_{x1} & F_{y1} & M_1 \end{bmatrix}^{\mathrm{T}} \tag{9.12}$$

$$\{\Delta_1\}^e = \begin{bmatrix} u_1 & v_1 & \theta_1 \end{bmatrix}^{\mathrm{T}} \tag{9.13}$$

和

$$\{F_2\}^e = \begin{bmatrix} F_{x2} & F_{y2} & M_2 \end{bmatrix}^{\mathrm{T}} \tag{9.14}$$

$$\{\Delta_2\}^e = \begin{bmatrix} u_2 & v_2 & \theta_2 \end{bmatrix}^{\mathrm{T}} \tag{9.15}$$

即单元的杆端力向量和位移向量分别为

$$\{F\}^e = \begin{Bmatrix} \{F_1\}^e \\ \{F_2\}^e \end{Bmatrix} \tag{9.16}$$

$$\{\Delta\}^e = \begin{Bmatrix} \{\Delta_1\}^e \\ \{\Delta_2\}^e \end{Bmatrix} \tag{9.17}$$

由小变形的线弹性理论已知,对于这种平面单元,因轴力 F_{N} 和弯曲力 F_{Q}、M 的影响是彼此独立的,不发生相互耦联关系,故其刚度方程可由轴力单元的刚度方程(9.1)和平面弯曲单元的刚度方程(9.6)直接"装配"而得来。即刚度方程仍为

$$\{F\}^e = [k]^e \{\Delta\}^e \tag{9.18}$$

但其中的 $\{F\}^e$ 和 $\{\Delta\}^e$ 都是 6×1 阶向量,而刚度矩阵 $[k]^e$ 则是 6×6 阶方阵:

$$
[k]^e = \begin{Bmatrix} \dfrac{EA}{l} & 0 & 0 & -\dfrac{EA}{l} & 0 & 0 \\[2mm] 0 & \dfrac{12i}{l^2} & \dfrac{6i}{l} & 0 & -\dfrac{12i}{l^2} & \dfrac{6i}{l} \\[2mm] 0 & \dfrac{6i}{l} & 4i & 0 & -\dfrac{6i}{l} & 2i \\[2mm] -\dfrac{EA}{l} & 0 & 0 & \dfrac{EA}{l} & 0 & 0 \\[2mm] 0 & -\dfrac{12i}{l^2} & -\dfrac{6i}{l} & 0 & \dfrac{12i}{l^2} & -\dfrac{6i}{l} \\[2mm] 0 & \dfrac{6i}{l} & 2i & 0 & -\dfrac{6i}{l} & 4i \end{Bmatrix}
\tag{9.19}
$$

不言而喻,这个刚度矩阵依然具有前述的三点性质。

有时为了方便,可将单元刚度方程(9.19)写成如下分块形式:

$$
\begin{Bmatrix} \{F_1\}^e \\ \{F_2\}^e \end{Bmatrix} = \begin{bmatrix} [k_{11}]^e & [k_{12}]^e \\ [k_{21}]^e & [k_{22}]^e \end{bmatrix} \begin{Bmatrix} \{\Delta_1\}^e \\ \{\Delta_2\}^e \end{Bmatrix}
\tag{9.20}
$$

其中

$$
[k_{11}]^e = \begin{bmatrix} \dfrac{EA}{l} & 0 & 0 \\[2mm] 0 & \dfrac{12i}{l^2} & \dfrac{6i}{l} \\[2mm] 0 & \dfrac{6i}{l} & 4i \end{bmatrix}^e
\tag{9.20a}
$$

$$
[k_{22}]^e = \begin{bmatrix} \dfrac{EA}{l} & 0 & 0 \\[2mm] 0 & \dfrac{12i}{l^2} & -\dfrac{6i}{l} \\[2mm] 0 & -\dfrac{6i}{l} & 4i \end{bmatrix}^e
\tag{9.20b}
$$

$$
[k_{12}]^e = ([k_{21}]^e)^{\mathrm{T}} = \begin{bmatrix} -\dfrac{EA}{l} & 0 & 0 \\[2mm] 0 & -\dfrac{12i}{l^2} & \dfrac{6i}{l} \\[2mm] 0 & -\dfrac{6i}{l} & 2i \end{bmatrix}
\tag{9.20c}
$$

用分块矩阵形式表示单元刚度矩阵和单元刚度方程,可以使向量间的层次更加分明。例如方程(9.20)中的第一行块表示 1 端力向量 $\{F_1\}^e$ 与两端位移向量 $\{\Delta_1\}^e$ 和 $\{\Delta_2\}^e$ 之间的关系,第二行块则表示 2 端力向量 $\{F_2\}^e$ 与两端位移向量 $\{\Delta_1\}^e$ 和 $\{\Delta_2\}^e$ 之间的关系。

以后即将看到,形成单元刚度矩阵是为下述整体分析做好充分准备,因而它是运用矩阵位移法进行结构分析的一个基本环节。

9.3 整体分析

所谓"整体分析",就是在单元分析的基础上,根据变形协调和静力平衡两个力学准则,对结构进行"集零归整"的过程,形成结构的整体刚度矩阵,确立联系全体结点荷载与全体结点位移之间变换关系的整体刚度方程。为便于突出方法的物理概念,本节以一个简单的两跨连续梁为例,说明整体分析的主要内容。

图9.5为一两跨连续梁,各跨的抗弯刚度系数 i_1 和 i_2 均为已知常量。按图示从左到右取结点编码为1、2、3,则结点力是已知的集中力矩 M_1、M_2 和 M_3,结点位移是未知的转角 θ_1、θ_2 和 θ_3。杆件单元的编码依次取①和②,各单元结点的局部编码仍取左1右2。于是,每个杆端力和杆端位移的代号均应附加上下两个角标;下角标表示杆件的始端或终端,上角标表示杆件的单元序号。例如,M_1^j 和 θ_1^j 表示第 j 根杆元左端的弯矩和转角;M_2^j 和 θ_2^j 表示第 j 根杆右端的弯矩和转角。

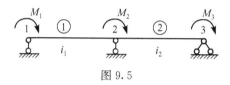

图 9.5

根据全体结点的静力平衡条件,单元杆端力矩与结构结点荷载之间应存在下列关系:

$$\begin{bmatrix} 1 & 0 & 0 & 0 \\ 0 & 1 & 1 & 0 \\ 0 & 0 & 0 & 1 \end{bmatrix} \begin{Bmatrix} M_1^{(1)} \\ M_2^{(1)} \\ M_1^{(2)} \\ M_2^{(2)} \end{Bmatrix} = \begin{Bmatrix} M_1 \\ M_2 \\ M_3 \end{Bmatrix} \tag{a}$$

根据结构变形的连续性,单元杆端转角与结构结点位移之间应满足变形协调条件:

$$\begin{Bmatrix} \theta_1^{(1)} \\ \theta_2^{(1)} \\ \theta_1^{(2)} \\ \theta_2^{(2)} \end{Bmatrix} = \begin{bmatrix} 1 & 0 & 0 \\ 0 & 1 & 0 \\ 0 & 1 & 0 \\ 0 & 0 & 1 \end{bmatrix} \begin{Bmatrix} \theta_1 \\ \theta_2 \\ \theta_3 \end{Bmatrix} \tag{b}$$

值得注意,静力平衡方程和变形协调条件中的两个变换矩阵互为转置。又由简支单元的刚度方程(9.11)已知:

$$\begin{Bmatrix} M_1^{(1)} \\ M_2^{(1)} \\ M_1^{(2)} \\ M_2^{(2)} \end{Bmatrix} = \begin{bmatrix} 4i_1 & 2i_1 & 0 & 0 \\ 2i_1 & 4i_1 & 0 & 0 \\ 0 & 0 & 4i_2 & 2i_2 \\ 0 & 0 & 2i_2 & 4i_2 \end{bmatrix} \begin{Bmatrix} \theta_1^{(1)} \\ \theta_2^{(1)} \\ \theta_1^{(2)} \\ \theta_2^{(2)} \end{Bmatrix} \tag{c}$$

将式(b)代入式(c),再将结果代入(a)后,有

$$\begin{bmatrix} 1 & 0 & 0 & 0 \\ 0 & 1 & 1 & 0 \\ 0 & 0 & 0 & 1 \end{bmatrix} \begin{bmatrix} 4i_1 & 2i_1 & 0 & 0 \\ 2i_1 & 4i_1 & 0 & 0 \\ 0 & 0 & 4i_2 & 2i_2 \\ 0 & 0 & 2i_2 & 4i_2 \end{bmatrix} \begin{bmatrix} 1 & 0 & 0 \\ 0 & 1 & 0 \\ 0 & 1 & 0 \\ 0 & 0 & 1 \end{bmatrix} \begin{Bmatrix} \theta_1 \\ \theta_2 \\ \theta_3 \end{Bmatrix} = \begin{Bmatrix} M_1 \\ M_2 \\ M_3 \end{Bmatrix} \tag{d}$$

将三个连乘矩阵展开,并引入定义

$$\{F\} = \begin{bmatrix} M_1 & M_2 & M_3 \end{bmatrix}^{\mathrm{T}} \tag{9.21}$$

$$\{\Delta\} = \begin{bmatrix} \theta_1 & \theta_2 & \theta_3 \end{bmatrix}^{\mathrm{T}} \tag{9.22}$$

即得图示连续梁的整体刚度方程:

$$[k]\{\Delta\} = \{F\} \tag{9.23}$$

其中,$[k]$就是梁的整体刚度矩阵:

$$[k] = \begin{bmatrix} 4i_1 & 2i_1 & 0 \\ 2i_1 & 4i_1 + 4i_2 & 2i_2 \\ 0 & 2i_2 & 4i_2 \end{bmatrix} \tag{9.24}$$

整体分析的目的,就是要形成整体刚度矩阵$[k]$,建立结构的整体刚度方程(9.23),反映出结构的全体未知结点位移同对应的已知结点荷载之间的线性变换关系,通过它就可由已知的结点荷载向量$\{F\}$求出未知的结点位移向量$\{\Delta\}$。再利用前节提供的单元刚度方程,便可进一步计算所有杆件的杆端内力。

9.4 直接刚度法

上节所述的推理过程表明,结构的整体刚度方程(9.23),是力学三原则,即静力平衡、变形协调和物理方程三者有机结合的直接产物,思路清晰,易于理解和掌握。下面将进一步阐明,在实际运算操作上,整体刚度矩阵$[k]$的形成还可变得更直接一些。为此,试把式(9.24)略作改写:

$$[k] = \begin{bmatrix} 4i_1 & 2i_1 & 0 \\ 2i_1 & 4i_1 & 0 \\ 0 & 0 & 0 \end{bmatrix} + \begin{bmatrix} 0 & 0 & 0 \\ 0 & 4i_2 & 2i_2 \\ 0 & 2i_2 & 4i_2 \end{bmatrix} \tag{9.25}$$

再注意到单元的局部编码与结构的整体编码之间的匹配关系:

$$\begin{cases} \theta_1^{(1)} = \theta_1 \\ \theta_2^{(1)} = \theta_2 \\ \theta_1^{(2)} = \theta_2 \\ \theta_2^{(2)} = \theta_3 \end{cases}$$

就不难发现,式(9.25)右边的第一项就是单元①的2×2阶刚度矩阵在第三行、第三列"加0边"扩大为3×3阶的结果;第二项则是单元②的2×2阶刚度矩阵在第一行、第一列"加0边"

214

扩大为 3×3 阶的结果。如果进一步考虑到,由于结点位移向量 $\{\Delta\}$ 与结点力向量 $\{F\}$ 都是 3×1 阶向量,因而联系两者的线性变换矩阵 $[k]$ 必然是 3×3 阶,共有 9 个可供选用的"地址"。因此,要形成式(9.24)所示的整体刚度矩阵 $[k]$,可以不必遵循上节的推理过程,而根据单元局部编码与结构整体编码的匹配关系,在 $[k]$ 能提供的"地址"中,用"对号入座"的办法,将各个单元刚度矩阵中的元素直接填入相应的地址,即得欲求的整体刚度矩阵。这种形成结构整体刚度矩阵的方法,通称"直接刚度法",并且可以由"电脑"代替人工来完成。

上述形成整体刚度矩阵的直接刚度法,虽然是以一个简单的两跨连续梁为例推演出来的,但往后即将看到,方法本身对各种类型的结构是普遍适用的。以图 9.6 所示四跨连续梁为例。因结点位移 $\{\Delta\}=\begin{bmatrix}\theta_1 & \theta_2 & \theta_3 & \theta_4 & \theta_5\end{bmatrix}^{\mathrm{T}}$ 与结点力 $\{F\}=\begin{bmatrix}M_1 & M_2 & M_3 & M_4 & M_5\end{bmatrix}^{\mathrm{T}}$ 都是 5×1 阶向量,故整体刚度矩阵 $[k]$ 应具有 $5\times5=25$ 个地址。根据局部编码与整体编码的匹配关系,依次将各杆元的刚度矩阵"对号入座",即得相应的整体刚度矩阵如式(9.26)所示。

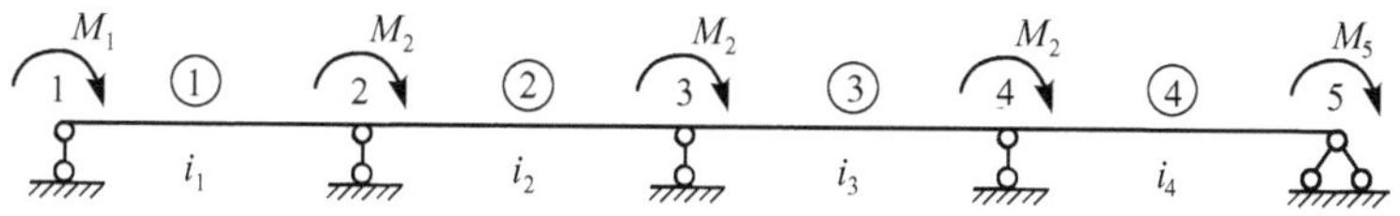

图 9.6

$$[k]=\begin{bmatrix}
4i_1 & 2i_1 & & & \\
2i_1 & 4i_1+4i_2 & 2i_2 & & \\
& 2i_2 & 4i_2+4i_3 & 2i_3 & \\
& & 2i_3 & 4i_3+4i_4 & 2i_4 \\
& & & 2i_4 & 4i_4
\end{bmatrix} \tag{9.26}$$

其中,所有空格的元素均为 0,非零元素都集中在主对角线及其左下右上两相邻次对角线上,而且极为简单。如主对角线元素为

$$\left.\begin{aligned}
k_{11}&=4i_1 \\
k_{55}&=4i_4 \\
k_{jj}&=4i_{j-1}+4i_j \qquad (j=2,3,4)
\end{aligned}\right\} \tag{9.26a}$$

次对角线的元素则为

$$k_{j-1,j}=k_{j,j-1}=2i_{j-1} \qquad (j=2,3,4,5) \tag{9.26b}$$

这种具有大量零元素且非零元素集中在主对角线及与其相邻的两条次对角线上的矩阵,称为带状稀疏矩阵,数字处理比较方便。矩阵位移法用于其他类型复杂结构所形成的整体刚度矩阵,虽然不都是这么简单整齐,但中心带状和稀疏性特点仍基本保持不变。

9.5 边界条件的处理

矩阵位移法的基本未知量是结点位移,直接刚度法是以每个结点都有未知位移为前提进行操作的。这样做的优点是,单元类型变化少,装配过程单一,程序井然,通用性强,可以迅速形成整体刚度矩阵$[k]$。对于某些边界支承,如梁的固定端,结点位移是已知的,而结点力(反力)却是未知的。在这种情况下,需根据实际的边界支承条件,对矩阵$[k]$进行有针对性的修改,方可建立起解决结构分析所需的刚度方程。仍以图9.5所示的两跨连续梁为例,仅将右端改为固定支承。用矩阵位移法解答这个问题时,暂不考虑支承情况的改变,仍按上述常规集成式(9.24)所示的刚度矩阵和式(9.23)所示的刚度方程。由于已知固定端的位移$\theta_3 = 0$,而固端反力M_3却是未知的,因而式(9.23)不再是直接解答本问题的刚度方程。如果在式(9.23)中令$\theta_3 = 0$,即

$$\begin{bmatrix} 4i_1 & 2i_1 & 0 \\ 2i_1 & 4i_1+4i_2 & 2i_2 \\ 0 & 2i_2 & 4i_2 \end{bmatrix} \begin{Bmatrix} \theta_1 \\ \theta_2 \\ 0 \end{Bmatrix} = \begin{Bmatrix} M_1 \\ M_2 \\ M_3 \end{Bmatrix}$$

就会导出如下两个等式:

$$\begin{bmatrix} 4i_1 & 2i_1 \\ 2i_1 & 4i_1+4i_2 \end{bmatrix} \begin{Bmatrix} \theta_1 \\ \theta_2 \end{Bmatrix} = \begin{Bmatrix} M_1 \\ M_2 \end{Bmatrix} \tag{9.27}$$

$$2i_2\theta_2 = M_3 \tag{9.28}$$

在式(9.27)中,未知的结点位移与已知的结点力一一对应,而且作为两者之间线性变换的整体刚度矩阵是一个非奇异矩阵,因而它是本问题的实际刚度方程,通过已知的M_1和M_2,可求出未知的θ_1和θ_2。再由式(9.28),又可由θ_2算出固端支承力矩M_3。

在实际编写计算程序时,为了方便,希望在引入边界支承条件后,不要改变整体刚度矩阵已经形成的排列次序和矩阵阶数。为达此目的,通常的做法是将式(9.23)改造为

$$\begin{bmatrix} 4i_1 & 2i_1 & 0 \\ 2i_1 & 4i_1+4i_2 & 0 \\ 0 & 0 & 1 \end{bmatrix} \begin{Bmatrix} \theta_1 \\ \theta_2 \\ \theta_3 \end{Bmatrix} = \begin{Bmatrix} M_1 \\ M_2 \\ 0 \end{Bmatrix} \tag{9.29}$$

也就是将原矩阵$[k]$中$\theta_3 = 0$所在行的主元素用1代替,而其所在行与列的所有副元素,以及与之同行的未知结点力一律改为0。经过这样修改后,既满足了$\theta_3 = 0$的边界条件,又保持了矩阵$[k]$原有的阶数和对称性。

9.6 非结点荷载的移置

在以上论证过程中,整体刚度方程(9.23)的右端$\{F\}$是以结点力为元素组成的力向量。当结构受到非结点荷载作用时,应先按静力等效原则将它移置到邻近的结点上,使之变成仅有结点荷载作用的结构,然后才能进行矩阵位移法分析。最简便的荷载移置方案,就是前面叙述位移法和弯矩分配法时曾多次使用过的做法,即先强制各结点被假想的外加约束所固定,于是各杆将各自独立地工作,易于求出它们在跨间直接荷载作用下的固端力矩$M_1^{F,j}$和$M_2^{F,j}$(j为单元整体编码,1和2为单元端点编码)。再将它们的反作用力作为荷载加入原有的结点荷载中,形成结构的综合等效结点荷载,这样便达到了化为仅有结点荷载的目的。用矩阵位移法求

得的相应结点位移,就是原结构的实际结点位移$\{\Delta\}$。但转而计算单元的杆端内力时,应考虑两个组成部分:一个是与结点位移对应的杆端力,另一个是非结点荷载引起的固端力,两者的叠加才是结构的实际杆端力。以连续梁常用的简支单元为例,单元的杆端力可表示为

$$\begin{Bmatrix} M_1^j \\ M_2^j \end{Bmatrix} = \begin{bmatrix} 4i_j & 2i_j \\ 2i_j & 4i_j \end{bmatrix} \begin{Bmatrix} \theta_{j-1} \\ \theta_j \end{Bmatrix} + \begin{Bmatrix} M_1^{F,j} \\ M_2^{F,j} \end{Bmatrix} \tag{9.30}$$

其中,j 表示单元的整体编码,1 和 2 分别表示单元的左端和右端。

为了便于查考,下面再次列出三种常见荷载引起的固端力。

(1) 集度为 q 的满跨均布荷载(图9.7a)。

$$\begin{Bmatrix} F_{y1}^{F,e} \\ M_1^{F,e} \end{Bmatrix} = \begin{Bmatrix} -\dfrac{1}{2}ql \\ -\dfrac{1}{12}ql^2 \end{Bmatrix} \tag{9.31a}$$

$$\begin{Bmatrix} F_{y2}^{F,e} \\ M_2^{F,e} \end{Bmatrix} = \begin{Bmatrix} -\dfrac{1}{2}ql \\ \dfrac{1}{12}ql^2 \end{Bmatrix} \tag{9.31b}$$

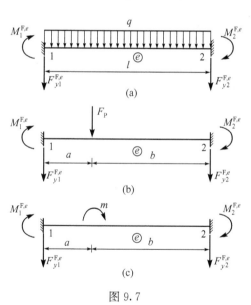

图 9.7

(2) 集中荷载 F_P(图9.7b)。

$$\begin{Bmatrix} F_{y1}^{F,e} \\ M_1^{F,e} \end{Bmatrix} = \begin{Bmatrix} -\dfrac{b^2(l+2a)F_P}{l^3} \\ -\dfrac{ab^2 F_P}{l^2} \end{Bmatrix} \tag{9.32a}$$

$$\begin{Bmatrix} F_{y2}^{\mathrm{F},e} \\ M_2^{\mathrm{F},e} \end{Bmatrix} = \begin{Bmatrix} -\dfrac{a^2(l+2b)F_{\mathrm{P}}}{l^3} \\[3mm] \dfrac{a^2bF_{\mathrm{P}}}{l^2} \end{Bmatrix} \tag{9.32b}$$

（3）集中力偶 m（图 9.7c）。

$$\begin{Bmatrix} F_{y1}^{\mathrm{F},e} \\ M_1^{\mathrm{F},e} \end{Bmatrix} = \begin{Bmatrix} \dfrac{6abm}{l^3} \\[3mm] \dfrac{b(2a-b)m}{l^2} \end{Bmatrix} \tag{9.33a}$$

$$\begin{Bmatrix} F_{y2}^{\mathrm{F},e} \\ M_2^{\mathrm{F},e} \end{Bmatrix} = \begin{Bmatrix} -\dfrac{6abm}{l^3} \\[3mm] \dfrac{a(2b-a)m}{l^2} \end{Bmatrix} \tag{9.33b}$$

9.7 连续梁的矩阵分析

综上所述,对于连续梁一类的无线位移结构,矩阵位移法的解题程序可归结为如下步骤:

（1）将原结构离散化,明确离散后的结点数和单元数,并作整体编码和局部编码。

（2）根据结点位移向量和结点力向量的阶数（$n \times 1$）,储备整体刚度矩阵的空留地址（$n \times n$）。

（3）对各单元作单元分析,形成单元刚度矩阵 $[k]^e$;再根据局部编码与整体编码的匹配关系,利用直接刚度法,将各单元的 $[k]^e$ 在整体刚度矩阵中对号入座,形成结构的整体刚度矩阵 $[k]$。

（4）求出各单元在非结点荷载作用下的固端力,确定结构的综合等效结点荷载,建立结构的整体刚度方程。

（5）计入边界支承条件,修改整体刚度矩阵 $[k]$ 和结点力向量 $\{F\}$,形成实际结构的刚度方程,解得全体结点位移。

（6）根据叠加原理,按式（9.30）计算各杆的杆端弯矩。

例 9-1 图 9.8a 为一等截面三跨连续梁,各跨跨长 $l=4\ \mathrm{m}$,抗弯刚度系数 $i=EI/l$ 均为

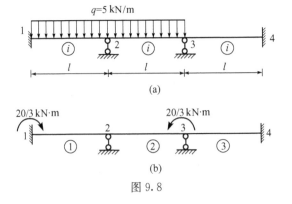

图 9.8

218

相同的已知常量。试用矩阵位移法求出中间支承结点的角位移和各杆的杆端弯矩。

解 （1）按图示结点与杆元的整体编码，各杆的固端弯矩依次为

$$\begin{cases} M_1^{F,(1)}=-\dfrac{20}{3}\ \text{kN}\cdot\text{m} \\[2mm] M_2^{F,(1)}=\dfrac{20}{3}\ \text{kN}\cdot\text{m} \\[2mm] M_1^{F,(2)}=-\dfrac{20}{3}\ \text{kN}\cdot\text{m} \\[2mm] M_2^{F,(2)}=\dfrac{20}{3}\ \text{kN}\cdot\text{m} \\[2mm] M_1^{F,(3)}=0 \\[2mm] M_2^{F,(3)}=0 \end{cases}$$

结构的等效结点荷载示于图 9.8b。

（2）各杆的单元刚度矩阵为

$$[k]^{(j)}=\begin{bmatrix} 4i & 2i \\ 2i & 4i \end{bmatrix}\quad (j=1,2,3)$$

（3）整体刚度矩阵共有 $4\times4=16$ 个地址，用直接刚度法对号入座。局部结点编码和整体结点编码的匹配关系为

$$单元①\quad\begin{cases} \bar{1} & \to & 1 \\ \bar{2} & \to & 2 \end{cases}$$

$$单元②\quad\begin{cases} \bar{1} & \to & 2 \\ \bar{2} & \to & 3 \end{cases}$$

$$单元③\quad\begin{cases} \bar{1} & \to & 3 \\ \bar{2} & \to & 4 \end{cases}$$

其中，$\bar{i}(\bar{i}=1,2)$ 为单元的局部结点编码；$j(j=1,2,3,4)$ 为结构的整体结点编码。上述匹配关系表明，单元①的第 1 结点对应于整体编码的结点 1，第 2 结点对应于整体编码的结点 2；单元②的第 1 结点对应于整体编码的结点 2，第 2 结点对应于整体编码的结点 3；单元③的第 1 结点对应于整体编码的结点 3，第 2 结点对应于整体编码的结点 4。由此可集成得连续梁的整体刚度矩阵如下：

$$[k]=\begin{bmatrix} k_{11}^{(1)} & k_{12}^{(1)} & & \\ k_{21}^{(1)} & k_{22}^{(1)}+k_{11}^{(2)} & k_{12}^{(2)} & \\ & k_{21}^{(2)} & k_{22}^{(2)}+k_{11}^{(3)} & k_{12}^{(3)} \\ & & k_{21}^{(3)} & k_{22}^{(3)} \end{bmatrix}$$

$$= \begin{bmatrix} 4i & 2i & & \\ 2i & 8i & 2i & \\ & 2i & 8i & 2i \\ & & 2i & 4i \end{bmatrix}$$

（4）计入固定端的边界条件 $\theta_1 = 0$ 和 $\theta_4 = 0$，令

$$k_{11} = k_{44} = 1$$
$$k_{1i} = k_{i1} = 0 \qquad (i = 2, 3, 4)$$
$$k_{4j} = k_{j4} = 0 \qquad (j = 1, 2, 3)$$
$$F_1 = F_4 = 0$$

得梁的实际整体刚度方程

$$\begin{bmatrix} 1 & 0 & 0 & 0 \\ 0 & 8i & 2i & 0 \\ 0 & 2i & 8i & 0 \\ 0 & 0 & 0 & 1 \end{bmatrix} \begin{Bmatrix} \theta_1 \\ \theta_2 \\ \theta_3 \\ \theta_4 \end{Bmatrix} = \begin{Bmatrix} 0 \\ 0 \\ -\dfrac{20}{3} \\ 0 \end{Bmatrix}$$

解得

$$\begin{cases} \theta_2 = \dfrac{0.222}{i} \\ \theta_3 = -\dfrac{0.889}{i} \end{cases}$$

（5）各跨杆端弯矩为（单位：kN·m）

$$\begin{Bmatrix} M_1^{(1)} \\ M_2^{(1)} \end{Bmatrix} = \begin{bmatrix} 4i & 2i \\ 2i & 4i \end{bmatrix} \begin{Bmatrix} 0 \\ \dfrac{0.222}{i} \end{Bmatrix} + \begin{Bmatrix} -\dfrac{20}{3} \\ \dfrac{20}{3} \end{Bmatrix} = \begin{Bmatrix} -6.22 \\ 7.56 \end{Bmatrix}$$

$$\begin{Bmatrix} M_1^{(2)} \\ M_2^{(2)} \end{Bmatrix} = \begin{bmatrix} 4i & 2i \\ 2i & 4i \end{bmatrix} \begin{Bmatrix} \dfrac{0.222}{i} \\ -\dfrac{0.889}{i} \end{Bmatrix} + \begin{Bmatrix} -\dfrac{20}{3} \\ \dfrac{20}{3} \end{Bmatrix} = \begin{Bmatrix} -7.56 \\ 3.56 \end{Bmatrix}$$

$$\begin{Bmatrix} M_1^{(3)} \\ M_2^{(3)} \end{Bmatrix} = \begin{bmatrix} 4i & 2i \\ 2i & 4i \end{bmatrix} \begin{Bmatrix} -\dfrac{0.889}{i} \\ 0 \end{Bmatrix} = \begin{Bmatrix} -3.56 \\ -1.78 \end{Bmatrix}$$

9.8 坐标变换

为了便于讲清矩阵位移法的基本概念和简化推演过程，以上主要以连续梁为例进行了论述。这种做法虽不失其一般性，但有一点值得注意的是，对于连续梁，由于各杆轴线都位于同

一直线上,因此单元刚度矩阵和整体刚度矩阵可用同一个坐标系来描述。而对于某些比较复杂的结构,如平面刚架和桁架等,它们的组成部件可有各自的不同方位,会给整体分析带来某些不便。对于此类结构,需要采用两种坐标系:一种是以杆件起始端为原点、杆轴为横轴、垂直杆轴方向为纵轴的局部坐标系 $\xi-\eta$;另一种是固定于结构平面内的整体坐标系 $x-y$。局部坐标系在整体坐标系中的位置,可用杆件起始端的坐标以及 ξ 轴和 x 轴的夹角 α 来确定,α 以图 9.9 所示方向作为正向。局部坐标系用来描述单根杆件自身的静力平衡条件、变形协调条件和物理关系。第 9.2 节"单元分析"中获得的各种杆元的刚度矩阵和刚度方程,都是以局部坐标系为基准的。由于局部坐标系彼此互异,这些矩阵和方程的形式一般不尽相同,在研究结构的整体平衡条件、协调条件和物理关系时,为使各杆件能够相互沟通,必须以整体坐标系作为公共的统一坐标系。由解析几何已知,这两个坐标系之间存在一定的变换关系,这就规定了同一杆件的杆端力或杆端位移分别在局部坐标系和整体坐标系中的分量之间必然也存在一定的变换关系。现将这种变换关系介绍如下。

9.8.1　杆端力向量间的坐标变换

如图 9.9 所示,设任一杆件左端 1 的杆端力向量在局部坐标系中的分量为 $F_{\xi 1}$、$F_{\eta 1}$ 和 M_1,在整体坐标系中的分量为 F_{X1}、F_{Y1} 和 M_1;右端 2 的杆端内力向量在局部坐标系中的分量为 $F_{\xi 2}$、$F_{\eta 2}$ 和 M_2,在整体坐标系中的分量为 F_{X2}、F_{Y2} 和 M_2,则根据图示的几何关系,可以直接写出左右两端力向量从整体坐标系到局部坐标系的变换式分别为

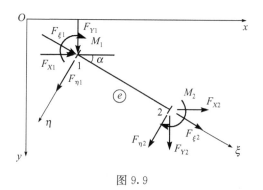

图 9.9

$$\begin{Bmatrix} F_{\xi 1} \\ F_{\eta 1} \\ M_1 \end{Bmatrix}^e = \begin{bmatrix} \cos\alpha & \sin\alpha & 0 \\ -\sin\alpha & \cos\alpha & 0 \\ 0 & 0 & 1 \end{bmatrix} \begin{Bmatrix} F_{X1} \\ F_{Y1} \\ M_1 \end{Bmatrix}^e$$

$$\begin{Bmatrix} F_{\xi 2} \\ F_{\eta 2} \\ M_2 \end{Bmatrix}^e = \begin{bmatrix} \cos\alpha & \sin\alpha & 0 \\ -\sin\alpha & \cos\alpha & 0 \\ 0 & 0 & 1 \end{bmatrix} \begin{Bmatrix} F_{X2} \\ F_{Y2} \\ M_2 \end{Bmatrix}^e$$

上列两式可合写为一个矩阵等式:

$$\{\overline{F}\}^e = [T]\{F\}^e \tag{9.34}$$

其中,$\{\overline{F}\}^e$ 和 $\{F\}^e$ 分别表示局部坐标系和整体坐标系中的杆端力向量:

$$\{\overline{F}\}^e = \begin{bmatrix} F_{\xi1} & F_{\eta1} & M_1 & F_{\xi2} & F_{\eta2} & M_2 \end{bmatrix}^{\mathrm{T}} \tag{9.35}$$

$$\{F\}^e = \begin{bmatrix} F_{X1} & F_{Y1} & M_1 & F_{X2} & F_{Y2} & M_2 \end{bmatrix}^{\mathrm{T}} \tag{9.36}$$

$[T]$ 则称为杆元的坐标变换矩阵：

$$[T] = \begin{bmatrix} \cos\alpha & \sin\alpha & 0 & 0 & 0 & 0 \\ -\sin\alpha & \cos\alpha & 0 & 0 & 0 & 0 \\ 0 & 0 & 1 & 0 & 0 & 0 \\ 0 & 0 & 0 & \cos\alpha & \sin\alpha & 0 \\ 0 & 0 & 0 & -\sin\alpha & \cos\alpha & 0 \\ 0 & 0 & 0 & 0 & 0 & 1 \end{bmatrix} \tag{9.37}$$

9.8.2　杆端位移向量间的坐标变换

如图 9.10 所示，设任一杆件左端 1 的杆端位移向量在局部坐标系和整体坐标系中的分量分别为 $\overline{u}_1$、$\overline{v}_1$、$\overline{\theta}_1$ 和 u_1、v_1、θ_1；右端 2 在局部坐标系和整体坐标系中的分量分别为 $\overline{u}_2$、$\overline{v}_2$、$\overline{\theta}_2$ 和 u_2、v_2、θ_2，则由图示几何关系，亦可直接写出杆端位移向量从整体坐标系到局部坐标系的变换式为

$$\{\overline{\Delta}\}^e = [T]\{\Delta\}^e \tag{9.38}$$

其中 $\{\overline{\Delta}\}^e$ 和 $\{\Delta\}^e$ 分别表示局部坐标系和整体坐标系中的杆端位移向量：

$$\{\overline{\Delta}\}^e = \begin{bmatrix} \overline{u}_1 & \overline{v}_1 & \overline{\theta}_1 & \overline{u}_2 & \overline{v}_2 & \overline{\theta}_2 \end{bmatrix}^{\mathrm{T}} \tag{9.39}$$

$$\{\Delta\}^e = \begin{bmatrix} u_1 & v_1 & \theta_1 & u_2 & v_2 & \theta_2 \end{bmatrix}^{\mathrm{T}} \tag{9.40}$$

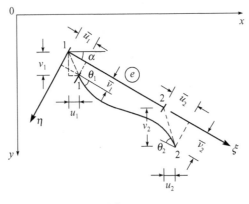

图 9.10

坐标变换矩阵 $[T]$ 则仍如公式(9.37)所示。

由此可见，从整体坐标系到局部坐标系，杆端内力向量之间的变换与杆端位移向量之间的变换具有相同的变换形式，而且都是由同一个变换矩阵 $[T]$ 来实现。

9.8.3　坐标变换矩阵的正交性

不难证明，式(9.37)所示的坐标变换矩阵 $[T]$ 是一个正交矩阵。这是因为，当杆件发生

222

弹性变形时,杆端力在相应杆端位移上所作之功,在局部坐标系和整体坐标系中的表达式分别为

$$W_{\xi-\eta} = \frac{1}{2} \{\overline{F}\}^{\mathrm{T}} \{\overline{\Delta}\}$$

和

$$W_{X-Y} = \frac{1}{2} \{F\}^{\mathrm{T}} \{\Delta\}$$

而同一力在同一位移上所作之功与坐标系的选择无关,上列二式右边应相等,即

$$\{\overline{F}\}^{\mathrm{T}} \{\overline{\Delta}\} = \{F\}^{\mathrm{T}} \{\Delta\}$$

将线性变换式(9.34)和式(9.38)代入上式左端,并注意矩阵乘积的转置规则,可得

$$\{F\}^{\mathrm{T}} ([T]^{\mathrm{T}} [T]) \{\Delta\} = \{F\}^{\mathrm{T}} \{\Delta\}$$

由于杆端的力向量和位移向量都是任意的,欲使上式成立,必有

$$[T]^{\mathrm{T}} [T] = [I] \tag{9.41}$$

式中,$[I]$是与$[T]$同阶的单位矩阵。

由此推知:

$$[T]^{-1} = [T]^{\mathrm{T}} \tag{9.42}$$

即$[T]$的逆矩阵等于自身的转置矩阵,这就是$[T]$为正交矩阵的证明。这一点也可直接将式(9.37)代入式(9.41)左边展开后得到验证。

根据正交关系式(9.42),由式(9.34)和式(9.38),可以得到从局部坐标系到整体坐标系的变换式如下:

$$\left. \begin{array}{l} \{F\}^e = [T]^{\mathrm{T}} \{\overline{F^e}\} \\ \{\Delta\}^e = [T]^{\mathrm{T}} \{\overline{\Delta}\}^e \end{array} \right\} \tag{9.43}$$

9.8.4 整体坐标系中的单元刚度矩阵

前已提及,第9.2节论述的单元分析都是在局部坐标系中进行的。这样做的优点是演绎过程比较简单,单元刚度矩阵形式整齐简洁,易于形成和识别。但在进行整体分析时,必须通过坐标变换,把所有局部坐标系中的单元刚度矩阵转换到一个统一的整体坐标系中,使之变成以整体坐标系为基准的单元刚度矩阵,然后才能运用直接刚度法进行整体集成。

若令$[\overline{k}]^e$表示任意杆件在局部坐标系中的单元刚度矩阵,则其刚度方程可表示为

$$\{\overline{F}\}^e = [\overline{k}]^e \{\overline{\Delta}\}^e \tag{9.44}$$

将坐标变换式(9.34)和式(9.38)代入上式,有

$$[T]\{F\}^e = [\bar{k}]^e [T]\{\Delta\}^e$$

式中 $\{F\}^e$、$\{\Delta\}^e$ 分别表示杆元在整体坐标系中的杆端力向量和杆端位移向量。

再将上式两端同左乘以 $[T]^\mathrm{T}$，并注意正交关系式(9.42)，即得

$$\{F\}^e = [k]^e \{\Delta\}^e \tag{9.45}$$

其中

$$[k]^e = [T]^\mathrm{T} [\bar{k}]^e [T] \tag{9.46}$$

就是整体坐标系中的单元刚度矩阵算式。这个结果表明，已知局部坐标系中的单元刚度矩阵 $[\bar{k}]^e$，利用式(9.37)所示的坐标变换矩阵 $[T]$，就可直接推出 $[k]^e$。

例 9-2 试求图 9.11 所示刚架中单元①和单元②在整体坐标系中的单元刚度矩阵 $[k]^{(j)}(j=1,2)$。已知各杆的几何物理参数分别为

$$i_1 = \frac{EI_1}{l_1} = 0.312\ 5 \times 10^6\ \text{kN} \cdot \text{m}; \quad i_2 = \frac{EI_2}{l_2} = 0.25 \times 10^6\ \text{kN} \cdot \text{m};$$

$$\frac{EA_1}{l_1} = 3.75 \times 10^6\ \text{kN/m}; \quad \frac{EA_2}{l_2} = 3 \times 10^6\ \text{kN/m}$$

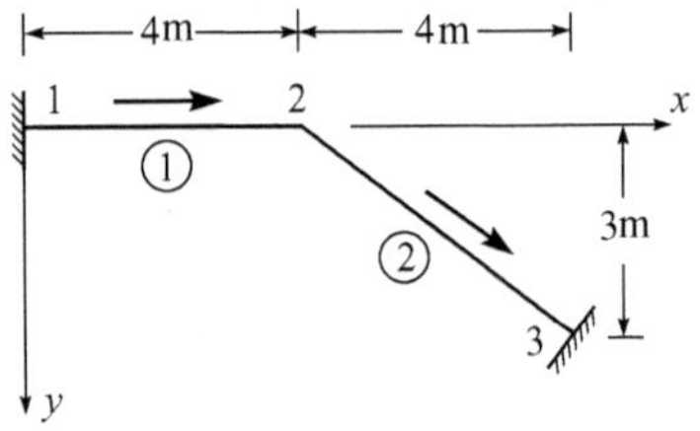

图 9.11

图中 $x-y$ 表示整体坐标系，杆旁箭头指示该杆局部坐标系的 ξ 轴向。

解 (1) 各杆在局部坐标系中的单元刚度矩阵

根据题给数据，按一般平面杆件的单元刚度矩阵公式(9.19)，得

$$[\bar{k}]^{(1)} = 10^6 \times \begin{bmatrix} 3.75 & 0 & 0 & -3.75 & 0 & 0 \\ 0 & 0.234 & 0.469 & 0 & -0.234 & 0.469 \\ 0 & 0.469 & 1.25 & 0 & -0.469 & 0.625 \\ -3.75 & 0 & 0 & 3.75 & 0 & 0 \\ 0 & -0.234 & -0.469 & 0 & 0.234 & -0.469 \\ 0 & 0.469 & 0.625 & 0 & -0.469 & 1.25 \end{bmatrix}$$

$$[\bar{k}]^{(2)} = 10^6 \times \begin{bmatrix} 3.0 & 0 & 0 & -3.0 & 0 & 0 \\ 0 & 0.12 & 0.3 & 0 & -0.12 & 0.3 \\ 0 & 0.3 & 1.0 & 0 & -0.3 & 0.5 \\ -3.0 & 0 & 0 & 3.0 & 0 & 0 \\ 0 & -0.12 & -0.3 & 0 & 0.12 & -0.3 \\ 0 & 0.3 & 0.5 & 0 & -0.3 & 1.0 \end{bmatrix}$$

（2）各杆在整体坐标系中的单元刚度矩阵

单元①：因 $\alpha=0$，按式(9.37)，$[T]=[I]_{6\times6}$，故 $[k]^{(1)}=[\bar{k}]^{(1)}$

单元②：因 $\cos\alpha=0.8$，$\sin\alpha=0.6$，按式(9.37)，有

$$[T]=\begin{bmatrix} 0.8 & 0.6 & 0 & 0 & 0 & 0 \\ -0.6 & 0.8 & 0 & 0 & 0 & 0 \\ 0 & 0 & 1 & 0 & 0 & 0 \\ 0 & 0 & 0 & 0.8 & 0.6 & 0 \\ 0 & 0 & 0 & -0.6 & 0.8 & 0 \\ 0 & 0 & 0 & 0 & 0 & 1 \end{bmatrix}$$

故由式(9.46)，得

$$[k]^{(2)}=[T]^{\mathrm{T}}[\bar{k}]^{(2)}[T]$$

$$=10^6\times\begin{bmatrix} 1.963 & 1.382 & -0.180 & -1.963 & -1.382 & -0.180 \\ 1.382 & 1.157 & 0.240 & -1.382 & -1.157 & 0.240 \\ -0.180 & 0.240 & 1 & 0.180 & -0.240 & 0.5 \\ -1.963 & -1.382 & 0.180 & 1.963 & 1.382 & 0.180 \\ -1.382 & -1.157 & -0.240 & 1.382 & 1.157 & -0.240 \\ -0.180 & 0.240 & 0.5 & 0.180 & -0.240 & 1 \end{bmatrix}$$

9.9　平面刚架的矩阵分析

矩阵位移法用于平面刚架的内力和位移分析，基本步骤与用于连续梁大体相同，但计算过程要复杂得多，这主要表现在以下几个方面。

（1）一般情况下，每个杆端都有三个位移自由度，即一个角位移和两个方向正交的线位移，因而单元刚度矩阵的阶数要由 2×2 扩大到 6×6。

（2）必须引入局部和整体两个坐标系，求单元刚度矩阵要分作两步：先形成局部坐标系的单元刚度矩阵，再利用坐标变换获取整体坐标系的单元刚度矩阵。

（3）结构的整体刚度矩阵，必须在统一的整体坐标系中集成；使用的是整体坐标系中而不是局部坐标系中的单元刚度矩阵。

（4）结构的等效结点荷载，也必须在整体坐标系中综合。因此，需先计算局部坐标系中的固端力，再按坐标变换式(9.43)推出整体坐标系中的固端力，然后进行必要的叠加。

（5）求出整体坐标系中的杆端力向量后，还需通过式(9.34)进行逆变换，才能得到各杆的杆端弯矩、剪力和轴力。

更多细节详见下述例题。

例 9-3　试求图 9.12a 所示刚架的结点位移和杆端内力。设结构的几何尺寸和各杆的物理参数均与例 9-2 相同。

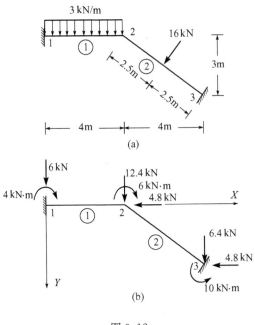

图 9.12

解 （1）确定刚架的等效结点荷载$\{F_P\}$

单元①在图示均布荷载作用下,在局部和整体坐标系中的固端力是一样的:

$$\begin{Bmatrix} F_{\xi1}^F \\ F_{\eta1}^F \\ M_1^F \\ F_{\xi2}^F \\ F_{\eta2}^F \\ M_2^F \end{Bmatrix} = \begin{Bmatrix} F_{X1}^F \\ F_{Y1}^F \\ M_1^F \\ F_{X2}^F \\ F_{Y2}^F \\ M_2^F \end{Bmatrix} = \begin{Bmatrix} 0 \\ -6 \\ -4 \\ 0 \\ -6 \\ 4 \end{Bmatrix} \tag{a}$$

下面求单元②在图示集中荷载作用下的固端力。

局部坐标系:

$$\begin{Bmatrix} F_{\xi1}^F \\ F_{\eta1}^F \\ M_1^F \\ F_{\xi2}^F \\ F_{\eta2}^F \\ M_2^F \end{Bmatrix} = \begin{Bmatrix} 0 \\ -8 \\ -10 \\ 0 \\ -8 \\ 10 \end{Bmatrix}$$

整体坐标系:

226

$$\left\{\begin{array}{c} F_{X1}^{\mathrm{F}} \\ F_{Y1}^{\mathrm{F}} \\ M_1^{\mathrm{F}} \\ F_{X2}^{\mathrm{F}} \\ F_{Y2}^{\mathrm{F}} \\ M_2^{\mathrm{F}} \end{array}\right\}^{(2)} = \begin{bmatrix} 0.8 & -0.6 & 0 & 0 & 0 & 0 \\ 0.6 & 0.8 & 0 & 0 & 0 & 0 \\ 0 & 0 & 1 & 0 & 0 & 0 \\ 0 & 0 & 0 & 0.8 & -0.6 & 0 \\ 0 & 0 & 0 & 0.6 & 0.8 & 0 \\ 0 & 0 & 0 & 0 & 0 & 1 \end{bmatrix} \left\{\begin{array}{c} 0 \\ -8 \\ -10 \\ 0 \\ -8 \\ 10 \end{array}\right\} = \left\{\begin{array}{c} 4.8 \\ -6.4 \\ -10 \\ 4.8 \\ -6.4 \\ 10 \end{array}\right\} \qquad (b)$$

将式(a)和式(b)所示的固端力反向作用在相应的结点上,并在结点 2 作叠加处理后,即得刚架的等效结点荷载

$$\{F_\mathrm{P}\} = \begin{bmatrix} 0 & 6 & 4 & -4.8 & 12.4 & 6 & -4.8 & 6.4 & -10 \end{bmatrix}^{\mathrm{T}}$$

这个结果示于图 9.12b。

(2) 集成刚架的整体刚度矩阵 $[k]$

先将刚架的三个结点 1、2、3 都看作自由结点,每个结点都有三个自由度。据此把整体刚度矩阵 $[k]$ 写成 3×3 分块形式。每个分块预留 3×3 个待用地址。结点局部编码与整体编码的匹配关系为

$$单元① \begin{cases} \bar{1} \rightarrow 1 \\ \bar{2} \rightarrow 2 \end{cases}$$

$$单元② \begin{cases} \bar{1} \rightarrow 2 \\ \bar{2} \rightarrow 3 \end{cases}$$

由此可集成得刚架的整体刚度矩阵如下:

$$[k] = \begin{bmatrix} [k_{11}]^{(1)} & [k_{12}]^{(1)} & \\ [k_{21}]^{(1)} & [k_{22}]^{(1)}+[k_{11}]^{(2)} & [k_{12}]^{(2)} \\ & [k_{21}]^{(2)} & [k_{22}]^{(2)} \end{bmatrix} = 10^6 \times$$

$$\begin{bmatrix}
3.75 & 0 & 0 & -3.75 & 0 & 0 & 0 & 0 & 0 \\
0 & 0.234 & 0.469 & 0 & -0.234 & 0.469 & 0 & 0 & 0 \\
0 & 0.469 & 1.25 & 0 & -0.469 & 0.625 & 0 & 0 & 0 \\
-3.75 & 0 & 0 & 5.713 & 1.382 & -0.18 & -1.963 & -1.382 & -0.18 \\
0 & -0.234 & -0.469 & 1.382 & 1.391 & -0.229 & -1.382 & -1.157 & 0.24 \\
0 & 0.469 & 0.625 & -0.18 & -0.229 & 2.25 & 0.18 & -0.24 & 0.5 \\
0 & 0 & 0 & -1.963 & -1.382 & 0.18 & 1.963 & 1.382 & 0.18 \\
0 & 0 & 0 & -1.382 & -1.157 & -0.24 & 1.382 & 1.157 & -0.24 \\
0 & 0 & 0 & -0.18 & 0.24 & 0.5 & 0.18 & -0.24 & 1
\end{bmatrix}$$

(3) 计入边界支承条件,建立整体刚度方程

因边界结点 1 和 3 为固定端,故有 $u_1=v_1=\theta_1=0$ 和 $u_3=v_3=\theta_3=0$。令

227

$$k_{ii}=1 \qquad (i=1,2,3,7,8,9)$$

$$k_{ij}=k_{ji}=0 \qquad (i,j=1,2,3,7,8,9,j\neq i)$$

$$F_i=0 \qquad (i=1,2,3,7,8,9)$$

修改后的整体刚度方程为

$$10^6 \times \begin{bmatrix} 1 & 0 & 0 & 0 & 0 & 0 & 0 & 0 & 0 \\ 0 & 1 & 0 & 0 & 0 & 0 & 0 & 0 & 0 \\ 0 & 0 & 1 & 0 & 0 & 0 & 0 & 0 & 0 \\ 0 & 0 & 0 & 5.731 & 1.382 & -0.18 & 0 & 0 & 0 \\ 0 & 0 & 0 & 1.382 & 1.391 & -0.229 & 0 & 0 & 0 \\ 0 & 0 & 0 & -0.18 & -0.229 & 2.25 & 0 & 0 & 0 \\ 0 & 0 & 0 & 0 & 0 & 0 & 1 & 0 & 0 \\ 0 & 0 & 0 & 0 & 0 & 0 & 0 & 1 & 0 \\ 0 & 0 & 0 & 0 & 0 & 0 & 0 & 0 & 1 \end{bmatrix} \begin{Bmatrix} u_1 \\ v_1 \\ \theta_1 \\ u_2 \\ v_2 \\ \theta_2 \\ u_3 \\ v_3 \\ \theta_3 \end{Bmatrix} = \begin{Bmatrix} 0 \\ 0 \\ 0 \\ -4.8 \\ 12.4 \\ 6.0 \\ 0 \\ 0 \\ 0 \end{Bmatrix}$$

解此方程,即得结点 2 的三个位移分量

$$\begin{cases} u_2=-3.985\ 4\times 10^{-6}\ \text{m} \\ v_2=-13.486\ 6\times 10^{-6}\ \text{m} \\ \theta_2=3.720\ 5\times 10^{-6}\ \text{rad} \end{cases}$$

(4) 计算各杆的杆端力

单元①:

$$\{\overline{F}\}^{(1)}=\{F\}^{(1)}$$

$$= \begin{bmatrix} 3.75 & 0 & 0 & -3.75 & 0 & 0 \\ 0 & 0.234 & 0.469 & 0 & -0.234 & 0.469 \\ 0 & 0.469 & 1.25 & 0 & -0.469 & 0.625 \\ -3.75 & 0 & 0 & 3.75 & 0 & 0 \\ 0 & -0.234 & -0.469 & 0 & 0.234 & -0.469 \\ 0 & 0.469 & 0.625 & 0 & -0.469 & 1.25 \end{bmatrix} \begin{Bmatrix} 0 \\ 0 \\ 0 \\ -3.985\ 4 \\ 13.486\ 6 \\ 3.720\ 5 \end{Bmatrix} + \begin{Bmatrix} 0 \\ -6 \\ -4 \\ 0 \\ -6 \\ 4 \end{Bmatrix}$$

$$= \begin{Bmatrix} 14.945 \\ -7.411 \\ -8.0 \\ -14.945 \\ -4.589 \\ 2.325 \end{Bmatrix}$$

单元②:先求$\{F\}^{(2)}$,再求$\{\overline{F}\}^{(2)}$。

$$\{F\}^{(2)} = \begin{bmatrix} 1.963 & 1.382 & -0.18 & -1.963 & -1.382 & -0.18 \\ 1.382 & 1.157 & 0.24 & -1.382 & -1.157 & 0.24 \\ -0.18 & 0.24 & 1.0 & 0.18 & -0.24 & 0.5 \\ -1.963 & -1.382 & 0.18 & 1.963 & 1.382 & 0.18 \\ -1.382 & -1.157 & -0.24 & 1.382 & 1.157 & -0.24 \\ -0.18 & 0.24 & 0.5 & 0.18 & -0.24 & 1.0 \end{bmatrix} \begin{Bmatrix} -3.985\ 4 \\ 13.486\ 6 \\ 3.720\ 5 \\ 0 \\ 0 \\ 0 \end{Bmatrix} +$$

$$\begin{Bmatrix} 4.8 \\ -6.4 \\ -10 \\ 4.8 \\ -6.4 \\ 10 \end{Bmatrix} = \begin{Bmatrix} 14.945 \\ 4.589 \\ -2.325 \\ -5.345 \\ -17.389 \\ 15.814 \end{Bmatrix}$$

$$\{\bar{F}\}^{(2)} = \begin{bmatrix} 0.8 & 0.6 & 0 & 0 & 0 & 0 \\ -0.6 & 0.8 & 0 & 0 & 0 & 0 \\ 0 & 0 & 1 & 0 & 0 & 0 \\ 0 & 0 & 0 & 0.8 & 0.6 & 0 \\ 0 & 0 & 0 & -0.6 & 0.8 & 0 \\ 0 & 0 & 0 & 0 & 0 & 1 \end{bmatrix} \begin{Bmatrix} 14.945 \\ 4.589 \\ -2.325 \\ -5.345 \\ -17.389 \\ 15.814 \end{Bmatrix} = \begin{Bmatrix} 14.704 \\ -5.296 \\ -2.325 \\ -14.704 \\ -10.704 \\ 15.814 \end{Bmatrix}$$

各杆的杆端力及荷载示于图 9.13。

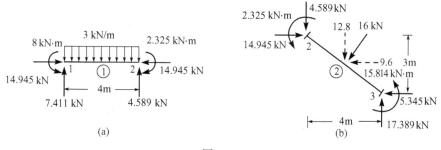

图 9.13

9.10 平面桁架的矩阵分析

矩阵位移法用于平面桁架的内力和位移分析,与前节用于平面刚架的基本步骤原则上没有什么不同。但由于桁架的自身特点,有关计算公式可以进行一些简化。

对于平面桁架,值得注意的有两点:一是所有单元都是两端铰接的轴力杆件,在局部坐标系中,每一杆端只有一个位移自由度,单元刚度矩阵如式 (9.5) 所示都是 2×2 阶的;二是矩阵分析的基本未知量不包括结点转角,每个结点只有两个线位移分量。轴力单元在整体坐标系中的杆端力向量(见图 9.14)和位移向量分别为

229

$$\{F\}^e = \begin{bmatrix} F_{X1} & F_{Y1} & F_{X2} & F_{Y2} \end{bmatrix}^T \tag{9.47}$$

$$\{\Delta\}^e = \begin{bmatrix} u_1 & v_1 & u_2 & v_2 \end{bmatrix}^T \tag{9.48}$$

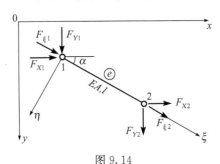

图 9.14

因而整体坐标系中的单元刚度矩阵是 4×4 阶的。为了便于进行整体集成和坐标变换,轴力杆件在局部坐标系中的单元刚度矩阵宜由式(9.5)所示的 2×2 阶扩充为 4×4 阶,即单元刚度方程(9.5)改写为

$$\begin{Bmatrix} F_{\xi 1} \\ F_{\eta 1} \\ F_{\xi 2} \\ F_{\eta 2} \end{Bmatrix} = \frac{EA}{l} \begin{bmatrix} 1 & 0 & -1 & 0 \\ 0 & 0 & 0 & 0 \\ -1 & 0 & 1 & 0 \\ 0 & 0 & 0 & 0 \end{bmatrix} \begin{Bmatrix} u_1 \\ v_1 \\ u_2 \\ v_2 \end{Bmatrix} \tag{9.49}$$

与此相应,桁架杆件的坐标变换矩阵也应该是 4×4 阶的,可由删去式(9.37)中的第 3 行、第 3 列和第 6 行、第 6 列得到

$$[T] = \begin{bmatrix} \cos\alpha & \sin\alpha & 0 & 0 \\ -\sin\alpha & \cos\alpha & 0 & 0 \\ 0 & 0 & \cos\alpha & \sin\alpha \\ 0 & 0 & -\sin\alpha & \cos\alpha \end{bmatrix} \tag{9.50}$$

桁架杆件在整体坐标系中的单元刚度矩阵,则仍按式(9.46)计算。将式(9.49)中的 $[\bar{k}]^e$ 和式(9.50)代入式(9.46),得

$$[k]^e = \begin{bmatrix} [k_{11}]^e & [k_{12}]^e \\ [k_{21}]^e & [k_{22}]^e \end{bmatrix} \tag{9.51}$$

其中

$$[k_{11}]^e = [k_{22}]^e = -[k_{12}]^e = -[k_{21}]^e$$

$$= \frac{EA}{l} \begin{bmatrix} \cos^2\alpha & \sin\alpha\cos\alpha \\ \sin\alpha\cos\alpha & \sin^2\alpha \end{bmatrix} \tag{9.51a}$$

例 9-4 试求图 9.15 所示桁架的结点位移和杆件内力,设各杆 EA 相同。

解 (1)图中 $x-y$ 为桁架的整体坐标系,箭头方向指示各单元的局部坐标系。结点和单元的整体编码如图所示。

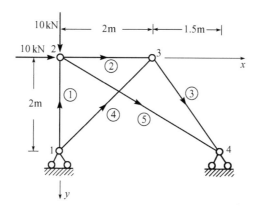

图 9.15

（2）求整体坐标系中的单元刚度矩阵。按式（9.51）不难算得如下：

单元①：$\cos\alpha=0, \sin\alpha=-1, l=2$ m

$$[k]^{(1)} = \begin{bmatrix} [k_{11}]^{(1)} & [k_{12}]^{(1)} \\ [k_{21}]^{(1)} & [k_{22}]^{(1)} \end{bmatrix}$$

$$[k_{11}]^{(1)} = [k_{22}]^{(1)} = -[k_{12}]^{(1)} = -[k_{21}]^{(1)} = EA \begin{bmatrix} 0 & 0 \\ 0 & 0.5 \end{bmatrix}$$

单元②：$\cos\alpha=1, \sin\alpha=0, l=2$ m

$$[k]^{(2)} = \begin{bmatrix} [k_{11}]^{(2)} & [k_{12}]^{(2)} \\ [k_{21}]^{(2)} & [k_{22}]^{(2)} \end{bmatrix}$$

$$[k_{11}]^{(2)} = [k_{22}]^{(2)} = -[k_{12}]^{(2)} = -[k_{21}]^{(2)} = EA \begin{bmatrix} 0.5 & 0 \\ 0 & 0 \end{bmatrix}$$

单元③：$\cos\alpha=0.6, \sin\alpha=0.8, l=2.5$ m

$$[k]^{(3)} = \begin{bmatrix} [k_{11}]^{(3)} & [k_{12}]^{(3)} \\ [k_{21}]^{(3)} & [k_{22}]^{(3)} \end{bmatrix}$$

$$[k_{11}]^{(3)} = [k_{22}]^{(3)} = -[k_{12}]^{(3)} = -[k_{21}]^{(3)} = EA \begin{bmatrix} 0.144 & 0.192 \\ 0.192 & 0.256 \end{bmatrix}$$

单元④：$\cos\alpha=\dfrac{1}{\sqrt{2}}, \sin\alpha=-\dfrac{1}{\sqrt{2}}, l=2\sqrt{2}$ m

$$[k]^{(4)} = \begin{bmatrix} [k_{11}]^{(4)} & [k_{13}]^{(4)} \\ [k_{31}]^{(4)} & [k_{33}]^{(4)} \end{bmatrix}$$

$$[k_{11}]^{(4)} = [k_{33}]^{(4)} = -[k_{13}]^{(4)} = -[k_{31}]^{(4)} = EA \begin{bmatrix} 0.177 & -0.177 \\ -0.177 & 0.177 \end{bmatrix}$$

单元⑤：$\cos\alpha = \dfrac{3.5}{\sqrt{16.25}}$，$\sin\alpha = \dfrac{2}{\sqrt{16.25}}$，$l = \sqrt{16.25}$ m

$$[k]^{(5)} = \begin{bmatrix} [k_{11}]^{(5)} & [k_{12}]^{(5)} \\ [k_{21}]^{(5)} & [k_{22}]^{(5)} \end{bmatrix}$$

$$[k_{11}]^{(5)} = [k_{22}]^{(5)} = -[k_{12}]^{(5)} = -[k_{21}]^{(5)} = EA\begin{bmatrix} 0.187 & 0.107 \\ 0.107 & 0.061 \end{bmatrix}$$

（3）集成桁架的整体刚度矩阵$[k]$，根据边界条件修改整体刚度方程并求解。

结点的局部和整体编码匹配关系为

$$单元① \begin{cases} \overline{1} \to 1 \\ \overline{2} \to 2 \end{cases}$$

$$单元② \begin{cases} \overline{1} \to 2 \\ \overline{2} \to 3 \end{cases}$$

$$单元③ \begin{cases} \overline{1} \to 3 \\ \overline{2} \to 4 \end{cases}$$

$$单元④ \begin{cases} \overline{1} \to 1 \\ \overline{2} \to 3 \end{cases}$$

$$单元⑤ \begin{cases} \overline{1} \to 2 \\ \overline{2} \to 4 \end{cases}$$

故结构的整体刚度矩阵为

$$[k] =$$

$$\begin{bmatrix} [k_{11}]^{(1)}+[k_{11}]^{(4)} & [k_{12}]^{(1)} & [k_{12}]^{(4)} & [0] \\ [k_{21}]^{(1)} & [k_{22}]^{(1)}+[k_{11}]^{(2)}+[k_{11}]^{(5)} & [k_{12}]^{(2)} & [k_{12}]^{(5)} \\ [k_{21}]^{(4)} & [k_{21}]^{(2)} & [k_{22}]^{(2)}+[k_{11}]^{(3)}+[k_{22}]^{(4)} & [k_{12}]^{(3)} \\ [0] & [k_{21}]^{(5)} & [k_{21}]^{(3)} & [k_{22}]^{(3)}+[k_{22}]^{(5)} \end{bmatrix}$$

$$= EA \begin{bmatrix} 0.177 & -0.177 & 0 & 0 & -0.177 & 0.177 & 0 & 0 \\ -0.177 & 0.677 & 0 & -0.5 & 0.177 & -0.177 & 0 & 0 \\ 0 & 0 & 0.687 & 0.107 & -0.5 & 0 & -0.187 & -0.107 \\ 0 & -0.5 & 0.107 & 0.561 & 0 & 0 & -0.107 & -0.061 \\ -0.177 & 0.177 & -0.5 & 0 & 0.821 & 0.051 & -0.144 & -0.192 \\ 0.177 & -0.177 & 0 & 0 & 0.015 & 0.433 & -0.192 & -0.256 \\ 0 & 0 & -0.187 & -0.107 & -0.144 & -0.192 & 0.331 & 0.299 \\ 0 & 0 & -0.107 & -0.061 & -0.192 & -0.320 & 0.299 & 0.317 \end{bmatrix}$$

因边界结点 1 和结点 4 为铰支承,$u_1=v_1=0$ 和 $u_4=v_4=0$,故在图示结点荷载作用下,经修改后的整体刚度方程为

$$EA\begin{bmatrix} 1 & 0 & 0 & 0 & 0 & 0 & 0 & 0 \\ 0 & 1 & 0 & 0 & 0 & 0 & 0 & 0 \\ 0 & 0 & 0.687 & 0.107 & -0.5 & 0 & 0 & 0 \\ 0 & 0 & 0.107 & 0.561 & 0 & 0 & 0 & 0 \\ 0 & 0 & -0.5 & 0 & 0.821 & 0.015 & 0 & 0 \\ 0 & 0 & 0 & 0 & 0.015 & 0.433 & 0 & 0 \\ 0 & 0 & 0 & 0 & 0 & 0 & 1 & 0 \\ 0 & 0 & 0 & 0 & 0 & 0 & 0 & 1 \end{bmatrix}\begin{Bmatrix} u_1 \\ v_1 \\ u_2 \\ v_2 \\ u_3 \\ v_3 \\ u_4 \\ v_4 \end{Bmatrix}=\begin{Bmatrix} 0 \\ 0 \\ 10 \\ 10 \\ 0 \\ 0 \\ 0 \\ 0 \end{Bmatrix}$$

解之即得结点 2 和结点 3 的位移分量

$$\begin{Bmatrix} u_2 \\ v_2 \\ u_3 \\ v_3 \end{Bmatrix}=\frac{1}{EA}\begin{Bmatrix} 22.381 \\ 13.577 \\ 13.638 \\ -0.472 \end{Bmatrix}$$

(4) 计算桁架杆件的内力。

根据整体坐标系中的单元刚度方程

$$\{F\}^{(j)}=[k]^{(j)}\{\Delta\}^{(j)}, \qquad j=1,2,3,4$$

即可直接求得桁架所有杆件的内力,依次为

$$\{F\}^{(1)}=[k]^{(1)}\{\Delta\}^{(1)}$$

$$=\begin{bmatrix} 0 & 0 & 0 & 0 \\ 0 & 0.5 & 0 & -0.5 \\ 0 & 0 & 0 & 0 \\ 0 & -0.5 & 0 & 0.5 \end{bmatrix}\begin{Bmatrix} 0 \\ 0 \\ 22.381 \\ 13.557 \end{Bmatrix}=\begin{Bmatrix} 0 \\ -6.78 \\ 0 \\ 6.78 \end{Bmatrix} \quad (kN)$$

$$\{F\}^{(2)}=[k]^{(2)}\{\Delta\}^{(2)}$$

$$=\begin{bmatrix} 0.5 & 0 & -0.5 & 0 \\ 0 & 0 & 0 & 0 \\ -0.5 & 0 & 0.5 & 0 \\ 0 & 0 & 0 & 0 \end{bmatrix}\begin{Bmatrix} 22.381 \\ 13.557 \\ 13.638 \\ -0.472 \end{Bmatrix}=\begin{Bmatrix} 4.37 \\ 0 \\ -4.37 \\ 0 \end{Bmatrix} \quad (kN)$$

$$\{F\}^{(3)}=[k]^{(3)}\{\Delta\}^{(3)}$$

$$=\begin{bmatrix} 0.144 & 0.192 & -0.144 & -0.192 \\ 0.192 & 0.256 & -0.192 & -0.256 \\ -0.144 & -0.192 & 0.144 & 0.192 \\ -0.192 & -0.256 & 0.192 & 0.256 \end{bmatrix}\begin{Bmatrix} 13.638 \\ -0.472 \\ 0 \\ 0 \end{Bmatrix}=\begin{Bmatrix} 1.88 \\ 2.50 \\ -1.88 \\ -2.50 \end{Bmatrix} \quad (kN)$$

$$\{F\}^{(4)}=[k]^{(4)}\{\Delta\}^{(4)}$$

$$=\begin{bmatrix} 0.177 & -0.177 & -0.177 & 0.177 \\ -0.177 & 0.177 & 0.177 & -0.177 \\ -0.177 & 0.177 & 0.177 & -0.177 \\ 0.177 & -0.177 & -0.177 & 0.177 \end{bmatrix}\begin{Bmatrix} 0 \\ 0 \\ 13.638 \\ -0.412 \end{Bmatrix}=\begin{Bmatrix} -2.50 \\ 2.50 \\ 2.50 \\ -2.50 \end{Bmatrix}\quad(kN)$$

$$\{F\}^{(5)}=[k]^{(5)}\{\Delta\}^{(5)}$$

$$=\begin{bmatrix} 0.187 & 0.107 & -0.187 & -0.107 \\ 0.107 & 0.061 & -0.107 & -0.061 \\ -0.187 & -0.107 & 0.187 & 0.107 \\ -0.107 & -0.061 & 0.107 & 0.061 \end{bmatrix}\begin{Bmatrix} 22.381 \\ 13.557 \\ 0 \\ 0 \end{Bmatrix}=\begin{Bmatrix} 5.63 \\ 3.22 \\ -5.63 \\ -3.22 \end{Bmatrix}\quad(kN)$$

值得指出,根据以上计算结果,桁架所有杆件的轴力大小和性质已足够明确了,从整体坐标系到局部坐标系的变换运算是没有必要的,见图9.16(图中的支座反力是根据平衡条件求得的)。

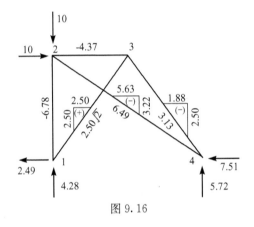

图 9.16

9.11　边界条件的前处理方法

例9-3和例9-4中关于边界支承条件的处理,采用的是第9.5节所述,在结构整体刚度矩阵[k]集成之后进行的所谓"后处理"方法。它的优点是概念明晰,程序简单,初学者易于理解和掌握;缺点是往往需要较多不必要的内存空间。本节介绍对边界支承条件的另一种处理方法,即在整体刚度矩阵[k]集成之前就着手进行的所谓"前处理"方法。现以图9.11所示平面刚架为例作一简短的说明。

该刚架中的两个边界结点都是固定支承,它们的所有位移分量已知为零。现在不采用原来的结点编码(见图9.11)而改用图9.17所示的编码方式,即位移分量已知为零的结点,其总码都编为"0";并且规定,凡编码为"0"的结点一律不设置地址,只有位移分量未知的结点(如图中的结点"1")才可进入预设的内存空间。按此规定,在集成结构的整体刚度矩阵[k]时,就无须像原来那样先设置3×3个分块(每块均有3×3个地址),而只需设置1×1个分块,再按"对号入座"的办法,将单元刚度矩阵的对应子矩阵$[k_{22}]^{(1)}$和$[k_{11}]^{(2)}$代入其中进行叠加,即可将

原来的 $9×9$ 阶矩阵 $[k]_{9×9}$ 简化为一个 $3×3$ 阶矩阵 $[k]_{3×3}$。就解题而言,两者是完全等价的;其中的某些细节详见下述例题。

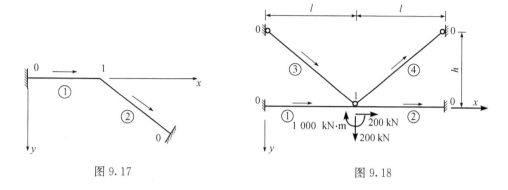

图 9.17   图 9.18

例题 9‑5   在图 9.18 所示组合结构中,已知 $l=20$ m, $h=15$ m;横梁的抗弯刚度和抗拉刚度分别为 EI 和 $EA=2EI/\text{m}^2$;两根吊杆的抗拉刚度均为 $E_0A_0=0.05EI/\text{m}^2$。试求其在图示结点荷载 $\{F_P\}=[200 \text{ kN}\quad 200\text{kN}\quad 1\,000 \text{ kN}\cdot\text{m}]$ 作用下的内力。

解   (1) 整体坐标系 $x-y$、局部坐标系(杆旁箭头)和整体统一编码均示于图中。凡用 "0" 码标志的结点,因已知其位移分量为零,一律不予设置地址;只给结点 1 提供 $3×3$ 阶的内存空间。

(2) 整体坐标系中的单元刚度矩阵

对于横梁单元,按式(9.19):

$$[k]^{(1)}=\begin{bmatrix}[k_{11}]^{(1)} & [k_{12}]^{(1)}\\ [k_{21}]^{(1)} & [k_{22}]^{(1)}\end{bmatrix}$$

其中

$$[k_{22}]^{(1)}=\frac{EI}{20}\begin{bmatrix}2 & 0 & 0\\ 0 & 0.03 & -0.3\\ 0 & -0.3 & 4\end{bmatrix}$$

$$[k]^{(2)}=\begin{bmatrix}[k_{11}]^{(2)} & [k_{12}]^{(2)}\\ [k_{21}]^{(2)} & [k_{22}]^{(2)}\end{bmatrix}$$

其中

$$[k_{11}]^{(2)}=\frac{EI}{20}\begin{bmatrix}2 & 0 & 0\\ 0 & 0.03 & 0.3\\ 0 & 0.3 & 4\end{bmatrix}$$

对于吊杆,按式(9.51):

$$[k]^{(3)}=\begin{bmatrix}[k_{11}]^{(3)} & [k_{12}]^{(3)}\\ [k_{21}]^{(3)} & [k_{22}]^{(3)}\end{bmatrix}$$

其中

$$[k_{22}]^{(3)} = E_0 A_0 \begin{bmatrix} 0.025\ 6 & 0.019\ 2 \\ 0.019\ 2 & 0.014\ 4 \end{bmatrix}$$

$$= 0.05EI \begin{bmatrix} 0.025\ 6 & 0.019\ 2 \\ 0.019\ 2 & 0.014\ 4 \end{bmatrix}$$

$$[k]^{(4)} = \begin{bmatrix} [k_{11}]^{(4)} & [k_{12}]^{(4)} \\ [k_{21}]^{(4)} & [k_{22}]^{(4)} \end{bmatrix}$$

其中

$$[k_{11}]^{(4)} = E_0 A_0 \begin{bmatrix} 0.025\ 6 & -0.019\ 2 \\ -0.019\ 2 & 0.014\ 4 \end{bmatrix}$$

$$= 0.05EI \begin{bmatrix} 0.025\ 6 & -0.019\ 2 \\ -0.019\ 2 & 0.014\ 4 \end{bmatrix}$$

（3）集成整体刚度矩阵$[k]$

结点的整体和局部编码匹配关系为

$$单元① \quad \begin{cases} \bar{1} \rightarrow 0 \\ \bar{2} \rightarrow 1 \end{cases}$$

$$单元② \quad \begin{cases} \bar{1} \rightarrow 1 \\ \bar{2} \rightarrow 0 \end{cases}$$

$$单元③ \quad \begin{cases} \bar{1} \rightarrow 0 \\ \bar{2} \rightarrow 1 \end{cases}$$

$$单元④ \quad \begin{cases} \bar{1} \rightarrow 1 \\ \bar{2} \rightarrow 0 \end{cases}$$

故整体刚度矩阵应为

$$[k] = [k_{22}]^{(1)} + [k_{11}]^{(2)} + [k_{22}]^{(3)} + [k_{11}]^{(4)}$$

$$= \frac{EI}{20} \begin{bmatrix} 4.051\ 2 & 0 & 0 \\ 0 & 0.088\ 8 & 0 \\ 0 & 0 & 8 \end{bmatrix}$$

注意：上式叠加时，应先将 2×2 阶矩阵$[k_{22}]^{(3)}$ 和$[k_{11}]^{(4)}$ 分别在右边和下边加"0 边"扩大为 3 $\times 3$ 阶矩阵。

（4）计算结点位移

整体刚度方程为

$$0.05EI \begin{bmatrix} 4.051\ 2 & 0 & 0 \\ 0 & 0.088\ 8 & 0 \\ 0 & 0 & 8 \end{bmatrix} \begin{Bmatrix} u_1 \\ v_1 \\ \theta_1 \end{Bmatrix} = \begin{Bmatrix} 200 \\ 200 \\ 1\ 000 \end{Bmatrix}$$

解之即得

236

$$\begin{Bmatrix} u_1 \\ v_1 \\ \theta_1 \end{Bmatrix} = \frac{20}{EI} \begin{Bmatrix} 49.37 \\ 2\,252.25 \\ 125 \end{Bmatrix}$$

（5）计算杆件内力

$$\{F\}^{(1)} = \begin{bmatrix} 2 & 0 & 0 & -2 & 0 & 0 \\ 0 & 0.03 & 0.3 & 0 & -0.03 & 0.3 \\ 0 & 0.3 & 4 & 0 & -0.3 & 2 \\ -2 & 0 & 0 & 2 & 0 & 0 \\ 0 & -0.03 & -0.3 & 0 & 0.03 & -0.3 \\ 0 & 0.3 & 2 & 0 & -0.3 & 4 \end{bmatrix} \begin{Bmatrix} 0 \\ 0 \\ 0 \\ 49.37 \\ 2\,252.25 \\ 125 \end{Bmatrix} = \begin{Bmatrix} -98.735 \\ -30.067\,5 \\ -425.675 \\ 98.735 \\ 30.067\,5 \\ -175.675 \end{Bmatrix}$$

$$\{F\}^{(2)} = \begin{bmatrix} 2 & 0 & 0 & -2 & 0 & 0 \\ 0 & 0.03 & 0.3 & 0 & -0.03 & 0.3 \\ 0 & 0.3 & 4 & 0 & -0.3 & 2 \\ -2 & 0 & 0 & 2 & 0 & 0 \\ 0 & -0.03 & -0.3 & 0 & 0.03 & -0.3 \\ 0 & 0.3 & 2 & 0 & -0.3 & 4 \end{bmatrix} \begin{Bmatrix} 49.37 \\ 2\,252.25 \\ 125 \\ 0 \\ 0 \\ 0 \end{Bmatrix} = \begin{Bmatrix} 98.735 \\ 105.067\,5 \\ 1\,175.675 \\ -98.735 \\ -105.067\,5 \\ 925.675 \end{Bmatrix}$$

$$\{F\}^{(3)} = \begin{bmatrix} 0.025\,6 & 0.019\,2 & -0.025\,6 & -0.019\,2 \\ 0.019\,2 & 0.014\,4 & -0.019\,2 & -0.014\,4 \\ -0.025\,6 & -0.019\,2 & 0.025\,6 & 0.019\,2 \\ -0.019\,2 & -0.014\,4 & 0.019\,2 & 0.014\,4 \end{bmatrix} \begin{Bmatrix} 0 \\ 0 \\ 49.37 \\ 2\,252.25 \end{Bmatrix} = \begin{Bmatrix} -44.507 \\ -33.380 \\ 44.507 \\ 33.380 \end{Bmatrix}$$

$$\{F\}^{(4)} = \begin{bmatrix} 0.025\,6 & -0.019\,2 & -0.025\,6 & -0.019\,2 \\ -0.019\,2 & 0.014\,4 & 0.019\,2 & -0.014\,4 \\ -0.025\,6 & 0.019\,2 & 0.025\,6 & -0.019\,2 \\ 0.019\,2 & -0.014\,4 & -0.019\,2 & 0.014\,4 \end{bmatrix} \begin{Bmatrix} 49.37 \\ 2\,252.25 \\ 0 \\ 0 \end{Bmatrix} = \begin{Bmatrix} -41.979 \\ 31.485 \\ 41.979 \\ -31.485 \end{Bmatrix}$$

结点 1 的隔离体受力见图 9.19。

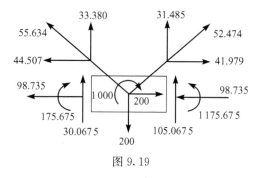

图 9.19

9.12　本章小结

本章讨论的矩阵位移法是现代结构力学的基本内容之一，也是众多结构分析软件的设计

237

基础。有关概念的掌握,无论对结构程序的设计者还是使用者都非常重要。矩阵位移法解决问题的基本流程包括单元分析、整体分析、荷载分析、边界条件处理、方程求解等环节,其中单元分析、整体分析、荷载分析和边界条件处理是本章学习的重点。

　　单元分析是矩阵位移法的基础。这一部分学习除要熟悉各种杆单元的刚度矩阵外,还需要掌握单元刚度矩阵从局部坐标系到整体坐标系的变换。经过坐标变换后的单元刚度矩阵是随后进行的整体分析所必需的基本元件。整体分析是矩阵位移法的核心内容,其目的在于用各单元刚度矩阵集成结构的整体刚度矩阵。整体分析的关键是建立单元结点局部和整体编码间的匹配关系,并以此为依据"组装"整体刚度矩阵。为了获得结构刚度方程的荷载向量,荷载分析是必不可少的。这一部分学习时需要注意非结点荷载的移置方法。在求解结构刚度方程之前,还需要引入结构的边界条件。边界条件的处理也是矩阵位移法中非常有特色的一个内容,其手法一般包括"后处理法"和"前处理法"两种。结构程序设计时一般采用后处理方法,但手算练习时使用前处理法往往比较简便。两者的差异请读者在使用中细细品味。矩阵位移法的精妙之处在于用现代矩阵论去改造经典的位移法,使之适用于现代结构程序设计,这集中体现在统一简洁的单元分析、代码简明的系统集成,以及通用便捷的边界条件处理。从这一角度去欣赏矩阵位移法,不仅对结构力学的学习,而且对现代许多学科的学习都十分有益。

思考题

9-1　请简要叙述位移法、力矩分配法和矩阵位移法之间的区别和联系。

9-2　如果将本章的矩阵方法和力法相结合会有什么样的结果?

9-3　试举例说明,和位移法相比矩阵位移法更适合电算。

9-4　试比较"前处理法"和"后处理法"的优缺点。

9-5　用矩阵位移法分析问题时是否需要区分结构是静定的还是超静定的,为什么?

习　题

9-1　用矩阵位移法作图 9.20 所示连续梁的弯矩图,EI 为常数,不考虑轴向变形。

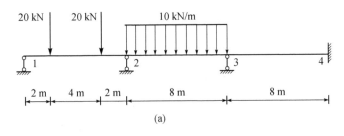

(a)

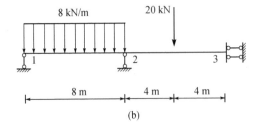

(b)

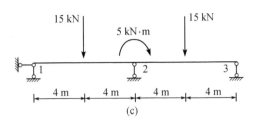

(c)

图 9.20

9-2 用矩阵位移法求图 9.21 所示桁架的内力,EA 为常数。

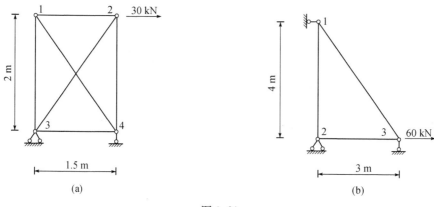

图 9.21

9-3 用矩阵位移法求图 9.22 所示刚架的杆端弯矩,EI 为常数,不考虑轴向变形。
提示:"不考虑轴向变形"意味着单元两端轴向位移相同。

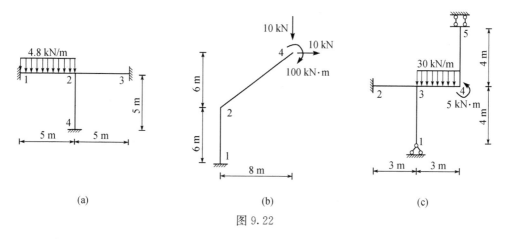

图 9.22

9-4 求图 9.23 所示结构的整体刚度矩阵,EI 和 EA 均为常数。

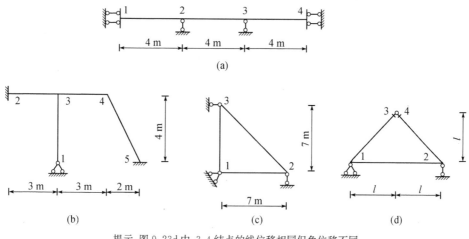

提示:图 9.23d 中,3、4 结点的线位移相同但角位移不同

图 9.23

9-5 试用"前处理法"分析图 9.24 所示结构。

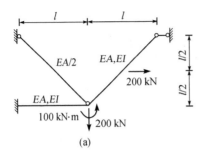

(a)

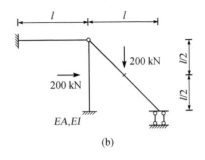

(b)

图 9.24

10 结构动力响应分析

10.1 引言

10.1.1 结构动力学的任务和目的

结构动力学是研究结构的固有动力特性及其在动荷载作用下内力和位移响应的一门学科。从总体上看,结构动力学的研究课题和结构静力学基本上是一样的,只是引起结构响应的外荷载性质有所不同:前者为动荷载,后者为静荷载。

动荷载与静荷载的根本区别,主要在于它们对结的构产生的动态效果。所谓静荷载,是指大小、方向和作用位置不随时间而变,或随时间缓慢连续变化的荷载;此时结构上非固定质点由荷载引起的加速度非常微小,相伴存在的惯性力与外荷载相比可以忽略不计;变形结构只储存有变形势能,而无值得注意的动能。与此相反,动荷载是指大小、方向或作用位置随时间迅速变化的荷载;它的作用常使结构上的非固定质点产生较大的加速度,惯性力成为必须考虑的重要因素;结构在变形过程中,除储备变形势能外,还相伴存在着动能。

在实际工程中,除结构自重和某些永久性荷载可以看作静荷载外,大部分荷载都程度不同地具有动荷载性质。有些荷载,由于它们的各项要素随时间急剧地变化,常使结构产生强烈的动态效果,设计时必须如实地把它们作为动荷载来考虑。比如地震时地面运动对建筑物的突然作用,高速气流对高、大、柔结构物(电视塔、悬索桥、机翼等)的颤振作用,爆炸时冲击波对建筑物的冲击作用,拦河溢洪大坝上的溢流对坝体的脉动作用,具有转动或平动部件的大型机器对厂房的振动作用,重型锻锤对机器基础的撞击作用,等等,都是工程中常见动荷载的典型例子。

动荷载对结构物产生的动态效果,通常要比静荷载严重得多。地震力对建筑物的破坏作用是人所共知的,风力对柔性结构的摧毁作用也曾使工程界"谈虎色变"。虽然一般常见动荷载的作用后果并非都这么严重,但是,结构在动荷载作用下的内力与位移响应,与等值静荷载作用下的响应规律有着巨大差异,因此,动力分析是土木工程中必须予以充分重视的环节。

结构动力学并不企图直接解决结构在动荷载作用下的具体设计问题,但它可以为解决这类问题探求科学的理论根据,开辟通向解决具体设计问题的道路,提供切实可行的解决方案。简单地说,结构动力学是结构动力设计的基础。

10.1.2 动荷载的分类

为了便于计算方法的探讨,比较有代表性的意见是,把经常碰到的一些动荷载区分为确定性荷载与不确定性荷载两大类。在确定性荷载中,又有周期性荷载与非周期性荷载之分。周期性荷载中的简谐荷载或谐振荷载,是指按正弦或余弦规律随时间周期性变化的荷载。具有偏心质量的旋转部件匀速转动时对结构产生的离心力,是这类荷载的一个例子。一般周期荷载只具有每隔一段相等时间重复出现相同变化规律的特点,至于变化的具体形式,则依荷载的发生源不同而不同。非周期性荷载的时程曲线不具有周期性特点,形状也可以是任意的,但仍可用确定的时间函数来描述。其中最常见的特殊形式是冲击荷载,即在很短的时间内,荷载量值以很大的集度施加在结构上(图 10.1)。至于荷载达到幅值后是否会从结构上消失,则有多种不同形态:有的达到幅值后保持此值不变,一直停留在结构上,称为突加荷载(图 10.1a)。有的保持幅值一段有限时间后又突然从结构上消失,称为短时荷载(图 10.1b)。有的达到幅值以后不是突然消失,而是循着一条可以描述的近似曲线渐趋消失(图 10.1c),爆炸时的冲击波荷载是其中一例。还有一种称作瞬时冲量的荷载(图 10.1d),其作用的持续时间趋近于零,而荷载量值趋近于无穷大,但两者的乘积却是一个有限量,它对结构的作用主要由其冲量来衡量。锻锤对基础,落锤对桩头的碰撞作用都属于这一类。

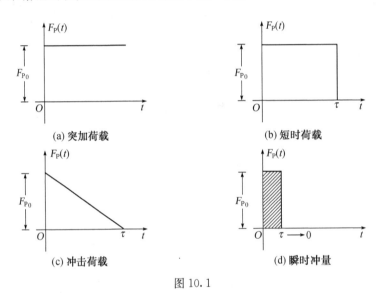

图 10.1

上述周期性和非周期性荷载都有一个共同特点:荷载随时间的变化规律,可以用某种连续函数或间断函数来描述,它们与时间的关联函数是确定的。与此对应,工程中还有一类荷载,它们在未来任一时刻的量值无法事先确定,或者说,它们同时间的函数关系事先是难以预测的,但可通过概率论和数理统计的方法来进行评估分析和人工模拟。这类荷载通常称之为不确定性荷载或随机荷载,其典型代表有地震作用、风荷载。此外,溢流对坝体的脉动作用、不规则巨浪对海洋船只的作用等,也都是这类荷载的实际例子。

10.1.3 结构的动力自由度和离散化方法

如前所述,惯性力的存在,是结构的动力响应区别于静力响应的主要标志之一。而惯性力是与运动质量相联系的,因此,在动力计算中,为了计入惯性力的影响,必须明确结构上含有多少个运动质量,全体质量共有多少个自由度。

这里所谓的自由度,是指确定振动体系全体质量在任一时刻的位置所必需的独立几何参数的个数,也就是结构变形过程中全体质量的位移分量的个数,称为结构的动力自由度。这个定义与第 2 章"体系的几何组成分析"中提及的自由度在数学意义上是一致的,但两者在物理概念上有所不同:前者只涉及刚体体系的机构运动,排除了各个组成部件的变形运动;后者则要考虑体系变形过程中质量的运动自由度。

实际结构的质量都是连续分布的,因此,根据上述定义,实际结构都具有无限个自由度。解决无限自由度体系的动力计算问题,理论上并不存在什么困难,而且已有一套连续数学模型的处理方法。但在实践中,处理比较复杂的结构动力学问题,人们更乐于使用离散数学模型的方法,把原来具有无限个自由度的连续体系,转化为只有有限个自由度的离散体系,使问题获得某种程度的简化。目前常用的离散化方法有下述三种:

1)集中质量法

这是一个最简单且最直观的离散化方法,它的做法是:根据结构的构造特点和在动荷载作用下的变形运动形式,把本来连续分布的质量,按照某种规则集中在结构的若干适当位置上,使之变成一群彼此离散的质点或质块,而支承这些集中质量的结构,则看成是无质量的弹性体系。下举数例简略说明连续分布质量如何集中,以及集中质量的自由度如何计算。

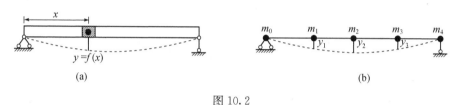

图 10.2

图 10.2 为一质量沿跨长连续分布的简支梁,考虑它在竖直平面内作横向振动。离散化时可把梁的质量分散集中在几个等分点上,而梁的各个分段则假定没有质量,但仍保持它的抗弯弹性性能。这样就把一个质量连续分布的体系(图 10.2a),变为一个集中质量体系(图 10.2b)。由于一个集中质量在平面内具有 3 个自由度,图 10.2b 所示的体系应有 12 个自由度。但在目前流行的简化计算中,认为梁的轴向变形和质量的转动惯量影响很小而可略去,故此体系一般看作只具有 3 个自由度。

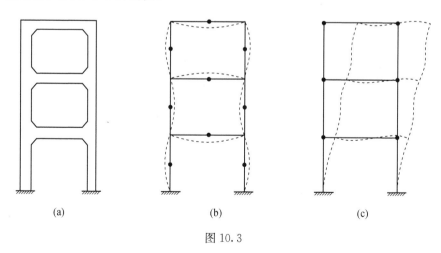

图 10.3

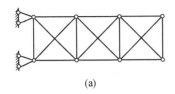 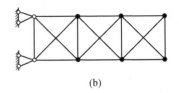

(a)　　　　　　　　　　　　　　　(b)

图 10.4

　　对于图 10.3a 所示的一类多层框架,作动力计算时,宜区分两种不同的振动形式而作不同的离散化处理。当框架作无侧移的竖向振动时,宜把梁、柱的连续质量分别集中在各自的跨度中部(数目视精度要求而定),如 10.3b 所示;当框架作有侧移的水平振动时,则宜将梁、柱的连续质量集中在所属的结点上,如图 10.3c 所示。因不计质量的转动惯量和杆件的轴向变形,故前一种计算简图的自由度为 9,而后一种计算简图的自由度为 3。

　　对图 10.4a 所示的桁架作离散化处理时,一般都将杆件的分布质量集中在所属的结点上(图 10.4b)。因桁架杆件的轴向变形不能忽略不计,每个结点都有两个独立的线位移分量,故图示桁架经离散后共有 12 个自由度。

　　综合言之,用集中质量法对连续体系进行离散化时,不仅因结构类型而异,而且与振动形式有关。集中质量的自由度与质量的个数并无直接联系,主要取决于对计算精度的要求。

　　2) 位移模式法

　　位移模式法,亦称广义坐标法,这也是一个应用较早较广的离散化方法。它不像集中质量法那样从改造结构的原始质量分布入手,而是在改造结构动力响应时可能出现的位移形式上下工夫,同样起到了把一个无限自由度体系近似地转化为一个有限自由度体系的作用。下面仍以简支梁为例,扼要说明它的基本思路。

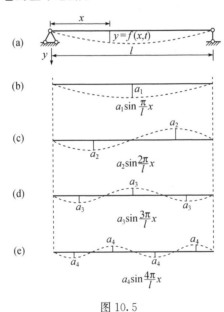

图 10.5

　　设简支梁振动时的位移曲线具有任意形式,可用 (x,t) 的连续函数 $y=f(x,t)$ 来描述(图 10.5a)。根据无穷级数理论,梁在任一指定时刻的位移曲线可用下列正弦级数来表示:

$$y = \sum_{i=1}^{\infty} a_i \sin \frac{i\pi x}{l} \tag{a}$$

其中的每一项 $a_i \sin \dfrac{i\pi x}{l}(i=1,2,\cdots,\infty)$ 都含有两个乘积因子：$\sin \dfrac{i\pi x}{l}$ 是满足简支梁两端支承边界条件和内部位移连续条件的已知函数，用以模拟梁的变形曲线形式，通称形状函数或简称形函数；a_i 则是待定的未知参数，梁在每一瞬时的实际振动位移曲线需要通过这组参数的"调幅"作用来逼近，习惯上称之为广义坐标。这样，就把简支梁的无限自由度，通过级数中的无限个独立几何参数 $a_i(i=1,2,\cdots,\infty)$ 反映出来。

如果只取无穷级数式(a)的前 n 项，即取

$$y = \sum_{i=1}^{n} a_i \sin \frac{i\pi x}{l} \tag{b}$$

则意味着梁的振动位移曲线可以近似地用有限项正弦波分量之和来取代，其中的广义坐标 a_i 不是无限个，而是有限个，表示各个正弦波分量在任一瞬时的幅值；而正整数 i 则指明正弦波分量在区间范围内具有的半波数，详见图 10.5b、c、d、e。

一般来说，在满足结构的几何边界条件和内部位移连续的前提下，形函数的选择具有任意性。任何满足上述两项要求的连续函数 $\phi_i(x)$ 都可被选作模拟位移曲线的形函数。因此，任何一维结构的振动位移曲线可一般表示为

$$y(x,t) = \sum_{i=1}^{n} a_i(t)\phi_i(x) \tag{10.1}$$

其中 n 为任意正整数。通过此式，体系的自由度数由无限个缩减为有限个。

3）有限元法

这是目前较为流行的一种离散化方法。现仍以单跨梁为例，说明它的一些具体做法。

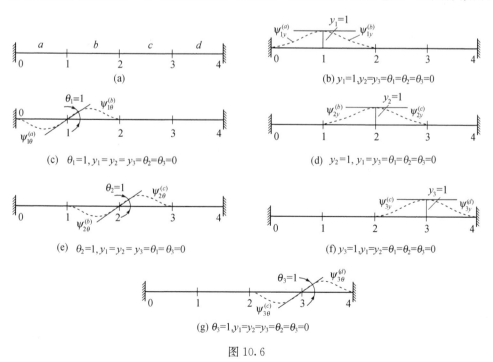

图 10.6

245

首先,根据结构的构造特点和简化计算的要求,把结构分成适当数目的单元。图 10.6a 所示的单跨梁,在每个分段点 i(通称结点)处都有两个独立位移分量 $y_i,\theta_i(i=1,2,3)$。如取这些结点的位移分量作为计算对象,则根据前面的观点,它们相当于结构的广义坐标;而整个结构的振动位移曲线就可通过这些广义坐标,凭借一组经过精心挑选的形函数,用与式(10.1)类似的形式表达出来。通过这一步骤,就可将连续结构转化为离散体系。

这里值得指出的有两点:第一,有限元法的广义坐标就是欲求的结点位移分量 y_i 和 θ_i。按照图 10.6a 所示的分段方法,此梁转化为只有 6 个自由度的体系。第二,位移模式法要求形函数必须模拟整个结构的振动位移曲线,要求在支承范围的全域内满足位移连续和边界条件,这有时是比较困难的。有限元法只要求形函数能代表单元的振动位移模式,只需在单元范围内满足位移连续和单元边界条件,而这是比较容易办到的。比如,对于一维单元,用两端固定梁由结点位移产生的变形曲线作为形函数就非常方便。图 10.6b－g 绘制了与每个结点位移参数对应的单元形函数 ψ_{iy} 和 $\psi_{i\theta}$ 的轮廓。从中可以直接看出,每个结点的位移分量都只在左右相邻两个单元范围内产生影响,因而在导出的方程组中,其系数矩阵将是一个易于求解的带状稀疏矩阵。

10.2　单自由度体系的振动方程

10.2.1　单自由度体系的力学模型

在动荷载或其他外界干扰的作用下,结构在被迫振动的同时,也通过它具有的惯性、弹性和吸收能量的阻尼性对运动进行阻抗。因此,结构受迫振动的过程,也就是这些主要物理特性同外界干扰的交互作用过程。图 10.7 所示的几类工程实例,从各个不同侧面反映了这一共同本质。结构动力学的主要课题,正是研究反映这些物理特性的惯性力、弹性力、阻尼力同外界干扰之间的交互作用,以及这些作用对工程结构产生的动力影响。由此可见,任何振动体系一般都含有三个组成部分,即质量系统、弹性系统和阻尼系统。

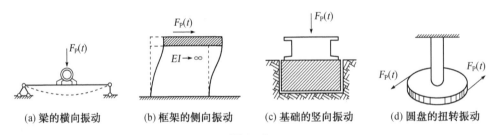

(a) 梁的横向振动　　(b) 框架的侧向振动　　(c) 基础的竖向振动　　(d) 圆盘的扭转振动

图 10.7

1) 质量系统

质量系统是体系具有惯性力和动能的物质条件。对于单自由度体系,如果把质量 m 沿着运动方向的位移用 $y(t)$ 来表示,则惯性力 F_I 和动能 T 分别定义为

$$F_I = -m\ddot{y}(t) \tag{10.2}$$

$$T = \frac{1}{2}m\dot{y}^2(t) \tag{10.3}$$

式中,$\dot{y}(t)$ 和 $\ddot{y}(t)$ 分别表示位移 $y(t)$ 对时间 t 的一阶和二阶导数,也就是质量 m 的速度和加速度。

2)弹性系统

弹性系统是使体系的质量保持分布规律(离散、集中或连续分布)的支撑结构,它自身可以看作是无质量的,其作用是使发生偏移的体系恢复原来的形状。对于单自由度体系,这种特性的定量标志,常采用刚度系数 k(体系产生单位位移所需之力)或柔度系数 δ(单位作用力产生的位移),两者互为倒数关系:

$$k \cdot \delta = 1 \tag{10.4}$$

因此,对于单自由度体系,弹性力的通用表达式为

$$F_S = -ky(t) \tag{10.5}$$

或

$$F_S = -\frac{1}{\delta}y(t) \tag{10.6}$$

负号表明弹性恢复力与运动位移反向。

3)阻尼系统

实践证明,如果没有从外界不断补充能量,任何振动系统都将逐渐衰减,并最终趋于静止。这种现象说明,在运动过程中,体系的总机械能不断在耗散,不断被别的某种系统所吸收。这种吸收振动体系的机械能并使之耗散的系统称为阻尼系统。关于阻尼系统吸收能量的机理,虽已经历一百多年的研究,至今仍在不断地深入探讨中。当前用得最多的是所谓"粘滞阻尼理论",认为阻尼力的大小与质量的运动速度成正比,方向则与之相反,即

$$F_D = -c\dot{y}(t) \tag{10.7}$$

式中,c 称为阻尼常数,表示质量以单位速度运动时所受的阻力,量纲为[力][时][长]$^{-1}$。

综上所述,单自由度体系的力学模型可用图 10.8a 表示,体系的三个物理特性分别用三个对应的物理元件来象征:质量 m 用刚体,弹性用刚度系数为 k 的无重弹簧,阻尼用阻尼常数为 c 的阻尼器。由于两侧光滑滚筒的约束,刚体只能在竖直平面内作上下平移运动,从而保证了体系的单自由度性质。这样的力学模型,可称为"质量—弹簧—阻尼"系统。

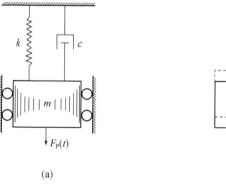

(a)

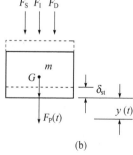

(b)

图 10.8

10.2.2　振动方程的建立

图 10.8b 表示以质量 m 为研究对象的隔离体,直接作用于其上的力计有:重力 G 和动荷载 $F_P(t)$,弹性恢复力 $F_S(t)$ 和粘滞阻尼力 $F_D(t)$,以及假想作用于其上的惯性力 $F_I(t)$。列出这些力的"平衡"条件,得

$$F_I + F_D + F_S + F_P(t) + G = 0 \tag{a}$$

若用 δ_{st} 表示由重力 G 引起的静位移,即

$$G = k\delta_{st} \tag{10.8}$$

则质量 m 沿自由度方向的总位移 $Y(t)$ 可表示为

$$Y(t) = y(t) + \delta_{st} \tag{10.9}$$

其中 $y(t)$ 表示从静力平衡位置量起的动力位移。于是,按式(10.2)、式(10.5)和式(10.7),并注意 δ_{st} 为常量,分别得到

$$\left. \begin{array}{l} F_I = -m\ddot{Y}(t) = -m\ddot{y}(t) \\ F_D = -c\dot{Y}(t) = -c\dot{y}(t) \\ F_S = -kY(t) = -ky(t) - G \end{array} \right\} \tag{10.10}$$

代入式(a),即得单自由度体系的振动微分方程如下:

$$m\ddot{y}(t) + c\dot{y}(t) + ky(t) = F_P(t) \tag{10.11}$$

这是一个二阶非齐次线性常微分方程,其中的未知函数 $y(t)$ 是以体系的静力平衡位置为原点的附加动力位移。往后即将看到,结构在动荷载作用下,常常是围绕静力平衡位置作振动。因此,今后如果没有另作说明,我们一般都讨论附加动力位移。

顺便指出,如果把方程式(10.11)换一种写法,即

$$y(t) = \frac{1}{k}\left[F_P(t) - m\ddot{y}(t) - c\dot{y}(t)\right] \tag{10.12}$$

并注意到惯性力和阻尼力的定义以及倒数关系式(10.4),则单自由度体系的振动方程可表示为

$$y(t) = (F_P + F_I + F_D)\delta \tag{10.13}$$

这意味着,运动质点在任意瞬时的位移 $y(t)$,是由包括质点惯性力在内的合外力引起的。利用这种新的物理概念,在建立体系的振动方程时,只需根据达朗贝尔原理,先把惯性力当成外荷载施加在质点上,再写出所有外力共同产生的位移表达式,就可直接得到质点的振动微分方程。这种建立振动方程的过程,由于其中弹性常数用的是柔度系数 δ,因此常称为"柔度法"。与此对应,前述通过"平衡"条件得来的振动方程式(10.11),因其中的弹性常数用的是刚度系数 k 而常称为"刚度法"。两种方式获得的结果当然是完全一样的。

10.2.3　基底运动的影响

基底运动对结构产生什么样的影响,是实际工程中经常需要考虑的一个问题。例如,地震时地面的运动对建筑物的作用,支承结构的运动对仪器设备的干扰等等,都属于这一类。

图 10.9a 表示一个单自由度体系在基底作水平运动时的示意图。体系包含一个抗弯刚度为无限大的横梁和两根轴向变形可以忽略不计的无质量竖柱,假定体系的所有质量都集中在横梁上。这是一个经过简化的单层单跨框架。当基底作水平运动 $\Delta(t)$ 时,相对某参考轴的总

位移为

$$Y(t)=\Delta(t)+y(t) \tag{10.14}$$

其中 $y(t)$ 表示竖柱上端的弹性侧移。取横梁作隔离体,如图 10.9b 所示,列出力系的"平衡"条件,有

$$F_{\mathrm{I}}+F_{\mathrm{D}}+F_{\mathrm{S}}=0 \tag{b}$$

如果不计空气介质的阻尼作用,则阻尼力

$$F_{\mathrm{D}}=-c\dot{y}(t) \tag{c}$$

惯性力和弹性力分别是

$$F_{\mathrm{I}}=-m\ddot{\Delta}(t)-m\ddot{y}(t) \tag{d}$$

$$F_{\mathrm{S}}=-ky(t) \tag{e}$$

将它们代入式(b),即得图 10.9 所示单自由度体系在基底运动影响下的振动方程:

$$m\ddot{y}(t)+c\dot{y}(t)+ky(t)=F_{\mathrm{P}}(t) \tag{10.15}$$

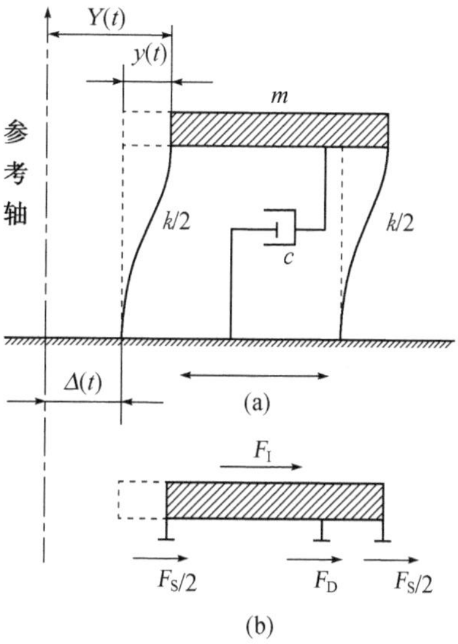

其中

$$F_{\mathrm{P}}(t)=-m\ddot{\Delta}(t) \tag{10.15a}$$

可称为基底作水平运动时作用于横梁上的等效水平荷载。由此可见,基底作水平运动 $\Delta(t)$ 时,对体系的作用效果相当于在运动质量上沿与加速度相反的方向施加一个等效水平力,振动方程仍保持式(10.11)的形式不变。

图 10.9

10.3 单自由度体系的自由振动

10.3.1 自由振动方程及其解

如果干扰力不存在,即 $F_{\mathrm{P}}(t)=0$,就可由式(10.15)直接引出单自由度体系的自由振动方程:

$$m\ddot{y}(t)+c\dot{y}(t)+ky(t)=0 \tag{10.16}$$

将上式两端除以 m,并引入下列记号

$$\omega=\sqrt{\frac{k}{m}} \tag{10.17}$$

$$\xi=\frac{c}{2m\omega} \tag{10.18}$$

则自由振动方程亦可写为

$$\ddot{y}(t)+2\xi\omega\dot{y}(t)+\omega^{2}y(t)=0 \tag{10.19}$$

其中 ω 和 ξ 分别称为体系的圆频率和阻尼比。

取下式作为方程式(10.19)的试解：

$$y(t) = Ge^{\lambda t} \qquad \text{(a)}$$

其中 λ 为待定参数。将式(a)代入式(10.19)可得

$$\lambda^2 + 2\xi\omega\lambda + \omega^2 = 0 \qquad \text{(b)}$$

它有两个根

$$\left.\begin{array}{l} \lambda_1 = -\xi\omega + \omega\sqrt{\xi^2 - 1} \\ \lambda_2 = -\xi\omega - \omega\sqrt{\xi^2 - 1} \end{array}\right\} \qquad \text{(c)}$$

对于不同的结构，阻尼比 ξ 是不同的，因而上式根号中的值有可能等于、小于或大于零。这就必须在以下的讨论中区分三种不同的阻尼量来进行，即

(1) 低阻尼和无阻尼，对应标志是 $\xi < 1$ 和 $\xi = 0$。

(2) 临界阻尼，对应标志是 $\xi = 1$。

(3) 超阻尼，对应标志是 $\xi > 1$。

10.3.2 低阻尼和无阻尼体系

引入记号

$$\omega_1 = \omega\sqrt{1 - \xi^2} \qquad (10.20)$$

当 $\xi < 1$（或 $\xi = 0$），ω_1 必为正实数，故按式(c)，有

$$\left.\begin{array}{l} \lambda_1 = -\xi\omega + i\omega_1 \\ \lambda_2 = -\xi\omega - i\omega_1 \end{array}\right\} \qquad \text{(d)}$$

于是，按式(a)，得振动方程式(10.19)的通解

$$y(t) = e^{-\xi\omega t}(G_1 e^{i\omega_1 t} + G_2 e^{-i\omega_1 t}) \qquad \text{(e)}$$

利用欧拉公式

$$e^{\pm i\omega_1 t} = \cos\omega_1 t \pm i\sin\omega_1 t$$

通解可改为

$$y(t) = e^{-\xi\omega t}(A\sin\omega_1 t + B\cos\omega_1 t) \qquad (10.21a)$$

或

$$y(t) = Ce^{-\xi\omega t}\sin(\omega_1 t + \zeta) \qquad (10.21b)$$

两种通解形式的积分常数之间具有下列关系：

$$\left.\begin{array}{l} C = \sqrt{A^2 + B^2} \\ \zeta = \arctan\left(\dfrac{B}{A}\right) \end{array}\right\} \qquad (10.21c)$$

C 和 ζ 分别称为体系的振幅和相位（或相位角）。

式(10.21a)和式(10.21b)展示出一幅按指数律随时间衰减的简谐振动图像，其中的两个

待定常数 A 与 B 或 C 与 ζ，表示体系的振动形式是一族曲线，至于是曲线族中的哪一条，则需根据体系的初始条件来确定。所谓初始条件，就是体系在运动起始时刻的位移和速度，简称初位移 y_0 和初速度 $\dot{y}_0$，其数学表达式为

$$y(t)\big|_{t=0}=y_0; \qquad \dot{y}(t)\big|_{t=0}=\dot{y}_0 \tag{10.22}$$

利用这个初始条件，极易确定式(10.21a)中的两个待定常数为

$$\left.\begin{array}{l} A=\dfrac{\dot{y}_0+\xi\omega y_0}{\omega_1} \\[3mm] B=y_0 \end{array}\right\} \tag{10.23}$$

根据关系式(10.21c)，式(10.21b)中的两个待定常数为

$$\left.\begin{array}{l} C=\sqrt{y_0^2+\left(\dfrac{\dot{y}_0+\xi\omega y_0}{\omega_1}\right)^2} \\[4mm] \zeta=\arctan\left(\dfrac{\omega_1 y_0}{\dot{y}_0+\xi\omega y_0}\right) \end{array}\right\} \tag{10.24}$$

将式(10.23)代入式(10.21a)，即得单自由度低阻尼体系自由振动的位移响应为

$$y(t)=\mathrm{e}^{-\xi\omega t}\left[y_0\cos\omega_1 t+\left(\dfrac{\dot{y}_0+\xi\omega y_0}{\omega_1}\right)\sin\omega_1 t\right] \tag{10.25}$$

若运动的初始时刻只有初速度而无初位移，或只有初位移而无初速度，则低阻尼体系自由振动的位移响应分别简化为

$$y(t)=\mathrm{e}^{-\xi\omega t}\left(\dfrac{\dot{y}_0}{\omega_1}\right)\sin\omega_1 t \tag{10.25a}$$

或

$$y(t)=y_0\,\mathrm{e}^{-\xi\omega t}\left[\cos\omega_1 t+\dfrac{\xi}{\sqrt{\xi^2-1}}\sin\omega_1 t\right] \tag{10.25b}$$

对于无阻尼体系，因 $\xi=0$，故由以上相关各式极易直接推出位移响应的变化规律依次为

（1）当初位移和初速度均不为零时

$$y(t)=y_0\cos\omega t+\dfrac{\dot{y}_0}{\omega}\sin\omega t \tag{10.26}$$

或

$$y(t)=C\sin(\omega t+\zeta) \tag{10.27}$$

其中

$$\left.\begin{array}{l} C=\sqrt{y_0^2+\left(\dfrac{\dot{y}_0}{\omega}\right)^2} \\[4mm] \zeta=\arctan\left(\dfrac{\omega y_0}{\dot{y}_0}\right) \end{array}\right\} \tag{10.27a}$$

（2）当初位移为零而初速度不为零时

$$y(t)=\dfrac{\dot{y}_0}{\omega}\sin\omega t \tag{10.28}$$

（3）当初位移不为零而初速度为零时

$$y(t)=y_0\cos\omega t \tag{10.29}$$

这里需要强调两个基本概念:振动的周期和频率。振动完成一个全周所需的时间称为周期,记作 T,单位为秒(s)。单位时间内完成的全周数,称为频率,记作 f,单位为 1/s,通称赫兹(Hz)。显然,两者互为倒数关系:

$$f = \frac{1}{T} \tag{10.30}$$

由式(10.25)、(10.26)和式(10.27)可以直接看出,低阻尼体系和无阻尼体系作自由振动时,其位移曲线都是一条简谐振动曲线,自振周期分别为

$$T_1 = \frac{2\pi}{\omega_1} \tag{10.31}$$

和

$$T = \frac{2\pi}{\omega} \tag{10.32}$$

式中,ω_1 和 ω 分别称为低阻尼和无阻尼体系的自振圆频率或角频率。

由定义式(10.20)可知,ω_1 恒小于 ω,故 T_1 恒大于 T,即阻尼的存在将拉长衰减振动的周期。但因实际工程结构的阻尼比一般都比较小($\xi \leqslant 0.2$),$\omega_1 \approx \omega$,从而 $T_1 \approx T$。因此,在实际计算中,求体系的自振周期和频率时,多不考虑阻尼的影响,直接用下列公式计算单自由度体系的自振周期和频率:

自振圆频率

$$\omega = \sqrt{\frac{k}{m}} = \sqrt{\frac{1}{m\delta}} \tag{10.33}$$

自振周期

$$T = 2\pi\sqrt{\frac{m}{k}} = 2\pi\sqrt{m\delta} \tag{10.34}$$

工程频率

$$f = \frac{\omega}{2\pi} = \frac{1}{T} \tag{10.35}$$

综上所述,对单自由度体系的自由振动可以得出以下几点结论:

(1) 运动的初始条件惟一地决定体系的振幅 C 和相位 ζ;初始条件不同,位移响应曲线可以是单一的余弦形式、正弦形式或两者的叠加。图 10.10 绘制了三种情况的位移响应曲线示例。绘图的基本数据为 $\omega = 5$。

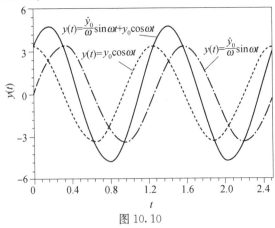

图 10.10

（2）自振周期或频率只取决于体系的质量和刚度，它不受运动初始条件和外界干扰的影响，是体系的固有属性。

（3）由式(10.33)～式(10.35)可以直接看出，体系的质量越大，自振频率越低，自振周期越长；体系的刚度越大，自振频率越高，自振周期越短。因此，如需改变体系的自振周期或频率，宜从调整体系的质量或刚度着手。

关于低阻尼的情况参见图10.11a。

10.3.3 临界阻尼体系

由10.3.3节的式(c)可知，当 $\xi=1$ 时，辅助方程式(b)将有两个相等实根：

$$\lambda_1=\lambda_2=-\omega$$

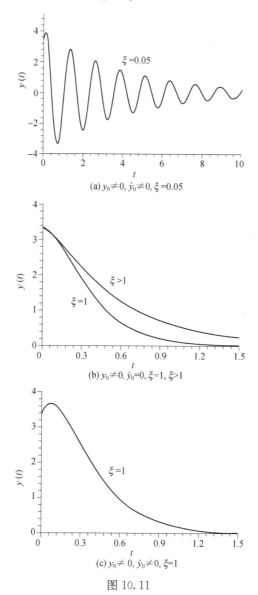

图 10.11

于是,振动方程式(10.19)的通解变成

$$y(t) = e^{-\omega t}(G_1 + G_2 t) \tag{10.36}$$

利用初始条件式(10.22),即可确定上式中的两个积分常数

$$\left.\begin{array}{l} G_1 = y_0 \\ G_2 = \omega y_0 + \dot{y}_0 \end{array}\right\} \tag{10.36a}$$

从而得到

$$y(t) = e^{-\omega t}[(1 + \omega t)y_0 + \dot{y}_0 t] \tag{10.36b}$$

结果表明,阻尼常数达到临界值($\xi = 1$)时,初始运动状态式(10.22)不能激起体系在静平衡位置附近的往复振动,而是迅速"溜回"到原来的静平衡位置。图10.11b、c绘出了临界阻尼体系的位移响应曲线:图10.11b表示初速度为零时的曲线轮廓,图10.11c则是初速度和初位移均不为零时的响应图像。

10.3.4　超阻尼体系

对于超阻尼体系,$\xi > 1$,辅助方程式(b)有两个不等的实根

$$\left\{\begin{array}{l} \lambda_1 = -\xi\omega + \omega_2 \\ \lambda_2 = -\xi\omega - \omega_2 \end{array}\right.$$

其中

$$\omega_2 = \omega\sqrt{\xi^2 - 1}$$

此时振动方程式(10.19)的通解应为

$$y(t) = e^{-\xi\omega t}(G_1 e^{\omega_2 t} + G_2 e^{-\omega_2 t}) \tag{f}$$

利用指数函数与双曲线函数的关系式

$$e^{\pm\omega_2 t} = (\cosh\omega_2 t \pm \sinh\omega_2 t)$$

通解可改写为

$$y(t) = e^{-\xi\omega t}(A\,\text{sh}\,\omega_2 t + B\,\text{ch}\,\omega_2 t) \tag{10.37a}$$

其中的两个积分常数仍可由初始条件式(10.22)确定

$$\left.\begin{array}{l} A = \dfrac{\dot{y}_0 + \xi\omega y_0}{\omega_2} \\ B = y_0 \end{array}\right\} \tag{10.37b}$$

于是得到

$$y(t) = e^{-\xi\omega t}\left[y_0 \text{ch}\,\omega_2 t + \dfrac{\dot{y}_0 + \xi\omega y_0}{\omega_2}\text{sh}\,\omega_2 t\right] \tag{10.38}$$

结果表明,在初始运动状态的激励下,超阻尼体系的运动已经失去了在静平衡位置附近往复振荡的性质,常以较为缓慢的速度渐趋终止(见图10.11b)。

对于相同的初始条件,体系在临界阻尼情况下,常以比低阻尼和超阻尼情况较高的速度回到静平衡位置。这个现象,对于某些仪表(如电流计、检流计等)的设计有一定的参考价值。

10.3.5　阻尼比的确定

从上面的论述已经看到,在初始条件的激励下,体系的位移响应规律因阻尼大小不同而有很大差异。阻尼比ξ是决定体系能否保持振动特性的一个定量标志,因而是体系的一个基本

物理参数。

实际工程结构的阻尼特性比较复杂,也不容易确定。一般是以自由振动条件下具有相同衰减率的等效粘滞阻尼比 ξ,来表示实际结构的阻尼比。为此,下面需要把体系的自由衰减振动响应同粘滞阻尼比 ξ 联系在一起。

由低阻尼体系自由振动的位移响应式(10.21b)可知,对应于相距一个周期的两个不同时刻 t_n 和 t_n+T,位移响应曲线上两个相邻的同号峰值应分别为

$$y_n = Ce^{-\xi\omega t_n}$$

和

$$y_{n+1} = Ce^{-\xi\omega(t_n+T)}$$

作此两波峰之比,并注意式(10.32),即得

$$\frac{y_n}{y_{n+1}} = e^{\xi\omega T} = e^{2\pi\xi}$$

将上式两端同时取自然对数,得所谓的"对数衰减率"

$$\ln\left(\frac{y_n}{y_{n+1}}\right) = 2\pi\xi \tag{g}$$

据此可得

$$\xi = \frac{1}{2\pi}\ln\left(\frac{y_n}{y_{n+1}}\right) \tag{10.39}$$

用实验方法取得体系作自由衰减振动的位移响应曲线,从中量得任意两相邻同号波峰之值 y_n 和 y_{n+1},就可由式(10.39)定出阻尼比 ξ。

对于阻尼较小从而衰减较慢的体系,两相邻同号波峰的差值不大,运用式(10.39)求阻尼比 ξ,可能精度不高。遇到这种情况,宜取相隔若干周(比如 r 周)后的同号波峰之值 y_n 和 y_{n+r} 进行计算,可望获得较高精度。这是因为相隔一周的任意两相邻同号波峰之比均为 $e^{\xi\omega T}$,故有

$$\frac{y_n}{y_{n+r}} = e^{\xi\omega Tr} = e^{2r\pi\xi} \tag{10.40}$$

从而得到

$$\xi = \frac{1}{2r\pi}\ln\left(\frac{y_n}{y_{n+r}}\right) \tag{10.41}$$

式中,r 表示两个同号波峰 y_n 和 y_{n+r} 相距的周数。

例 10 - 1 图 10.12a 为一单自由度体系,已知四根横梁的抗弯刚度均为 $EI = 432\,000\text{N} \cdot \text{m}^2$,跨长 $l = 2\text{m}$;三根立柱的轴向刚度 $EA = \infty$;顶端物重 $W = 9\,800\text{N}$。设不计梁、柱自重,试求此体系的自振频率和自振周期。

解 此体系的等效体系如图 10.12b 所示,其中

$$k_1 = k_2 = k_4 = \frac{3EI}{l^3}$$

$$k_3 = \frac{48EI}{(2l)^3} = \frac{6EI}{l^3}$$

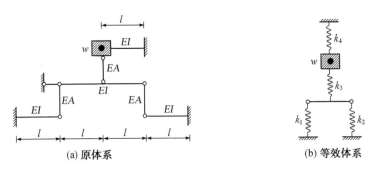

(a) 原体系   (b) 等效体系

图 10.12

这是一个"混联"弹簧系统,其中弹簧 1 和 2 并联,所形成的等效弹簧与弹簧 3 串联;弹簧 1、2、3 形成的等效弹簧再与弹簧 4 并联。不难证明,对于 r 个并联弹簧,其等效刚度系数为

$$k = k_1 + k_2 + \cdots + k_r \tag{10.42}$$

对于 n 个串联弹簧,其等效刚度系数为

$$k = \left(\frac{1}{k_1} + \frac{1}{k_2} + \cdots + \frac{1}{k_n}\right)^{-1} \tag{10.43}$$

因此,图 10-12b 所示体系的等效刚度系数为

$$k = \left[\frac{1}{k_1 + k_2} + \frac{1}{k_3}\right]^{-1} + k_4 = \frac{6EI}{l^3}$$

故由式(10.33)、(10.34)、(10.35)极易算得

$$\omega = \sqrt{\frac{k}{m}} = \sqrt{\frac{kg}{W}}$$

$$= \sqrt{\frac{6EI}{l^3}\frac{g}{W}} = \sqrt{\frac{6 \times 432\,000}{8} \times \frac{9.8}{9\,800}} = 18 \text{ rad/s}$$

$$T = \frac{2\pi}{\omega} = 0.35 \text{ s}$$

$$f = \frac{1}{T} = 2.865 \text{ Hz}$$

例 10-2 图 10.13 为一自由振动的试验模型,由一根重量为 W、抗弯刚度可视作无限大的横梁和两根重量可略去不计、总刚度系数为 k 的支柱所组成。为了计算这个模型的自振特性,可作如下试验:

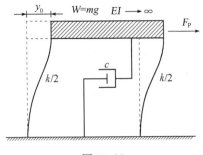

图 10.13

先用液压千斤顶迫使横梁产生一定量值的水平侧移,然后突然释放,使横梁在"仅有初位移而无初速度"的初始条件下作自由振动。设在试验过程中观测到:使横梁产生 5mm 水平侧移时,千斤顶所施之力恰为 5kN;同时测得在初位移处将施力释放、横梁振动一周后的位移幅值仅为 4mm,周期 $T=1.4$ s。试求横梁的有效重量、体系的自振特性和振动五周后的位移幅值。

解 求横梁的有效重量。因

$$T=2\pi\sqrt{\frac{m}{k}}=2\pi\sqrt{\frac{W}{k\cdot g}}=1.4\text{ s}$$

$$k=\frac{5.0\times10^3}{5\times10^{-3}}=10^6\text{ N/m}$$

故

$$W=\left(\frac{1.4}{2\pi}\right)^2\times10^6\times9.8=4.86\times10^5\text{ N}$$

$$m=\frac{W}{g}=4.96\times10^4\text{ kg}$$

体系的自振特性:

自振频率 $f=\dfrac{1}{T}=0.714$ Hz

圆频率 $\omega=2\pi f=4.486$ rad/s

阻尼比按式(10.39)计算:

$$\xi=\frac{1}{2\pi}\ln\left(\frac{y_n}{y_{n+1}}\right)$$

$$=\frac{1}{2\pi}\left(\ln\frac{5}{4}\right)=0.035\ 5$$

阻尼常数按定义式(10.18)计算:

$$c=2m\xi\omega$$

$$=2\times49\ 600\times0.035\ 5\times4.486=1.58\times10^4(\text{N}\cdot\text{s})/\text{m}$$

五周后的位移幅值,按式(10.40),有

$$\frac{y_5}{y_0}=\text{e}^{-10\pi\xi}$$

所以

$$y_5=y_0\text{e}^{-10\pi\xi}=1.64\text{ mm}$$

10.4 单自由度体系的强迫振动

10.4.1 强迫振动方程及其解法

由式(10.11)、(10.17)、(10.18)可知,在任意动荷载 $F_P(t)$ 作用下,单自由度有阻尼体系的受迫振动方程可写为

$$\ddot{y}(t) + 2\xi\omega\dot{y}(t) + \omega^2 y(t) = \frac{1}{m}F_P(t) \qquad\qquad (10.44)$$

这是一个二阶非齐次常微分方程,它的通解 $y(t)$ 应包含两个组成部分:一个是右端等于零时的齐次解 $y_f(t)$,另一个是右端不为零时的特解 $y_p(t)$,即

$$y(t) = y_f(t) + y_p(t) \qquad\qquad (10.45)$$

其中,$y_f(t)$ 就是自由振动的位移响应,已在前节作了详细讨论,结果如式(10.21)所示;特解 $y_p(t)$ 因激振荷载的类型不同而异,必须结合荷载的具体形式进行分析,才能得出体系的动力响应规律。下面就简谐荷载、冲击荷载与任意荷载三种不同情况分别进行论述。

10.4.2 简谐荷载作用下的强迫振动

1) 总体位移响应

设在体系上作用有幅值为 F_{P0},圆频率为 θ 的简谐荷载

$$F_P(t) = F_{P0}\sin\theta t \qquad\qquad (10.46)$$

则按式(10.44),有阻尼体系的强迫振动方程应为

$$\ddot{y}(t) + 2\xi\omega\dot{y}(t) + \omega^2 y(t) = \frac{F_{P0}}{m}\sin\theta t \qquad\qquad (10.47)$$

由于阻尼的存在,方程中含有 $y(t)$ 对时间 t 的奇次导数项,阻尼体系的位移响应一般不与激振荷载同步;在探求方程式(10.47)的特解时,应考虑彼此有个相位差,因而可设

$$y_p(t) = D\sin(\theta t - \alpha) \qquad\qquad (10.48)$$

其中,振幅 D 和相位 α 是两个待定参数。

将试解 $y_p(t)$ 代入方程式(10.47),并作适当调整,得

$$\left\{\frac{F_{P0}}{m} - D\left[(\omega^2 - \theta^2)\cos\alpha + 2\xi\omega\theta\sin\alpha\right]\right\}\sin\theta t$$
$$+ D\left[(\omega^2 - \theta^2)\sin\alpha - 2\xi\omega\theta\cos\alpha\right]\cos\theta t = 0 \qquad\qquad (a)$$

因 $\sin\theta t$ 和 $\cos\theta t$ 是两个线性无关的三角函数,只有当每一项的系数分别等于零时,上式才能成立,故有

$$D\left[(\omega^2 - \theta^2)\sin\alpha - 2\xi\omega\theta\cos\alpha\right] = 0 \qquad\qquad (b)$$

$$D\left[(\omega^2 - \theta^2)\cos\alpha + 2\xi\omega\theta\sin\alpha\right] = \frac{F_{P0}}{m} \qquad\qquad (c)$$

由式(b)直接推知:

$$\tan\alpha = \frac{2\xi\eta}{1 - \eta^2} \qquad\qquad (10.49)$$

其中

$$\eta = \frac{\theta}{\omega} \qquad\qquad (10.49a)$$

表示简谐荷载的圆频率 θ 与体系自振圆频率 ω 之比,简称频率比。从式(10.49)不难看出,由于阻尼的存在,相位角 α 一般不为零,说明体系的位移响应确实比激振荷载滞后一个相位。

由式(10.49)可以推知

$$\left.\begin{aligned} \sin\alpha &= \frac{2\xi\eta}{\sqrt{(1-\eta^2)^2+(2\xi\eta)^2}} \\ \cos\alpha &= \frac{1-\eta^2}{\sqrt{(1-\eta^2)^2+(2\xi\eta)^2}} \end{aligned}\right\} \tag{d}$$

将式(d)代入式(c),不难求得振幅为

$$D = \frac{F_{P0}}{m\omega^2} \frac{1}{\sqrt{(1-\eta^2)^2+(2\xi\eta)^2}} \tag{10.50}$$

如果注意到 $m\omega^2$ 恰是体系的刚度系数 k[见式(10.17)], F_{P0}/k 则是把简谐荷载的幅值 F_{P0} 当作静荷载作用于体系上时产生的最大静位移 y_{st},即

$$y_{st} = \frac{F_{P0}}{m\omega^2} = \frac{F_{P0}}{k} \tag{10.51}$$

于是,振幅算式可简写为

$$D = \beta y_{st} \tag{10.52}$$

其中

$$\beta = \frac{1}{\sqrt{(1-\eta^2)^2+(2\xi\eta)^2}} \tag{10.53}$$

通常称为简谐荷载的"动力系数",它是两个无量纲参数 ξ 和 η 的函数。

将这个结果代回特解式(10.48),再与齐次解式(10.21a)相叠加,即得方程式(10.47)的通解如下:

$$y(t) = e^{-\xi\omega t}(A\sin\omega_1 t + B\cos\omega_1 t) + \beta y_{st}\sin(\theta t - \alpha) \tag{10.54}$$

这就是单自由度有阻尼体系在简谐荷载作用下的总体位移响应规律,其中的积分常数 A 与 B 需由初始条件来决定。

对于无阻尼体系,因 $\xi=0$,总体位移响应式(10.54)简化为

$$y(t) = (A\sin\omega t + B\cos\omega t) + \beta_0 y_{st}\sin\theta t \tag{10.55}$$

其中, β_0 表示无阻尼体系的动力系数:

$$\beta_0 = \frac{1}{1-\eta^2} \tag{10.55a}$$

式(10.54)表明,在简谐荷载作用下,位移响应是两种振动形式的叠加。一个是按自振圆频率 ω_1 进行的衰减振动,经历短暂时间后它会很快趋于消失,通常称为瞬态响应。另一个是按荷载圆频率 θ 随荷载一起进行的被迫振动,在荷载作用的全过程中始终继续存在,故称为稳态响应。瞬态和稳态响应同时存在的初始阶段,称为过渡阶段。显然,瞬态响应的消失,就是过渡阶段的结束。因此在实际工程问题中,人们大多数比较重视体系的稳态响应。稳态响应的特点,主要反映在动力系数 β 的放大作用上。它是 ξ 和 η 的函数。对于某些指定的阻尼比 ξ,动力系数 β 随频率比 η 的变化图像见图10.14。

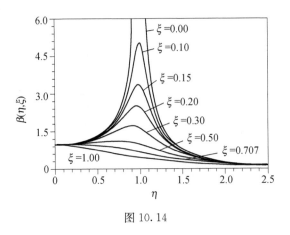

图 10.14

2）共振分析

当荷载圆频率 θ 与体系的自振圆频率 ω 相等，即频率比 $\eta=1$ 时，就会出现所谓的"共振"现象。对于无阻尼体系，按式(10.55a)，动力系数 $\beta_0 \to \infty$。这个结论当然不具有现实意义。对于有阻尼体系，按式(10.53)，动力系数应是个有限值：

$$\beta=\frac{1}{2\xi} \tag{10.56}$$

由于 ξ 一般比较小，β 值往往比较大，因而共振现象仍然是工程设计中不宜回避的一个实际问题。

值得一提的是，从图 10.14 可以看出，当 $\eta \neq 1$ 时，这个值虽然比较大，但还不是动力系数 $\beta(\xi, \eta)$ 的峰值。为了进一步查明使动力系数达到最大值时的真正共振频率 θ_r，可将式(10.53)对 η 取一阶偏导数，并使之等于零，可得

$$(1-\eta_r^2)-2\xi^2=0$$

由此即可解得有阻尼体系出现共振时的频率比

$$\eta_r=\sqrt{1-2\xi^2} \tag{10.57a}$$

或

$$\theta_r=\omega\sqrt{1-2\xi^2} \tag{10.57b}$$

将式(10.57a)代入式(10.53)，即得稳态响应的最大动力系数

$$\beta_{\max}=\frac{1}{2\xi\sqrt{1-\xi^2}} \tag{10.58}$$

比较式(10.58)和式(10.56)可知，对于阻尼比 $\xi \leqslant 0.2$ 的多数实际结构，两者相差甚微。

根据以上分析，研究共振响应时，阻尼影响是一个不容忽视的因素，否则，就会导致一些与实际情况大相径庭的结论。进一步研究还证明，在共振情况下，位移幅值并非骤然上升到极大值，而是有个时间积累过程。如果经历共振区的时间不长，位移幅值不一定会很大。因此，对于 $\theta>\omega$ 的高转速机器，为安全计，不论是启动还是停车，都应使其迅速通过共振区。

例 10-3 图 10.15 为一等截面简支梁,跨长为 l,抗弯刚度为 EI;在跨度中点有一质量为 m 的质块。设在梁的右端有一简谐力矩荷载 $M(t) = M_0 \sin\theta t$ 作用,试求质块的稳态位移响应。不计阻尼影响和梁的质量。

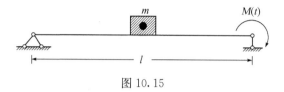

图 10.15

解 根据叠加原理,在质块惯性力和端力矩 $M(t)$ 的共同作用下,梁中点的附加动力位移为

$$y(t) = \frac{M_0 l^2}{16EI}\sin\theta t - \frac{2}{EI}\left[\left(\frac{1}{2}\times\frac{m\ddot{y}l}{4}\times\frac{l}{2}\right)\times\frac{2}{3}\times\frac{l}{4}\right]$$

$$= \frac{M_0 l^2}{16EI}\sin\theta t - \frac{m\ddot{y}l^3}{48EI}$$

于是原问题的振动方程为

$$m\ddot{y} + \frac{48EI}{l^3}y = \frac{3M_0}{l}\sin\theta t$$

它相当于一个质量—弹簧系统在动荷载

$$F_{\mathrm{P}}(t) = F_{\mathrm{P0}}\sin\theta t = \frac{3M_0}{l}\sin\theta t$$

直接作用下的强迫振动问题。此时,

$$k = \frac{48EI}{l^3}$$

$$\omega^2 = \frac{k}{m} = \frac{48EI}{ml^3}$$

$$\eta^2 = \frac{\theta^2}{\omega^2} = \frac{m\theta^2 l^3}{48EI}$$

$$\beta_0 = \frac{1}{1-\eta^2} = \frac{1}{1-\dfrac{m\theta^2 l^3}{48EI}}$$

$$y_{\mathrm{st}} = \frac{F_{\mathrm{P0}}}{k} = \frac{M_0 l^2}{16EI}$$

将这些资料代入式(10.55)右边的第二项,即得质块的稳态位移响应

$$y_{\mathrm{p}}(t) = \frac{M_0 l^2}{16EI}\,\frac{1}{1-\dfrac{m\theta^2 l^3}{48EI}}\sin\theta t$$

10.4.3 冲击荷载作用下的强迫振动

研究结构在冲击荷载作用下的动态响应,对于设计某些类型的结构,例如可能遭受冲击波袭击的建筑物、承受锻锤打击的设备基础等,都是十分重要的。毫无疑问,人们比较关心的是结构的最大响应,但对于许多物理问题,也常常需要了解它的瞬态或过渡响应过程。因此,以下在讨论冲击荷载的作用效果时,既要考虑结构响应的全过程,也要指出最大响应出现的时刻和区间。

1) 对突加荷载的响应

参看图 10.1a。突加荷载 F_{P0} 与时间 t 的函数关系可表示为

$$F_P(t) = \begin{cases} 0 & (t < 0) \\ F_{P0} & (t \geq 0) \end{cases} \tag{10.59}$$

按式(10.44),单自由度体系在此突加荷载作用下的振动方程是

$$\ddot{y}(t) + 2\xi\omega\dot{y}(t) + \omega^2 y(t) = \frac{F_{P0}}{m} \qquad (t > 0) \tag{10.60}$$

它的通解为

$$y(t) = e^{-\xi\omega t}(A\sin\omega_1 t + B\cos\omega_1 t) + \frac{F_{P0}}{k} \tag{10.61}$$

设体系原处于静止状态,则通解中的两个积分常数应为

$$\left. \begin{array}{l} A = -\dfrac{\xi}{\sqrt{1-\xi^2}} y_{st} \\[3mm] B = -y_{st} \end{array} \right\}$$

从而得到有阻尼体系在突加荷载作用下的受迫位移响应

$$y(t) = y_{st}\left[1 - e^{-\xi\omega t}\left(\cos\omega_1 t + \frac{\xi}{\sqrt{1-\xi^2}}\sin\omega_1 t\right)\right] \qquad (t > 0) \tag{10.62}$$

对于无阻尼体系,令 $\xi = 0$,则得

$$y(t) = y_{st}(1 - \cos\omega t) \qquad (t > 0) \tag{10.63}$$

由上式可以直接看出,无阻尼体系在突加荷载作用下,最大动力位移 y_{max} 恰是最大静力位移 y_{st} 的两倍,即动力系数 $\beta = 2$。

图 10.16 绘制了突加荷载作用下体系在 0.4s 时间内的过渡响应全过程。其中曲线(a)代表式(10.62),曲线(b)代表式(10.63)。作图数据取:$y_{st} = 10, \xi = 0.2, \omega = 20\pi$。不论是否考虑阻尼,体系都围绕其静平衡位置振动。

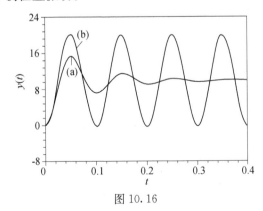

图 10.16

2）对短时荷载的响应

参看图 10.1b。短时荷载与时间的函数关系可表示为

$$F_P(t)=\begin{cases}0 & (t<0)\\ F_{P0} & (0<t\leqslant\tau)\\ 0 & (t>\tau)\end{cases} \tag{10.64}$$

在这种荷载作用下,结构响应宜分两个阶段进行计算。$0<t\leqslant\tau$ 为第一阶段,相当于荷载作用期间的强迫振动。$t>\tau$ 为第二阶段,相当于荷载消失后的自由振动。现分述如下:

在第一阶段($0<t\leqslant\tau$),荷载情况等同于突加荷载,因而有阻尼和无阻尼体系的位移响应,仍可直接按式(10.62)和式(10.63)进行计算。

在第二阶段($t>\tau$),荷载情况相当于在初始时刻作用的突加荷载,与在 τ 时刻反向作用的等值突加荷载的叠加。由于体系是线性的,第二阶段的自由振动响应,可以利用式(10.62)直接进行叠加,从而得到有阻尼体系的位移响应如下:

$$y(t)=y_{st}e^{-\xi\omega t}\left\{\left[e^{\xi\omega\tau}\cos\omega_1(t-\tau)-\cos\omega_1 t\right]+\frac{\xi}{\sqrt{1-\xi^2}}\left[e^{\xi\omega\tau}\sin\omega_1(t-\tau)-\sin\omega_1 t\right]\right\} \quad (t>\tau)$$

$$\tag{10.65}$$

对于无阻尼体系,令 $\xi=0$,由上式即可得到

$$y(t)=2y_{st}\sin\frac{\omega\tau}{2}\sin\omega\left(t-\frac{\tau}{2}\right) \qquad (t>\tau) \tag{10.66}$$

作为一个示例,图 10.17 绘制了单自由度有阻尼体系在荷载持续阶段($\tau=1s$)和荷载消失后的总体位移响应,其中取 $y_{st}=10,\xi=0.2,\omega=8\pi$。

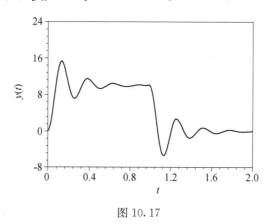

图 10.17

以上着重探讨了单自由度体系在短时荷载作用下过渡响应的全过程,下面再以无阻尼体系为例,简略说明体系的最大位移响应问题。

① 当荷载持续时间超过体系的半个自振周期,即 $\tau>\dfrac{T}{2}$ 时,按式(10.63)最大位移响应必将发生在第一阶段,此时动力系数 $\beta=2$。

② 当荷载持续时间小于体系的半个自振周期,即 $\tau<\dfrac{T}{2}$ 时,最大位移响应将出现在第二阶段,并由式(10.66)推知,此时的动力系数应为

$$\beta = \frac{y_{\max}}{y_{st}} = 2\sin\left(\frac{\tau}{T}\pi\right) \tag{10.67}$$

即动力系数是随"脉冲长度比"(τ/T)而变的正弦函数,表 10.1 为 β 与 τ/T 的几个对应数据。

表 10.1　动力系数

τ/T	0.010	0.050	0.100	0.200	0.400	0.500	>0.500
β	0.052	0.313	0.618	1.175	1.902	2.000	2.000

3) 对瞬时冲量的响应

设体系原处于静止状态。受到图 10.1d 所示瞬时冲量作用后,根据动量定理,体系在从 0 到 τ 这段时间内的动量变化,应等于同一时段内的冲量,即

$$m\dot{y}(\tau) = \int_0^\tau F_P(t)\mathrm{d}t = S$$

这意味着,体系在 τ s 末将获得一个初速度 $\dot{y}(\tau)$。由于冲量作用时间极为短暂,体系在 τ s 末的位移 $y(\tau)$ 可近似地看作 0。于是,冲量作用后出现了一个初始条件

$$\left.\begin{array}{l} y(\tau) = 0 \\ \dot{y}(\tau) = \dfrac{S}{m} \end{array}\right\} \tag{e}$$

此后,体系就在这个初始条件的激励下作自由振动。因此,直接应用式(10.25a),就可得到有阻尼体系在瞬时冲量作用下的位移响应规律

$$y(t) = \frac{S}{m\omega_1}\mathrm{e}^{-\xi\omega(t-\tau)}\sin\omega_1(t-\tau) \qquad (t > \tau) \tag{10.68}$$

其中 $S = \displaystyle\int_0^\tau F_P(t)\mathrm{d}t$ 表示时间区间 $(0,\tau)$ 内的瞬时冲量。

对于无阻尼体系,上式简化为

$$y(t) = \frac{S}{m\omega}\sin\omega(t-\tau) \approx \frac{S}{m\omega}\sin\omega t \qquad (t > \tau) \tag{10.69}$$

式(10.68)的图像示于图 10.18,其中 $\tau = 0.01\mathrm{s}, \xi = 0.2, \omega = 20\pi$。$S/m$ 取任意常量。

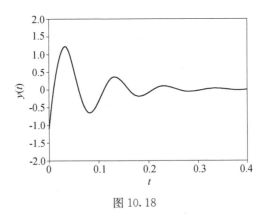

图 10.18

下面再简略介绍一下瞬时冲量的"等效静荷载"的概念。按式(10.69),单自由度无阻尼体系在瞬时冲量 S 作用下的最大位移响应可写为

264

$$y_{\max} = \frac{S}{m\omega} = \frac{S\omega}{m\omega^2} \tag{10.70}$$

这意味着,瞬时冲量 S 产生的最大位移 $y_{\max}$,可以看作是量值为

$$F_{\mathrm{Pe}} = S\omega \tag{10.71}$$

的静荷载产生的静位移。因此,通常把 F_{Pe} 称为瞬时冲量 S 的等效静荷载。它除决定于冲量 S 的大小外,还与体系的自振圆频率 ω 有关。由此可见,同一瞬时冲量对自振特性不同的结构产生的影响是不同的。

例 10 - 4 图 10.19a 为一"质量—弹簧"系统,已知 $W = 5\,000\mathrm{kN}$,$k = 50.4\mathrm{kN/cm}$。设在 0.2 s 持续时间内受到图 10.19b 所示冲击荷载的作用,试求弹簧中产生的最大弹性力(不计阻尼)。

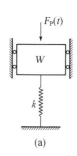
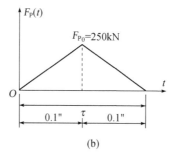

图 10.19

解 根据题给数据,得体系的自振频率

$$\omega = \sqrt{\frac{kg}{W}} = \sqrt{\frac{50.4 \times 980}{5\,000}} = 3.14 \ \mathrm{rad/s}$$

自振周期:

$$T = \frac{2\pi}{\omega} = 2 \ \mathrm{s}$$

因荷载持续时间与体系自振周期之比很小($\tau/T = 0.1$),故可用近似公式(10.71)计算冲量 S 的等效静荷载。因

$$S = \int_0^\tau F_\mathrm{P}(t)\mathrm{d}t = = 2\int_0^{0.1} 2\,500t\,\mathrm{d}t = 25 \ \mathrm{kN \cdot s}$$

故

$$F_{\mathrm{Pe}} = S_\omega = 25 \times 3.14 = 78.5 \ \mathrm{kN}$$

这也就是弹簧中的最大弹性力。

10.4.4 任意荷载作用下的强迫振动

以上比较详细地讨论了动荷载 $F_\mathrm{P}(t)$ 是时间 t 的周期性连续函数和非周期性间断函数的强迫振动问题。本节将通过从特殊到一般,再从一般到特殊的途径,阐明动荷载 $F_\mathrm{P}(t)$ 是时间任意函数的结构响应规律。

1)位移响应的 Duhamel 积分

如图 10.20 所示,设动荷载与时间的函数关系是一条任意曲线,时刻 τ 的荷载集度为

$F_P(\tau)$。如果把一个极短时间区间内的荷载与时程的乘积 $F_P(\tau)\cdot \mathrm{d}\tau$ 看作在 τ 时刻的微分瞬时冲量,则由式(10.68)可知,在这个微分冲量的作用下,单自由度有阻尼体系的受迫作位移响应可表示为

$$\mathrm{d}y(t-\tau)=\frac{F_P(\tau)\mathrm{d}\tau}{m\omega_1}\mathrm{e}^{-\xi\omega(t-\tau)}\sin\omega_1(t-\tau) \qquad (t>\tau) \tag{f}$$

应该注意的是,$\mathrm{d}y(t-\tau)$ 的含义是在 $t>\tau$ 的整个时域内,体系因微分瞬时冲量 $F_P(\tau)\cdot \mathrm{d}\tau$ 激起的微分位移响应,而不是因自变量的改变引起的函数改变。

由于结构是线弹性体,则根据叠加原理,在整个荷载时域范围 $(0,t)$ 内的总位移响应,可将上式进行积分而求得

$$y(t)=\frac{1}{m\omega_1}\int_0^t F_P(\tau)\mathrm{e}^{-\xi\omega(t-\tau)}\sin\omega_1(t-\tau)\mathrm{d}\tau \tag{10.72}$$

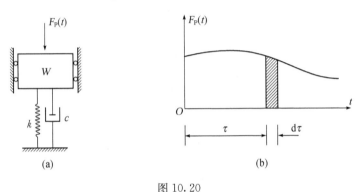

图 10.20

这就是通常所称的 Duhamel 积分,可用来计算单自由度有阻尼体系在任意确定性荷载作用下的受迫位移响应。对于无阻尼体系,上式简化为

$$y(t)=\frac{1}{m\omega}\int_0^t F_P(\tau)\sin\omega(t-\tau)\mathrm{d}\tau \tag{10.73}$$

顺便指出,如果体系原来并非处于静止状态,而是存在初位移 y_0 和初速度 $\dot{y}_0$,则应在原式中叠加一项式(10.25)所示的自由振动位移,即体系的总体位移响应是

$$y(t)=\mathrm{e}^{-\xi\omega t}\left[y_0\cos\omega_1 t+\left(\frac{\dot{y}_0+\xi\omega y_0}{\omega_1}\right)\sin\omega_1 t\right]+\frac{1}{m\omega_1}\int_0^t F_P(\tau)\mathrm{e}^{-\xi\omega(t-\tau)}\sin\omega_1(t-\tau)\mathrm{d}\tau$$
$$\tag{10.74}$$

2) 对冲击波荷载的响应

一般认为,爆炸引起的冲击波对建筑物的袭击作用,大致可用图 10.21 所示的荷载—时间曲线来模拟,即荷载瞬息达到幅值 F_{P0},然后立即按直线规律递减,在较短时间内趋于消失,其数学表述可写为

$$F_P(t)=\begin{cases} F_{P0}\left(1-\dfrac{t}{t_1}\right) & (t\leqslant t_1) \\ 0 & (t>t_1) \end{cases} \tag{10.75}$$

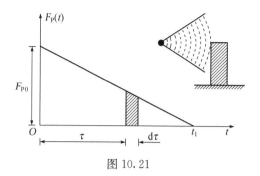

图 10.21

作为运用 Duhamel 积分的一个示例,设单自由度无阻尼体系原处于静止状态。求其对式 (10.75)所示冲击波荷载的位移响应时,宜区分两个不同阶段来进行。

第一阶段($0 < t \leqslant t_1$),按式(10.73):

$$
\begin{aligned}
y(t) &= \frac{F_{P0}}{m\omega} \int_0^t \left(1 - \frac{\tau}{t_1}\right) \sin\omega(t-\tau) \mathrm{d}\tau \\
&= \frac{F_{P0}}{m\omega} \left[(1 - \cos\omega t) + \frac{\sin\omega t - \omega t}{\omega t_1} \right] \\
&= y_{\mathrm{st}} \left[(1 - \cos\omega t) + \frac{\sin\omega t - \omega t}{\omega t_1} \right]
\end{aligned} \tag{10.76a}
$$

第二阶段($t \geqslant t_1$)

$$
\begin{aligned}
y(t) &= \frac{F_{P0}}{m\omega} \int_0^{t_1} \left(1 - \frac{\tau}{t_1}\right) \sin\omega(t-\tau) \mathrm{d}\tau \\
&= \frac{F_{P0}}{m\omega} \left[\frac{\sin\omega t_1 - \sin\omega(t-t_1)}{\omega t_1} - \cos\omega t_1 \right] \\
&= y_{\mathrm{st}} \left[\frac{\sin\omega t_1 - \sin\omega(t-t_1)}{\omega t_1} - \cos\omega t_1 \right]
\end{aligned} \tag{10.76b}
$$

显然,当 $t = t_1$ 时,式(10.76a)与式(10.76b)两式的右边相等,并且有

$$
y(t_1) = y_{\mathrm{st}} \left(\frac{\sin\omega t_1}{\omega t_1} - \cos\omega t_1 \right) \tag{10.77a}
$$

$$
\lim_{t_1 \to 0} y(t_1) = 0 \tag{10.77b}
$$

从理论上讲,Duhamel 积分公式(10.74)可用来计算单自由度体系在任意荷载作用下的位移响应。然而,实际操作上至少存在两点具体困难:第一,在许多实际问题中,荷载与时间的函数关系多半是通过试验手段确定的,变化规律有时很不规则,往往不是时间的可积函数,Duhamel 积分公式将因无法实施而失效。第二,即便荷载是时间的可积函数,但当这个函数比较复杂时,Duhamel 积分的运算过程将变得极为烦琐而不实用。因此,在实际工程中,运用这个公式解答结构的动态响应问题时,其积分计算大多采用便于"机算"的数值方法。

10.5 多自由度体系的振动方程

以上比较系统地叙述了单自由度体系由初始条件激起的自由振动,以及在几种常规动荷载及一般动荷载作用下的强迫振动问题;阐明了这类问题的数学特点和物理概念;揭示了有关

自由振动响应和强迫振动响应的一些基本规律。但是,单自由度体系的力学模型和大多数工程结构的力学特征相去甚远,不能真实地描绘出它们的动态响应规律。比如多层建筑和不等高厂房排架的侧向振动、块式基础的平面运动等等,都必须作为多自由度体系来考虑。

图 10.22a 所示为一具有 n 个集中质量的弹性悬臂杆件。如果不计轴向变形和转动惯量的影响,则当它在竖直平面内作侧向水平振动时,每个质量的运动只需一个位移函数 $y(t)$ 就可以描述,一旦求出这 n 个位移函数 $y_i(t)(i=1,2,\cdots,n)$,整个体系在任意时刻的运动状态和内部响应规律也就不难确定了。因而它是一个具有代表性的 n 自由度体系,是当前多层建筑结构抗震设计中普遍采用的"串联集中质量"计算模型。下面以它为例,说明建立多自由度体系振动微分方程的全过程。

取任意质量 m_i 作为隔离体。其上作用有四种不同性质的力,即外部激振力 $f_{\mathrm{P}i}(t)$,与结构弹性特征有关的弹性恢复力 $F_{\mathrm{S},i}$,耗散能量的粘滞阻尼力 $F_{\mathrm{D},i}$,以及来自运动加速度的惯性力 $F_{\mathrm{I},i}$。利用达朗贝尔原理,对体系中从 1 到 n 的每个质量写出"动平衡条件"就可得到一组 n 元联立方程:

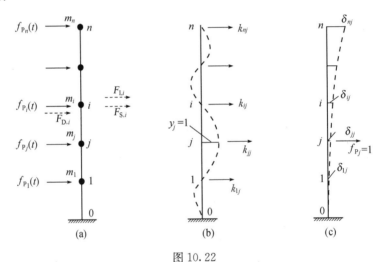

图 10.22

$$F_{\mathrm{I},i}+F_{\mathrm{D},i}+F_{\mathrm{S},i}+f_{\mathrm{P}i}=0 \qquad (i=1,2,3,\cdots,n) \tag{a}$$

当体系作微幅振动时,根据叠加原理,有

$$
\left.
\begin{aligned}
F_{\mathrm{S},i} &= -\sum_{j=1}^{n} k_{ij}y_j(t) \\
F_{\mathrm{D},i} &= -\sum_{j=1}^{n} c_{ij}\dot{y}_j(t) \\
F_{\mathrm{I},i} &= -m_i\ddot{y}_i(t)
\end{aligned}
\right\}
\tag{b}
$$

式中,k_{ij} 表示仅当质量 m_j 有单位位移($y_j=1$)而其余质量均不发生位移时,质量 m_i 上所需施加的弹性力(图 10.22b),通称体系的刚度影响系数。c_{ij} 表示仅当质量 m_j 有单位速度($\dot{y}_j=1$)而其余质量的速度均为零时,质量 m_i 上受到的阻尼力,通称体系的阻尼影响系数。

将式(b)代入式(a),即得

$$m_i\ddot{y}_i(t)+\sum_{j=1}^{n} c_{ij}\dot{y}_j(t)+\sum_{j=1}^{n} k_{ij}y_j(t)=f_{\mathrm{P}i}(t) \qquad (i=1,2,3,\cdots,n) \tag{10.78}$$

这就是多自由体系的振动方程,它是一个含有 n 个未知位移函数 $y_i(t)$ 的二阶线性常微分方程组。

如果引入下列定义:

$$[M]=\begin{bmatrix} m_1 & & & \\ & m_2 & & \\ & & \ddots & \\ & & & m_n \end{bmatrix} \tag{10.79}$$

$$[K]=\begin{bmatrix} k_{11} & k_{12} & \cdots & k_{1n} \\ k_{21} & k_{22} & \cdots & k_{2n} \\ \cdots & \cdots & \cdots & \cdots \\ k_{n1} & k_{n2} & \cdots & k_n \end{bmatrix} \tag{10.80}$$

$$[C]=\begin{bmatrix} c_{11} & c_{12} & \cdots & c_{1n} \\ c_{21} & c_{22} & \cdots & c_{2n} \\ \cdots & \cdots & \cdots & \cdots \\ c_{n1} & c_{n2} & \cdots & c_n \end{bmatrix} \tag{10.81}$$

$$\left.\begin{aligned} \{Y(t)\} &= \begin{bmatrix} y_1(t) & y_2(t) & \cdots & y_n(t) \end{bmatrix}^{\mathrm{T}} \\ \{\dot{Y}(t)\} &= \begin{bmatrix} \dot{y}_1(t) & \dot{y}_2(t) & \cdots & \dot{y}_n(t) \end{bmatrix}^{\mathrm{T}} \\ \{\ddot{Y}(t)\} &= \begin{bmatrix} \ddot{y}_1(t) & \ddot{y}_2(t) & \cdots & \ddot{y}_n(t) \end{bmatrix}^{\mathrm{T}} \\ \{f_{\mathrm{P}}(t)\} &= \begin{bmatrix} f_{\mathrm{P}1}(t) & f_{\mathrm{P}2}(t) & \cdots & f_{\mathrm{P}n}(t) \end{bmatrix}^{\mathrm{T}} \end{aligned}\right\} \tag{10.82}$$

$[M]$、$[K]$、$[C]$、$\{Y(t)\}$、$\{\dot{Y}(t)\}$、$\{\ddot{Y}(t)\}$、$\{f_{\mathrm{P}}(t)\}$ 分别称为质量矩阵、刚度矩阵、阻尼矩阵、位移向量、速度向量、加速度向量与荷载向量。此时,多自由体系的振动方程(10.78)可写为下列矩阵形式:

$$[M]\{\ddot{Y}(t)\}+[C]\{\dot{Y}(t)\}+[K]\{Y(t)\}=\{f_{\mathrm{P}}(t)\} \tag{10.83}$$

其数学结构的简洁与紧凑,使得多自由度体系的运动方程与单自由度体系的运动方程(10.11)在形式上极为相似,即方程(10.83)中每个矩阵的地位和作用,同方程(10.11)中对应的物理特性常数相当。在这个意义上,通常把 $[M]$、$[K]$ 和 $[C]$ 统称为结构的物理特性矩阵。

不过,尽管多自由度体系的运动方程与单自由度体系的运动方程有完全相似的数学形式,但在实际操作上两者可能遇到的具体问题毕竟有所不同。对于单自由度体系,只要能够确定体系的物理常数 m、k 和 c,方程(10.11)的建立就非常方便。多自由度体系则不同,要展开方程(10.83),必须透彻了解其中的每个物理特性矩阵。而这些矩阵的确立,首先有个计算上的繁简与难易问题;特别是阻尼矩阵 $[C]$,至今还只能通过某种"假说"来获取,尚在继续研究中。

10.6　多自由度体系的自由振动

10.6.1　多自由度体系的自振频率方程

研究多自由度体系的自由振动,目的是要了解体系自身的固有特性,主要包括自振频率

（圆频率）及其相应的振动形式。前已述及，研究这类问题时可以不必考虑体系阻尼的影响。多自由度无阻尼体系的自由振动方程可表为两种不同形式：一种是利用"动平衡条件"建立的刚度法形式，另一种是利用"变形协调条件"确立的柔度法形式，两者各有其适应范围，现分别介绍如下。

1）刚度法形式

从多自由度体系的运动方程(10.83)中去掉包含阻尼矩阵的第二项，并令右端的荷载向量为零，即得刚度法形式的自由振动方程：

$$[M]\{\ddot{Y}(t)\}+[K]\{Y(t)\}=\{0\} \tag{10.84}$$

作为这个方程组的试解，假定所有运动质点都以相同的频率 ω 和相位 α 作简谐振动，即取

$$\{Y(t)\}=\{Z\}\sin(\omega t+\alpha) \tag{10.85}$$

其中 $\{Z\}$ 表示由 n 个质点的位移幅值 $z_i(i=1,2,3,\cdots,n)$ 组成的 $n\times1$ 维向量

$$\{Z\}=[z_1 \quad z_2 \quad \cdots \quad z_n]^{\mathrm{T}} \tag{10.85a}$$

显然有

$$y_1(t) : y_2(t) : \cdots : y_n(t)=z_1 : z_2 : \cdots : z_n$$

这意味着，体系振动过程中，尽管各个质点的位移都在随时间而变化，但它们的比值始终保持不变。

将试解代入方程(10.84)，消去公因子，即得振幅方程

$$([K]-\omega^2[M])\{Z\}=\{0\} \tag{10.86}$$

它的展开形式是

$$\begin{bmatrix} k_{11}-m_1\omega^2 & k_{12} & \cdots & k_{1n} \\ k_{21} & k_{22}-m_2\omega^2 & \cdots & k_{2n} \\ \vdots & \vdots & \vdots & \vdots \\ k_{n1} & k_{n2} & \cdots & k_{nn}-m_n\omega^2 \end{bmatrix} \begin{Bmatrix} z_1 \\ z_2 \\ \vdots \\ z_n \end{Bmatrix} = \begin{Bmatrix} 0 \\ 0 \\ \vdots \\ 0 \end{Bmatrix} \tag{10.86a}$$

这是关于振幅 $z_i(i=1,2,\cdots,n)$ 的一个线性齐次方程组。如果要求体系能够进行自由振动，各点的振幅 z_i 必须不全为零，即必须保证上式存在非零解。于是由线性代数理论知

$$|[K]-\omega^2[M]|=0 \tag{10.87}$$

或

$$\begin{vmatrix} k_{11}-m_1\omega^2 & k_{12} & \cdots & k_{1n} \\ k_{21} & k_{22}-m_2\omega^2 & \cdots & k_{2n} \\ \vdots & \vdots & \vdots & \vdots \\ k_{n1} & k_{n2} & \cdots & k_{nn}-m_n\omega^2 \end{vmatrix}=0 \tag{10.87a}$$

式(10.87)、式(10.87a)就是多自由度体系刚度法形式的频率方程，它是关于 ω^2 的一个 n 次代数方程。这个方程的 n 个根，就是 n 自由度体系的 n 个自振频率的平方 $\omega_i^2(i=1,2,\cdots,n)$。将每一个频率 $\omega_i(i=1,2,\cdots,n)$ 代入振幅方程(10.86a)，原则上可以解得一个对应的振幅向量 $\{z_i\}$。由此可见，一个 n 自由度体系，一般应有 n 对自振频率和振幅向量，即有

$$\omega_i; \qquad \{Z_i\}=[z_{1i} \quad z_{2i} \quad \cdots \quad z_{ni}]^{\mathrm{T}} \qquad (i=1,2,\cdots,n)$$

2）柔度法形式

仍以图 10.22a 所示的悬臂多自由度体系为例。当体系作侧向自由振动时，质量的惯性力

可以看作是作用于其上的水平力;体系的侧向位移就是由这些惯性力所引起。因此,若令 δ_{ij} 表示仅当质点 j 有单位水平力($f_{\mathrm{P}j}=1$)作用时,质点 i 产生的水平位移(图 10.22c),则根据叠加原理,质点 i 的总位移可表示为

$$y_i(t)=-\sum_{j=1}^{n}m_j \ddot{y}_j(t)\delta_{ij} \qquad (i=1,2,\cdots,n) \tag{10.88}$$

这就是多自由度体系柔度法形式的自由振动方程。

定义柔度矩阵

$$[\Delta]=\begin{bmatrix} \delta_{11} & \delta_{12} & \cdots & \delta_{1n} \\ \delta_{21} & \delta_{22} & \cdots & \delta_{2n} \\ \vdots & \vdots & \vdots & \vdots \\ \delta_{n1} & \delta_{n1} & \cdots & \delta_{nn} \end{bmatrix} \tag{10.89}$$

则方程(10.84)可写为下列矩阵形式:

$$([\Delta][M])\{\ddot{Y}(t)\}+\{Y(t)\}=\{0\} \tag{10.90}$$

将上式两端同时左乘以 $[\Delta]^{-1}$,可得

$$[M]\{\ddot{Y}(t)\}+[\Delta]^{-1}\{Y(t)\}=\{0\}$$

将它与式(10.84)比较后不难看出,多自由度体系两种形式的自由振动方程是完全等价的,并且有

$$[K]=[\Delta]^{-1} \tag{10.91}$$

即体系的刚度矩阵 $[K]$ 与柔度矩阵 $[\Delta]$ 互为逆矩阵。又由位移互等定理和反力互等定理已知

$$\delta_{ij}=\delta_{ji}$$

$$k_{ij}=k_{ji}$$

说明刚度矩阵 $[K]$ 和柔度矩阵 $[\Delta]$ 都是对称矩阵。

仍取式(10.85)作为试解,代入式(10.90)后,即得柔度法形式的振幅方程

$$\left([\Delta][M]-\frac{1}{\omega^2}[I]\right)\{Z\}=\{0\} \tag{10.92}$$

式中,$[I]$ 表示 $n\times n$ 维单位矩阵。这也是一个关于振幅 z_i 的线性齐次方程组,它有非零解的充要条件是其系列行列式必须等于零,从而得到多自由度体系柔度法形式的频率方程如下:

$$\left|[\Delta][M]-\lambda[I]\right|=0 \tag{10.93}$$

其中 $\lambda=\dfrac{1}{\omega^2}$,称为频率参数。式(10.93)是关于 λ 的一个 n 次代数方程,从中可以解得 λ 的 n 个值。再将它们逐个代入方程(10.92),原则上也可获得 n 个对应的振幅向量,从而可以同样得到频率和振幅的 n 对解。

10.6.2 多自由度体系的自振频率和振型

如前所述,刚度法形式的自振频率方程式(10.87)、式(10.87a)是关于自振频率平方 ω^2 的一个 n 次代数方程;柔度法形式的自振频率方程(10.93)是关于频率参数 $\lambda=\dfrac{1}{\omega^2}$ 的一个 n 次代数方程。使用解高次方程的代数方法,无论根据哪一种形式的频率方程,都可解出它的 n 个根。由线性代数理论已知,对于实的对称正定矩阵 $[K]$ 与 $[M]$,频率 ω^2 或 λ 的这 n 个根都是正实根。这说明,n 自由度体系一般含有 n 个自振频率。只要初始条件具备,体系按每一个频

率作自由振动都是可能的。为便于掌握体系的频率分布规律,通常将频率按由小到大的顺序进行排列编号,得到含有 n 个频率的"频率谱":$\omega_1, \omega_2, \cdots, \omega_n$,其中最低频率 ω_1 称为基本频率或第一频率;ω_2 称为第二频率;以此类推。高于 ω_2 的所有频率有时统称为高阶频率。

对应于任意已知的自振频率 $\omega_j(j=1,2,\cdots,n)$,可以列出 n 个刚度法形式的振幅方程

$$([K]-\omega_j^2[M])\{Z_j\}=\{0\} \quad (j=1,2,\cdots,n) \tag{10.94}$$

必须指出的是,因为这个线性齐次方程组的系数行列式等于零,所以各方程之间并不完全独立,因而方程组没有定解;只能先给某一未知数任意假定一个值,然后解出其余 $n-1$ 个未知数。可见,我们只能求出体系各质点位移的相对值而不能获得它们的绝对值。而在确定体系的振动形式时,重要的恰是只需要知道各质点位移的相对值而并不需要求出它们的绝对值。根据各质点的相对位移值,就可描绘出体系的振动曲线轮廓。

至于首先给定哪个质点的位移幅值以及给定什么值,则是完全任意的。为简便起见,一般习惯选择振幅向量中的第一个或最后一个元素,或数值最大的一个元素为 1,然后从 $n-1$ 个独立方程中解出其余 $n-1$ 个位移的相对值。显然,振幅向量 $\{Z_j\}$ 中的元素应具有位移的量纲,而按上述方法获取的元素都是无量纲常数。这种无量纲形式的相对幅值向量,通常称为自由振动的主振型,或简称振型,记作 $\{X_j\}$:

$$\{X_j\}=[x_{1j} \quad x_{2j} \quad \cdots \quad x_{nj}]^{\mathrm{T}} \tag{10.95}$$

由此可见,振型向量 $\{X_j\}$ 与振幅向量 $\{Z_j\}$ 之间只相差一个常量因子。

对应于每一个自振频率,都可以求出一个相应的振型;对应于具有 n 个频率的频率谱 ω_1,$\omega_2, \cdots, \omega_n$,就有 n 个相应的振型系列 $\{X_1\}, \{X_2\}, \cdots, \{X_n\}$。与 ω_1 对应的振型 $\{X_1\}$ 称为基本振型或第一振型;与 ω_2 对应的振型 $\{X_2\}$ 称为第二振型;以此类推。$\{X_2\}$ 以上的振型统称为高阶振型。以全体振型为列元素组成的 $n\times n$ 维矩阵称为振型矩阵:

$$[X]=[\{X_1\} \quad \{X_2\} \quad \cdots \quad \{X_n\}]$$

$$=\begin{bmatrix} x_{11} & x_{12} & \cdots & x_{1n} \\ x_{21} & x_{22} & \cdots & x_{2n} \\ \vdots & \vdots & \vdots & \vdots \\ x_{n1} & x_{n2} & \cdots & x_{nn} \end{bmatrix} \tag{10.96}$$

10.6.3 振型的正交性

设 ω_i 和 ω_j 是多自由度体系的任意两个不同的自振频率,则因振幅向量 $\{Z\}$ 与振型向量 $\{X\}$ 只相差一个常量因子,故由方程(10.86)可以直接写出下列两个等式:

$$[K]\{X_i\}=\omega_i^2[M]\{X_i\} \tag{a}$$

$$[K]\{X_j\}=\omega_j^2[M]\{X_j\} \tag{b}$$

用 $\{X_j\}^{\mathrm{T}}$ 左乘式(a)两端,得

$$\{X_j\}^{\mathrm{T}}[K]\{X_i\}=\omega_i^2\{X_j\}^{\mathrm{T}}[M]\{X_i\} \tag{c}$$

先将式(b)两边转置,并注意 $[K]$ 与 $[M]$ 均为对称矩阵,再右乘以 $\{X_i\}$,得

$$\{X_j\}^{\mathrm{T}}[K]\{X_i\}=\omega_j^2\{X_j\}^{\mathrm{T}}[M]\{X_i\} \tag{d}$$

将式(c)与式(d)相减,得

$$(\omega_i^2-\omega_j^2)\{X_j\}^{\mathrm{T}}[M]\{X_i\}=0$$

因 $\omega_i^2 \neq \omega_j^2$，故由上式推知

$$\{X_j\}^{\mathrm{T}}[M]\{X_i\}=0 \quad (i \neq j) \tag{10.97}$$

将式(10.97)代入式(c)或式(d)，又可得出

$$\{X_j\}^{\mathrm{T}}[K]\{X_i\}=0 \quad (i \neq j) \tag{10.98}$$

式(10.97)和式(10.98)所示的关系，通常称为多自由度振动体系的振型正交性。习惯上把前者称为振型$\{X_i\}$与$\{X_j\}$相互"$[M]$—正交"，后者称为"$[K]$—正交"。

不难理解，正交条件式(10.97)、式(10.98)亦可用振幅向量表示为

$$\{Z_j\}^{\mathrm{T}}[M]\{Z_i\}=0 \quad (i \neq j) \tag{10.99}$$

$$\{Z_j\}^{\mathrm{T}}[K]\{Z_i\}=0 \quad (i \neq j) \tag{10.100}$$

下面再以图 10.23 所示的振动体系为例，简略说明振型正交性式(10.99)(10.100)的物理意义。其中图 10.23a 与图 10.23b 分别是第 i 振型和第 j 振型的示意图，从中可以看出，当体系按第 i 振型做自由振动时，全体运动质量的惯性力幅向量可表示为

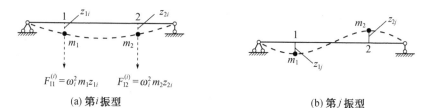

(a) 第 i 振型　　　　　　　　　　　　　(b) 第 j 振型

图 10.23　振型正交性的物理意义

$$\{F_{1i}\}=\begin{Bmatrix} F_{11}^{(i)} \\ F_{12}^{(i)} \end{Bmatrix}=\omega_i^2\begin{bmatrix} m_1 & 0 \\ 0 & m_2 \end{bmatrix}\begin{Bmatrix} z_{1i} \\ z_{2i} \end{Bmatrix}=\omega_i^2[M]\{Z_i\}$$

而体系按第 j 振型作自由振动时，全体运动质量的振幅向量则为

$$\{Z_j\}=\begin{bmatrix} z_{1j} & z_{2j} \end{bmatrix}^{\mathrm{T}}$$

于是，第 i 振型的惯性力在第 j 振型位移幅值上所作的总功应为

$$\{F_{1i}\}^{\mathrm{T}}\{Z_j\}=\omega_i^2\{Z_i\}^{\mathrm{T}}[M]\{Z_j\}=0$$

这是振型正交性的直接结果。这个结果表明，弹性体系作自由振动时，第 i 振型的惯性力在第 j 振型的位移上不作功。

10.6.4　振型的标准化

以上所述获取振型向量的过程，即规定第一或最后一个元素，或数值最大之元素为 1，然后求其余诸元素的相对值，实际上就是一种简单的振型标准化作法。这里再介绍另一种标准化做法。

既然振型向量中的元素只是一组相对值，并不需要它们的绝对值，就可基于某种需要，适当调整振幅向量$\{Z_j\}$中的各个元素，使之变为能够满足下列条件的振型向量$\{X_j\}$：

$$\{X_j\}^{\mathrm{T}}[M]\{X_j\}=1 \quad (j=1,2,\cdots,n) \tag{10.101}$$

这是容易办到的。做法是：先由任意一种标准化准则求得该标准化准则下的振型向量$\{\widetilde{X}_j\}$，然后算出下面的常量因子：

$$a_j=\sqrt{\{\widetilde{X}_j\}^{\mathrm{T}}[M]\{\widetilde{X}_j\}}=\sqrt{\sum_{i=1}^{n} m_i \widetilde{x}_{ij}^2} \tag{10.102}$$

将$\{\widetilde{X}_j\}$除以 a_j

$$\{X_j\}=\frac{1}{a_j}\{\widetilde{X}_j\} \tag{10.103}$$

得新的振型向量$\{X_j\}$，显然$\{X_j\}$满足式(10.101)。

这种标准化方法与前节的简单做法概念上是一样的，不同之处在于，它不是以$\{Z_j\}$中的某个元素作为"基准值"，而是以$\{Z_j\}$中所有元素"加权平方和"的平方根作为基准值。

根据式(10.101)和式(c)，当$i=j$时，可以直接推得

$$\{X_j\}^{\mathrm{T}}[K]\{X_j\}=\omega_j^2 \qquad (j=1,2,\cdots,n) \tag{10.104}$$

根据振型矩阵$[X]$的定义式(10.96)，利用振型正交性式(10.97)、(10.98)，并结合振型标准化条件式(10.101)、(10.104)，又可得

$$[X]^{\mathrm{T}}[M][X]=[I] \tag{10.105}$$

$$[X]^{\mathrm{T}}[K][X]=[\Omega] \tag{10.106}$$

式中，$[I]$表示$n\times n$维单位矩阵；$[\Omega]$是以ω_i^2为元素的对角矩阵：

$$[\Omega]=\begin{bmatrix} \omega_1^2 & & & \\ & \omega_2^2 & & \\ & & \ddots & \\ & & & \omega_n^2 \end{bmatrix} \tag{10.106a}$$

例 10-5 设图 10.24a 所示两跨四层框架的横梁刚度可视为无限大，各层的梁、柱有效质量(kg)自下而上依次为

$$m_1=44.2\times10^3,\ m_2=44.9\times10^3,\ m_3=43.8\times10^3,\ m_4=38.8\times10^3$$

各层的抗剪刚度($S=12EI/h^3$,N/m)依次为

$$S_1=1\,195\times10^5,\ S_2=955\times10^5,\ S_3=716\times10^5,\ S_4=478\times10^5$$

试求此框架的自振频率ω_i和振型向量$\{X_i\}(i=1,2,3,4)$。

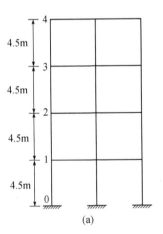
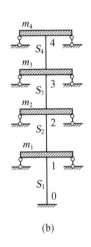

图 10.24

解 因假定各层横梁的刚度均为无限大，故框架的计算简图宜取图 10.24b 所示的"剪切型"。

(1) 求自振频率谱

根据刚度影响系数的定义，图 10.25 绘制了k_{ij}与S_i之间的关系。由图示关系不难得到框架的刚度矩阵为

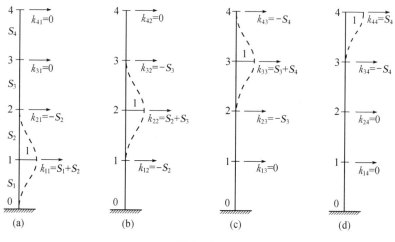

图 10.25

$$[K] = 10^5 \times \begin{bmatrix} 2\,150 & -955 & & \\ -955 & 1\,671 & -716 & \\ & -716 & 1\,194 & -478 \\ & & -478 & 478 \end{bmatrix} \quad (\text{N/m})$$

已知质量矩阵是

$$[M] = 10^2 \times \begin{bmatrix} 442 & & & \\ & 449 & & \\ & & 438 & \\ & & & 388 \end{bmatrix} \quad (\text{kg})$$

此框架的自振频率方程可写为

$$\begin{vmatrix} 4\,864 - \omega^2 & -2\,161 & & \\ -2\,126 & 3\,722 - \omega^2 & -1\,595 & \\ & -1\,635 & 2\,726 - \omega^2 & -1\,091 \\ & & -1\,232 & 1\,232 - \omega^2 \end{vmatrix} = 0$$

展开后有

$$(\omega^2)^4 - 12.540 \times 10^3 (\omega^2)^3 + 46.88 \times 10^6 (\omega^2)^2 - 54.875 \times 10^9 \omega^2 + 11.620 \times 10^{12} = 0$$

解之,得自振频率谱

$$\omega_1 = 16.413 \text{ rad/s}, \quad \omega_2 = 40.790 \text{ rad/s}, \quad \omega_3 = 61.810 \text{ rad/s}, \quad \omega_4 = 82.380 \text{ rad/s}$$

(2) 振型向量系列

第一振型。$\omega_1^2 = 269.4$;取顶层位移幅值 $x_{41} = 1$。利用齐次方程组(10.86)有

$$\begin{bmatrix} 4\,590 & -2\,160 & 0 \\ -2\,130 & 3\,460 & -1\,600 \\ 0 & -1\,630 & 2\,450 \end{bmatrix} \begin{Bmatrix} x_{11} \\ x_{21} \\ x_{31} \end{Bmatrix} = \begin{Bmatrix} 0 \\ 0 \\ 1\,090 \end{Bmatrix}$$

解之,得

$$\{X_1\} = \begin{bmatrix} 0.241 & 0.511 & 0.785 & 1 \end{bmatrix}^{\text{T}}$$

275

第二振型。$\omega_2^2=1\,663.8$；取顶层位移幅值 $x_{42}=1$，有

$$\begin{bmatrix} 3\,200 & -2\,160 & 0 \\ -2\,130 & 2\,070 & -1\,600 \\ 0 & -1\,630 & 1\,060 \end{bmatrix}\begin{Bmatrix} x_{12} \\ x_{22} \\ x_{32} \end{Bmatrix}=\begin{Bmatrix} 0 \\ 0 \\ 1\,090 \end{Bmatrix}$$

解之，得

$$\{X_2\}=\begin{bmatrix} -0.608 & -0.900 & -0.356 & 1 \end{bmatrix}^{\mathrm{T}}$$

第三振型。$\omega_3^2=3\,820.5$；取顶层位移幅值 $x_{43}=1$，有

$$\begin{bmatrix} 1\,040 & -2\,160 & 0 \\ -2\,130 & -90 & -1\,600 \\ 0 & -1\,630 & -1\,100 \end{bmatrix}\begin{Bmatrix} x_{13} \\ x_{23} \\ x_{33} \end{Bmatrix}=\begin{Bmatrix} 0 \\ 0 \\ 1\,090 \end{Bmatrix}$$

解之，得

$$\{X_3\}=\begin{bmatrix} 1.678 & 0.808 & -2.188 & 1 \end{bmatrix}^{\mathrm{T}}$$

第四振型。$\omega_4^2=6\,786.4$；取顶层位移幅值 $x_{44}=1$，有

$$\begin{bmatrix} -1\,930 & -2\,160 & 0 \\ -2\,130 & -3\,060 & -1\,600 \\ 0 & -1\,630 & -4\,070 \end{bmatrix}\begin{Bmatrix} x_{14} \\ x_{24} \\ x_{34} \end{Bmatrix}=\begin{Bmatrix} 0 \\ 0 \\ 1\,090 \end{Bmatrix}$$

解之，得

$$\{X_4\}=\begin{bmatrix} -13.555 & 12.111 & -5.118 & 1 \end{bmatrix}^{\mathrm{T}}$$

框架的各阶振型示于图 10.26。

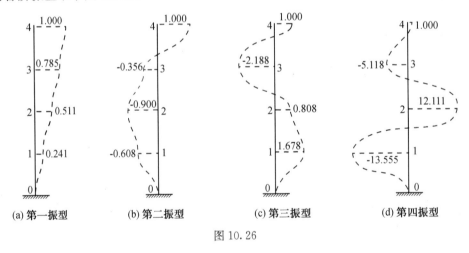

(a) 第一振型　　(b) 第二振型　　(c) 第三振型　　(d) 第四振型

图 10.26

例 10-6 图 10.27 为一等截面简支梁，跨长 l 和抗弯刚度 EI 均为常数；$m_1=m_2=m_3=m$。试求其自振频率谱 ω_i 和满足式(10.101)标准化条件的振型向量系列 $\{X_i\}$ $(i=1,2,3)$，并进行振型正交性校核。

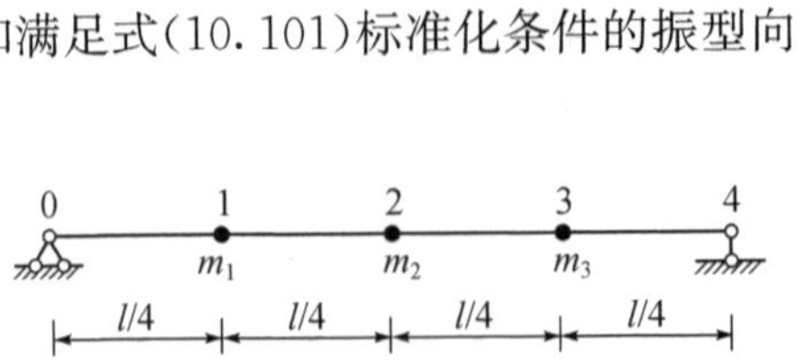

图 10.27

解 解答本例宜取柔度法形式。运用任何一种位移计算方法,如单位荷载法,不难求出本例所需的柔度矩阵如下:

$$[\Delta]=\frac{l^3}{768EI}\begin{bmatrix} 9 & 11 & 7 \\ 11 & 16 & 11 \\ 7 & 11 & 9 \end{bmatrix}$$

若令

$$\bar{\lambda}=\frac{768EI}{m\omega^2l^3} \tag{e}$$

并注意$[M]=m[I]_{3\times3}$,则按式(10.92)和式(10.93),适用于本例的振型方程通式和频率方程可分别简化为

$$\begin{bmatrix} 9-\bar{\lambda}_i & 11 & 7 \\ 11 & 16-\bar{\lambda}_i & 11 \\ 7 & 11 & 9-\bar{\lambda}_i \end{bmatrix}\begin{Bmatrix} 1 \\ x_{2i} \\ x_{3i} \end{Bmatrix}=\begin{Bmatrix} 0 \\ 0 \\ 0 \end{Bmatrix} \quad (i=1,2,3) \tag{f}$$

$$\begin{vmatrix} 9-\bar{\lambda}_i & 11 & 7 \\ 11 & 16-\bar{\lambda}_i & 11 \\ 7 & 11 & 9-\bar{\lambda}_i \end{vmatrix}=0 \tag{g}$$

将频率方程(g)展开,得

$$\bar{\lambda}^3-34\bar{\lambda}^2+78\bar{\lambda}-28=0$$

它的三个根是

$$\bar{\lambda}_1=31.556\,349,\ \bar{\lambda}_2=2,\ \bar{\lambda}_3=0.443\,651$$

由式(e)可知

$$\omega_i^2=\frac{768EI}{ml^3\bar{\lambda}_i}$$

故梁的频率谱为

$$\omega_1=4.933\sqrt{\frac{EI}{ml^3}},\ \omega_2=19.596\sqrt{\frac{EI}{ml^3}},\ \omega_3=41.606\sqrt{\frac{EI}{ml^3}}$$

将求得的$\bar{\lambda}_i(i=1,2,3)$分别代入式(f),即可写出确定三个相应振型的方程依次为

第一振型:

$$\begin{bmatrix} -22.556\,349 & 11 & 7 \\ 11 & -15.556\,349 & 11 \\ 7 & 11 & -22.556\,349 \end{bmatrix}\begin{Bmatrix} 1 \\ \tilde{x}_{21} \\ \tilde{x}_{31} \end{Bmatrix}=\begin{Bmatrix} 0 \\ 0 \\ 0 \end{Bmatrix}$$

第二振型:

$$\begin{bmatrix} 7 & 11 & 7 \\ 11 & 14 & 11 \\ 7 & 11 & 7 \end{bmatrix}\begin{Bmatrix} 1 \\ \tilde{x}_{22} \\ \tilde{x}_{32} \end{Bmatrix}=\begin{Bmatrix} 0 \\ 0 \\ 0 \end{Bmatrix}$$

第三振型:

$$\begin{bmatrix} 8.556349 & 11 & 7 \\ 11 & 15.556349 & 11 \\ 7 & 11 & 8.556349 \end{bmatrix}\begin{Bmatrix} 1 \\ \widetilde{x}_{23} \\ \widetilde{x}_{33} \end{Bmatrix}=\begin{Bmatrix} 0 \\ 0 \\ 0 \end{Bmatrix}$$

依次不难解得

$$\begin{cases} \{\widetilde{X}_1\}=[1 \quad 1.414 \quad 1]^{\mathrm{T}} \\ \{\widetilde{X}_2\}=[1 \quad 0 \quad -1]^{\mathrm{T}} \\ \{\widetilde{X}_3\}=[1 \quad -1.414 \quad 1]^{\mathrm{T}} \end{cases}$$

三个振型的示意见图 10.28。

由式(10.102)(10.103)可得满足式(10.101)标准化条件的振型向量系列为

$$[X]=\frac{1}{2\sqrt{m}}\begin{bmatrix} 1 & 1.414 & 1 \\ 1.414 & 0 & -1.414 \\ 1 & -1.414 & 1 \end{bmatrix}$$

$$[X]^{\mathrm{T}}[M][X]$$
$$=\frac{1}{4m}\begin{bmatrix} 1 & 1.414 & 1 \\ 1.414 & 0 & -1.414 \\ 1 & -1.414 & 1 \end{bmatrix}^{\mathrm{T}}\begin{bmatrix} m & 0 & 0 \\ 0 & m & 0 \\ 0 & 0 & m \end{bmatrix}\begin{bmatrix} 1 & 1.414 & 1 \\ 1.414 & 0 & -1.414 \\ 1 & -1.414 & 1 \end{bmatrix}$$
$$=\begin{bmatrix} 1 & 0 & 0 \\ 0 & 1 & 0 \\ 0 & 0 & 1 \end{bmatrix}$$

可见计算无误。

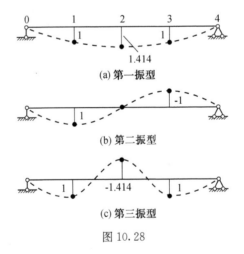

(a) 第一振型

(b) 第二振型

(c) 第三振型

图 10.28

10.7 自振频率和振型的实用计算法

前面曾多次指出,自振频率和振型向量是振动体系的固有属性,它们既不受外界激振荷载的干扰,也与运动的初始条件无关。往后即将看到,了解结构的这些固有属性,是研究结构动态响应规律的前提;否则,就不能掌握结构的动态位移响应和内力响应规律。研究体系的自由振动,就要设法提供切实可行的计算自振频率和振型向量的实用方法。前节所举两例介绍的常规计算方法,用以说明自振频率和振型的物理概念与几何直观图像是必需的,但计算过程颇为烦琐。为了简化它们的计算方法,许多力学和数学工作者做了大量工作。由于篇幅所限,这里只摘要介绍两个比较简便的方法——瑞雷(Rayleigh)法和矩阵迭代法。

10.7.1　求基本频率的瑞雷法

瑞雷法亦称能量法,是一个适宜于计算体系第一频率的近似方法,它的理论根据是能量守恒原理。一个没有外界能量输入和输出的弹性体系,在自由振动过程中的每一时刻,其总能量,即体系的动能与变形势能之和应保持不变。当振动质量到达离平衡位置最远的瞬间,偏移最大而速度为零,此时体系的变形势能具有最大值 $\Pi_{\max}$,而动能 T 等于零;当振动质量通过平衡位置的瞬间,速度最大而偏移为零,此时体系的动能具有最大值 $T_{\max}$,而变形势能 Π 等于零。既然在每一时刻的总能量保持不变,那么,在上述两个极端时刻的总能量应该相等,即

$$\Pi_{\max} = T_{\max} \tag{10.107}$$

现以图 10.29 所示具有质量密度为 $m(x)$ 的分布质量和 n 个集中质量 m_i 的横梁为例,简要说明按照上述思路导出瑞雷法计算公式的过程。

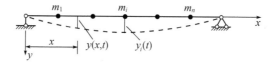

图 10.29

设梁的自由振动取简谐形式

$$y(x,t) = Y(x)\sin(\omega t + \alpha) \tag{a}$$

则

$$\dot{y}(x,t) = \omega Y(x)\cos(\omega t + \alpha) \tag{b}$$

式中 $Y(x)$ 和 $\omega Y(x)$ 分别为振动质量的位移幅值和速度幅值。于是,体系的最大动能和变形势能应分别为

$$T_{\max} = \frac{1}{2}\omega^2 \left[\int_0^l m(x)Y^2(x)\mathrm{d}x + \sum_{i=1}^n m_i Y_i^2 \right] \tag{c}$$

$$\Pi_{\max} = \frac{1}{2}\int_0^l EI(x)[Y''(x)]^2\mathrm{d}x \tag{d}$$

式(c)中的 Y_i 表示集中质量 m_i 处的位移幅值。将式(c)与式(d)代入式(10.107),即得自振频率的瑞雷计算公式

$$\omega^2 = \frac{\displaystyle\int_0^l EI(x)[Y''(x)]^2\mathrm{d}x}{\displaystyle\int_0^l m(x)Y^2(x)\mathrm{d}x + \sum_{i=1}^n m_i Y_i^2} \tag{10.108}$$

应用瑞雷公式计算体系自振频率成功与否,取决于自振位移模式即振型函数 $Y(x)$ 的选取:如果所设的 $Y(x)$ 是真实的,据以获得的自振频率 ω 将是精确值;如果 $Y(x)$ 只是近似的,相应的 ω 必然也是近似的。所设的 $Y(x)$ 若与第 i 振型相似,就将获得与该振型对应的频率 ω_i。对

于不同的具体结构,振型函数究竟如何选取,尚无一个可供遵循的法则。只能说凡属满足结构几何边界条件的连续函数,原则上都可以考虑。如果注意到瑞雷法的主要优点并不在于获得自振频率的精确值,只是期望提供一个获取基本频率近似值的简便方法,那么在实际计算中就可放松要求,不妨用已知的结构自重 $W=mg$ 作为荷载产生的静力位移曲线 $\overline{Y}(x)$,近似地取代未知的振型函数 $Y(x)$。实践证明,这个变通办法往往能得到较好的近似结果。

因为外力所作的功转换为体系贮存的变形势能,故根据上述建议,则可将式(d)改写为

$$\Pi_{\max} = \frac{1}{2}\left[\int_0^l W(x)\overline{Y}(x)\mathrm{d}x + \sum_{i=1}^n W_i\overline{Y}_i\right] \tag{e}$$

令式(c)、式(e)相等,得瑞雷公式的另一种表示法

$$\omega^2 = \frac{g\left[\int_0^l W(x)\overline{Y}(x)\mathrm{d}x + \sum_{i=1}^n W_i\overline{Y}_i\right]}{\int_0^l W(x)\overline{Y}^2(x)\mathrm{d}x + \sum_{i=1}^n W_i\overline{Y}_i^2} \tag{10.109}$$

下举两例可以说明瑞雷法的应用效果。

例 10-7 用瑞雷法求图 10.30 所示等截面简支梁的基本频率,设梁的质量密度和抗弯刚度均为已知常数。对振型函数 $Y(x)$ 取三种不同假设方案,并将计算结果进行比较。

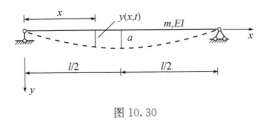

图 10.30

解 (1) 假设振型函数 $Y(x)$ 为抛物线:

$$Y(x) = \frac{4a}{l^2}(l-x)x$$

则

$$Y''(x) = -\frac{8a}{l^2}$$

式中 a 表示梁跨中点的挠度。将它们代入瑞雷公式(10.108),得

$$\omega^2 = \frac{\int_0^l EI\left(\frac{64a^2}{l^4}\right)\mathrm{d}x}{\int_0^l m\,\frac{16a^2}{l^4}(l-x)^2 x^2\mathrm{d}x} = \frac{120EI}{ml^4}$$

即

$$\omega = \frac{10.9545}{l^2}\sqrt{\frac{EI}{m}}$$

(2) 假设振型函数 $Y(x)$ 取满跨均布荷载 q 作用下的静力位移曲线:

$$Y(x) = \frac{q}{24EI}(l^3 x - 2lx^3 + x^4)$$

则

$$Y''(x) = \frac{q}{2EI}(x^2 - lx)$$

于是有

$$\int_0^l EI[Y''(x)]^2 \mathrm{d}x = \frac{q^2 l^5}{120 EI}$$

$$\int_0^l mY^2(x)\mathrm{d}x = \frac{31 mq^2 l^9}{576 \times 630 \times EI^2}$$

将它们代入式(10.108),即得

$$\omega^2 = 97.548\,4\,\frac{EI}{ml^4}$$

即

$$\omega = \frac{9.876\,7}{l^2}\sqrt{\frac{EI}{m}}$$

（3）假设振型函数 $Y(x)$ 取正弦曲线：

$$Y(x) = a \sin \frac{\pi x}{l}$$

则

$$Y''(x) = -a\left(\frac{\pi}{l}\right)^2 \sin \frac{\pi x}{l}$$

代入式(10.108)后,即得

$$\omega^2 = \frac{\pi^4 EI}{ml^4}$$

即

$$\omega = \frac{9.869\,6}{l^2}\sqrt{\frac{EI}{m}}$$

往后即将看到,简支梁的第一振型恰是正弦曲线,因而按第 3 方案获得的基本频率是其精确值。有趣的是,取等截面梁自重 $q = mg$ 产生的静力位移曲线作为振型函数的第 2 方案,所得基本频率达到了很高的精度,从而有力地说明,前述建议确实是一个可取的实用方案。必须注意,第 1 方案,即取抛物线作为振型函数,所得结果的误差较大。这是因为抛物线虽然满足梁端支承的"几何"边界条件,但却出现全梁截面弯矩等于常量的不合理现象,不符合简支端弯矩应为零的"力"边界条件,这就决定了据此导得的基本频率不可能有较好的精度。还须着重指出,用上述三个不同方案求得的基本频率中,精确频率值最低,这是不难理解的。因为与精确值对应的振型是真实振型,实现这一振型不需要附加任何额外约束。而与近似值对应的振型不是自由振动的真实振型,要强制体系按非真实振型振动,就必须附加外部约束,这就人为地提高了体系的刚度,从而必然增大了体系的自振频率。因此,按多种不同振型函数的假设,用瑞雷法求得的一系列近似频率中,最小值总是最佳值。这一点在理论上有严格证明,在此不拟赘述。

例 10-8 用瑞雷法求例 10-5 所示剪切型四层框架的基本频率,已知各楼层的有效重量 $W_i = m_i g$ 自下而上依次为:$W_1 = 433.16$ kN;$W_2 = 440.02$ kN;$W_3 = 429.24$ kN;$W_4 = 380.24$ kN。

解 对于本例,瑞雷公式(10.109)简化为

$$\omega^2 = g \frac{W_1 \overline{Y}_1 + W_2 \overline{Y}_2 + W_3 \overline{Y}_3 + W_4 \overline{Y}_4}{W_1 \overline{Y}_1^2 + W_2 \overline{Y}_2^2 + W_3 \overline{Y}_3^2 + W_4 \overline{Y}_4^2} \qquad (f)$$

将楼层重量 W_i 当作水平荷载作用于各层楼面处(图 10.31),按下式计算各层的水平侧移 Y_i:

$$\overline{Y}_i = \overline{Y}_{i-1} + \frac{F_{Qi}}{S_i} \qquad (i=1,2,3,4) \qquad (g)$$

式中,F_Q 和 S 分别表示各层的层间剪力和侧移刚度。S 值见例 10-5,F_Q 值可求得如下(图 10.31):

$$F_{Q4} = 380.24 \text{ kN}$$
$$F_{Q3} = F_{Q4} + 429.24 = 809.48 \text{ kN}$$
$$F_{Q2} = F_{Q3} + 440.02 = 1\,249.50 \text{ kN}$$
$$F_{Q1} = F_{Q2} + 433.16 = 1\,682.66 \text{ kN}$$

因已知 $\overline{Y}_0 = 0$,故按式(g)自下而上不难求得各层的水平侧移依次为

$$\overline{Y}_1 = \frac{1\,682.66}{119\,500} = 0.014\,081 \text{ m}$$

$$\overline{Y}_2 = \overline{Y}_1 + \frac{1\,249.5}{955\,00} = 0.027\,165 \text{ m}$$

$$\overline{Y}_3 = \overline{Y}_2 + \frac{809.48}{71.600} = 0.038\,470 \text{ m}$$

$$\overline{Y}_4 = \overline{Y}_3 + \frac{380.24}{47\,800} = 0.046\,425 \text{ m}$$

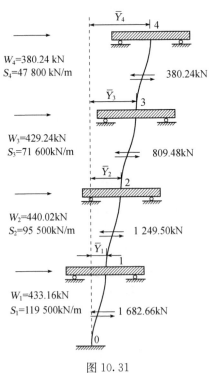

图 10.31

将这些结果代入式(f),即得

$$\omega^2 = 274.335\,664$$

所以

$$\omega = 16.563 \text{ rad/sec}$$

与精确值 16.413 相比较,误差仅为 0.9%。

*10.7.2 求自振频率和振型的矩阵迭代法

矩阵迭代法是当前实际工作中采用较多的一个经典方法。用它来寻求多自由度体系的自振频率和振型时,如用于刚度形式的振型方程(10.86),获得的将是体系的最高频率和振型;如用于柔度形式的振型方程(10.92),获得的则是体系的最低频率和振型。由于在一般实际振动问题中,感兴趣的往往是频率谱中最前面的几个频率和相应振型,因而从应用角度看,这个方法用于柔度形式的振型方程比较有效。为此,引入定义

$$\left.\begin{array}{c} [D] = [\Delta][M] \\ \lambda = \dfrac{1}{\omega^2} \end{array}\right\} \tag{10.110}$$

由振型方程式(10.92)可得

$$[D]\{X_i\} = \lambda_i\{X_i\} \qquad (i = 1, 2, \cdots, n) \tag{10.111}$$

式中,$[D]$ 称为动力矩阵;λ_i 和 $\{X_i\}$ 称为矩阵 $[D]$ 的第 i 个"特征对"。以下将从这个等式出发,说明用矩阵迭代法寻求这 n 个特征对的基本思路和运用程序。

1) 求基本频率和基本振型

设 n 自由度体系的 n 个频率参数和相应振型按下述方式排列:

$$\lambda_1 > \lambda_2 > \cdots > \lambda_n$$
$$\{X_1\}, \{X_2\}, \cdots, \{X_n\}$$

首先,给振动体系任意假定一个非零初始向量 $\{X^{(0)}\}$。由于振型的正交性,任意振动形式总可表为 n 个振型 $\{X_i\}(i = 1, 2, \cdots, n)$ 的线性组合,即有

$$\{X^{(0)}\} = \alpha_1\{X_1\} + \alpha_2\{X_2\} + \cdots + \alpha_n\{X_n\} \tag{10.112}$$

其中 α_i 是不全为零的常量。将式(10.112)逐次累乘以动力矩阵 $[D]$,并注意等式(10.111),可以得出如下一组向量序列:

$$\left.\begin{array}{l} \{X^{(1)}\} = [D]\{X^{(0)}\} = \alpha_1\lambda_1\{X_1\} + \alpha_2\lambda_2\{X_2\} + \cdots + \alpha_n\lambda_n\{X_n\} \\ \{X^{(2)}\} = [D]\{X^{(1)}\} = \alpha_1\lambda_1^2\{X_1\} + \alpha_2\lambda_2^2\{X_2\} + \cdots + \alpha_n\lambda_n^2\{X_n\} \\ \cdots\cdots\cdots\cdots\cdots\cdots\cdots\cdots\cdots\cdots\cdots\cdots\cdots\cdots\cdots\cdots \\ \{X^{(j)}\} = [D]\{X^{(j-1)}\} = \alpha_1\lambda_1^j\{X_1\} + \alpha_2\lambda_2^j\{X_2\} + \cdots + \alpha_n\lambda_n^j\{X_n\} \end{array}\right\} \tag{10.113}$$

如将最后一步迭代式改写为

$$\{X^{(j)}\} = \lambda_1^j\left[\alpha_1\{X_1\} + \alpha_2\left(\frac{\lambda_2}{\lambda_1}\right)^j\{X_2\} + \cdots + \alpha_n\left(\frac{\lambda_n}{\lambda_1}\right)^j\{X_n\}\right] \tag{10.114}$$

则由 λ_j 由大到小的排列方式可知,总有

$$\frac{\lambda_i}{\lambda_1} < 1 \qquad (i = 2, 3, \cdots, n)$$

所以

$$\lim_{j \to \infty} \left(\frac{\lambda_i}{\lambda_1} \right)^j = 0 \qquad (i = 2, 3, \cdots, n)$$

于是由式(10.114),得

$$\lim_{j \to \infty} \{X^{(j)}\} = \lim_{j \to \infty} \lambda_1^j \left[\alpha_1 \{X_1\} + \alpha_2 \left(\frac{\lambda_2}{\lambda_1} \right)^j \{X_2\} + \cdots + \alpha_n \left(\frac{\lambda_n}{\lambda_1} \right)^j \{X_n\} \right] = \alpha_1 \lambda_1^j \{X_1\}$$

$$(10.115)$$

从这个等式至少可以获得两点启示:

第一,当迭代次数 j 足够多时,第一振型 $\{X_1\}$ 的分量与第 j 次迭代向量 $\{X^{(j)}\}$ 的对应分量只差一个常量因子,因而可以把 $\{X^{(j)}\}$ 看作是对应于 λ_1 的基本振型 $\{X_1\}$。这意味着,动力矩阵 $[D]$ 具有明显的"筛选"作用:尽管最初假定的任意振动形式可能激起体系的全体振型[见式(10.112)],但是,经过动力矩阵 $[D]$ 的多次迭代"过筛"之后,高阶振型的影响逐步被"过滤"掉,最后总会收敛于体系的基本振型 $\{X_1\}$。这就解决了用迭代法寻求体系第一振型的问题。

第二,由式(10.115)知:当 j 足够大时,

$$\{X^{(j+1)}\} = [D]\{X^{(j)}\} \approx \alpha_1 \lambda_1^{j+1} \{X_1\} = \lambda_1 \{X^{(j)}\}$$

所以有

$$\lambda_1 \approx \frac{\{X^{(j+1)}\}^{\mathrm{T}} \{X^{(j)}\}}{\{X^{(j)}\}^{\mathrm{T}} \{X^{(j)}\}} \tag{10.116}$$

式(10.116)表明,上述用迭代过程在求得第一振型的同时,也解决了寻求体系第一频率的问题。

根据上述启示,可以归纳出用矩阵迭代法求基本频率和基本振型的具体操作程序如下:

(1) 任意选取一初始向量 $\{\overline{X}^{(0)}\}$。将它左乘以动力矩阵进行第一次迭代:

$$\{X^{(1)}\} = [D]\{\overline{X}^{(0)}\} \tag{10.117}$$

同时计算

$$\rho^{(1)} = \frac{\{X^{(1)}\}^{\mathrm{T}} \{\overline{X}^{(0)}\}}{\{\overline{X}^{(0)}\}^{\mathrm{T}} \{\overline{X}^{(0)}\}} \tag{10.118}$$

将 $\{X^{(1)}\}$ 中的各个元素遍除以第1个元素 $x_1^{(1)}$(或最后一个元素 $x_n^{(1)}$),使之标准化为 $\{\overline{X}^{(1)}\}$。

(2) 再将 $\{\overline{X}^{(1)}\}$ 左乘以动力矩阵 $[D]$ 进行第二次迭代:

$$\{X^{(2)}\} = [D]\{\overline{X}^{(1)}\} \tag{10.119}$$

同时计算

$$\rho^{(2)} = \frac{\{X^{(2)}\}^{\mathrm{T}} \{\overline{X}^{(1)}\}}{\{\overline{X}^{(1)}\}^{\mathrm{T}} \{\overline{X}^{(1)}\}} \tag{10.120}$$

同样,将 $\{X^{(2)}\}$ 中的各个元素遍除以 $x_1^{(2)}$(或最后一个元素 $x_n^{(2)}$),使之标准化为 $\{\overline{X}^{(2)}\}$。

(3) 继续将 $\{\overline{X}^{(2)}\}$ 左乘以动力矩阵 $[D]$ 进行第三次迭代:

$$\{X^{(3)}\} = [D]\{\overline{X}^{(2)}\} \tag{10.121}$$

同时计算

$$\rho^{(3)} = \frac{\{X^{(3)}\}^{\mathrm{T}} \{\overline{X}^{(2)}\}}{\{\overline{X}^{(3)}\}^{\mathrm{T}} \{\overline{X}^{(3)}\}} \tag{10.122}$$

仿前作标准化处理得 $\{\overline{X}^{(3)}\}$。

将以上"迭代并标准化"过程连续进行下去,至

$$\{X^{(j+1)}\} = [D]\{\overline{X}^{(j)}\} \tag{10.123}$$

同时计算

$$\rho^{(j+1)} = \frac{\{X^{(j+1)}\}^{\mathrm{T}}\{\overline{X}^{(j)}\}}{\{\overline{X}^{(j)}\}^{\mathrm{T}}\{\overline{X}^{(j)}\}}$$ (10.124)

当 $\rho^{(j)}$ 和 $\rho^{(j+1)}$ 相差足够小时，

$$\left.\begin{aligned} \lambda_1 &= \rho^{(j)} \\ \{X_1\} &= \{\overline{X}^{(j)}\} \end{aligned}\right\}$$ (10.125)

即 $\rho^{(j)}$ 和 $\{\overline{X}^{(j)}\}$ 就是欲求的基本频率参数 λ_1 和相应的基本振型 $\{X_1\}$。以上就是矩阵迭代法的基本思路和解题程式。

2) 求高阶频率和高阶振型

上述求基本频率和基本振型的迭代程序，也完全适用于求第二及其以上各阶的高频率和高振型。但在进行迭代时，不能再使用原动力矩阵 $[D]$，必须改用经过调整后的新动力矩阵。以求第二频率和第二振型为例，必须在每一步迭代运算中，设法把已知的基本振型从历次所设的试算振型中"清除"出去，以便保证最后结果只能收敛于第二振型。因此，问题的关键是如何找到这个新的动力矩阵 $[D_1]$。

根据振型的"$[M]$—正交性"，对于第一和第二振型应有

$$\{X_1\}^{\mathrm{T}}[M]\{X_2\} = \sum_{i=1}^{n} m_i x_{i1} x_{i2} = 0$$

从上式中解出 x_{n2}，并注意 $x_{n1}=1$，得

$$x_{n2} = -\left(\frac{m_1}{m_n}x_{11}\right)x_{12} - \left(\frac{m_2}{m_n}x_{21}\right)x_{22} - \cdots - \left(\frac{m_{n-1}}{m_n}x_{n-1,1}\right)x_{n-1,2}$$ (h)

由此可见，如果任意选定 $\{X_2^{(0)}\}$ 的前 $(n-1)$ 个分量，$x_{12}^{(0)},x_{22}^{(0)},\cdots,x_{n-1,2}^{(0)}$，并按式(h)确定其中的第 n 个分量，则这样选定的试算初始向量 $\{X_2^{(0)}\}$ 必与基本振型 $\{X_1\}$ 正交。它可表示为

$$\{X_2^{(0)}\} = [N_1]\{X^{(0)}\}$$ (10.126)

式中，$\{X^{(0)}\}$ 为任意向量，

$$[N_1] = \begin{bmatrix} [I]_{(n-1)\times(n-1)} & \{0\}_{(n-1)} \\ [N_{n1} \quad N_{n2} \quad \cdots \quad N_{n,n-1}] & 0 \end{bmatrix}$$ (10.126a)

$$N_{nj} = -\frac{m_j}{m_n}x_{j1} \qquad (j=1,2,\cdots,n-1)$$ (10.126b)

式(10.126)中的 $[N_1]$ 称为能清除第一振型的"清除"矩阵，意思是，$[N_1]$ 有这样一种功能：用它前乘任意选定的试探向量 $\{X^{(0)}\}$，得到的由式(10.126)描述的初始向量必与第一振型 $\{X_1\}$ 正交。然后用原动力矩阵 $[D]$ 对经过清除处理的初始振型去进行迭代，结果必将收敛于第二振型。值得注意的是，这种"先用 $[N_1]$ 清除，再用 $[D]$ 进行迭代"的两步运算，必须贯穿于每一轮迭代的全过程。为了简化计算手续，可将"两步并作一步"，即先算出

$$[D_1] = [D][N_1]$$ (10.127)

并称之为能直接求第二振型的新动力矩阵，用它代替原动力矩阵去进行相同的迭代过程，结果就会收敛于体系的第二频率参数 λ_2 和第二振型 $\{X_2\}$。

同理，欲求第三振型 $\{X_3\}$ 时，为了清除第一和第二振型 $\{X_1\}$ 和 $\{X_2\}$，需要利用下列两个正交条件：

$$\left. \begin{array}{l} \{X_1\}^{\mathrm{T}}[M]\{X_3\} = \sum_{i=1}^{n} m_i x_{i1} x_{i3} = 0 \\ \{X_2\}^{\mathrm{T}}[M]\{X_3\} = \sum_{i=1}^{n} m_i x_{i2} x_{i3} = 0 \end{array} \right\}$$

注意到 $x_{n1} = x_{n2} = 1$，由此可得

$$\left. \begin{array}{l} m_n x_{n3} = -m_1 x_{11} x_{13} - m_2 x_{21} x_{23} - \cdots - m_{n-1} x_{n-1,1} x_{n-1,3} \\ m_n x_{n3} = -m_1 x_{12} x_{13} - m_2 x_{22} x_{23} - \cdots - m_{n-1} x_{n-1,2} x_{n-1,3} \end{array} \right\} \tag{i}$$

将上列二式相减，再从结果中解出 $x_{n-1,3}$

$$x_{n-1,3} = -\frac{m_1(x_{11}-x_{12})x_{13} + m_2(x_{21}-x_{22})x_{13} + \cdots + m_{n-2}(x_{n-2,1}-x_{n-2,2})x_{n-2,3}}{m_{n-1}(x_{n-1,1}-x_{n-1,2})} \tag{j}$$

仿前，如果任意选定 $\{X_3^{(0)}\}$ 的前 $(n-2)$ 个分量 $x_{13}^{(0)}, x_{23}^{(0)}, \cdots, x_{n-2,3}^{(0)}$，再按式(j)确定第 $(n-1)$ 个分量 $x_{n-1,3}^{(0)}$，按式(i)中的任意一式求第 n 个分量 $x_{n3}^{(0)}$，则这样选定的初始向量 $\{x_3^{(0)}\}$ 必与第一、第二振型相正交。于是，清除第一、第二振型的清除矩阵可表示为

$$[N_2] = \begin{bmatrix} & [I]_{(n-2)\times(n-2)} & & \{0\}_{(n-2)} & \{0\}_{(n-2)} \\ [N_{n-1,1} & N_{n-1,2} & \cdots & N_{n-1,n-2}] & 0 & 0 \\ [\overline{N}_{n1} & \overline{N}_{n2} & \cdots & \overline{N}_{n,n-2}] & \overline{N}_{n,n-1} & 0 \end{bmatrix} \tag{10.128}$$

其中

$$N_{n-1,j} = -\frac{m_j}{m_{n-1}} \frac{x_{j1}-x_{j2}}{x_{n-1,1}-x_{n-1,2}} \qquad (j=1,2,\cdots,n-2) \tag{10.128a}$$

将清除矩阵 $[N_2]$ 前乘以 $[D_1]$，又会得到一个新的动力矩阵

$$[D_2] = [D][N_1][N_2] \tag{10.129}$$

由于 $[N_1]$ 和 $[N_2]$ 相乘时 $[N_2]$ 中的第 n 行元素对应于 $[N_1]$ 中的第 n 列 0 元素，所以式 (10.128) 中的 $\overline{N}_{n,j}(j=1,2,\cdots,n-1)$ 可不必计算。用 $[D_2]$ 仿前进行迭代运算，必收敛于体系的第三频率参数 λ_3 和第三振型 $\{X_3\}$。按照上述思路，不难逐个求出体系的所有自振频率和相应振型，某些具体细节详见下例。

例 10-9 用矩阵迭代法解答例 10-6。

解 (1) 求基本频率和基本振型

由例 10-6 已知，适用于本例的动力矩阵为

$$[D] = \frac{ml^3}{768EI} \begin{bmatrix} 9 & 11 & 7 \\ 11 & 16 & 11 \\ 7 & 11 & 9 \end{bmatrix}$$

暂令 $ml^3/768EI$ 为 1；并取第一振型的迭代初始向量为 $\{\overline{X}_1^{(0)}\} = [1 \quad 2 \quad 1]^{\mathrm{T}}$，用 $[D]$ 对它连续迭代四次，计算过程如下：

第一次迭代：

$$\{X_1^{(1)}\} = [D]\{\overline{X}_1^{(0)}\} = [38 \quad 54 \quad 38]^{\mathrm{T}}$$

$$\rho_1^{(1)} = \frac{\{X_1^{(1)}\}^{\mathrm{T}}\{\overline{X}_1^{(0)}\}}{\{\overline{X}_1^{(0)}\}^{\mathrm{T}}\{\overline{X}_1^{(0)}\}} = 30.166\,67$$

$$\{\overline{X}_1^{(1)}\} = [1 \quad 1.421\,05 \quad 1]^{\mathrm{T}}$$

第二次迭代：

$$\{X_1^{(2)}\} = [D]\{\overline{X}_1^{(1)}\} = [31.631\,55 \quad 44.736\,80 \quad 31.631\,55]^T$$

$$\rho_2^{(2)} = \frac{\{X_1^{(2)}\}^T\{\overline{X}_1^{(1)}\}}{\{\overline{X}_1^{(1)}\}^T\{\overline{X}_1^{(1)}\}} = 31.556\,17$$

$$\{\overline{X}_1^{(2)}\} = [1 \quad 1.414\,31 \quad 1]^T$$

第三次迭代：

$$\{X_1^{(3)}\} = [D]\{\overline{X}_1^{(2)}\} = [31.557\,41 \quad 44.628\,96 \quad 31.557\,41]^T$$

$$\rho_1^{(3)} = \frac{\{X_1^{(3)}\}^T\{\overline{X}_1^{(2)}\}}{\{\overline{X}_1^{(2)}\}^T\{\overline{X}_1^{(2)}\}} = 31.556\,348$$

$$\{\overline{X}_1^{(3)}\} = [1 \quad 1.414\,22 \quad 1]^T$$

第四次迭代：

$$\{X_1^{(4)}\} = [D]\{\overline{X}_1^{(3)}\} = [31.556\,42 \quad 44.627\,52 \quad 31.556\,42]^T$$

$$\rho_1^{(4)} = \frac{\{X_1^{(4)}\}^T\{\overline{X}_1^{(3)}\}}{\{\overline{X}_1^{(3)}\}^T\{\overline{X}_1^{(3)}\}} = 31.556\,349$$

$$\{\overline{X}_1^{(4)}\} = [1 \quad 1.414\,21 \quad 1]^T$$

因所设初始向量比较接近第一振型,故收敛极为迅速。于是由第四次迭代结果得到的基本振型、基本频率参数和基本频率分别为

$$\{X_1\} = [1 \quad 1.414\,21 \quad 1]^T$$

$$\lambda_1 = 31.556\,\frac{ml^3}{768EI}$$

$$\omega_1 = \sqrt{\frac{1}{\lambda_1}} = 4.933\,3\sqrt{\frac{EI}{ml^3}}$$

(2) 求第二频率和第二振型

根据已知的$\{X_1\}$,利用式(10.126a),并注意定义(10.126b)和所有质量均相等,得清除第一振型的清除矩阵$[N_1]$和新动力矩阵$[D_1]$如下：

$$[N_1] = \begin{bmatrix} 1 & 0 & 0 \\ 0 & 1 & 0 \\ -1 & -1.414\,2 & 0 \end{bmatrix}$$

暂取$\dfrac{ml^3}{768EI} = 1$

$$[D_1] = [D][N_1] = \begin{bmatrix} 2 & 1.100\,505 & 0 \\ 0 & 0.443\,651 & 0 \\ -2 & -1.727\,925 & 0 \end{bmatrix}$$

任取一初始向量$\{X_2^{(0)}\} = [1 \quad 1 \quad 1]^T$,用$[D_1]$对它连续迭代六次。

第一次迭代：

$$\{X_2^{(1)}\} = [D_1]\{\overline{X}_2^{(0)}\} = [3.100\,500 \quad 0.443\,651 \quad -3.727\,925]^T$$

$$\rho_2^{(1)} = \frac{\{X_2^{(1)}\}^T\{\overline{X}_2^{(0)}\}}{\{\overline{X}_2^{(0)}\}^T\{\overline{X}_2^{(0)}\}} = -0.061\,256$$

$$\{\overline{X}_2^{(1)}\} = [-0.831\,697 \quad -0.119\,007 \quad 1]^T$$

第二次迭代：

$$\{X_2^{(2)}\}=[D_1]\{\overline{X}_2^{(1)}\}=[-1.794\,363 \quad -0.052\,798 \quad 1.869\,031]^{\mathrm{T}}$$

$$\rho_2^{(2)}=\frac{\{X_2^{(2)}\}^{\mathrm{T}}\{\overline{X}_2^{(1)}\}}{\{\overline{X}_2^{(1)}\}\{\overline{X}_2^{(1)}\}}=1.974\,157$$

$$\{\overline{X}_2^{(2)}\}=[-0.960\,050 \quad -0.028\,249 \quad 1]^{\mathrm{T}}$$

第三次迭代：

$$\{X_2^{(3)}\}=[D_1]\{\overline{X}_2^{(2)}\}=[-1.951\,188 \quad -0.012\,532 \quad 1.968\,912]^{\mathrm{T}}$$

$$\rho_2^{(3)}=\frac{\{X_2^{(3)}\}^{\mathrm{T}}\{\overline{X}_2^{(2)}\}}{\{\overline{X}_2^{(2)}\}^{\mathrm{T}}\{\overline{X}_2^{(2)}\}}=1.998\,708$$

$$\{\overline{X}_2^{(3)}\}=[-0.990\,998 \quad -0.006\,365 \quad 1]^{\mathrm{T}}$$

第四次迭代：

$$\{X_2^{(4)}\}=[D_1]\{\overline{X}_2^{(3)}\}=[-1.989\,001 \quad -0.002\,824 \quad 1.992\,995]^{\mathrm{T}}$$

$$\rho_2^{(4)}=\frac{\{X_2^{(4)}\}^{\mathrm{T}}\{\overline{X}_2^{(3)}\}}{\{\overline{X}_2^{(3)}\}^{\mathrm{T}}\{\overline{X}_2^{(3)}\}}=1.999\,936$$

$$\{\overline{X}_2^{(4)}\}=[-0.997\,996 \quad -0.001\,417 \quad 1]^{\mathrm{T}}$$

第五次迭代：

$$\{X_2^{(5)}\}=[D_1]\{\overline{X}_2^{(4)}\}=[-1.997\,551 \quad -0.000\,663 \quad 1.998\,440]^{\mathrm{T}}$$

$$\rho_2^{(5)}=\frac{\{X_2^{(5)}\}^{\mathrm{T}}\{\overline{X}_2^{(4)}\}}{\{\overline{X}_2^{(4)}\}^{\mathrm{T}}\{\overline{X}_2^{(4)}\}}=1.999\,996$$

$$\{\overline{X}_2^{(5)}\}=[-0.999\,555 \quad -0.000\,315 \quad 1]^{\mathrm{T}}$$

第六次迭代：

$$\{X_2^{(6)}\}=[D_1]\{\overline{X}_2^{(5)}\}=[-1.999\,456 \quad -0.000\,140 \quad 1.999\,653]^{\mathrm{T}}$$

$$\rho_2^{(6)}=\frac{\{X_2^{(6)}\}^{\mathrm{T}}\{\overline{X}_2^{(5)}\}}{\{\overline{X}_2^{(5)}\}^{\mathrm{T}}\{\overline{X}_2^{(5)}\}}=2.0$$

$$\{\overline{X}_2^{(6)}\}=[-0.999\,901 \quad -0.000\,069 \quad 1]^{\mathrm{T}}$$

由第六次迭代结果知，第二振型、第二频率参数和第二频率应分别为

$$\{X_2\}=[-1 \quad 0 \quad 1]^{\mathrm{T}}$$

$$\lambda_2=2\times\frac{ml^3}{768EI}$$

$$\omega_2=\sqrt{\frac{1}{\lambda_2}}=19.596\sqrt{\frac{EI}{ml^3}}$$

（3）求第三频率和第三振型。

清除第一、第二振型的清除矩阵$[N_2]$，可以根据已知的$\{X_1\}$和$\{X_2\}$，利用式（10.128）直接求得

$$[N_2]=\begin{bmatrix} 1 & 0 & 0 \\ 1.414 & 0 & 0 \\ -1 & 0 & 0 \end{bmatrix}$$

从而有

288

$$[D_2] = [D_1][N_2] = \begin{bmatrix} 0.443\,651 & 0 & 0 \\ -0.627\,416 & 0 & 0 \\ 0.443\,651 & 0 & 0 \end{bmatrix}$$

暂取 $\dfrac{ml^3}{768EI} = 1$。

仍取初始向量为 $\{\overline{X}_3^{(0)}\} = [1 \quad 1 \quad 1]^T$，用 $[D_2]$ 对它连续迭代三次。

第一次迭代：

$$\{X_3^{(1)}\} = [D_2]\{\overline{X}_3^{(0)}\} = [0.443\,651 \quad -0.627\,416 \quad 0.443\,651]^T$$

$$\rho_3^{(1)} = \frac{\{X_3^{(1)}\}^T \{\overline{X}_3^{(0)}\}}{\{\overline{X}_3^{(0)}\}^T \{\overline{X}_3^{(0)}\}} = 0.086\,628$$

$$\{\overline{X}_3^{(1)}\} = [1 \quad -1.414\,21 \quad 1]^T$$

第二次迭代：

$$\{X_3^{(2)}\} = [D_2]\{\overline{X}_3^{(1)}\} = [0.443\,651 \quad -0.627\,416 \quad 0.443\,651]^T$$

$$\rho_3^{(2)} = \frac{\{X_3^{(2)}\}^T \{\overline{X}_3^{(1)}\}}{\{\overline{X}_3^{(1)}\}^T \{\overline{X}_3^{(1)}\}} = 0.443\,651$$

$$\{\overline{X}_3^{(2)}\} = [1 \quad -1.414\,21 \quad 1]^T$$

第三次迭代：

$$\{X_3^{(3)}\} = [D_2]\{\overline{X}_3^{(2)}\} = [0.443\,65 \quad -0.627\,416 \quad 0.443\,65]^T$$

$$\rho_3^{(3)} = \frac{\{X_3^{(3)}\}^T \{\overline{X}_3^{(2)}\}}{\{\overline{X}_3^{(2)}\}^T \{\overline{X}_3^{(2)}\}} = 0.443\,651$$

$$\{\overline{X}_3^{(3)}\} = [1 \quad -1.414\,21 \quad 1]^T$$

第三振型、第三频率参数和第三频率分别为

$$\{X_3\} = [1 \quad -1.414\,21 \quad 1]^T$$

$$\lambda_3 = 0.443\,651 \times \frac{EI}{768ml^3}$$

$$\omega_3 = \sqrt{\frac{1}{\lambda_3}} = 41.606 \sqrt{\frac{ml^3}{EI}}$$

10.8　多自由度体系的强迫振动

解决多自由度体系的强迫振动问题，有许多行之有效的方法。本节将系统介绍当前广泛应用的"振型分解法"（亦称"振型叠加法"）。

如前所述，弹性体系作自由振动时的振型，有三点引人注目：

（1）体系的位移曲线，可由振型有效地予以描述。

（2）n 个振型都是独立的，彼此线性无关。

（3）所有振型都是相互"$[M]$—正交"和"$[K]$—正交"的。

振型分解法，正是利用上述三点重要性质，把 n 个自由度体系的强迫振动问题，分解为 n 个彼此独立的单自由度体系的强迫振动问题，从而使问题获得极大的简化。

10.8.1　主坐标的定义和实质

设多自由度体系的各阶振型为$\{X_j\}$($j=1,2,\cdots,n$)。根据振型的上述性质,振动体系任意时刻的未知位移向量$\{Y(t)\}$可以展开为已知振型的线性组合:

$$\{Y(t)\}=a_1(t)\{X_1\}+a_2(t)\{X_2\}+\cdots+a_n(t)\{X_n\} \tag{10.130}$$

式中,$a_i(t)$是时间的待定函数。

关于展开式(10.130),需要补充说明的有三点:

第一,从数学角度看,n个线性无关的振型,为描述未知位移向量$\{Y(t)\}$提供了理论保证。

第二,待定的线性组合系数$a_i(t)$的选择是个关键性环节。在满足某种力学条件的前提下,通过它的"调节"作用,可以使组合所得的非零向量就是真实的未知位移向量。

第三,从展开式(10.130)可以看出,振型$\{X_j\}$是确定的形状函数,振动位移曲线$\{Y(t)\}$由它们的叠加来描述。组合系数$a_i(t)$的地位和作用,等同于体系按第j振型振动时的位移幅值,类似于n维向量空间中的坐标,故可称之为体系的"主坐标"。

采用式(10.96)定义的振型矩阵$[X]$,展开式(10.130)可以写为比较紧凑的矩阵形式:

$$\{Y(t)\}=[X]\{a(t)\} \tag{10.131}$$

式中,$\{a(t)\}$称为"主坐标向量":

$$\{a(t)\}=[a_1(t)\quad a_2(t)\quad\cdots\quad a_1(t)]^{\mathrm{T}} \tag{10.132}$$

式(10.131)表明,振型矩阵$[X]$具有"线性变换矩阵"的作用,它把主坐标向量$\{a(t)\}$转换成几何坐标向量$\{Y(t)\}$。只要求出了主坐标向量$\{a(t)\}$,就可由此式获得振动位移向量$\{Y(t)\}$。

反过来,主坐标向量$\{a(t)\}$亦可用几何坐标向量$\{Y(t)\}$来表示。为此,以$\{X_i\}^{\mathrm{T}}[M]$前乘式(10.131)两边,并注意振型的$[M]$－正交关系式(10.97),得

$$\{X_i\}^{\mathrm{T}}[M]\{Y(t)\}=M_ia_i(t) \tag{10.133}$$

同理,若用$\{X_i\}^{\mathrm{T}}[K]$前乘式(10.131)两边,并注意振型的$[K]$－正交关系式(10.98),亦可得

$$\{X_i\}^{\mathrm{T}}[K]\{Y(t)\}=K_ia_i(t) \tag{10.134}$$

在式(10.133)、(10.134)中

$$M_i=\{X_i\}^{\mathrm{T}}[M]\{X_i\} \tag{10.135}$$

$$K_i=\{X_i\}^{\mathrm{T}}[K]\{X_i\} \tag{10.136}$$

显然,M_i是具有质量量纲的标量,K_i是具有刚度量纲的标量;两者分别称为振动体系在n维主坐标向量空间中属于第i振型的广义质量和广义刚度。根据10.6.3节式(c),当$i=j$时,有

$$K_i=\omega_i^2M_i \qquad (i=1,2,\cdots,n) \tag{10.137}$$

或

$$\omega_i=\sqrt{\frac{K_i}{M_i}} \qquad (i=1,2,\cdots,n) \tag{10.138}$$

这是按第i振型的广义刚度K_i和广义质量M_i求该振型自振频率的计算公式,它与计算单自由度体系的频率公式(10.17)相似。

10.8.2　多自由度无阻尼体系的强迫振动

根据式(10.83),多自由度无阻尼体系在n维几何向量空间中的强迫振动方程为

$$[M]\{\ddot{Y}(t)\}+[K]\{Y(t)\}=\{f_{\mathrm{P}}(t)\} \tag{10.139}$$

这是一组含有 n 个未知函数 $y_i(t)(i=1,2,\cdots,n)$ 且相互耦连的二阶非齐次线性常微分方程,直接求解颇为不易。振型分解法的意图,就是要通过坐标变换,解除方程之间的耦连,使之变成 n 个彼此独立且只含一个未知函数的二阶线性常微分方程。这个意图一旦实现,则 n 自由度体系的强迫振动问题,将转化为 n 个彼此无关的单自由度体系的强迫振动问题,而后者的求解理论和方法,此前已作过充分研究,所有结果都可以直接引用。

为进行坐标变换,先用第 i 振型的转置 $\{X_i\}^{\mathrm{T}}$ 前乘式(10.139)两边,得

$$\{X_i\}^{\mathrm{T}}[M]\{\ddot{Y}(t)\}+\{X_i\}^{\mathrm{T}}[K]\{Y(t)\}=\{X_i\}^{\mathrm{T}}\{f_{\mathrm{P}}(t)\} \tag{a}$$

由式(10.133)、(10.134)和式(10.137)可知:

$$\left.\begin{array}{l} \{X_i\}^{\mathrm{T}}[M]\{\ddot{Y}(t)\}=M_i\ddot{a}_i(t) \\ \{X_i\}^{\mathrm{T}}[K]\{Y(t)\}=\omega_i^2 M_i a_i(t) \end{array}\right\} \tag{b}$$

将式(b)代入式(a),即得

$$\ddot{a}_i(t)+\omega_i^2 a_i(t)=\frac{F_{\mathrm{P}i}(t)}{M_i} \tag{10.140}$$

其中

$$F_{\mathrm{P}i}(t)=\{X_i\}^{\mathrm{T}}\{f_{\mathrm{P}}(t)\} \tag{10.141}$$

表示 n 维主坐标向量空间中属于第 i 振型的广义荷载。

式(10.140)就是多自由度无阻尼体系在主坐标空间中的强迫振动方程,它是一组含有 n 个未知函数 $a_i(t)(i=1,2,\cdots,n)$ 的二阶线性常微分方程,与原方程组(10.139)是完全等价的;但它的各方程之间是彼此独立的,每个方程中只有一个未知函数 $a_i(t)$,其数学形式与单自由度无阻尼体系的振动方程[即式(10.44)中 $\xi=0$ 的情况]完全相同。这样一来,由于主坐标的引入,就将多自由度无阻尼体系原来以几何坐标 $y_i(t)$ 为未知函数的 n 元联立运动方程(10.139)转化为以主坐标 $a_i(t)$ 为未知函数的 n 个彼此无关的一元运动方程(10.140)。因此,可以先用单自由度体系的任何一种解法,分别对每个振型求出它在主坐标空间中的位移响应 $a_i(t)(i=1,2,\cdots,n)$,再按式(10.130)予以叠加,即得体系在原 n 维几何坐标空间中的位移响应 $y_i(t)(i=1,2,\cdots,n)$。这种把 n 自由度体系的实际振动分解为一个个独立单自由度体系来处理的方法,就叫做振型分解法或振型叠加法。

10.8.3　多自由度有阻尼体系的强迫振动

1) 振型分解法

由式(10.83)已知,多自由度有阻尼体系在几何空间中的强迫振动方程是

$$[M]\{\ddot{Y}(t)\}+[C]\{\dot{Y}(t)\}+[K]\{Y(t)\}=\{f_{\mathrm{P}}(t)\} \tag{10.142}$$

如前所述,为了解除方程间的耦连关系,需要把它转到主坐标空间中去研究。为此,先用第 i 振型的转置 $\{X_i\}^{\mathrm{T}}$ 前乘式(10.142)两边,得

$$\{X_i\}^{\mathrm{T}}[M]\{\ddot{Y}(t)\}+\{X_i\}^{\mathrm{T}}[C]\{\dot{Y}(t)\}+\{X_i\}^{\mathrm{T}}[K]\{Y(t)\}=\{X_i\}^{\mathrm{T}}\{f_{\mathrm{P}}(t)\} \tag{c}$$

按式(10.133)、(10.134),上式左边的第一和第三两项已知为

$$\left.\begin{array}{c}\{X_i\}^{\mathrm{T}}[M]\{\ddot{Y}(t)\}=M_i\ddot{a}_i(t)\\\{X_i\}^{\mathrm{T}}[K]\{Y(t)\}=K_ia_i(t)\end{array}\right\} \tag{d}$$

至于其中含有阻尼矩阵$[C]$的第二项,因为振型不存在"$[C]$-正交性",不能从理论上导出与式(d)类似的关系式,方程(10.142)的全面"解耦"遇到了障碍。但是,也不妨采取"逆向思维"的方法,先暂时强制规定振型具有类似条件(10.97)和(10.98)的$[C]$-正交性:

$$\{X_j\}^{\mathrm{T}}[C]\{X_i\}=0 \qquad (i\neq j) \tag{10.143}$$

然后再回头来探讨:满足这个条件的阻尼矩阵$[C]$究竟应该具有何种形式和特点。

在式(10.143)所示的假定条件下,结合坐标变换式(10.130),式(c)中的第二项将变为

$$\{X_i\}^{\mathrm{T}}[C]\{\dot{Y}(t)\}=C_i\dot{a}_i(t) \tag{10.144}$$

其中,C_i可称为体系在主坐标空间中属于第i振型的广义阻尼常数:

$$C_i=\{X_i\}^{\mathrm{T}}[C]\{X_i\} \tag{10.145}$$

将式(d)和式(10.144)代入式(c),即得多自由度有阻尼体系在主坐标空间中的运动方程:

$$M_i\ddot{a}_i(t)+C_i\dot{a}_i(t)+K_ia_i(t)=F_{\mathrm{P}i}(t) \qquad (i=1,2,\cdots,n) \tag{e}$$

这n个方程是相互独立的,且都只有一个未知函数$a_i(t)$,从而完成了预期的"解耦"过程。

将上式两端除以广义质量M_i,注意等式(10.137),并引入"主坐标空间中属于第i振型的广义阻尼比"定义:

$$\xi_i=\frac{C_i}{2\omega_iM_i} \tag{10.146}$$

则方程(e)又可写为更熟悉的形式:

$$\ddot{a}_i(t)+2\xi_i\omega_i\dot{a}_i(t)+\omega_i^2a_i(t)=\frac{F_{\mathrm{P}i}(t)}{M_i} \qquad (i=1,2,\cdots,n) \tag{10.147}$$

在数学形式上,它其实就是单自由度有阻尼体系强迫振动方程(10.45)的"翻版",因此,10.4节中所述的一切理论和方法,原则上都可以"移植"到这里来,详见后述"振型分解法的应用程式"与算例。

2) 瑞雷阻尼矩阵

上面为了达到全面解耦的目的,限制性地规定振型必须满足"$[C]$-正交性"式(10.143)。作为一个研究课题,有理由发问:相应的阻尼矩阵应具有何种形式,可用什么方法来确定。瑞雷首先回答了这个问题。他认为,这样的阻尼矩阵可取为质量矩阵$[M]$与刚度矩阵$[K]$的线性组合形式:

$$[C]=b_0[M]+b_1[K] \tag{10.148}$$

其中,b_0与b_1是待定的组合系数。这个建议的出发点是一目了然的,因为已知振型具有$[M]$-正交性和$[K]$-正交性,由此必然引出$[C]$-正交性。尽管这个建议缺乏严格的理论和实验依据,但因它便于操作,还是为实际工作者所认可。

将式(10.148)定义的阻尼矩阵$[C]$代入式(10.145),并注意式(10.135)(10.136)和式(10.137),即得广义阻尼常数

$$C_i=(b_0+b_1\omega_i^2)M_i \tag{10.149}$$

再将它代入式(10.146),又可引出广义阻尼比的算式:

$$\xi_i=\frac{1}{2}\left(\frac{b_0}{\omega_i}+b_1\omega_i\right) \tag{10.150}$$

显而易见,在瑞雷的建议中,组合系数 b_0 与 b_1 的选择是非常关键的,否则,往往会得出相互矛盾的结论。例如,若取 $b_0=0$ 而 $b_1\neq0$,则式(10.150)显示,第 i 振型的广义阻尼比 ξ_i 与自振频率 ω_i 成正比;阻尼比随振型序号的增大而增大,结构高振型的阻尼会很大。反之,若取 $b_0\neq0$ 而 $b_1=0$,则广义阻尼比 ξ_i 与自振频率 ω_i 成反比,阻尼比随振型序号的增大而减小,结构高振型的阻尼将很小。b_0 与 b_1 究竟应该怎样取值才能恰当反映 ξ_i 与 ω_i 的真实关系,这不是个理论问题,只宜通过实验方法来决定。

先通过实验测定任意两个不同振型的阻尼比 ξ_i 和 ξ_j,再按式(10.150)建立一个以 b_0 和 b_1 为未知量的二元联立方程:

$$\left.\begin{array}{l}\dfrac{1}{\omega_i}b_0+\omega_i b_1=2\xi_i\\[2mm]\dfrac{1}{\omega_j}b_0+\omega_j b_1=2\xi_j\end{array}\right\} \tag{f}$$

解之,即得

$$\left.\begin{array}{l}b_0=2\omega_i\omega_j\times\dfrac{\xi_i\omega_j-\xi_j\omega_i}{\omega_j^2-\omega_i^2}\\[3mm]b_1=2\times\dfrac{\xi_j\omega_j-\xi_i\omega_i}{\omega_j^2-\omega_i^2}\end{array}\right\} \tag{10.151}$$

将它们代入式(10.148)就可得到以两个实测资料 ξ_i 和 ξ_j 为基础的显式瑞雷阻尼矩阵 $[C]$。

3) 振型分解法的应用程序

综上所述,用振型分解法进行多自由度体系的振动响应分析时,宜遵循如下步骤:

第一步,求体系的自振频谱 ω_i 和振型系列 $\{X_i\}$($i=1,2,\cdots,n$)。这是计算工作量较大,也是最基础的一步,详见第 10.6 和 10.7 两节。一般来说,若体系的振动形式属剪切型,宜取刚度法形式进行计算;若振动形式为弯曲型,则以柔度法形式为优。

第二步,建立主坐标空间中的"解耦"运动微分方程:

$$\ddot{a}_i(t)+2\xi_i\omega_i\dot{a}_i(t)+\omega_i^2 a_i(t)=\frac{F_{\mathrm{P}i}(t)}{M_i}\qquad(i=1,2,\cdots,n) \tag{10.152}$$

在给定振型阻尼比 ξ_i 的条件下,这一步的主要工作是计算属于每个振型的广义质量 M_i 和广义荷载 $F_{\mathrm{P}i}(t)$:

$$\left.\begin{array}{l}M_i=\{X_i\}^{\mathrm{T}}[M]\{X_i\}\\[1mm]F_{\mathrm{P}i}=\{X_i\}^{\mathrm{T}}\{f_{\mathrm{P}}(t)\}\end{array}\right\}\qquad(i=1,2,\cdots,n) \tag{10.152a}$$

第三步,求主坐标空间中的动态位移响应 $a_i(t)$($i=1,2,\cdots,n$)。根据荷载类型,采用 10.4 节中的任何一种方法,对式(10.152)中的每个独立方程进行求解,其通式为

$$a_i(t)=\mathrm{e}^{-\xi_i\omega_i t}\left[a_i(0)\cos\omega_i t+\frac{\dot{a}_i(0)+\xi_i\omega_i a_i(0)}{\omega_i}\sin\omega_i t\right]$$

$$+\frac{1}{\omega_i M_i}\int_0^t F_{\mathrm{P}i}(\tau)\mathrm{e}^{-\xi_i\omega_i(t-\tau)}\sin\omega_i(t-\tau)\mathrm{d}\tau \tag{10.153}$$

其中,$a_i(0)$ 和 $\dot{a}_i(0)$ 分别表示主坐标空间中属于第 i 振型的初位移和初速度,可按式(10.133)进行坐标变换,通过原几何空间中给定的初始条件 $\{Y(0)\}$ 和 $\{\dot{Y}(0)\}$ 求得:

$$a_i(0) = \frac{1}{M_i}\{X_i\}^{\mathrm{T}}[M]\{Y(0)\} \left.\vphantom{\begin{array}{c}a\\b\end{array}}\right\}$$

$$\dot{a}_i(0) = \frac{1}{M_i}\{X_i\}^{\mathrm{T}}[M]\{\dot{Y}(0)\} \quad\quad (i=1,2,\cdots,n) \quad\quad (10.154)$$

第四步,按式(10.131)进行坐标变换,求几何空间中的动态位移响应:

$$\{Y(t)\} = [X]\{a(t)\} = \sum_{i=1}^{n} a_i(t)\{X_i\} \quad\quad (10.155)$$

顺便指出,对于大多数类型的荷载来说,各振型所起的作用并不是同等的。一般情况是,低频振型的贡献较大,高频振型的贡献较小。因此,运用式(10.155)进行振型叠加时,通常只考虑前几个低频振型,就可保证精度要求。

例 10-10 图 10.32 所示简支梁具有三个集中质量,已知梁的弹性模量、截面惯性矩、跨长和质量依次为

$$E = 2.1 \times 10^{11} \mathrm{N/m^2}; \quad I = 5 \times 10^{-4}\,\mathrm{m^4}; \quad l = 10\mathrm{m}; \quad m = 1\,050\mathrm{kg}$$

现给定如下初始条件:

$$\{Y(0)\} = [0.01 \quad 0.015 \quad 0.012]^{\mathrm{T}}\,\mathrm{m}$$

$$\{\dot{Y}(0)\} = [0.10 \quad 0.25 \quad 0.15]^{\mathrm{T}}\,\mathrm{m/s}$$

试用振型分解法求其自由振动位移响应规律(设不计阻尼)。

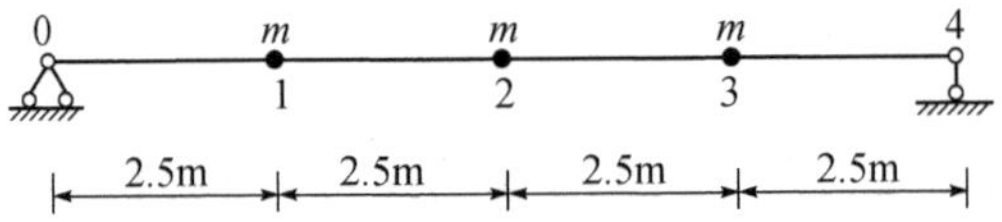

图 10.32

解 根据所给数据算得

$$\sqrt{\frac{EI}{ml^3}} = \sqrt{\frac{2.1 \times 10^{11} \times 5 \times 10^{-4}}{1.05 \times 10^3 \times 10^3}} = 10\ \mathrm{s^{-1}}$$

由例 10-6 已知此梁的三对自振频率和振型分别为

$$\begin{cases} \omega_1 = 49.33\ \mathrm{s^{-1}}, \\ \omega_2 = 195.96\ \mathrm{s^{-1}}, \\ \omega_3 = 416.06\ \mathrm{s^{-1}}, \end{cases} \quad \begin{cases} \{X_1\} = [1 \quad 1.414 \quad 1]^{\mathrm{T}} \\ \{X_2\} = [1 \quad 0 \quad -1]^{\mathrm{T}} \\ \{X_3\} = [1 \quad -1.414 \quad 1]^{\mathrm{T}} \end{cases}$$

因题设$[M] = m[I]_{3\times3} = 1\,050[I]_{3\times3}$,故按式(10.135)三个广义质量依次为

$$\begin{cases} M_1 = 1\,050\{X_1\}^{\mathrm{T}}\{X_1\} = 4 \times 1\,050 = 4\,200\ \mathrm{kg} \\ M_2 = 1\,050\{X_2\}^{\mathrm{T}}\{X_2\} = 2 \times 1\,050 = 2\,100\ \mathrm{kg} \\ M_3 = 1\,050\{X_3\}^{\mathrm{T}}\{X_3\} = 4 \times 1\,050 = 4\,200\ \mathrm{kg} \end{cases}$$

按式(10.154)不难算得主坐标空间中三个独立振型的初始条件:

第一振型:

$$a_1(0) = \frac{1}{4\,200}[1 \quad 1.414 \quad 1] \times 1\,050 \times [I] \times \begin{Bmatrix} 1.0 \\ 1.5 \\ 1.2 \end{Bmatrix} \times 10^{-2} = 1.08 \times 10^{-2}\ \mathrm{m}$$

$$\dot{a}_1(0) = \frac{1}{4\,200}[1 \quad 1.414 \quad 1] \times 1\,050 \times [I] \times \begin{Bmatrix} 10 \\ 25 \\ 15 \end{Bmatrix} \times 10^{-2} = 15.09 \times 10^{-2} \text{ m/s}$$

第二振型：

$$a_2(0) = \frac{1}{2\,100}[1 \quad 0 \quad -1] \times 1\,050 \times [I] \times \begin{Bmatrix} 1.0 \\ 1.5 \\ 1.2 \end{Bmatrix} \times 10^{-2} = -10^{-3} \text{ m}$$

$$\dot{a}_2(0) = \frac{1}{2\,100}[1 \quad 0 \quad -1] \times 1\,050 \times [I] \times \begin{Bmatrix} 10 \\ 25 \\ 15 \end{Bmatrix} \times 10^{-2} = -2.5 \times 10^{-2} \text{ m/s}$$

第三振型：

$$a_3(0) = \frac{1}{4\,200}[1 \quad -1.414 \quad 1] \times 1\,050 \times [I] \times \begin{Bmatrix} 1.0 \\ 1.5 \\ 1.2 \end{Bmatrix} \times 10^{-2} = 1.97 \times 10^{-4} \text{ m}$$

$$\dot{a}_3(0) = \frac{1}{4\,200}[1 \quad -1.414 \quad 1] \times 1\,050 \times [I] \times \begin{Bmatrix} 10 \\ 25 \\ 15 \end{Bmatrix} \times 10^{-2} = -2.59 \times 10^{-2} \text{ m/s}$$

根据式(10.26)，这个无阻尼体系在主坐标空间中的自由振动位移响应规律可表为

$$a_i(t) = a_i(0)\cos\omega_i t + \frac{\dot{a}_i(0)}{\omega_i}\sin\omega_i t \quad (i=1,2,3)$$

将已知的初始条件 $a_i(0)$ 和 $\dot{a}_i(0)$ 代入上式，即得

$$a_1(t) = 1.08 \times 10^{-2}\cos\omega_1 t + 0.306 \times 10^{-2}\sin\omega_1 t$$

$$a_2(t) = -10^{-3}\cos\omega_2 t - 1.28 \times 10^{-4}\sin\omega_2 t$$

$$a_3(t) = 1.97 \times 10^{-4}\cos\omega_3 t - 6.22 \times 10^{-5}\sin\omega_3 t$$

再利用坐标变换式(10.131)，便可求得这个无阻尼体系在几何空间中的自由振动位移响应规律：

$$\{Y(t)\} = [X]\{a(t)\}$$

$$= 10^{-4} \times \begin{bmatrix} 1 & 1 & 1 \\ 1.414 & 0 & -1.414 \\ 1 & -1 & 1 \end{bmatrix} \begin{bmatrix} 108 & 30.6 & 0 & 0 & 0 & 0 \\ 0 & 0 & -10 & -1.28 & 0 & 0 \\ 0 & 0 & 0 & 0 & 1.97 & -0.622 \end{bmatrix} \begin{Bmatrix} \cos\omega_1 t \\ \sin\omega_1 t \\ \cos\omega_2 t \\ \sin\omega_2 t \\ \cos\omega_3 t \\ \sin\omega_3 t \end{Bmatrix}$$

$$= 10^{-4} \times \begin{bmatrix} 108 & 30.60 & -10 & -1.28 & 1.97 & -0.622 \\ 153 & 43.27 & 0 & 0 & -2.79 & 0.880 \\ 108 & 30.60 & 10 & 1.28 & 1.97 & -0.622 \end{bmatrix} \begin{Bmatrix} \cos\omega_1 t \\ \sin\omega_1 t \\ \cos\omega_2 t \\ \sin\omega_2 t \\ \cos\omega_3 t \\ \sin\omega_3 t \end{Bmatrix} \quad \text{(m)}$$

这个结果是由题设初始条件$\{Y(0)\}$和$\{\dot{Y}(0)\}$引起的自由振动,是包含三个不同频率的多频振动。

例 10 - 11 对于图 10.32 所示的简支梁,如果测得第一和第三振型的阻尼比 $\xi_1 = \xi_3 = 0.05$,试求第二振型的阻尼比 ξ_2 和瑞雷阻尼矩阵$[C]$。

解 根据例 10 - 6 和例 10 - 10 提供的资料,所示简支梁的刚度矩阵、质量矩阵和自振频率谱分别为

$$[K] = [\Delta]^{-1} = 288 \times 10^4 \begin{bmatrix} 23 & -22 & 9 \\ -22 & 32 & -22 \\ 9 & -22 & 23 \end{bmatrix}$$

$$[M] = 1\,050[I]$$

$$\omega_1 = 49.33, \quad \omega_2 = 195.96, \quad \omega_3 = 416.06$$

将上列有关数据代入式(10.151),算出比例因子 b_0 与 b_1:

$$b_0 = 2\omega_1\omega_3 \times \frac{\xi_1\omega_3 - \xi_3\omega_1}{\omega_3^2 - \omega_1^2} = 4.410\,1$$

$$b_1 = 2 \times \frac{\xi_3\omega_3 - \xi_1\omega_1}{\omega_3^2 - \omega_1^2} = 2.15 \times 10^{-4}$$

根据这对比例因子,按式(10.150)和式(10.148)即可求出第二振型的阻尼比 ξ_2 和瑞雷阻尼矩阵$[C]$如下:

$$\xi_2 = \frac{1}{2}\left(\frac{b_0}{\omega_2} + b_1\omega_2\right) = 0.032\,3$$

$$[C] = b_0[M] + b_1[K]$$

$$= \begin{bmatrix} 18\,872 & -13\,622 & 5\,573 \\ -13\,622 & 24\,445 & -13\,622 \\ 5\,573 & -13\,622 & 18\,872 \end{bmatrix}$$

例 10 - 12 设在例 10 - 10 中简支梁的每个质量上都作用有简谐荷载,如图 10.33 所示。已知荷载幅值 $f_{P1} = 100\,\text{kN}$,$f_{P2} = 300\,\text{kN}$,$f_{P3} = 200\,\text{kN}$;荷载频率 $\theta = 500\,\text{rad/s}$。试求此结构的稳态位移响应。

解 (1)简支梁的频率谱已知为

$$\omega_1 = 49.33, \quad \omega_2 = 195.96, \quad \omega_3 = 416.06$$

于是

$$\eta_1 = \frac{\theta}{\omega_1} = 10.136, \quad \eta_2 = \frac{\theta}{\omega_2} = 2.552, \quad \eta_3 = \frac{\theta}{\omega_3} = 1.202$$

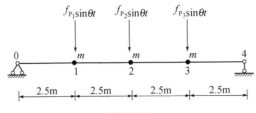

图 10.33

振型矩阵已知为

$$[X] = \begin{bmatrix} 1 & 1 & 1 \\ 1.414 & 0 & -1.414 \\ 1 & -1 & 1 \end{bmatrix}$$

由例 10-10 及例 10-11 已知广义质量为

$$M_1 = 4 \times 1050 = 4200, \quad M_2 = 2 \times 1050 = 2100, \quad M_3 = 4 \times 1050 = 4200$$

各振型的阻尼比为

$$\xi_1 = 0.05, \quad \xi_2 = 0.032, \quad \xi_3 = 0.05$$

(2) 求主坐标空间中的广义荷载向量,按式(10.152a):

$$\{F_P(t)\} = [X]^T \{f_P(t)\} = 10^5 \times \begin{Bmatrix} 7.2425 \\ -1.0 \\ -1.2425 \end{Bmatrix} \sin\theta t \quad (N)$$

(3) 求结构在主坐标空间中的稳态位移响应。按式(10.152),解耦运动微分方程是

$$\ddot{a}_i(t) + 2\xi_i \omega_i \dot{a}_i(t) + \omega_i^2 a_i(t) = \frac{F_{Pi}(t)}{M_i} \quad (i = 1, 2, 3)$$

由式(10.54)的稳态响应部分以及式(10.53)和10.4.2节中的式(d)可知,这个等效单自由度体系的稳态位移响应可写为

$$a_i(t) = \frac{1}{(1-\eta_i^2)^2 + (2\xi_i\eta_i)^2} \frac{F_{P0i}}{M^i \omega_i^2} \{[(1-\eta_i^2)\sin\theta t - 2\xi_i\eta_i\cos\theta t]\} \quad (i = 1, 2, 3)$$

$$\begin{Bmatrix} a_1(t) \\ a_2(t) \\ a_3(t) \end{Bmatrix} = \begin{bmatrix} \dfrac{1-\eta_1^2}{(1-\eta_1^2)^2 + (2\xi_1\eta_1)^2} \dfrac{F_{P01}}{M_1\omega_1^2} & -\dfrac{2\xi_1\eta_1}{(1-\eta_1^2)^2 + (2\xi_1\eta_1)^2} \dfrac{F_{P01}}{M_1\omega_1^2} \\ \dfrac{1-\eta_2^2}{(1-\eta_2^2)^2 + (2\xi_2\eta_2)^2} \dfrac{F_{P02}}{M_2\omega_2^2} & -\dfrac{2\xi_2\eta_2}{(1-\eta_2^2)^2 + (2\xi_2\eta_2)^2} \dfrac{F_{P02}}{M_2\omega_2^2} \\ \dfrac{1-\eta_3^2}{(1-\eta_3^2)^2 + (2\xi_3\eta_3)^2} \dfrac{F_{P03}}{M_3\omega_3^2} & -\dfrac{2\xi_3\eta_3}{(1-\eta_3^2)^2 + (2\xi_3\eta_3)^2} \dfrac{F_{P03}}{M_3\omega_3^2} \end{bmatrix} \begin{Bmatrix} \sin\theta t \\ \cos\theta t \end{Bmatrix}$$

$$= 10^{-6} \times \begin{bmatrix} -696.448 & -6.939 \\ 224.750 & 6.659 \\ 358.061 & 96.759 \end{bmatrix} \begin{Bmatrix} \sin\theta t \\ \cos\theta t \end{Bmatrix}$$

(4) 求结构在原几何空间中的稳定位移响应。利用坐标变换式(10.131)即得

$$\{Y(t)\} = [X]\{a(t)\}$$

$$= 10^{-6} \times \begin{bmatrix} 1 & 1 & 1 \\ 1.414 & 0 & -1.414 \\ 1 & -1 & 1 \end{bmatrix} \begin{bmatrix} -696.448 & -6.939 \\ 224.750 & 6.659 \\ 358.061 & 96.759 \end{bmatrix} \begin{Bmatrix} \sin\theta t \\ \cos\theta t \end{Bmatrix}$$

$$= 10^{-3} \times \begin{bmatrix} -0.136 & 0.096 \\ -1.491 & -0.147 \\ -0.563 & 0.083 \end{bmatrix} \begin{Bmatrix} \sin\theta t \\ \cos\theta t \end{Bmatrix} \quad (m)$$

根据达朗贝尔原理,弹性体系在振动过程中的每一时刻,每一质点在激振力 $F_{Pi}(t)$、弹性力 $F_{Si}(t)$、阻尼力 $F_{Di}(t)$ 和惯性力 $F_{Ii}(t)$ 的作用下处于"动"平衡状态。因此,对梁进一步做内力分析时,可将惯性力、阻尼力和激振力的合力当作等效集中荷载作用在相应质点处

(图 10.34),然后用结构静力学方法即可求出任意截面上的弯矩和剪力。

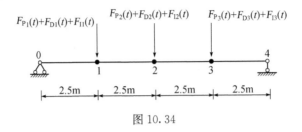

图 10.34

*10.9　直梁的横向弯曲振动方程

以上比较详细地讨论了单自由度和多自由度体系的振动分析理论和方法,所得结果对于解决许多实际工程问题是有参考价值的。但是,这些离散化计算方法,对于连续弹性体一类的无限自由度体系毕竟是近似的,对问题的认识尚不够完整。本节和 10.10 节、10.11 节以单跨直梁为例,简略论述无限自由度体系在动荷载作用下的某些响应规律。为节省篇幅,论证仅涉及横向弯曲振动,且不计阻尼影响。

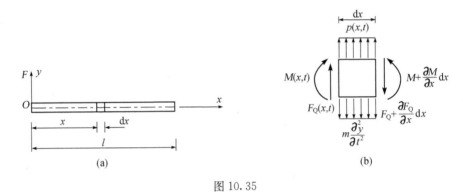

图 10.35

图 10.35a 为一等截面直梁,两端可为铰支、固定、自由或其他支承形式。设在集度为 $p(x,t)$ 的激振荷载作用下,梁在其平衡位置邻近作垂直于梁轴的横向微幅振动。已知单位长度的质量密度为 m,抗弯刚度为 EI。图 10.35b 表示从直梁上取出的任一微元,根据达朗贝尔原理,它在激振荷载 $p(x,t)$、弹性力 $M(x,t)$ 和 $F_Q(x,t)$ 以及惯性力 F_I 的作用下处于"动"平衡状态。因此,列出这些力沿 y 轴方向的平衡条件,应有

$$\frac{\partial F_Q}{\partial x} + m\frac{\partial^2 y}{\partial t^2} = p(x,t) \tag{a}$$

由微元体的力矩平衡条件及材料力学已知:

$$\left.\begin{aligned} F_Q &= \frac{\partial M}{\partial x} \\ M &= EI\frac{\partial^2 y}{\partial x^2} \end{aligned}\right\} \tag{b}$$

将它们代入式(a),得

298

$$EI\frac{\partial^4 y}{\partial x^4}+m\frac{\partial^2 y}{\partial t^2}=p(x,t) \tag{10.156}$$

这就是直梁的弯曲振动方程,其中的未知量是振动质点的位移响应,它是位置坐标 x 和时间 t 的函数,因而振动方程具有偏微分方程的形式。

*10.10 单跨梁的自由振动

10.10.1 振动方程的分离变量解法

根据式(10.156),等截面直梁的自由振动方程可写为

$$\frac{\partial^4 y}{\partial x^4}+\frac{m}{EI}\frac{\partial^2 y}{\partial t^2}=0 \tag{10.157}$$

微分方程(10.157)可用分离变量法求解,它的基本思路是,先假设下列形式的试解:

$$y(x,t)=X(x)\cdot T(t) \tag{10.158}$$

其中 $X(x)$ 和 $T(t)$ 都是待定函数,分别只依赖于坐标变量 x 和时间 t。假定这个试解,实质是认为振动过程中的每一时刻,梁的弹性曲线形状 $X(x)$ 始终保持不变,随时间改变的只是位移幅值 $T(t)$。这个试解是否能够成立,必须从两个方面来考察:一是能否满足原振动方程;二是能否满足问题的初始条件和结构的边界条件。现在先考察第一个方面,第二个方面留待下节讨论。

将试解代入方程(10.157)并且分离变量,有

$$\frac{1}{X(x)}\frac{\mathrm{d}^4 X(x)}{\mathrm{d}x^4}=-\frac{m}{EI}\frac{1}{T(t)}\frac{\mathrm{d}^2 T(t)}{\mathrm{d}t^2} \tag{a}$$

因为上式左端只含变量 x,右端只含变量 t,可以断言,只有在两端都等于同一常量的情况下,上式才能成立。现令这个常量为 ζ^4,则由上式导出两个变量分离的独立方程:

$$\frac{\mathrm{d}^2 T(t)}{\mathrm{d}t^2}+\omega^2 T(t)=0 \tag{10.159}$$

$$\frac{\mathrm{d}^4 X(x)}{\mathrm{d}x^4}-\zeta^4 X(x)=0 \tag{10.160}$$

其中

$$\omega^2=\zeta^4\frac{EI}{m} \tag{10.161}$$

这样一来,就将求解偏微分方程(10.157)的问题,变为求解两个独立的常微分方程(10.159)和(10.160)的问题。这样处理问题的优点,不单是因为常微分方程比偏微分方程容易求解,更主要的是因为初始条件只是时间 t 的函数,而边界条件则仅与坐标 x 有关,原偏微分方程的变量分离,便于联系这些条件来求出相应的特解。

显而易见,方程(10.159)与前述单自由度无阻尼体系的自由振动方程形式上完全相似,因而它的通解为

$$T(t) = A\sin\omega t + B\cos\omega t \qquad (10.162a)$$

或

$$T(t) = C\sin(\omega t + \alpha) \qquad (10.162b)$$

其中的两个积分常数 A 与 B(或 C 与 α)应由初始条件来决定。

根据常微分方程理论,方程(10.160)的通解为

$$X(x) = D_1\sin\zeta x + D_2\cos\zeta x + D_3\mathrm{sh}\zeta x + D_4\mathrm{ch}\zeta x \qquad (10.163)$$

将式(10.162a)和式(10.163)代入式(10.158),即得自由振动方程(10.157)的一般特解:

$$y(x,t) = (A\sin\omega t + B\cos\omega t)(D_1\sin\zeta x + D_2\cos\zeta x + D_3\mathrm{sh}\zeta x + D_4\mathrm{ch}\zeta x) \qquad (10.164)$$

频率参数 ζ(或 ω)和积分常数 $D_1 \sim D_4$ 以及 A、B 需根据梁的边界条件和初始条件来确定。满足梁的某特定边界条件的频率参数一般是一个无限序列 $\zeta_i (i=1,2,3,\cdots)$。所以对于任意给定的边界条件,可以得到自由振动方程(10.162)的一个序列解:

$$y_i(x,t) = (A_i\sin\omega_i t + B_i\cos\omega_i t)(D_{1i}\sin\zeta_i x + D_{2i}\cos\zeta_i x + D_{3i}\mathrm{sh}\zeta_i x + D_{4i}\mathrm{ch}\zeta_i x)$$
$$(i=1,2,3,\cdots) \qquad (10.165)$$

由于方程(10.157)的线性和齐次性,如果已知它的一系列特解,则所有特解之和也是原方程的解,因而对于这类无限自由度体系,方程(10.157)的通解可以一般写为

$$y(x,t) = \sum_{i=1}^{\infty}(A_i\sin\omega_i t + B_i\cos\omega_i t)(D_{1i}\sin\zeta_i x + D_{2i}\cos\zeta_i x + D_{3i}\mathrm{sh}\zeta_i x + D_{4i}\mathrm{ch}\zeta_i x)$$
$$(10.166)$$

10.10.2 自振频率和振型函数

前已指出,研究结构的自由振动,重要的不是从理论上追求自振方程解的完备性,而是旨在了解结构的固有特性,即结构的自振频率和振型函数。凡满足方程(10.159)和(10.160)的数 ω 和函数 $X(x)$,分别称为梁的自振频率和振型函数,它们必然是成对的。既然自振频率和振型函数属于结构的固有特性,它们从量到形都必然与梁的质量、刚度和边界支承条件有关。下面结合几个具体实例,来说明自振频率和振型函数的确定方法,并进一步分析自振方程(10.157)的某些特点。

例 10-13 研究图 10.36a 所示简支梁的固有特性。

解 简支梁的边界条件可写为

$$\begin{cases} X(x)\big|_{\substack{x=0 \\ x=l}} = 0 \\ X''(x)\big|_{\substack{x=0 \\ x=l}} = 0 \end{cases}$$

为满足以上边界条件,式(10.163)中的四个积分常数之间应存在下列关系:

$$\left.\begin{array}{l} D_2 + D_4 = 0 \\ D_2 - D_4 = 0 \\ D_1\sin\zeta l + D_2\cos\zeta l + D_3\mathrm{sh}\zeta l + D_4\mathrm{ch}\zeta l = 0 \\ D_1\sin\zeta l + D_2\cos\zeta l - D_3\mathrm{sh}\zeta l - D_4\mathrm{ch}\zeta l = 0 \end{array}\right\} \qquad (b)$$

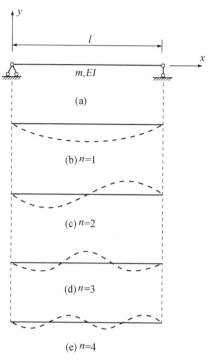

图 10.36

由前二式推知 $D_2 = D_4 = 0$，于是后二式简化为

$$\left.\begin{array}{c} D_1 \sin\zeta l + D_3 \operatorname{sh}\zeta l = 0 \\ D_1 \sin\zeta l - D_3 \operatorname{sh}\zeta l = 0 \end{array}\right\} \tag{c}$$

将此二式分别相加和相减，则又得

$$\left.\begin{array}{c} D_1 \sin\zeta l = 0 \\ D_3 \operatorname{sh}\zeta l = 0 \end{array}\right\} \tag{d}$$

因为对于 ζl 不为零的任何有限值，双曲线正弦函数 $\operatorname{sh}\zeta l$ 不能为零，故可肯定 $D_3 = 0$。这样一来，上面的四个关系最后只归结为一个条件：

$$D_1 \sin\zeta l = 0 \tag{e}$$

D_1 只能取非零值，否则，四个积分常数 $D_1 \sim D_4$ 都等于零，势必导致 $X(x) = 0$，从而引出 $Y(x, t) = 0$。这意味着梁不作任何振动，与问题的大前提相悖。于是最后有

$$\sin\zeta l = 0 \tag{f}$$

上式通常称为简支梁的"自振频率方程"，它有无数个解：

$$\zeta = \frac{n\pi}{l} \tag{g}$$

其中 n 可取任意正整数。将它代入式(10.161)，即得简支梁的自振频率

$$\omega_n = \left(\frac{n\pi}{l}\right)^2 \sqrt{\frac{EI}{m}} \qquad (n = 1, 2, 3, \cdots) \tag{10.167}$$

将 $D_2 = D_3 = D_4 = 0$ 和 $\zeta l = n\pi$ 代入式(10.163)，即得简支梁的振型函数

$$X_n(x) = D_n \sin\frac{n\pi x}{l} \tag{10.168}$$

这个结果表明,简支梁作自由振动时,振动形式呈正弦曲线型;曲线的半波数则可为 $1,2,3,\cdots$,图 10.36b~e 绘示了前四个振型曲线的图像。

此外,还需指出,振型函数(10.168)中的振幅 D_n 单凭边界条件是不能确定的;振型函数 $X_n(x)$ 只是描述梁的相对振动位移曲线,而不能从量上定出自振曲线上每一点的绝对位移值。因此,为统一起见,常常需要将振型函数作"标准化"处理。常用的处理方法之一是:取 $x=a$ 的任意一点(比如位移最大的一点)的 $X_n(a)$ 值为一个单位,其余各点的相对值据此按比例确定。于是,第 n 振型的标准化振型函数可表为

$$\overline{X}_n(x)=\overline{D}_n X_n(x) \qquad (n=1,2,3,\cdots) \tag{10.169}$$

其中 $\overline{D}_n=\dfrac{1}{X_n(a)}$。由此可见,标准化振型函数 $\overline{X}_n(x)$ 与 $X_n(x)$ 只相差一个常量因子。

将振型函数(10.168)代入式(10.166),即得等截面简支梁作自由振动时的位移响应:

$$y(x,t)=\sum_i (A_i\sin\omega_i t+B_i\cos\omega_i t)\left(D_i\sin\frac{i\pi x}{l}\right)$$

或

$$y(x,t)=\sum_i (G_i\sin\omega_i t+H_i\cos\omega_i t)\sin\frac{i\pi x}{l} \tag{10.170}$$

其中的积分常数 G_i 和 H_i 必须根据初始条件来确定。

设在初始时刻,梁上各点的位移和速度沿跨长的分布规律已知为

$$\left.\begin{aligned} y(x,0)&=\phi_1(x)\\ \dot{y}(x,0)&=\phi_2(x) \end{aligned}\right\} \tag{10.171}$$

其中,$\phi_1(x)$ 和 $\phi_2(x)$ 都是给定的已知函数。对于简支梁,根据式(10.170),这个初始条件可写为

$$\left.\begin{aligned} \sum_i H_i\sin\frac{i\pi x}{l}&=\phi_1(x)\\ \sum_i G_i\omega_i\sin\frac{i\pi x}{l}&=\phi_2(x) \end{aligned}\right\} \tag{h}$$

将上列二式两边都乘以 $\sin\dfrac{j\pi x}{l}$,并在区间 $[0,l]$ 内积分,则有

$$\left.\begin{aligned} \sum_i H_i\int_0^l\sin\frac{i\pi x}{l}\sin\frac{j\pi x}{l}\mathrm{d}x&=\int_0^l\phi_1(x)\sin\frac{j\pi x}{l}\mathrm{d}x\\ \sum_i G_i\omega_i\int_0^l\sin\frac{i\pi x}{l}\sin\frac{j\pi x}{l}\mathrm{d}x&=\int_0^l\phi_2(x)\sin\frac{j\pi x}{l}\mathrm{d}x \end{aligned}\right\} \tag{i}$$

利用已知的三角函数的正交性

$$\int_0^l\sin\frac{i\pi x}{l}\sin\frac{j\pi x}{l}\mathrm{d}x=\begin{cases}\dfrac{l}{2} & (j=i)\\[2mm] 0 & (j\neq i)\end{cases}$$

由式(i)可得

$$\left.\begin{aligned} H_i&=\frac{2}{l}\int_0^l\phi_1(x)\sin\frac{i\pi x}{l}\mathrm{d}x\\ G_i&=\frac{2}{\omega_i l}\int_0^l\phi_2(x)\sin\frac{i\pi x}{l}\mathrm{d}x \end{aligned}\right\} \qquad (i=1,2,3,\cdots) \tag{10.172}$$

以上比较完整地讨论了简支梁自由振动的响应分析过程,这个解题过程具有典型性。从中可以直接看出,如果已知梁的物理特性常数、支承边界条件和运动初始条件,则其自由振动问题的解是完全确定的。

例 10-14　研究图 10.37a 所示两端固定梁的自振特性。

解　两端固定梁的边界条件可写为

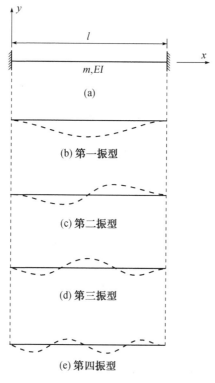

图 10.37

$$\begin{cases} X(x)\Big|_{\substack{x=0\\x=l}}=0 \\ X'(x)\Big|_{\substack{x=0\\x=l}}=0 \end{cases}$$

因此,式(10.163)中的四个积分常数应具有下列关系:

$$\left.\begin{aligned} &D_1+D_3=0 \\ &D_2+D_4=0 \\ &D_2\sin\zeta l+D_2\cos\zeta l+D_3\mathrm{sh}\zeta l+D_4\mathrm{ch}\zeta l=0 \\ &D_1\cos\zeta l-D_2\sin\zeta l+D_3\mathrm{ch}\zeta l+D_4\mathrm{sh}\zeta l=0 \end{aligned}\right\} \tag{j}$$

由前二式推知

$$\left.\begin{aligned} D_1=-D_3 \\ D_2=-D_4 \end{aligned}\right\} \tag{k}$$

于是后二式简化为

$$\begin{bmatrix} \mathrm{sh}\zeta l-\sin\zeta l & \mathrm{ch}\zeta l-\cos\zeta l \\ \mathrm{ch}\zeta l-\cos\zeta l & \mathrm{sh}\zeta l+\sin\zeta l \end{bmatrix} \begin{Bmatrix} D_3 \\ D_4 \end{Bmatrix} = \begin{Bmatrix} 0 \\ 0 \end{Bmatrix} \tag{l}$$

这个线性齐次方程组有非零解的条件是

$$\begin{vmatrix} \mathrm{sh}\zeta l - \sin\zeta l & \mathrm{ch}\zeta l - \cos\zeta l \\ \mathrm{ch}\zeta l - \cos\zeta l & \mathrm{sh}\zeta l + \sin\zeta l \end{vmatrix} = 0 \qquad (\mathrm{m})$$

将此行列式展开,化简可得两端固定梁的自振频率方程如下:

$$\cos\zeta l = \frac{1}{\mathrm{ch}\zeta l} \qquad (\mathrm{n})$$

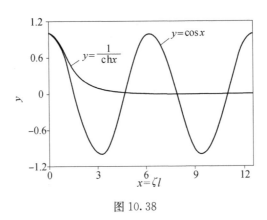

图 10.38

这个超越方程有无限多个实根,其中的正实根对应于无限多个自振频率。前面几个正根的图解值示于图 10.38,为

$$\{\zeta l\}^{\mathrm{T}} = \begin{bmatrix} 0 & 1.505\pi & 2.500\pi & 3.500\pi & \cdots \end{bmatrix}$$

根据式(10.161),两端固定梁的前几个自振频率依次为

$$\left.\begin{aligned} \omega_1 &= \left(\frac{1.505\pi}{l}\right)^2 \sqrt{\frac{EI}{m}} \\ \omega_2 &= \left(\frac{2.500\pi}{l}\right)^2 \sqrt{\frac{EI}{m}} \\ \omega_3 &= \left(\frac{3.500\pi}{l}\right)^2 \sqrt{\frac{EI}{m}} \\ &\cdots\cdots\cdots\cdots\cdots\cdots\cdots \\ \omega_n &= \left(\frac{2n+1}{l}\pi\right)^2 \sqrt{\frac{EI}{m}} \\ &\cdots\cdots\cdots\cdots\cdots\cdots\cdots \end{aligned}\right\} \qquad (10.173)$$

式(1)中的两个方程不是独立的,从其中的一个可以推出另一个。如取第一式,则有

$$\frac{D_4}{\mathrm{sh}\zeta l - \sin\zeta l} = -\frac{D_3}{\mathrm{ch}\zeta l - \cos\zeta l} = G$$

其中 G 是任意常数;不失一般性,可取 $G=1$。于是有

$$\left.\begin{aligned} D_1 &= -D_3 = \mathrm{ch}\zeta l - \cos\zeta l \\ D_2 &= -D_4 = -\mathrm{sh}\zeta l + \sin\zeta l \end{aligned}\right\} \qquad (\mathrm{o})$$

将它们代入式(10.163),即得两端固定梁的振型函数:

$$X_i(x) = (\text{sh}\zeta_i l - \sin\zeta_i l)(\text{ch}\zeta_i x - \cos\zeta_i x) - (\text{ch}\zeta_i l - \cos\zeta_i l)(\text{sh}\zeta_i x - \sin\zeta_i x)$$
$$(i = 1, 2, 3, \cdots) \tag{10.174}$$

前四个振型示于图 10.37b~e。

10.10.3 振型函数的正交性

为简单计,以下用"′"表示函数对 x 的导数,于是式(10.160)可以写为

$$X''''(x) - \zeta^4 X(x) = 0$$

设 $\zeta_i, X_i(x)$ 和 $\zeta_j, X_j(x)$ 为满足自振方程和边界条件的任意两对自振频率和振型函数($i \neq j$),则有

$$\left. \begin{array}{l} X_i''''(x) - \zeta_i^4 X_i(x) = 0 \\ X_j''''(x) - \zeta_j^4 X_j(x) = 0 \end{array} \right\} \tag{p}$$

将上列二式分别乘以 $X_j(x)$ 和 $X_i(x)$,并在跨长范围内积分,得

$$\left. \begin{array}{l} \int_0^l X_i''''(x) X_j(x) \mathrm{d}x = \zeta_i^4 \int_0^l X_i(x) X_j(x) \mathrm{d}x \\ \int_0^l X_j''''(x) X_i(x) \mathrm{d}x = \zeta_j^4 \int_0^l X_j(x) X_i(x) \mathrm{d}x \end{array} \right\} \tag{q}$$

二式相减,得

$$(\zeta_i^4 - \zeta_j^4) \int_0^l X_i(x) X_j(x) \mathrm{d}x = \int_0^l X_i''''(x) X_j(x) \mathrm{d}x - \int_0^l X_j''''(x) X_i(x) \mathrm{d}x \tag{r}$$

将上式右边的每一项都连续进行两次分部积分,得

$$\left. \begin{array}{l} \int_0^l X_i''''(x) X_j(x) \mathrm{d}x = [X_i'''(x) X_j(x) - X_i''(x) X_j'(x)]_0^l + \int_0^l X_i''(x) X_j''(x) \mathrm{d}x \\ \int_0^l X_j''''(x) X_i(x) \mathrm{d}x = [X_j'''(x) X_i(x) - X_j''(x) X_i'(x)]_0^l + \int_0^l X_i''(x) X_j''(x) \mathrm{d}x \end{array} \right\} \tag{s}$$

在实际工程中,单跨直梁的支承条件不外乎下列几种情况(其中的 $a = 0$ 或 l):

(1) $x = a$ 处为固定端:

$$X(x)|_{x=a} = 0, X'(x)|_{x=a} = 0$$

(2) $x = a$ 处为铰支端:

$$X(x)|_{x=a} = 0, X''(x)|_{x=a} = 0$$

(3) $x = a$ 处为自由端:

$$X''(x)|_{x=a} = 0, X'''(x)|_{x=a} = 0$$

(4) $x = a$ 处为滑移端:

$$X'(x)|_{x=a} = 0, X'''(x)|_{x=a} = 0$$

对于上列任何一种情况,式(s)右端方括号内的每一项总有一个因子为零,从而导致下列等式成立:

$$\left. \begin{array}{l} \int_0^l X_i''''(x) X_j(x) \mathrm{d}x = \int_0^l X_i''(x) X_j''(x) \mathrm{d}x \\ \int_0^l X_j''''(x) X_i(x) \mathrm{d}x = \int_0^l X_i''(x) X_j''(x) \mathrm{d}x \end{array} \right\} \tag{t}$$

将式(t)代入式(r)得

$$(\zeta_i^4 - \zeta_j^4) \int_0^l X_i(x) X_j(x) \mathrm{d}x = 0$$

因 $\zeta_i \neq \zeta_j$，故得

$$\int_0^l X_i(x) X_j(x) \mathrm{d}x = 0 \qquad (i \neq j) \tag{10.175}$$

这就是单跨梁振型函数的正交公式。

用 $\zeta_j^4 X_j(x)$ 和 $\zeta_i^4 X_i(x)$ 分别乘式(p)的两式，将结果相减，再在跨长范围内积分，并注意等式(t)，可得

$$(\zeta_i^4 - \zeta_j^4) \int_0^l X_i''''(x) X_j(x) \mathrm{d}x = 0$$

因 $\zeta_i \neq \zeta_j$，故得

$$\int_0^l X_i''''(x) X_j(x) \mathrm{d}x = 0 \tag{u}$$

将式(u)代入式(t)的第一式，又推出振型函数另一种形式的正交公式：

$$\int_0^l X''_i(x) X''_j(x) \mathrm{d}x = 0 \qquad (i \neq j) \tag{10.176}$$

10.10.4　广义质量和广义刚度

将式(p)第一式乘以 $EI \cdot X_i(x)$，并在跨长范围内进行积分，可得

$$EI \int_0^l X_i''''(x) X_i(x) \mathrm{d}x = m\omega_i^2 \int_0^l X_i^2(x) \mathrm{d}x \tag{v}$$

在式(t)中令 $i = j$，则有

$$\int_0^l X_i''''(x) X_i(x) \mathrm{d}x = \int_0^l [X_i''(x)]^2 \mathrm{d}x \tag{w}$$

将式(w)代入式(v)得

$$EI \int_0^l [X_i''(x)]^2 \mathrm{d}x = m\omega_i^2 \int_0^l X_i^2(x) \mathrm{d}x \tag{10.177}$$

或

$$\omega_i^2 = \frac{K_i}{M_i} \tag{10.178}$$

其中

$$\left. \begin{aligned} M_i &= m \int_0^l X_i^2(x) \mathrm{d}x \\ K_i &= EI \int_0^l [X_i''(x)]^2 \mathrm{d}x \end{aligned} \right\} \tag{10.179}$$

M_i 称为第 i 振型的广义质量；K_i 称为第 i 振型的广义刚度。

*10.11　单跨梁的强迫振动

10.11.1　振型分解法

由式(10.156)已知，等截面直梁无阻尼强迫振动方程可写为

$$m\ddot{y}(x,t)+EIy''''(x,t)=p(x,t) \tag{10.180}$$

设梁的自振频谱 $\omega_i(i=1,2,3,\cdots)$ 和振型函数序列 $X_i(x)(i=1,2,3,\cdots)$ 已经求出。仿前式 (10.131),作为振动方程的试解,将梁的未知动态位移响应 $y(x,t)$ 表为振型函数 $X_i(x)$ 的无限级数和形式:

$$y(x,t)=\sum_{i=1}^{\infty}a_i(t)X_i(x) \tag{10.181}$$

其中 $a_i(t)$ 是待定的未知函数,称为"主坐标",用于确定第 i 振型振动形式的振幅。

如果给定几何空间中的位移响应 $y(x,t)$,则主坐标序列 $a_i(t)$ 可按下法求出。用 $mX_j(x)$ 乘式 (10.181) 两端,并在梁的跨长范围内积分,同时注意到式 (10.175) 和式 (10.179),即得

$$a_i(t)=\frac{m}{M_i}\int_0^l y(x,t)X_i(x)\mathrm{d}x \qquad (i=1,2,3,\cdots) \tag{10.182}$$

将试解 (10.181) 代入振动方程 (10.180),有

$$m\sum_{i=1}^{\infty}\ddot{a}_i(t)X_i(x)+EI\sum_{i=1}^{\infty}a_i(t)X_i''''(x)=p(x,t) \tag{a}$$

再将式 (a) 两端同乘式 $X_j(x)$,并沿梁的跨长积分,又有

$$m\sum_{i=1}^{\infty}\ddot{a}_i(t)\int_0^l X_i(x)X_j(x)\mathrm{d}x+EI\sum_{i=1}^{\infty}a_i(t)\int_0^l X_i''''(x)X_j(x)=\int_0^l p(x,t)X_j(x)\mathrm{d}x \tag{b}$$

利用上节式 (t)、(u)、(v) 和 (w),并注意式 (10.175) 和 (10.179),上式可简化为

$$M_i\ddot{a}_i+K_ia_i(t)=\int_0^l p(x,t)X_i(x)\mathrm{d}x \tag{10.183}$$

再利用式 (10.178),上式还可写为读者更熟悉的形式:

$$\ddot{a}_i+\omega_i^2 a_i(t)=\frac{F_{\mathrm{P}i}(t)}{M_i} \qquad (i=1,2,3,\cdots) \tag{10.184}$$

式中,$F_{\mathrm{P}i}(t)$ 称为第 i 振型的广义荷载:

$$F_{\mathrm{P}i}(t)=\int_0^l p(x,t)X_i(x)\mathrm{d}x \tag{10.185}$$

经过上述振型分解,就把几何空间中一个比较复杂的四阶偏微分方程 (10.180) 转化为主坐标空间中无限多个二阶常微分方程 (10.184),它们彼此之间是相互独立的,可以分别求解。在数学形式和力学概念上,方程 (10.184) 完全等同于方程 (10.140),两者只是存在着"有限与无限"的差异而已。

10.11.2 分布简谐荷载作用下的简支梁

图 10.39 为一等截面简支梁,原处于静止平衡状态,现受到集度为

$$p(x,t)=F(x)\sin\theta t \tag{10.186}$$

的分布简谐荷载作用,试求其动态位移响应。

由例 10-13 已知,简支梁第 i 振型的标准化振型函数可写为

$$X_i(x)=\sin\frac{i\pi x}{l} \tag{c}$$

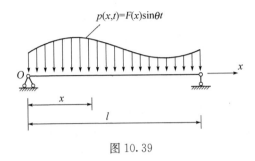

$$p(x,t)=F(x)\sin\theta t$$

图 10.39

于是,按式(10.179)和式(10.185),第 i 阶振型的广义质量和广义荷载应分别写为

$$\left.\begin{aligned} M_i &= m\int_0^l \sin^2\frac{i\pi x}{l}\mathrm{d}x = \frac{ml}{2} \\ F_{\mathrm{P}i} &= \left[\int_0^l F(x)\sin\frac{i\pi x}{l}\mathrm{d}x\right]\sin\theta t \end{aligned}\right\} \tag{d}$$

将它们代入式(10.184),即得简支梁在主坐标空间中的振动方程

$$\ddot{a}_i + \omega_i^2 a_i(t) = \left[\frac{2}{ml}\int_0^l F(x)\sin\frac{i\pi x}{l}\mathrm{d}x\right]\sin\theta t \qquad (i=1,2,3,\cdots) \tag{10.187}$$

因题设简支梁在几何空间中具有零初始条件

$$y(x,0)=0, \qquad \dot{y}(x,0)=0$$

故由坐标变换式(10.182)可以推知,它在主坐标空间中亦处于静止平衡状态,即有

$$a_i(0)=0, \qquad \dot{a}_i(0)=0 \tag{e}$$

振动方程(10.187)形同单自由度无阻尼体系的运动方程(参见式(10.47),令 $\xi=0$),略去求解过程,方程(10.187)的解为

$$a_i(t) = \frac{2}{ml}\frac{\int_0^l F(x)\sin\dfrac{i\pi x}{l}\mathrm{d}x}{\omega_i^2(1-\eta_i^2)}(\sin\theta t - \eta_i\sin\omega_i t) \tag{10.188}$$

其中,$\eta_i=\theta/\omega_i$ 为第 i 振型的频率比。再利用坐标变换式(10.181),即得简支梁在几何空间中的动态位移响应

$$y(x,t) = \frac{2}{ml}\sum_{i=1}^{\infty}\left[\frac{\sin\dfrac{i\pi x}{l}\int_0^l F(x)\sin\dfrac{i\pi x}{l}\mathrm{d}x}{\omega_i^2(1-\eta_i^2)}(\sin\theta t - \eta_i\sin\omega_i t)\right] \tag{10.189}$$

在 $F(x)=F_0=$ 常数的均布简谐荷载作用下,因

$$\int_0^l F_0\sin\frac{i\pi x}{l}\mathrm{d}x = \frac{F_0 l}{i\pi}(1-\cos i\pi)=\begin{cases}\dfrac{2F_0 l}{i\pi} & (i=1,3,5,\cdots)\\[2mm] 0 & (i=2,4,6,\cdots)\end{cases}$$

故位移响应简化为

$$y(x,t) = \frac{4F_0}{m\pi}\sum_{i=1,3,5,\cdots}\left[\frac{\sin\dfrac{i\pi x}{l}}{i\omega_i^2(1-\eta_i^2)}(\sin\theta t - \eta_i\sin\omega_i t)\right] \tag{10.190}$$

10.11.3 突加荷载作用下的简支梁

图 10.40a 为一等截面简支梁,质量密度 m 和抗弯刚度 EI 都是已知常数。设在跨度中点受到突加集中荷载(图 10.40b)的作用,分析其动力位移和动力弯矩的响应规律。

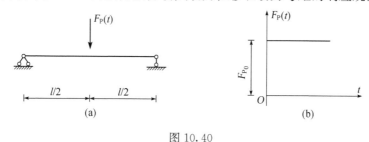

图 10.40

1) 自振频率和振型函数

由例 $10-13$:

$$\left. \begin{aligned} \omega_n &= \left(\frac{n\pi}{l}\right)^2 \sqrt{\frac{EI}{m}} \\ X_n(x) &= \sin\frac{n\pi x}{l} \end{aligned} \right\} \qquad (n=1,2,3,\cdots) \tag{f}$$

2) 广义质量和广义荷载

按式(10.179)有

$$M_n = m\int_0^l \sin^2\frac{n\pi x}{l}\mathrm{d}x = \frac{ml}{2} \tag{g}$$

按式(10.185),广义荷载 $F_{\mathrm{P}n}$ 可以理解为"荷载在振型 $X_n(x)$ 上所作功的总和",故对于图示的突加集中荷载,相应的广义荷载为

$$F_{\mathrm{P}n} = F_{\mathrm{P0}}\left[\sin\frac{n\pi x}{l}\right]_{x=\frac{l}{2}} = F_{\mathrm{P0}}\sin\frac{n\pi}{2} \tag{h}$$

3) 主坐标空间中的振动方程及其解

由式(10.183)知

$$\ddot{a}_n + \omega_n^2 a_n(t) = \frac{F_{\mathrm{P}n}}{M_n} \qquad (n=1,2,3,\cdots) \tag{10.191}$$

利用 Duhamel 积分公式,得

$$\begin{aligned} a_n(t) &= \frac{1}{M_n\omega_n}\int_0^t F_{\mathrm{P}n}(\tau)\sin\omega_n(t-\tau)\mathrm{d}\tau \\ &= \frac{2F_{\mathrm{P}n}}{ml\omega_n}\int_0^t \sin\omega_n(t-\tau)\mathrm{d}\tau \\ &= \frac{2F_{\mathrm{P}n}}{ml\omega_n^2}(1-\cos\omega_n t) \end{aligned} \tag{10.192}$$

这个结果与单自由度无阻尼体系的位移响应(10.63)是相通的。

4) 在原几何空间中的位移响应

按坐标变换式(10.181),得

309

$$y(x,t)=\sum_{n=1}^{\infty}\frac{2l^{3}F_{\mathrm{P}n}}{n^{4}\pi^{4}EI}(1-\cos\omega_{n}t)\sin\frac{n\pi x}{l} \qquad (\mathrm{i})$$

利用式(h),可将上式展开为

$$y(x,t)=\frac{2l^{3}F_{\mathrm{P0}}}{\pi^{4}EI}\left[\frac{1-\cos\omega_{1}t}{1}\sin\frac{\pi x}{l}-\frac{1-\cos\omega_{3}t}{81}\sin\frac{3\pi x}{l}+\frac{1-\cos\omega_{5}t}{625}\sin\frac{5\pi x}{l}-\cdots\right]$$

$$(10.193)$$

从展开式不难看出,由于分母中含有因子 n^{4},高阶振型对动力位移的影响很快趋于消失,因而级数收敛很快。

令 $x=\dfrac{l}{2}$,即得跨中荷载作用点的动力位移

$$y\left(\frac{1}{2},t\right)=\frac{2l^{3}F_{\mathrm{P0}}}{\pi^{4}EI}\left[\frac{1-\cos\omega_{1}t}{1}+\frac{1-\cos\omega_{3}t}{81}+\frac{1-\cos\omega_{5}t}{625}-\cdots\right] \qquad (10.194)$$

5)梁截面的动力弯矩

根据截面弯矩和曲率的关系及式(10.193)可得

$$M(x,t)=-EI\frac{\partial^{2}y(x,t)}{\partial x^{2}}$$

$$=\frac{2lF_{\mathrm{P0}}}{\pi^{2}}\left[\frac{1-\cos\omega_{1}t}{1}\sin\frac{\pi x}{l}-\frac{1-\cos\omega_{3}t}{9}\sin\frac{3\pi x}{l}+\frac{1-\cos\omega_{5}t}{25}\sin\frac{5\pi x}{l}-\cdots\right] \qquad (10.195)$$

由于上式分母中只含有因子 n^{2},因而弯矩级数的收敛速度必然比位移级数的收敛速度慢得多。因此,要计算结果达到同一精度,弯矩计算中需要考虑的振型应比位移计算多。

令 $x=\dfrac{l}{2}$,即得跨中截面的动力弯矩

$$M\left(\frac{1}{2},t\right)=\frac{2lF_{\mathrm{P0}}}{\pi^{2}}\left[\frac{1-\cos\omega_{1}t}{1}+\frac{1-\cos\omega_{3}t}{9}+\frac{1-\cos\omega_{5}t}{25}+\cdots\right] \qquad (10.196)$$

综上所述,用振型分解法解答连续体系的动力响应问题,同处理离散体系的分析过程是完全一样的。

10.12 本章小结

结构动力学是一个非常庞大的领域,包含有许多分支,涉及面很广。以上各节只是对结构动力学的基础部分做了一些简要的入门性介绍。

概括地讲,本章的内容可以分为单自由度体系、多自由度体系和无限自由度体系振动分析三大部分。就每一部分而言,又分为运动方程建立、自由振动分析和强迫振动分析三个环节。其中单自由度体系动力响应分析是结构动力学的基础。一方面,单自由度体系的动力响应分析给出了一个非常简单明了的振动图像,有利于加深读者对振动物理机制的理解;另一方面,多自由度体系和无限自由度体系的求解又是以单自由度体系的分析结果为基础的。所以,这一部分的学习,对初学者来说非常重要。

多自由度体系的动力响应分析,是结构抗震设计的基础,是结构动力学中工程应用较多的部分。和单自由度体系分析一样,学习时首先必须掌握运动方程的建立方法。在此基础上,多自由度体系分析有两点需要特别注意,一是振型的概念;另一个就是振型分解法。多自由度体

系的振动形态是非常复杂的,但通过引入振型的概念,一个非常复杂的振动形态,就被分解成若干简单振动形式的叠加。这不仅有利于问题的求解,而且对于深入理解和探寻复杂结构的振动机理非常有益。振型分解法是结构动力响应分析中一个颇具技巧性的方法。它是结构抗震设计中获取地震作用的依据。因此,这一部分内容对后续课程的学习非常重要。

严格说来,工程中的大多数结构都是无限自由度体系。因此,将研究对象当成无限自由度体系来处理应该是一种较为精确的做法。其分析结果,可以用于判定多自由度体系分析结果的有效性,同时也可以加深对振动理论的认识。但由于处理无限自由度体系动力响应分析的数学过程较为复杂,其工程实际应用并不是很广。本章仅以梁的横向振动为例,就无限自由度体系的处理手法和思路,做了一些简单介绍。

思考题

10 - 1 汽车驶过一桥梁,问:汽车作用于桥的是动荷载还是静荷载? 为什么?

10 - 2 请谈谈你对共振现象的理解。

习 题

10 - 1 试求图 10.41 所示梁的自振频率和周期。

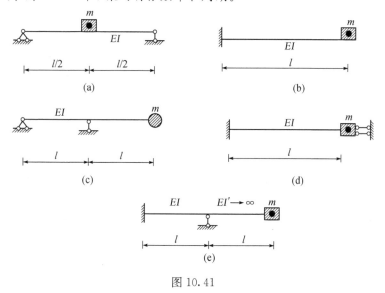

图 10.41

10 - 2 试求图 10.42 所示体系的自振频率和周期。

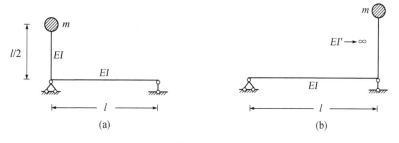

图 10.42

10-3 试求图 10.43 所示刚架的自振频率和周期。

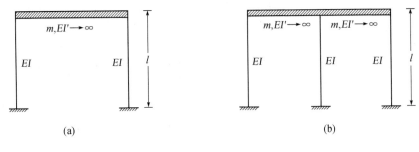

(a)　　　　　　　　　　　　　　(b)

图 10.43

10-4 试求图 10.44 所示桁架的自振频率和周期。

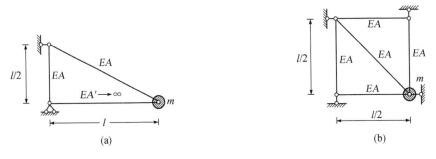

(a)　　　　　　　　　　　　　　(b)

图 10.44

10-5 图 10.45 示一铰接厂房排架,已知屋盖总重 $W=20$ kN,抗弯刚度可视作无限大。阶式立柱上下段的抗弯刚度分别为 $EI_1=6\times10^4$ kN·m² 和 $EI_2=3\times10^5$ kN·m²,重量不计(已并入屋盖)。试求其水平自振周期。

10-6 已知图 10.46 所示梁的跨长 $l=1.5$ m,抗弯刚度 $EI=293$ kN·m²。自由端所示质块重量 $W=8.8$ kN,并为一弹簧常数 $k_1=357$ kN/m 的弹性支承所约束。若不计梁的自重,并给定初始条件 $y(0)=13$ mm,$\dot{y}(0)=250$ mm/s,试求此体系的自振频率、自振周期和振幅,以及重物在第 1 秒末的位移和速度。

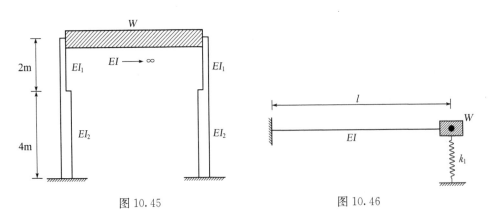

图 10.45　　　　　　　　　　　　图 10.46

10-7　试求图 10.47 所示结构在 $t=7\mathrm{s}$ 时的位移响应,结构在 $t=0$ 时刻处于静止,不计阻尼。

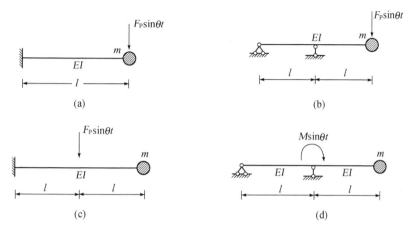

图 10.47

10-8　试求图 10.48 所示结构在基底激励下的最大水平位移响应。

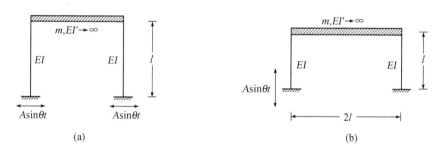

图 10.48

10-9　有一单自由度无阻尼体系,已知其自振频率为 ω,受到图 10.49 所示的荷载作用。试用 Duhamel 积分公式求其在 $t>t_1$ 时的动力系数。

10-10　图 10.50 所示结构的自由振动经过 10 个周期后振幅衰减为原来的 15%,试求结构的阻尼比 ξ 和在简谐共振时的动力系数。

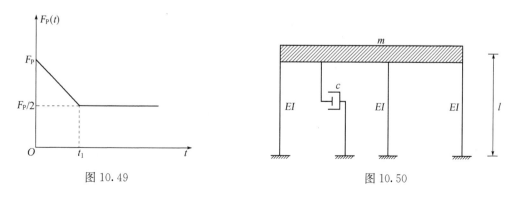

图 10.49　　　　　　图 10.50

10-11 试求图 10.51 所示结构的自振频率和振型。

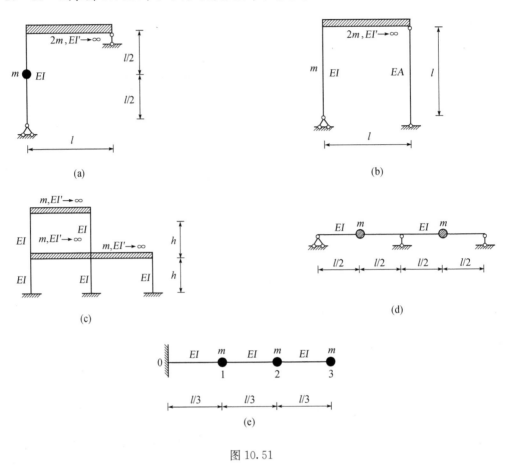

图 10.51

10-12 已知图 10.52 所示块体结构的总质量为 M,对质心的转动惯量为 J,弹性支承的弹簧常数为 k,试导出它在自身平面内作平面振动的自振频率方程。

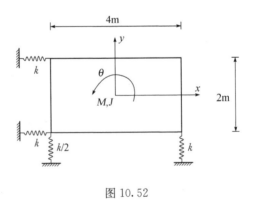

图 10.52

*10-13 试用矩阵迭代法求图 10.53 所示结构前两个频率和相应振型。

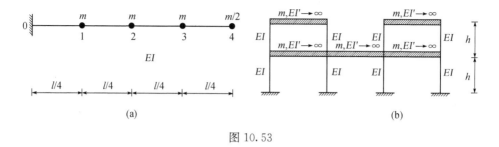

图 10.53

10-14 用瑞雷法求图 10.54 所示结构的基本自振频率。

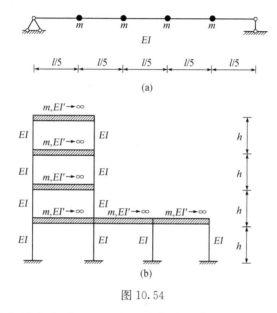

图 10.54

10-15 试用振型分解法求图 10.55 所示结构的动态位移响应,已知 $f_{P1}=10$ kN,$f_{P2}=20$ kN,$f_P=30$ kN,$d=10$mm,$M=50$kN·m,$\theta=\theta_1=0.6\omega_1$,$\theta_2=1.2\omega_1$。

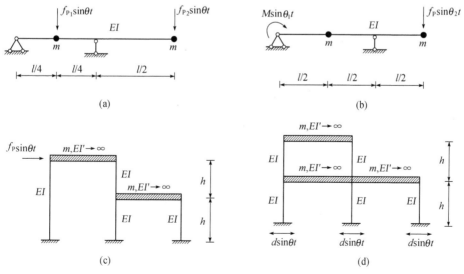

图 10.55

＊10-16　图 10.56 所示一等截面简支梁,质量密度 m、抗弯刚度 EI 和跨长 l 均为已知常量,原处于静止平衡状态。设在 $x=a$ 处受到一个集中简谐荷载 $F_P(t)=F_{P0}\sin\theta t$ 的作用,试求其动态位移响应。

＊10-17　图 10.57 所示一等截面简支梁,质量密度 m、抗弯刚度 EI 和跨长 l 均为已知常量,原处于静止平衡状态。设在左端点受到一个集中简谐荷载 $M(t)=M_0\sin\theta t$ 的作用,试求其动态位移响应。

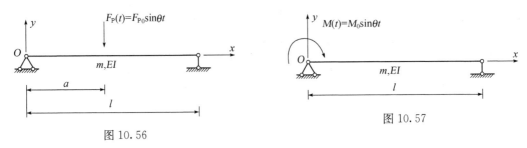

图 10.56

图 10.57

11 结构的稳定计算

11.1 稳定问题的基本概念

本章讨论结构的稳定性问题,这是在绪论中提出的结构力学研究的三项重要课题("3S")之一。在材料力学中已经讨论过单根压杆的稳定问题,结构力学所要研究的则是由杆件组成的以受压为主的结构的稳定问题,虽然两者的研究对象有所区别,但它们所涉及的基本概念是相同的。为了下面讨论问题的方便,我们首先来回顾一下这些基本概念并略加拓展。

11.1.1 三种不同性质的平衡

设体系受到微小干扰后偏离平衡状态,按照干扰撤销后体系的不同"表现",体系的平衡可以分为以下三种:

(1)干扰撤销后,体系能自动恢复原有的平衡状态,这种平衡状态称为稳定平衡。

(2)干扰撤销后,体系不能自动恢复原有的平衡状态,但能在新的状态下保持平衡,这种平衡状态称为随遇平衡,或中性平衡。

(3)干扰撤销后,体系不能自动恢复原有的平衡状态,也不能在新的状态下保持平衡,这种平衡状态称为不稳定平衡。

图11.1形象地说明了上述三种平衡状态,图中的虚线表示体系受到干扰后对原有平衡状态的偏离。

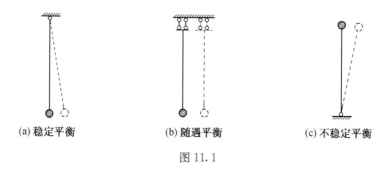

(a) 稳定平衡　　　　(b) 随遇平衡　　　　(c) 不稳定平衡

图 11.1

从能量的角度来看,图11.1a中的体系在平衡状态所具有的势能小于偏离平衡状态后的势能,体系的平衡状态对应着势能的一个极小值;与此相反,图11.1c中的体系在平衡状态所具有的势能大于偏离平衡状态后的势能,体系的平衡状态对应着势能的一个极大值;图11.1b中的体系在偏离平衡状态后势能不变,体系的平衡状态对应着势能的一个非极值的驻值。

无论从哪个角度看,随遇平衡状态都是介于稳定平衡状态和不稳定平衡状态之间的一种过渡状态,或临界状态。

图11.1用三个几何可变体系为例说明了三种不同的平衡状态的概念。对于几何不变体

系或结构,同样也可以区分三种不同的平衡状态。图 11.2 为一压杆的两种变形状态,在图 11.2a 中,杆件只有轴向压缩变形,而在图 11.2b 中,杆件在发生压缩变形的同时还有弯曲变形,这种由轴向压力引起的弯曲称为纵向弯曲或屈曲。由材料力学知:当荷载 $F_P < F_{Pcr}$ 时(F_{Pcr} 为欧拉临界荷载),图 11.2a 所示的压杆在受到微小的横向干扰后可以偏离平衡状态而转入图 11.2b 所示的压弯状态,但在干扰撤销后杆件将自动恢复原来的单纯受压状态,因此图 11.2a 所示的平衡状态是稳定的;当 $F_P > F_{Pcr}$ 时,压杆在受到微小干扰后转入图 11.2b 所示的压弯状态,在干扰撤销后不但不能返回原来的状态,而且还将继续产生更大的弯曲变形,这时图 11.2a 所示的平衡状态是不稳定的;如果 $F_P = F_{Pcr}$,压杆在受到干扰后转入压弯状态,在干扰撤销后仍将维持这个状态,这时图 11.2a 所示的平衡状态属于随遇平衡。

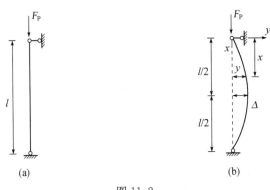

图 11.2

11.1.2 三类不同形式的失稳

体系从稳定平衡状态转入不稳定平衡状态称为失稳。以图 11.2a 所示的压杆为例。在荷载 F_P 的值从零开始逐渐增大到临界值 F_{Pcr} 的过程中,压杆一直处于稳定的平衡状态;如果荷载在达到临界值后继续增大,压杆的平衡就从稳定变为不稳定,这就是失稳。

下面分别讨论三类不同形式的失稳——分支点失稳、极值点失稳和跳跃失稳,其中前两类是失稳的基本形式,跳跃失稳则是分支点失稳的一种特殊形式。

1) 分支点失稳

仍以图 11.2 所示的压杆为例。作荷载 F_P 和压杆中点弯曲变形的挠度 Δ 之间的关系曲线,如图 11.3 所示。这条曲线可分为两个阶段:

失稳前——$0 \leqslant F_P < F_{Pcr}$,压杆保持直线状态,平衡是稳定的,在此阶段中无论荷载为何值均有 $\Delta = 0$,F_P-Δ 曲线与竖轴重合,即图中的 OA 段。

失稳后——$F_P \geqslant F_{Pcr}$,这时压杆在理论上仍可保持直线状态,$\Delta = 0$,F_P-Δ 曲线在达到 A 点后沿图中的路

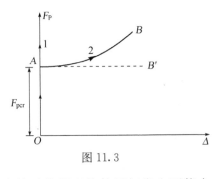

图 11.3

径 1 即竖轴继续上升。但这时的平衡是不稳定的,任何微小的干扰都可能使压杆发生不能自动恢复的弯曲变形(除非将荷载减小到临界值以下)从而使 $\Delta \neq 0$ 且 Δ 随荷载的增大而增大,F_P-Δ 曲线沿图中的路径 2 即弧线 AB 前进。

总之,在初始阶段,$F_P-\Delta$ 曲线的路径是唯一的,即线段 OA;在荷载达到临界值以后,F_P $-\Delta$ 曲线有两条可能的路径:路径 1 和路径 2。而 A 是这两条路径的共同起始点,称为分支点。这种在荷载达到临界值时出现分支点的失稳称为分支点失稳,在有的教科书上也称为第一类失稳。

分支点失稳的特点是:结构的变形在荷载达到临界值前后发生性质上的突变,压杆从单纯的轴向压缩突变为压弯组合变形即是一例。分支点失稳的其他例子见图 11.4,其中图 11.4a 所示的刚架当荷载达到临界值时,立柱的变形从单纯受压突变为压弯组合,本来并不受力的横梁(设忽略柱的轴向变形)也突然发生了弯曲变形;图 11.4b 所示的受均匀水压力作用的二铰圆弧拱,当荷载较小时以受压为主,而当荷载达到临界值时,拱的轴线形式发生突变,伴随着产生大量的弯曲变形;图 11.4c 所示的窄条梁当荷载达到临界值时,突然由平面弯曲转变为弯扭组合变形。

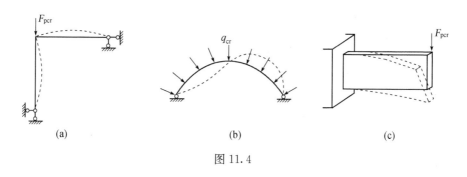

图 11.4

2) 极值点失稳

图 11.2 所示的压杆分支点失稳只是一种理想或完善的情况。要实现这种失稳,必须满足两个前提条件:第一,杆件的轴线为严格的直线,没有初始弯曲;第二,荷载的作用线与杆的轴线严格地重合,没有偏心。如果两个条件中的任何一个没有得到满足,如图 11.5a(荷载偏心)或 b(初始弯曲,δ 为中点的初始挠度)所示,则杆件从一开始就受到压弯组合作用,其 $F_P-\Delta$ 曲线如图 11.6 所示。从图中可见,当荷载较小时(曲线的 OA 段),Δ 随荷载的增大而增大,但两者之间的关系是非线性的,$\mathrm{d}F_P/\mathrm{d}\Delta$ 的值随荷载的增大而减小。当荷载达到某一个临界值 F_{Pcr} 时,曲线出现一个极值点(图 11.6 中的 A 点),此时荷载不但不能继续增加,而且如果稍

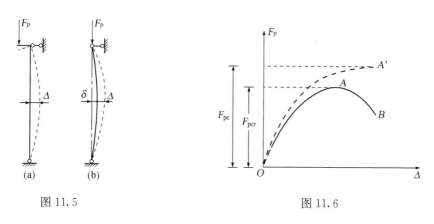

图 11.5   图 11.6

加干扰,即便减小荷载,杆件的挠度也仍要继续增长,如图 11.6 中曲线的 AB 段所示,这就是在一些教科书上称为第二类失稳的极值点失稳。

极值点失稳的特点是:结构的变形在荷载达到临界值后并不发生性质上的突变,只是原有变形的迅速增长。

结构的实际情况对理想条件的偏离通称为缺陷,图 11.5 所示的荷载偏心和杆件的初始弯曲是结构中常见的两类缺陷。实际工程结构中总是不同程度地存在着这样或那样的缺陷,因此,在稳定问题中恰如其分地反映缺陷的影响越来越引起人们的重视。

*3) 跳跃失稳

图 11.7a 为一由两根杆件组成的桁架在荷载 F_P 的作用下处于平衡状态,B 点的竖向位移为 Δ。设桁架的形状比较扁平,并且在加载过程中不会出现单根杆件受压失稳的现象,则当荷载达到临界值 F_{Pcr} 时,桁架在微小的干扰下会由图 11.7b 中实线所示的平衡状态 1 突然转变到虚线所示的平衡状态 2,杆件由受压变为受拉,并且在干扰停止作用后也不会自动回到状态 1。这种失稳称为跳跃失稳。桁架的 $F_P-\Delta$ 曲线如图 11.8 所示,曲线上的 A 点为临界点,相应于图 11.7b 中的状态 1。在临界点之后,如果能够严密地控制荷载的变化,则 $F_P-\Delta$ 曲线如图中的实线 ABCDE 所示,在这个过程中,随着位移 Δ 的增大,桁架的几何形状由向上拱起而变为平直,又由平直变为下凹;相应地,荷载 F_P 的变化过程为 $F_{Pcr} \searrow 0 \searrow -F_{Pcr} \nearrow 0 \nearrow F_{Pcr}$,其中在 F_P 的符号为负的一段(BCD 段)荷载的方向与原来相反。然而,这一过程实际上是很难控制的。实际情况是,在荷载第一次达到临界值 F_{Pcr} 以后,结构的平衡状态从状态 1 突变为状态 2;反映在 $F_P-\Delta$ 曲线上,就是从 A 点突然跳跃到 E 点。"跳跃失稳"的名称正是由此得来的。

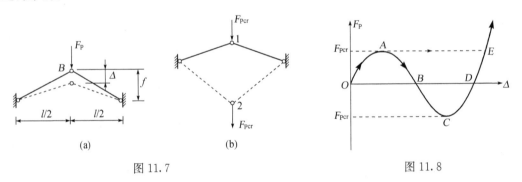

图 11.7   图 11.8

跳跃失稳的特点是:结构的变形在荷载达到临界值前后发生性质上的突变,并且在临界点处结构位移的变化是不连续的。由于跳跃失稳的 $F_P-\Delta$ 曲线在临界点之后理论上存在两条不同的路径,因此我们将它视为一种特殊形式的分支点失稳。

跳跃失稳在扁拱形的平面结构以及扁壳形的空间结构中应予以特别注意。在跳跃失稳之后,结构的平衡状态由受压变为受拉,在理论上还可以承受更大的荷载,并且不再存在稳定问题。但由于结构的几何形状在失稳过程中发生激烈的改变,跳跃失稳还是必须严格加以避免的。

11.1.3　两种不同精度的稳定理论

求解稳定问题有两种不同的理论:小挠度理论和大挠度理论。小挠度理论是以小挠度假定为前提的稳定理论,而大挠度理论则放弃这一假定,因而后者比前者精确。

在材料力学中已经讨论过图 11.2 所示压杆的临界荷载的计算,现在简单地重温一下。建立图 11.2b 所示 $x-y$ 坐标系,设压杆的抗弯刚度为 EI,可得 $M(x)=F_\mathrm{P}y=-EIy''$,因而

$$y''+\alpha^2y=0 \tag{a}$$

其中 $\alpha^2=F_\mathrm{P}/EI$。微分方程(a)的一般解为

$$y=C_1\sin\alpha x+C_2\cos\alpha x \tag{b}$$

考虑边界条件 $y_{x=0}=y_{x=l}=0$,以及在失稳时 y 不恒等于零的条件,可得 $\sin\alpha l=0$,$C_2=0$,从而求得临界荷载的最小值

$$F_\mathrm{Pcr}=\pi^2EI/l^2 \tag{c}$$

以及失稳时的挠度曲线方程

$$y=C_1\sin\frac{\pi x}{l} \tag{d}$$

在以上的讨论中,用 y'' 近似地表示挠度曲线的曲率,从而建立了比较简单的微分方程 (a)。这里的一个前提是,挠度 y 是微小的;如果不满足这个前提,就必须用精确的公式来表达挠度曲线的曲率。因此上述结论是应用小挠度理论的结果。

在式(d)中含有一个任意常数 C_1。因此,按照小挠度理论,当荷载为最小临界值 F_Pcr 时,图 11.2 所示压杆的挠度可为任意值(端点除外),如图 11.3 中的水平线(虚线)AB' 所示。

按照大挠度理论,用精确的公式来表达挠度曲线的曲率,将导致比式(a)复杂得多的微分方程,失稳后的 $F_\mathrm{P}-\Delta$ 关系如图 11.3 中的弧线 AB(实线)所示,该弧线在 A 点与水平线(虚线)AB' 相切,这说明当挠度较小时,两种稳定理论的解答是吻合得很好的。

上面讨论的是完善体系分支点失稳的一个例子。在这个例子中,用两种稳定理论求得的最小临界荷载相同。非完善体系(有缺陷的体系)极值点失稳的情况与此不同。图 11.5a 或 b 所示的压杆如果按小挠度理论计算,其 $F_\mathrm{P}-\Delta$ 曲线将如图 11.6 中的虚线 OA' 所示,它有一条水平渐近线 $F_\mathrm{P}=F_\mathrm{Pe}$,$F_\mathrm{Pe}$ 就是无缺陷时压杆的临界荷载 F_Pcr。这条曲线显示,对于非完善体系,按小挠度理论,失稳时挠度趋于无穷大。本例按大挠度理论分析所得的 $F_\mathrm{P}-\Delta$ 曲线如图 11.6 中的实线 OAB 所示,相应的临界荷载 F_Pcr 低于按小挠度理论计算的结果,说明后者偏于不安全。

在本章的以后各节中,我们只讨论完善体系的分支点失稳问题,临界荷载的计算主要采用小挠度理论,在个别例题中也对两种稳定理论的差别予以适当的提示。

11.2 用静力法求临界荷载

求临界荷载主要有两种方法——静力法和能量法。

所谓静力法,就是利用静力平衡条件,求出使结构从一种平衡状态转入另一种平衡状态,并能维持新的平衡状态的荷载,也就是临界荷载。11.1.3 节中计算临界荷载时用的就是静力法。

所谓能量法，就是利用结构在临界状态时所具有的势能的驻值条件，求出结构的临界荷载。

本节对有限自由度结构和无限自由度结构各举一例讨论静力法。在稳定问题中，所谓自由度，指的是为确定结构失稳后的几何形态所需的独立参数的个数。读者结合下面的例题当不难理解这一概念，这里不特别举例。在求临界荷载的问题中，结构失稳后的新的几何形态要求上述独立参数不全为零。

例 11-1 图 11.9a 所示结构由两根刚性杆组成，两个弹性支座的刚度系数分别为 $k_1 = k$，$k_2 = 0.5k$。试用静力法求临界荷载。

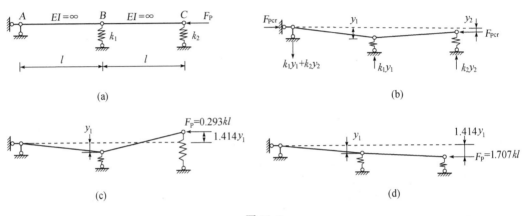

图 11.9

解 因为杆是刚性的，只需确定结点 B 和 C 在失稳后的位置，就确定了结构失稳后的几何形状，所以这是一个具有两个自由度的结构。

设在临界荷载 F_{Pcr} 作用下结点 B 和 C 的位移分别为 y_1 和 y_2，如图 11.9b 所示，则两个支座反力分别为 $k_1 y_1$ 和 $k_2 y_2$。由结构的整体平衡条件（$\sum F_x = 0$，$\sum F_y = 0$）可得支座 A 的水平反力和竖向反力分别为 F_{Pcr} 和 $k_1 y_1 + k_2 y_2$。以上位移和反力的方向均见图 11.9b。

分别考虑杆件 AB 和 BC 对结点 B 的力矩平衡条件，可得

$$\left.\begin{array}{r} F_{Pcr} \cdot y_1 - (k_1 y_1 + k_2 y_2) \cdot l = 0 \\ F_{Pcr}(y_1 - y_2) + k_2 y_2 \cdot l = 0 \end{array}\right\}$$

或

$$\left.\begin{array}{r} (F_{Pcr} - kl) y_1 - 0.5kl \cdot y_2 = 0 \\ F_{Pcr} y_1 + (-F_{Pcr} + 0.5kl) y_2 = 0 \end{array}\right\} \tag{a}$$

这是一个关于 y_1 和 y_2 的线性齐次方程组。在结构失稳后，y_1 和 y_2 不全为零，因此其系数行列式应等于零：

$$\begin{vmatrix} F_{Pcr} - kl & -0.5kl \\ F_{Pcr} & -F_{Pcr} + 0.5kl \end{vmatrix} = 0 \tag{b}$$

即

$$F_{Pcr}^2 - 2kl\, F_{Pcr} + 0.5k^2l^2 = 0$$

解这个方程得到两个临界荷载值：

$$F_{Pcr} = \left(1 \pm \frac{\sqrt{2}}{2}\right)kl$$

其中最小的一个为

$$F_{Pcr} = \left(1 - \frac{\sqrt{2}}{2}\right)kl = 0.293kl$$

讨论 （1）以上基于小挠度理论，忽略了由于杆件转动而引起的有关支座结点间距离的变化，从而所建立的平衡方程组是线性的。按大挠度理论建立的平衡方程组将是非线性的。

（2）方程（b）称为特征方程或稳定方程。对于自由度为 n 的结构，平衡方程为 n 阶线性齐次方程组，稳定方程为一元 n 次方程，解之可得 n 个临界荷载的值，其中只有最小的临界荷载才是有实际意义的。

（3）因为系数行列式等于零，失稳时平衡方程组（a）的解是不确定的。将某个特征值代入（a）中的任一个方程，可得到相应于该特征值的一个失稳模态即各独立参数的比例。n 个自由度的结构有 n 个失稳模态。在本例中，两个失稳模态分别为

相应于 $F_{Pcr} = \left(1 - \frac{\sqrt{2}}{2}\right)kl = 0.293kl$ 的模态：$\dfrac{y_2}{y_1} = -\sqrt{2} = -1.414$；

相应于 $F_{Pcr}\left(1 + \frac{\sqrt{2}}{2}\right)kl = 1.707kl$ 的模态：$\dfrac{y_2}{y_1} = \sqrt{2} = 1.414$。

这两个失稳模态分别示于图 11.9c 和 d，其中只有相应于最小的临界荷载的模态（图 11.9c）才是有实际意义的。

例 11-2 图 11.10 为一压杆，抗弯刚度为 EI，下端固定，上端弹性支座的刚度系数为 k。试用静力法求临界荷载。

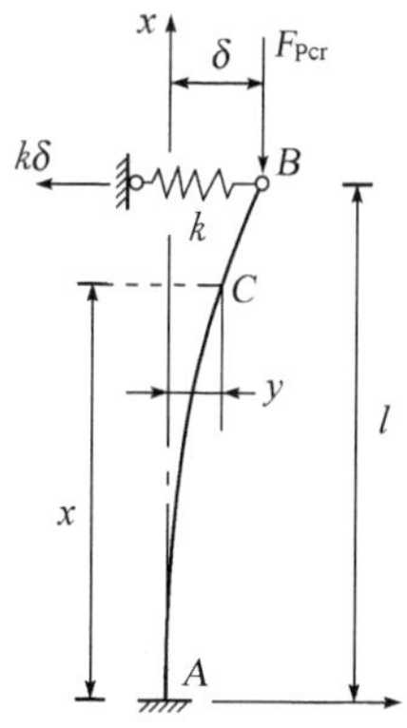

解 本例中的杆是弹性的，只有确定了杆的各个截面的位置，才能完全确定结构失稳后的几何形状，因此这是一个无限自由度的结构。

建立如图所示的坐标系。设失稳后与下端距离为 x 的截面 C 的位移为 y，上端 B 处的位移为 δ，则弹性支座的反力为 $k\delta$，因此截面 C 的弯矩为

$$F_{Pcr}(\delta - y) - k\delta(l - x) = EIy''$$

令 $\alpha^2 = F_{Pcr}/EI$，$\beta = k/EI$，由上式可得

$$y'' + \alpha^2 y = [\alpha^2 - \beta(l - x)]\delta$$

图 11.10

这个微分方程的一般解为

$$y = C_1\sin\alpha x + C_2\cos\alpha x + \delta[1 - \beta(l - x)/\alpha^2] \tag{c}$$

由边界条件 $y_{x=0} = y'_{x=0} = 0$，$y_{x=l} = \delta$ 可得

$$C_2 + \delta(1 - \beta l / \alpha^2) = 0$$
$$C_1 \alpha + \delta \beta / \alpha^2 = 0$$
$$C_1 \sin\alpha l + C_2 \cos\alpha l = 0$$

(d)

这是一个关于 C_1、C_2 和 δ 的齐次方程组,由失稳时 y 不恒等于零可知方程组(d)必有非零解,从而其系数行列式等于零(稳定方程):

$$\begin{vmatrix} 0 & 1 & 1-\beta l/\alpha^2 \\ \alpha & 0 & \beta/\alpha^2 \\ \sin\alpha l & \cos\alpha l & 0 \end{vmatrix} = 0$$

展开并整理得

$$\tan\alpha l = \alpha l - \alpha^3/\beta$$

(e)

方程(e)是一个超越方程,可以用图解法结合试算法求得它的解。在式(e)中令 $\alpha l = u$,将它化成

$$\tan u = u - u^3/(\beta l^3)$$

(f)

在 u-y 平面上作函数 $y = \tan u$ 和 $y = u - u^3/(\beta l^3)$ 的曲线,如图 11.11 所示,从这两组曲线的交点(有无限多个)可以得出方程(f)的解的大致范围,再用试算法便可求得相当精确的解。例如,对于 $k = \infty$ 从而 $\beta = \infty$,用上述方法可求得 u 的最小值为 4.493;而由 $\alpha l = u$ 及 $\alpha^2 = F_{\text{Pcr}}/EI$ 可得 $F_{\text{Pcr}} = \alpha^2 EI = (u/l)^2 EI$,因而最小临界荷载为

$$(F_{\text{Pcr}})_{\min} = (4.493/l)^2 EI = 20.19 EI/l^2 = 2.046\pi^2 EI/l^2$$

$k = \infty$ 相当于上端有一刚性水平支杆的情况(图 11.12a)。本例的另一个极端情况是 $k = 0$ 从而 $\beta = 0$,此时方程(f)成为 $\tan u = \infty$,因而 $u = \pi/2$,$(F_{\text{Pcr}})_{\min} = 0.25\pi^2 EI/l^2$,这是上端自由的情况(图 11.12b)。一般情况介于这两个极端情况之间,最小临界荷载随 k 的增大而从 $0.25\pi^2 EI/l^2$ 增大到 $2.046\pi^2 EI/l^2$。

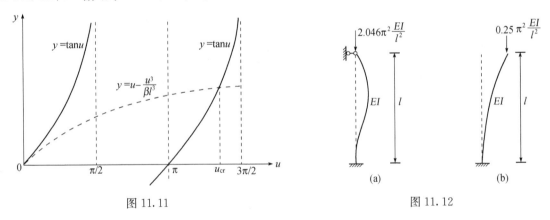

图 11.11　　　　　　　　　　　　图 11.12

11.3　用能量法求临界荷载

对于较复杂的结构,特别是无限自由度体系,用静力法求临界荷载往往会遇到困难。这时

用能量法可以求得临界荷载的近似值(在一定条件下也能求得准确值)。

上节用静力法求临界荷载可以归结为:当荷载为临界值时,结构有非零的平衡状态。"非零"即位移的独立参数不全为零(这些参数全为零就是结构原来的平衡状态)。能量法就是用能量的形式表达平衡条件,再加上"非零"条件,来确定临界荷载。

在11.1.1节中已经说明,体系处于随遇平衡状态时所具有的势能为驻值,因此可以用势能的驻值条件来代替平衡条件。若以 U 表示体系的新状态相对于原平衡状态的应变能,以 W 表示荷载在体系从原有状态转到新状态的过程中所作的功,则 $-W$ 就是荷载的势能,因此结构的总势能为

$$\Pi = U - W \tag{11.1}$$

势能的驻值条件可以表达为

$$\delta\Pi = 0 \tag{11.2}$$

式(11.2)就是用能量法确定临界荷载的基本公式。

11.3.1 用能量法求有限自由度体系的临界荷载

有限自由度的结构可用若干弹簧和刚性杆件组成的体系来表示。结构几何形态的变化是通过刚性杆的移动、转动和弹簧的变形来实现的。杆的转动引起杆在原始轴线上的投影长度的变化从而使荷载作功;弹簧的变形引起应变能的改变。图11.13a 为一长度为 l 的刚性杆 AB 受轴向荷载 F_P 作用,图11.13b 为该杆发生位移后的新位置 $A'B'$,它的两端到原轴线的距离分别为 y_1 和 y_2,并且 y_1 和 y_2 都是微小的,则

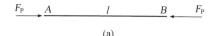
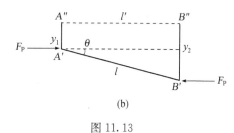

图 11.13

杆件在原有轴线上的投影长度的变化为 $\Delta = l - l' = l(1-\cos\theta) = l \cdot \dfrac{1}{2}\theta^2 = l \cdot \dfrac{1}{2}\left(\dfrac{y_2-y_1}{l}\right)^2$

$= \dfrac{(y_2-y_1)^2}{2l}$,因而荷载所作的功为 $F_P \cdot \dfrac{(y_2-y_1)^2}{2l}$。

下面以图11.9a 所示结构为例说明用能量法计算有限自由度结构临界荷载的具体过程。

在图11.9b 所示的位移状态中,弹簧的应变能为

$$U = \frac{1}{2}k_1 y_1^2 + \frac{1}{2}k_2 y_2^2 = \frac{1}{2}k(y_1^2 + 0.5 y_2^2)$$

荷载的势能为

$$-W = -F_{Pcr} \cdot \Delta = -F_{Pcr}(\Delta_1 + \Delta_2) = -F_{Pcr} \cdot \frac{1}{2l}[y_1^2 + (y_2-y_1)^2]$$

因此在图11.9b 所示的状态中,结构的总势能为

$$\Pi = U - W = \frac{1}{2}k(y_1^2 + 0.5 y_2^2) - \frac{F_{Pcr}}{2l}[y_1^2 + (y_2-y_1)^2]$$

由式(11.2),$\delta\Pi = 0$,这就要求 $\dfrac{\partial\Pi}{\partial y_1} = 0$ 和 $\dfrac{\partial\Pi}{\partial y_2} = 0$。由此可得下面的方程组:

$$\left. \begin{array}{r} (2F_{Pcr}-kl)y_1-F_{Pcr} \cdot y_2=0 \\ F_{Pcr}y_1+(-F_{Pcr}+0.5kl)y_2=0 \end{array} \right\} \qquad (a)$$

将这个方程组与 11.2 节例 11-1 中用静力法得出的方程组(a)比较,两者的第二式完全相同,而这里的第一式可由例 11-1 中方程组(a)的两个方程相加得到,因此两个方程组实际上是相同的。

既然用两种方法建立的平衡方程组是相同的,则在此基础上利用 y_1 和 y_2 不全为零的条件求得的临界荷载显然也是相同的。计算过程和结果见例 11-1,这里从略。

11.3.2　用能量法求无限自由度体系的临界荷载

无限自由度体系在失稳时的位移一般要用连续函数来表达。用能量法求无限自由度结构的临界荷载,首先将位移函数表示为有限个已知函数的线性组合,将无限自由度体系化为有限自由度体系。以图 11.14a 所示的压杆为例,设位移函数为

$$y(x)=\sum_{i=1}^{n}c_i\varphi_i(x) \qquad (11.3)$$

式中,$\varphi_i(x)(i=1,2,\cdots,n)$为满足位移边界条件(即关于位移和转角的边界条件,也称为几何边界条件)的一组已知函数,称为形状函数;$c_i(i=1,2,\cdots,n)$为一组相互独立的参数,失稳时要求这 n 个参数不全为零。

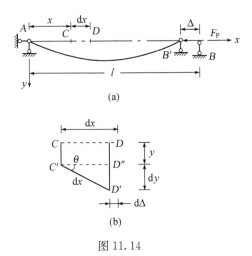

图 11.14

下面说明如何在式(11.3)的基础上计算体系的总势能。

1)应变能

只考虑弯曲应变能,则

$$U=\frac{1}{2}\int_0^l EI(y'')^2 dx=\frac{1}{2}\int_0^l EI\Big[\sum_{i=1}^{n}c_i\varphi_i''(x)\Big]^2 dx \qquad (11.4)$$

2)荷载的势能

为了计算荷载的势能,必须求出荷载的作用点在荷载方向上的位移,即图 11.14a 中的 Δ。为此,首先计算由于杆件微段 dx 的转动而引起的微段在轴线上的投影长度的变化 $d\Delta$。由图

11.14b 可见，

$$\mathrm{d}\Delta = CD - C'D'' = \mathrm{d}x(1-\cos\theta) = \mathrm{d}x \cdot \frac{1}{2}\theta^2 = \frac{1}{2}(y')^2\mathrm{d}x$$

因此

$$\Delta = \int_0^l \mathrm{d}\Delta = \frac{1}{2}\int_0^l (y')^2\mathrm{d}x = \frac{1}{2}\int_0^l \left[\sum_{i=1}^n c_i\varphi_i'(x)\right]^2\mathrm{d}x$$

从而荷载的势能为

$$-W = -F_P\Delta = -\frac{F_P}{2}\int_0^l \left[\sum_{i=1}^n c_i\varphi_i'(x)\right]^2\mathrm{d}x \tag{11.5}$$

3）总势能

将式(11.4)、(11.5)代入式(11.1)，得总势能表达式

$$\Pi = \frac{1}{2}\int_0^l EI\left[\sum_{i=1}^n c_i\varphi_i''(x)\right]^2\mathrm{d}x - \frac{F_P}{2}\int_0^l \left[\sum_{i=1}^n c_i\varphi_i'(x)\right]^2\mathrm{d}x \tag{11.6}$$

势能驻值条件 $\delta\Pi = 0$ 要求

$$\frac{\partial \Pi}{\partial c_i} = 0 \qquad (i = 1, 2, \cdots, n) \tag{11.7}$$

这实际上是关于 n 个参数 c_i 的 n 个线性齐次方程。下面的过程与静力法中讨论过的相同，方程组(11.7)有非零解的条件（系数行列式等于零）给出稳定方程，稳定方程的 n 个根就是临界荷载，这里不再赘述。

以上方法称为瑞利—里兹法。如果所选择的 n 个形状函数 $\varphi_i(x)$ 通过线性组合能够给出失稳时的某一个真实的位移函数（模态），则稳定方程的 n 个根将包含与这个失稳模态相应的准确的临界荷载；特别地，如果 n 个 $\varphi_i(x)$ 的线性组合能给出与最小临界荷载（这是我们最关心的）相应的位移函数，则求解稳定方程将得出最小临界荷载的准确值。在一般情况下，所选择的形状函数无论怎样组合也得不出与最小临界荷载相应的位移函数，这就相当于在所考虑的各种几何可能位移（即满足位移边界条件的位移函数）中排除了这一位移函数，或相当于给结构引进了附加约束，使它不可能发生这样的位移。这时用瑞利—里兹法只能得出最小临界荷载的上限。

例 11-3 试用能量法求图 11.15 所示压杆的最小临界荷载。

解 在式(11.3)中只取一项，采用三种不同形式的形函数来计算临界荷载，这些形函数都满足以下的位移边界条件：

$$(y)_{x=0} = 0; \quad (y')_{x=0} = 0$$

（1）抛物线

设失稳时的位移函数为

$$y = c_1 x^2$$

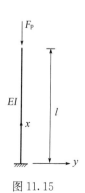

图 11.15

则

327

$$y' = 2c_1 x, \quad y'' = 2c_1$$

于是由式(11.6),

$$\Pi = \frac{1}{2}\int_0^l EI[2c_1]^2 \,\mathrm{d}x - \frac{F_P}{2}\int_0^l [2c_1 x]^2 \,\mathrm{d}x$$

$$= (2EIl - \frac{2}{3}F_P l^3)c_1^2$$

势能驻值条件 $\delta \Pi = 0$ 要求 $\dfrac{\mathrm{d}\Pi}{\mathrm{d}c_1} = 0$,即

$$(2EIl - \frac{2}{3}F_P l^3) \cdot 2c_1 = 0$$

而按位移函数的非零要求,$c_1 \neq 0$,故有

$$2EIl - \frac{2}{3}F_P l^3 = 0$$

从而得

$$F_{Pcr} = 3EI/l^2$$

（2）横向荷载下的变形曲线

设位移函数为

$$y = c_1 x^2 (3l - x)$$

这与杆在自由端受横向集中力作用时的变形曲线的形式相同,则由式(11.6),总势能为

$$\Pi = \frac{1}{2}\int_0^l EI[6c_1(l-x)]^2 \,\mathrm{d}x - \frac{F_P}{2}\int_0^l [3c_1(2lx - x^2)]^2 \,\mathrm{d}x = (6EIl^3 - \frac{12}{5}F_P l^5)c_1^2$$

由势能驻值条件,有

$$\frac{\mathrm{d}\Pi}{\mathrm{d}c_1} = (6EIl^3 - \frac{12}{5}F_P l^5) \cdot 2c_1 = 0$$

而 $c_1 \neq 0$,故

$$6EIl^3 - \frac{12}{5}F_P l^5 = 0$$

从而得

$$F_{Pcr} = 2.5EI/l^2$$

（3）三角函数曲线

设位移函数为

$$y = c_1(1 - \cos\frac{\pi x}{2l})$$

则

$$\Pi = \frac{1}{2}\int_0^l EI\left[\frac{c_1\pi^2}{4l^2}\cos\frac{\pi x}{2l}\right]^2 dx - \frac{F_P}{2}\int_0^l \left[\frac{c_1\pi}{2l}\sin\frac{\pi x}{2l}\right]^2 dx = \left(EI\frac{\pi^4}{64l^3} - \frac{\pi^2}{16l}F_P\right)c_1^2$$

由势能驻值条件,有

$$\left(EI\frac{\pi^4}{64l^3} - \frac{\pi^2}{16l}F_P\right)\cdot 2c_1 = 0$$

最后,由 $c_1 \neq 0$ 得

$$F_{Pcr} = \frac{\pi^2 EI}{4l^2} \approx 2.467 EI/l^2$$

讨论 以上分别采用不同形式的形函数,得到了不同的临界荷载值。其中三角函数是相应于最小临界荷载的真实失稳形式,所得的 $\frac{\pi^2 EI}{4l^2}$ 就是最小临界荷载的准确值;横向荷载下的变形曲线与真实的失稳形式十分接近,相应的荷载作为最小临界荷载的上限值,误差只有 1.3%;抛物线与真实的失稳形式相去甚远,如果将相应的荷载作为最小临界荷载的上限值,误差高达 21.6%。有趣的是,前两个形函数除满足位移边界条件外,同时还满足自由端弯矩为零的边界条件,即 $(y'')_{x=l}=0$;而抛物线只满足位移边界条件,不满足这一力边界条件。这一事实以及三者在计算结果上的差异是否意味着,虽然瑞利—里兹法对所取的形函数只要求满足位移边界条件,但如果形函数同时也满足力边界条件,则可望导致更加满意的计算结果呢?

例 11-4 图 11.16a 为一等厚度的变截面压杆,图 11.16b 是它的侧视图。杆的横截面关于 z 轴的惯性矩随 x 变化的规律为

$$I_z(x) = \begin{cases} I_0(1+3x/l) & (0 \leqslant x \leqslant l/2) \\ I_0(4-3x/l) & (l/2 \leqslant x \leqslant l) \end{cases}$$

已知杆失稳时在 xy 平面内发生弯曲,并且变形曲线是对称的,试用能量法求最小临界荷载。

解 根据杆的位移边界条件 $(y)_{x=0}=(y)_{x=l}=0$ 以及变形曲线对称的特点,采用下列形式的形函数:

$$y = \sum_{i=1,3,\cdots}^n c_i \sin\frac{i\pi x}{l}$$

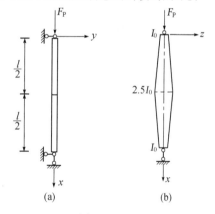

图 11.16

下面分别在级数中仅取第一项和前两项进行讨论,在积分计算中考虑了对称的特点。

(1) $y = c_1\sin\frac{\pi x}{l}$

相应的总势能为

$$\Pi = \frac{1}{2}\times 2\int_0^{l/2} EI_0\left(1+\frac{3x}{l}\right)\left(\frac{c_1\pi^2}{l^2}\sin\frac{\pi x}{l}\right)^2 dx - \frac{F_P}{2}\times 2\int_0^{l/2}\left(\frac{c_1\pi}{l}\cos\frac{\pi x}{l}\right)^2 dx$$

$$= \left[0.5135\frac{\pi^4 EI_0}{l^3} - \frac{\pi^2}{4l}F_P\right]c_1^2$$

由势能驻值条件得

$$\left[0.513\,5\,\frac{\pi^4 EI_0}{l^3}-\frac{\pi^2}{4l}F_P\right] \cdot 2c_1=0$$

最后，由 $c_1 \neq 0$ 得

$$F_{Pcr}=20.27\,\frac{EI_0}{l^2}$$

与本例的理论解 $F_{Pcr}=19.68\,\dfrac{EI_0}{l^2}$ 相比，这一近似解的误差约为 2.9%。由此可见，上面所取的半波正弦曲线虽然对于简支等截面压杆是真实的失稳形式，但对于变截面杆却不是。

(2) $y=c_1\sin\dfrac{\pi x}{l}+c_3\sin\dfrac{3\pi x}{l}$

总势能为

$$\begin{aligned}
\Pi &= \frac{1}{2}\times2\int_0^{l/2}EI_0\left(1+\frac{3x}{l}\right)\left[\frac{\pi^2}{l^2}\left(c_1\sin\frac{\pi x}{l}+9c_3\sin\frac{3\pi x}{l}\right)\right]^2\mathrm{d}x-\frac{F_P}{2}\times2\int_0^{l/2}\left[\frac{\pi}{l}\left(c_1\cos\frac{\pi x}{l}\right.\right. \\
&\quad\left.\left.+3c_3\cos\frac{3\pi x}{l}\right)\right]^2\mathrm{d}x \\
&= \frac{\pi^4 EI_0}{l^3}(0.513\,5c_1^2-1.368c_1c_3+36.12c_3^2)-\frac{\pi^2}{4l}F_P(c_1^2+9c_3^2)
\end{aligned}$$

由势能驻值条件 $\dfrac{\partial\Pi}{\partial c_1}=\dfrac{\partial\Pi}{\partial c_3}=0$，得

$$\left(2.054-\frac{F_P l^2}{\pi^2 EI_0}\right)c_1-2.736c_3=0$$

$$-2.736c_1+\left(144.5-\frac{9F_P l^2}{\pi^2 EI_0}\right)c_3=0$$

c_1、c_3 不全为零，故

$$\begin{vmatrix}
2.054-\dfrac{F_P l^2}{\pi^2 EI_0} & -2.736 \\[3mm]
-2.736 & 144.5-9\,\dfrac{F_P l^2}{\pi^2 EI_0}
\end{vmatrix}=0$$

展开并对 F_P 求解，其较小的一个根为临界荷载：

$$F_{Pcr}=19.69\,\frac{EI_0}{l^2}$$

这与理论解已经十分接近了(误差约为 $0.5‰$)。

*11.4　组合压杆的稳定

在工程结构中，为了提高压杆的稳定性，常常采用组合压杆的形式。如图 11.18a、b 所示，

将两根槽钢(称为组合压杆的两"肢")平行放置,中间用一些斜杆和横杆(统称为"缀条")连接起来,就得到所谓的缀条式组合压杆。当荷载较小时,组合压杆的两肢承受相同的压力而缀条不受力;荷载达到临界值时,组合压杆作为整体发生弯曲,两肢所承受的压力有所调整以抵抗弯矩,而缀条则产生拉力或压力以抵抗剪力。两根槽钢以这种形式形成整体以后,其抗压稳定性的提高可以从计算组合压杆的惯性矩看出一个大概。参考图 11.18b,设单根肢的面积为 A_c,它对通过自身形心的 z' 轴的惯性矩为 I_c,则两肢组合后的截面对形心轴 z 的惯性矩为

$$I = 2I_c + \frac{A_c b^2}{2} \approx \frac{A_c b^2}{2} \tag{11.8}$$

组合压杆临界荷载的计算可以用静力法,也可以用能量法。本节以两种常见的组合压杆为例,用静力法分别推导出它们的临界荷载的计算公式。

11.4.1 剪力对临界荷载的影响

压杆在失稳变弯、产生弯矩的同时还要产生剪力,弯矩和剪力共同引起杆的横向变形。用静力法求临界荷载,建立屈曲平衡微分方程必须考虑杆的横向变形,剪力的影响将在方程中有所反映,从而最终影响到临界荷载的计算结果;用能量法,杆的屈曲应变能应包含弯曲应变能和剪切应变能两项,计算结果同样要受到剪力的影响。前面计算临界荷载时都忽略了剪力的影响,这样做对一般的实体杆件是可以的,而对组合压杆则将导致不能接受的误差。

对于图 11.17a 所示的两端铰支压杆,用 y_1 和 y_2 分别表示由于弯矩和剪力所引起的位移,则总位移为

$$y = y_1 + y_2$$

将上式对 x 微分两次,得

$$\frac{d^2 y}{dx^2} = \frac{d^2 y_1}{dx^2} + \frac{d^2 y_2}{dx^2} \tag{a}$$

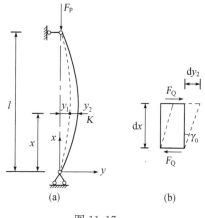

图 11.17

右边两项分别代表由于弯矩和剪力所引起的曲率。

根据平衡条件可得截面 K 的弯矩和剪力分别为

$$M = F_P y, \quad F_Q = \frac{dM}{dx} = F_P \frac{dy}{dx}$$

由这两个式子以及弯矩与曲率、剪力与平均切应变 γ_0 的关系(参考图 11.17b),得

$$\frac{d^2 y_1}{dx^2} = -\frac{M}{EI} = -\frac{F_P y}{EI} \tag{b}$$

$$\frac{dy_2}{dx} = \gamma_0 = \frac{kF_Q}{GA} = \frac{kF_P}{GA} \cdot \frac{dy}{dx} \tag{c}$$

式(c)中 GA 为截面的抗剪刚度,k 为与截面形式有关的系数,参见 4.3 节。

将式(b)、(c)代入式(a),得

$$\frac{d^2 y}{dx^2} = -\frac{F_P y}{EI} + \frac{kF_P}{GA} \cdot \frac{d^2 y}{dx^2}$$

整理得

$$y'' + m^2 y = 0 \tag{11.9a}$$

其中

$$m^2 = \frac{F_{\text{P}}}{EI\left(1 - \dfrac{kF_{\text{P}}}{GA}\right)} \tag{11.9b}$$

微分方程(11.9a)的一般解为

$$y = C_1 \sin mx + C_2 \cos mx$$

由边界条件 $y_{x=0} = y_{x=l} = 0$，以及在失稳时 y 不恒等于零的条件，可得 $\sin ml = 0, C_2 = 0$，从而求得临界荷载的最小值

$$F_{\text{Pcr}} = \alpha F_{\text{Pe}} \tag{11.10a}$$

其中 $F_{\text{Pe}} = \pi^2 EI / l^2$，即不考虑剪力时的临界荷载(欧拉临界荷载)；系数 α 为

$$\alpha = \frac{1}{1 + F_{\text{Pe}} \cdot \dfrac{k}{GA}} = \frac{1}{1 + \dfrac{k\sigma_{\text{e}}}{G}} \tag{11.10b}$$

式中，$\sigma_{\text{e}} = F_{\text{Pe}} / A$，即临界状态下压杆的平均压应力，称为欧拉临界应力。

从式(11.10b)可见 α 总是小于 1，因而考虑剪力影响求得的临界荷载总是小于欧拉临界荷载。A 与材料性质和截面形式有关。设压杆为 A3 工字钢，k 取为 3，σ_{e} 取为比例极限 $\sigma_{\text{b}} = 200$ MPa，切变模量 $G = 8.0 \times 10^4$ MPa，则 $\alpha \approx 0.9926$；若截面为矩形，$k = 1.2$，则 $\alpha \approx 0.9970$。可见对于实体结构，剪力对临界荷载的影响是很小的。

11.4.2 缀条式组合压杆

图 11.18a 是缀条式组合压杆的一个例子。工程中所用的缀条式压杆通常节间较小($d \ll l$)，因而其临界荷载可按式(11.10)近似计算，这里的关键是求出式中的 $\dfrac{k}{GA}$；而由式(c)可见，$\dfrac{k}{GA}$ 就是单位剪力引起的剪切角。

图 11.18c 为压杆的一个节间承受单位剪力 $\overline{F}_Q = 1$ 的情形，因为缀条比较细长，它们与肢杆的连接可视为铰接。截面为 A_1 和 A_2 的缀条中的内力分别为 $\overline{F}_{\text{N1}} = -1$ 和 $\overline{F}_{\text{N2}} = 1/\cos\alpha$。用单位荷载法得相应的广义位移为

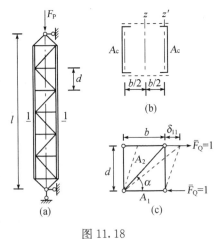

图 11.18

$$\delta_{11} = \sum \frac{\overline{N}_i^2 l_i}{EA_i} = \frac{1 \times b}{EA_1} + \frac{1 \times d}{EA_2 \cos^2\alpha \sin\alpha} = d\left(\frac{1}{EA_1 \tan\alpha} + \frac{1}{EA_2 \cos^2\alpha \sin\alpha}\right)$$

因为肢杆截面的面积比缀条的大得多，所以在上面的计算中略去了肢杆的影响。由上式可得

$$\frac{k}{GA}=\gamma=\frac{\delta_{11}}{d}=\frac{1}{EA_1\tan\alpha}+\frac{1}{EA_2\cos^2\alpha\sin\alpha} \tag{d}$$

将式(d)代入式(11.10),就得到缀条式组合压杆临界荷载的计算公式:

$$F_{Pcr}=\alpha F_{Pe}=\frac{1}{1+F_{Pe}\left(\dfrac{1}{EA_1\tan\alpha}+\dfrac{1}{EA_2\cos^2\alpha\sin\alpha}\right)}\cdot F_{Pe} \tag{11.11}$$

式中,$F_{Pe}=\pi^2EI/l^2$,I 按式(11.8)计算;若缀条为双面对称设置,如图 11.18b 所示,则缀条面积 A_1 和 A_2 应加倍计算。由式(11.11)可见,斜缀条(A_2)的影响比横缀条(A_1)的影响大得多,因此计算中有时也将后者略去。

在一定条件下,式(11.11)经过适当简化可得出钢结构规范中关于缀条式压杆的如下公式(简化过程从略):

$$\lambda=\lambda_0\sqrt{1+\frac{27A_c}{A_2\lambda_0^2}}=\sqrt{\lambda_0^2+\frac{27A_c}{A_2}} \tag{11.12}$$

式中,λ 为组合压杆的计算长细比;$\lambda_0=l/r$ 为长度为 l、截面回转半径为 $r=b/2$ 的实腹杆的长细比。注意,这个公式是对双面设缀条的组合压杆得出的,而 A_2 为单根斜缀条的面积;对于单面设缀条的情况,或者将 A_2 视为缀条总面积时,则式中的 A_2 应改写为 $A_2/2$。

11.4.3　缀板式组合压杆

图 11.19a 为另一类型的组合压杆,两肢以一些相互平行的钢板("缀板")连接,称为缀板式组合压杆。工程中常用的缀板式压杆节间也较小,因而其临界荷载仍可按式(11.10)近似计算,关键问题也是求出单位剪力引起的剪切角 $\dfrac{k}{GA}$。

因为缀板是相互平行的,它们与肢杆的连接应假定为刚结,否则将不能有效地起到抵抗剪力的作用;又由于所有的缀板规格都相同,当组合杆受剪力作用时,节间的中点可假定为反弯点。因此我们取图 11.19b 所示的隔离体来分析节间剪力与剪切角的关系。设单位剪力 $\overline{F}_Q=1$ 平均分配于两肢,相应的弯矩图($\overline{M}$ 图)如图 11.19c 所示,用单位荷载法得相应的广义位移为

$$\delta_{11}=\sum\int\frac{\overline{M}^2}{EI}ds=\frac{d^3}{24EI_c}+\frac{bd^2}{12EI_b}$$

因此

$$\frac{k}{GA}=\frac{\delta_{11}}{d}=\frac{d^2}{24EI_c}+\frac{bd}{12EI_b} \tag{e}$$

将式(e)代入式(11.10),得缀板式组合压杆的计算公式:

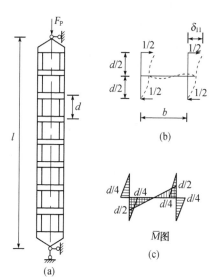

图 11.19

333

$$F_{Pcr}=\alpha F_{Pe}=\cfrac{1}{1+F_{Pe}\left(\cfrac{d^2}{24EI_c}+\cfrac{bd}{12EI_b}\right)} \cdot F_{Pe} \tag{11.13}$$

其中与式(11.11)一样,$F_{Pe}=\pi^2 EI/l^2$,I 按式(11.8)计算;I_b 和 I_c 分别为缀板和肢杆横截面的惯性矩,若缀板为类似于图 11.18b 所示的双面对称设置,则 I_b 应为单块缀板截面惯性矩的两倍。实际上 I_b 常比 I_c 大得多,因此计算中往往取 $I_b=\infty$,从而将式中含 I_b 的一项略去。

式(11.13)经过适当简化可得出钢结构规范中关于缀板式压杆的如下公式(简化过程从略):

$$\lambda=\lambda_0\sqrt{1+\frac{\lambda_c^2}{\lambda_0^2}}=\sqrt{\lambda_0^2+\lambda_c^2} \tag{11.14}$$

其中 λ 和 λ_0 同式(11.12);$\lambda_c=d/r_c$ 为一个节间的肢杆的长细比(r_c 为肢杆截面的回转半径)。

*11.5 圆拱及圆环的稳定

本书第 3 章结合三铰拱的内力计算介绍了合理拱轴的概念(见 3.3.3 节,例 3-9),当时的结论是:当轴线为合理拱轴时,三铰拱内只有轴力而没有弯矩和剪力。现在考虑到失稳问题,有必要对这一结论进行修正,并将它扩充到一般的拱(或环)。修正后的结论如下:当荷载小于临界值时,采用合理轴线的拱(或环),只有轴力而没有弯矩和剪力;当荷载达到临界值时,拱将失稳并产生弯曲内力和变形。本节只就均匀液体压力作用下圆拱和圆环的稳定问题进行讨论。

前面用静力法研究无限自由度体系的稳定问题,大体分为两步:第一步,考虑屈曲状态下的几何关系(例如位移与曲率的关系)、物理关系(例如弯矩与曲率的关系)和平衡条件(例如荷载与弯矩的关系),建立关于位移的平衡微分方程;第二步,考虑问题的边界条件以及屈曲后位移的非零条件,建立稳定问题的特征方程,解特征方程便得到临界荷载值。下面讨论圆拱和圆环的稳定问题,同样也按这两步进行。讨论中设拱为等截面的,抗弯刚度为 EI。

11.5.1 稳定微分方程

在建立稳定微分方程之前,首先明确两条基本假定:一是变形和位移是微小的;二是屈曲前后轴线的长度不变。

1) 几何关系

图 11.20a 示长度为 ds 的微段在失稳时发生位移和变形的情况,其中虚线表示微段在屈曲后的位置,R 为屈曲前的半径。将位移分解为两个分量:沿切线方向的 $u=u(s)$ 和沿法线方向的 $w=w(s)$,分别如图 11.20b、c 所示。由这两个图不难看出,微段由于切向位移和法向位移的伸长分别为 $d\lambda_1=du$ 和 $d\lambda_2=-wd\theta=-wds/R$(略去高阶微量),根据屈曲前后轴线的长度不变的假定,有 $d\lambda_1+d\lambda_2=du-wds/R=0$,因此

$$\frac{du}{ds}=\frac{w}{R} \tag{a}$$

或

$$\frac{\mathrm{d}u}{\mathrm{d}\theta}=w \tag{11.15}$$

可见在屈曲前后轴线长度不变的假定下，u 和 w 并不是两个相互独立的变量。

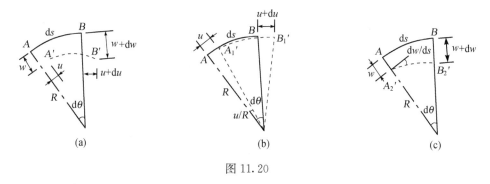

图 11.20

下面研究位移与曲率的关系。由图 11.20b、c 可见，微段 A 点的法线由于切向位移和法向位移的转角（以顺时针为正）分别为 u/R 和 $\mathrm{d}w/\mathrm{d}s$，总转角为 $u/R+\mathrm{d}w/\mathrm{d}s$；由此可知 B 点法线转角的增量（即 A、B 两点法线的相对转角）为

$$\Delta\mathrm{d}\theta=\frac{\mathrm{d}}{\mathrm{d}s}\left(\frac{u}{R}+\frac{\mathrm{d}w}{\mathrm{d}s}\right)\mathrm{d}s=\left(\frac{\mathrm{d}u}{R\,\mathrm{d}s}+\frac{\mathrm{d}^2w}{\mathrm{d}s^2}\right)\mathrm{d}s$$

将式（a）代入上式，得

$$\Delta\mathrm{d}\theta=\left(\frac{w}{R^2}+\frac{\mathrm{d}^2w}{\mathrm{d}s^2}\right)\mathrm{d}s=\left(\frac{w}{R^2}+\frac{\mathrm{d}^2w}{R^2\,\mathrm{d}\theta^2}\right)\mathrm{d}s \tag{b}$$

因此微段曲率的增量为

$$\kappa=\frac{\Delta\mathrm{d}\theta}{\mathrm{d}s}=\frac{1}{R^2}\left(w+\frac{\mathrm{d}^2w}{\mathrm{d}\theta^2}\right) \tag{11.16}$$

设微段 $\mathrm{d}s$ 曲率变形后的曲率半径为 $R+\Delta R$，则有

$$\frac{1}{R+\Delta R}-\frac{1}{R}=\kappa=\frac{1}{R^2}\left(w+\frac{\mathrm{d}^2w}{\mathrm{d}\theta^2}\right)$$

根据小变形位移假定，$R(R+\Delta R)\approx R^2$，故由上式可得曲率半径的增量为

$$\Delta R=-\left(w+\frac{\mathrm{d}^2w}{\mathrm{d}\theta^2}\right) \tag{11.17}$$

2）物理关系

弯矩与曲率增量的关系为 $M=-EI\kappa$，负号是因为弯矩以微段的内侧（下侧）受拉为正，从而正号的弯矩使微段的曲率变小。由式（11.16），有

$$M=-\frac{EI}{R^2}\left(w+\frac{\mathrm{d}^2w}{\mathrm{d}\theta^2}\right) \tag{11.18}$$

3）平衡方程

图 11.21a、b 分别表示微段 ds 在失稳前后的受力状态。在失稳前，微段在荷载作用下只产生轴力且轴力为常数，$F_{N0}=-qR$；失稳后，微段除产生弯矩和剪力外，原有的轴力也将发生变化。由图 11.21b 所示的微段的平衡条件得

$$\left.\begin{aligned} \frac{\mathrm{d}F_N}{\mathrm{d}s} &= \frac{F_Q}{R+\Delta R} \\ \frac{\mathrm{d}F_Q}{\mathrm{d}s} &= -\frac{F_N}{R+\Delta R} - q \\ \frac{\mathrm{d}M}{\mathrm{d}s} &= F_Q \end{aligned}\right\} \tag{c}$$

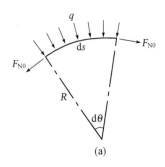 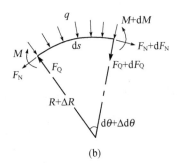

图 11.21

其中 $F_N = F_{N0} + \Delta F_N = -qR + \Delta F_N$，$\Delta F_N$ 为失稳后新增的轴力；$\mathrm{d}s = (R+\Delta R)\mathrm{d}\theta \approx R\mathrm{d}\theta$。利用这些关系，可将式（c）简化为

$$\left.\begin{aligned} \frac{\mathrm{d}(\Delta F_N)}{\mathrm{d}\theta} &= F_Q \\ \frac{\mathrm{d}F_Q}{\mathrm{d}\theta} &= -(\Delta F_N + q\Delta R) \\ \frac{\mathrm{d}M}{\mathrm{d}\theta} &= F_Q R \end{aligned}\right\} \tag{d}$$

最后，从式（d）消去 ΔF_N 和 F_Q，可得

$$\frac{\mathrm{d}^3 M}{\mathrm{d}\theta^3} + \frac{\mathrm{d}M}{\mathrm{d}\theta} + qR\frac{\mathrm{d}(\Delta R)}{\mathrm{d}\theta} = 0 \tag{11.19}$$

4）稳定微分方程及其一般解

将几何关系式（11.17）、物理关系式（11.18）代入平衡方程式（11.19），得

$$\frac{\mathrm{d}^5 w}{\mathrm{d}\theta^5} + \frac{\mathrm{d}^3 w}{\mathrm{d}\theta^3} + \left(1+\frac{qR^3}{EI}\right)\left(\frac{\mathrm{d}^3 w}{\mathrm{d}\theta^3} + \frac{\mathrm{d}w}{\mathrm{d}\theta}\right) = 0 \tag{11.20}$$

这就是关于位移 w 的稳定微分方程。利用式（11.15）可以将它化为关于位移 u 的稳定微分方程；此外还可从式（11.17）、（11.18）消去 w，再将所得的式子代入式（11.19）得到一个关于弯矩 M 的稳定微分方程。这些稳定微分方程与方程（11.20）未知量不同，本质完全相同，这

336

里从略。

由稳定微分方程(11.20)得法向位移 w 的一般解为

$$w = C_1 + C_2\sin\theta + C_3\cos\theta + C_4\sin\beta\theta + C_5\cos\beta\theta \tag{11.21}$$

其中

$$\beta = \sqrt{1 + \frac{qR^3}{EI}} \tag{11.22}$$

利用式(11.15)和式(11.18)可得切向位移 u 和弯矩 M 的一般解：

$$u = C_0 + C_1\theta - C_2\cos\theta + C_3\sin\theta - \frac{C_4}{\beta}\cos\beta\theta + \frac{C_5}{\beta}\sin\beta\theta \tag{11.23}$$

$$M = -\frac{EI}{R^2}\left[C_1 + C_4(1-\beta^2)\sin\beta\theta + C_5(1-\beta^2)\cos\beta\theta\right] \tag{11.24}$$

11.5.2 特征方程及临界荷载

上面得到的 w、u 和 M 的一般解中共包含六个积分常数。根据问题的边界条件,可以写出关于这些常数的含有荷载变量的线性齐次代数方程组,方程组有非零解的条件要求它的系数行列式必须等于零,从而可以导出稳定问题的特征方程;将特征方程对荷载变量求解,所得的根就是临界荷载。下面讨论两个例题。

例 11-5 图 11.22 示一圆弧形无铰拱受均布水压力作用,试求最小临界荷载。

解 本题的边界条件为

$$(w)_{\theta=\pm\alpha} = 0; \quad (\mathrm{d}w/\mathrm{d}\theta)_{\theta=\pm\alpha} = 0; \quad (u)_{\theta=\pm\alpha} = 0 \tag{e}$$

计算表明,均布水压力作用下圆弧形无铰拱的最小临界荷载对应于反对称屈曲形式(图 11.22a),因此下面只对这种形式的屈曲进行讨论。图 11.22b 示一种对称屈曲形式,相应的临界荷载值较高。

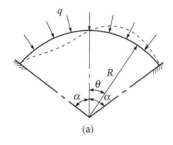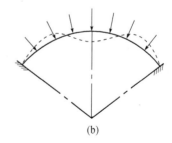

图 11.22

当拱反对称屈曲时,w 和 u 分别是 θ 的奇函数和偶函数。将式(11.21)和式(11.23)写成

$$w = C_2\sin\theta + C_4\sin\beta\theta$$

$$u = C_0 - C_2\cos\theta - \frac{C_4}{\beta}\cos\beta\theta$$

由边界条件(e)可得

$$\begin{cases} C_2\sin\alpha + C_4\sin\beta\alpha = 0 \\ C_2\cos\alpha + C_4\beta\cos\beta\alpha = 0 \\ C_0 - C_2\cos\alpha - \dfrac{C_4}{\beta}\cos\beta\alpha = 0 \end{cases}$$

此方程组的系数行列式应等于零;展开得

$$\beta\sin\alpha\cos\beta\alpha - \cos\alpha\sin\beta\alpha = 0 \tag{f}$$

对于半圆拱,$\alpha = \pi/2$,式(f)成为

$$\beta\cos(\beta\pi/2) = 0$$

而由式(11.22)可见,$\beta > 1$,因此应有 $\cos(\beta\pi/2) = 0$,满足此条件的最小的 β 值为 3。将 $\beta = 3$ 代入式(11.22),得

$$q_{cr} = \frac{8EI}{R^3}$$

对于非半圆拱,由式(f)可得

$$\beta\tan\alpha = \tan\beta\alpha$$

这是一个超越方程,可以用图解法结合试算法求得它的解,参考 11.2 节的例 11 - 2。表 11.1 给出了 α 为 $\pi/6$ 的整数倍时的 β 值。

表 11.1　不同 α 角对应的 β 值

α	$\pi/6$	$\pi/3$	$\pi/2$	$2\pi/3$	$5\pi/6$	π
β	8.621	4.375	3	2.364	2.066	2

例 11 - 6　图 11.23 示一圆环受均布水压力作用,试求最小临界荷载。

解　本例是一个"无边界"的问题,从表面上看似乎无法获得与临界荷载有关的信息。然而利用以下两点可以求得临界荷载:第一,圆环的封闭性要求位移和内力是以 2π 为周期的函数;第二,很明显,位移和内力必定与荷载有关。

首先,C_4 和 C_5 不全为零,否则由式(11.24)将得到 $M = -C_1EI/R^2$,与荷载无关,这是不可能的。因此,由式(11.24)可见,M 是以 $2\pi/\beta(\beta > 1)$ 为周期的函数;同时,如上所述,M 又应以 2π 为周期,所以 2π 一定是 $2\pi/\beta$ 的整数倍,即 β 为整数。满足 $\beta > 1$ 的最小整数为 $\beta = 2$(与表 11.1 最后一列给出的数值一致),最小临界荷载为

$$q_{cr} = (\beta^2 - 1)\frac{EI}{R^3} = \frac{3EI}{R^3}$$

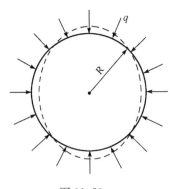

图 11.23

*11.6　刚架的稳定

通常情况下,刚架中总有一些杆件受到轴向压力的作用,因而当荷载较大时,就要出现稳定问题。刚架的稳定问题一般属于极值点失稳问题。例如,当刚架的横梁受竖直向下的荷载作用时,刚架的立柱将同时产生弯矩和轴向压力,或者说它是偏心受压的;失稳时,它的变形并不发生质的变化,而只是原有的变形迅速增长,这就是典型的极值点失稳。按极值点失稳计算临界荷载一般是十分复杂的,因而如果仅从满足结构设计要求的角度考虑,常将竖向荷载按静力等效的原则移置到结点上(如图 11.24 所示),从而将极值点失稳问题转化为分支点失稳问题。

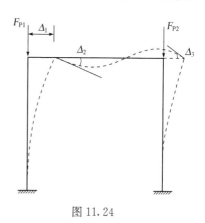

图 11.24

求刚架的临界荷载一般用位移法。以图 11.24 所示的刚架为例,设失稳时的轴向变形仍然可以忽略,则刚架的非零结点位移由三个独立的分量组成,即

$$\{\Delta\} = \begin{bmatrix} \Delta_1 & \Delta_2 & \Delta_3 \end{bmatrix}^T$$

由图可见,与这三个结点位移相应的荷载都是零,因此刚架的整体刚度平衡方程为

$$[K]\{\Delta\} = \{0\} \tag{11.25}$$

其中

$$[K] = \begin{bmatrix} K_{11} & K_{12} & K_{13} \\ K_{21} & K_{22} & K_{23} \\ K_{31} & K_{32} & K_{33} \end{bmatrix}$$

即刚架的整体刚度矩阵;$\{0\}$是一个三阶向量。

式(11.25)是一个关于三个未知位移的线性齐次方程组,它的一组解是$\{\Delta\} = \{0\}$或$\Delta_1 = \Delta_2 = \Delta_3 = 0$,但这是刚架失稳以前的情况,因而不符合要求;失稳时要求$\{\Delta\} \neq \{0\}$,从而有

$$|[K]| = 0 \tag{11.26}$$

式(11.26)就是为确定临界荷载所需的稳定方程。显然,矩阵$[K]$的元素必定与荷载有关,否则由式(11.26)将不能获得关于临界荷载的任何信息。整体刚度矩阵是由单元刚度矩阵按第 9 章中讲过的规则集成的,因此为了建立矩阵$[K]$的元素与结点位移及荷载的关系,首先要研究受压杆件单元在失稳后的刚度矩阵$[k]^e$。

11.6.1　压杆单元的屈曲刚度方程

设压杆所受的轴向压力为F_P,抗弯刚度EI为常数,失稳时局部坐标系中的结点位移和结点力分别为

$$\{\overline{\Delta}\}^e = \begin{bmatrix} \overline{\Delta}_1 \overline{\Delta}_2 \overline{\Delta}_3 \overline{\Delta}_4 \end{bmatrix}^T = \begin{bmatrix} \overline{v}_1 \overline{\theta}_1 \overline{v}_2 \overline{\theta}_2 \end{bmatrix}^T \tag{11.27}$$

$$\{\overline{F}\}^e = \begin{bmatrix} \overline{F}_1 \overline{F}_2 \overline{F}_3 \overline{F}_4 \end{bmatrix}^T = \begin{bmatrix} \overline{Y}_1 \overline{M}_1 \overline{Y}_2 \overline{M}_2 \end{bmatrix}^T \tag{11.28}$$

其中 $\bar{v}_i$、$\bar{\theta}_i$、$\bar{Y}_i$、$\bar{M}_i (i=1,2)$ 分别是结点 i 在局部坐标系中的竖向位移和转角以及它所受到的横向力和力矩,如图 11.25 所示。

$\{\bar{\Delta}\}^e$ 和 $\{\bar{F}\}^e$ 之间的关系仍可表示为

$$\{\bar{F}\}^e = [\bar{k}]^e \{\bar{\Delta}\}^e \tag{11.29}$$

其中 $[\bar{k}]^e$ 为压杆单元的屈曲刚度矩阵,其元素不仅与压杆的刚度和长度有关,而且还与轴向压力 F_P 有关。本小节的任务就是要建立单元屈曲刚度矩阵 $[\bar{k}]^e$。

单元屈曲刚度矩阵的建立可以用静力法,也可以用能量法。用静力法可以建立精确的屈曲刚度矩阵,但最终的稳定方程(11.26)将是一个超越方程,不便求解,尤其是不便于用电算求解;用能量法得到的屈曲刚度矩阵是近似的,但计算比较简便,在一定条件下也能求得满足设计需要的临界荷载。本节介绍能量法,对于静力法,有兴趣的读者可参考其他文献,例如参考书目[1]。

与 11.3.2 节一样,用能量法建立压杆单元的屈曲刚度矩阵,首先要假定一个包含有限个参数的屈曲位移模式。对于图 11.25 所示的压杆,假定屈曲时的位移为三次多项式:

$$y(x) = a_1 + a_2 x + a_3 x^2 + a_4 x^3 \tag{a}$$

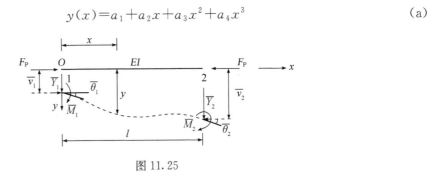

图 11.25

将边界条件

$$(y)_{x=0} = \bar{\Delta}_1, \quad (y')_{x=0} = \bar{\Delta}_2, \quad (y)_{x=l} = \bar{\Delta}_3, \quad (y')_{x=l} = \bar{\Delta}_4$$

代入式(a),就得到关于四个参数 a_1、a_2、a_3 和 a_4 的方程组。解这个方程组,得

$$\begin{cases} a_1 = \bar{\Delta}_1 \\ a_2 = \bar{\Delta}_2 \\ a_3 = -3\bar{\Delta}_1/l^2 - 2\bar{\Delta}_2/l + 3\bar{\Delta}_3/l^2 - \bar{\Delta}_4/l \\ a_4 = 2\bar{\Delta}_1/l^3 + \bar{\Delta}_2/l^2 - 2\bar{\Delta}_3/l^3 + \bar{\Delta}_4/l^2 \end{cases}$$

将这些参数代入式(a),得

$$y(x) = (1 - 3\xi^2 + 2\xi^3)\bar{\Delta}_1 + l(\xi - 2\xi^2 + \xi^3)\bar{\Delta}_2 + (3\xi^2 - 2\xi^3)\bar{\Delta}_3 - l(\xi^2 - \xi^3)\bar{\Delta}_4$$

或

$$y(x) = \sum_{i=1}^{4} \bar{\Delta}_i \varphi_i(\xi) \tag{11.30}$$

其中 $\xi = x/l$;

$$\varphi_1(\xi)=(1-3\xi^2+2\xi^3),\varphi_2=l(\xi-2\xi^2+\xi^3)$$
$$\varphi_3(\xi)=(3\xi^2-2\xi^3),\varphi_4(\xi)=-l(\xi^2-\xi^3) \tag{11.31}$$

$\varphi_i(\xi)$ $(i=1,2,3,4)$分别表示相应于$\overline{\Delta}_i=1$的屈曲位移,称为形状函数。式(11.30)就是以结点位移和转角为参数的压杆屈曲位移模式。

单元的势能为

$$\Pi=U-W_1-W_2 \tag{b}$$

其中U是应变能:

$$U=\frac{1}{2}\int_0^l EI(y'')^2\,\mathrm{d}x=\frac{EI}{2l^3}\int_0^1\left(\sum_{i=1}^4\overline{\Delta}_i\frac{\mathrm{d}^2\varphi_i}{\mathrm{d}\xi^2}\right)^2\mathrm{d}\xi \tag{c}$$

$-W_1$是轴力的势能[参考式(11.5)]:

$$-W_1=-\frac{F_P}{2}\int_0^l\Big[\sum_{i=1}^4\overline{\Delta}_i\varphi_i'(x)\Big]^2\mathrm{d}x=-\frac{F_P}{2l}\int_0^1\left(\sum_{i=1}^4\overline{\Delta}_i\frac{\mathrm{d}\varphi_i}{\mathrm{d}\xi}\right)^2\mathrm{d}\xi \tag{d}$$

$-W_2$是由式(11.28)定义的单元结点力$\{\overline{F}\}^e$的势能:

$$-W_2=-\sum_{i=1}^4\overline{F}_i\overline{\Delta}_i \tag{e}$$

由势能驻值条件式(11.7)有

$$\frac{\partial\Pi}{\partial\overline{\Delta}_i}=0 \qquad (i=1,2,3,4)$$

将式(b)代入,得

$$\frac{\partial W_2}{\partial\overline{\Delta}_i}=\frac{\partial U}{\partial\overline{\Delta}_i}-\frac{\partial W_1}{\partial\overline{\Delta}_i} \qquad (i=1,2,3,4) \tag{f}$$

其中由式(e)、(c)和(d)有

$$\frac{\partial W_2}{\partial\overline{\Delta}_i}=\overline{F}_i$$

$$\frac{\partial U}{\partial\overline{\Delta}_i}=\frac{EI}{l^3}\int_0^1\left(\sum_{j=1}^4\overline{\Delta}_j\frac{\mathrm{d}^2\varphi_j}{\mathrm{d}\xi^2}\right)\frac{\mathrm{d}^2\varphi_i}{\mathrm{d}\xi^2}\mathrm{d}\xi=\frac{EI}{l^3}\sum_{j=1}^4\overline{\Delta}_j\int_0^1\frac{\mathrm{d}^2\varphi_i}{\mathrm{d}\xi^2}\frac{\mathrm{d}^2\varphi_j}{\mathrm{d}\xi^2}\mathrm{d}\xi$$

$$-\frac{\partial W_1}{\partial\overline{\Delta}_i}=-\frac{F_P}{l}\int_0^1\left(\sum_{j=1}^4\overline{\Delta}_j\frac{\mathrm{d}\varphi_j}{\mathrm{d}\xi}\right)\frac{\mathrm{d}\varphi_i}{\mathrm{d}\xi}\mathrm{d}\xi=-\frac{F_P}{l}\sum_{j=1}^4\overline{\Delta}_j\int_0^1\frac{\mathrm{d}\varphi_i}{\mathrm{d}\xi}\frac{\mathrm{d}\varphi_j}{\mathrm{d}\xi}\mathrm{d}\xi$$

因此式(f)也可写成

$$\overline{F}_i=\sum_{j=1}^4\left(\frac{EI}{l^3}\int_0^1\frac{\mathrm{d}^2\varphi_i}{\mathrm{d}\xi^2}\frac{\mathrm{d}^2\varphi_j}{\mathrm{d}\xi^2}\mathrm{d}\xi-\frac{F_P}{l}\int_0^1\frac{\mathrm{d}\varphi_i}{\mathrm{d}\xi}\frac{\mathrm{d}\varphi_j}{\mathrm{d}\xi}\mathrm{d}\xi\right)\overline{\Delta}_j \qquad (i=1,2,3,4) \tag{11.32}$$

式(11.32)中共有四个方程,它们可以写成如下的矩阵形式:

$$\{\overline{F}\}^e = ([\overline{k^0}]^e - [\overline{s}]^e)\{\overline{\Delta}\}^e \tag{11.33}$$

其中

$$[\overline{k^0}]^e = \begin{bmatrix} k_{11}^0 & k_{12}^0 & k_{13}^0 & k_{14}^0 \\ k_{21}^0 & k_{22}^0 & k_{23}^0 & k_{24}^0 \\ k_{31}^0 & k_{32}^0 & k_{33}^0 & k_{34}^0 \\ k_{41}^0 & k_{42}^0 & k_{43}^0 & k_{44}^0 \end{bmatrix} \tag{11.33a}$$

$$[\overline{s}]^e = \begin{bmatrix} s_{11} & s_{12} & s_{13} & s_{14} \\ s_{21} & s_{22} & s_{23} & s_{24} \\ s_{31} & s_{32} & s_{33} & s_{34} \\ s_{41} & s_{42} & s_{43} & s_{44} \end{bmatrix} \tag{11.33b}$$

分别称为单元的弹性刚度矩阵和几何刚度矩阵,它们的元素分别为

$$k_{ij}^0 = \frac{EI}{l^3} \int_0^1 \frac{\mathrm{d}^2\varphi_i}{\mathrm{d}\xi^2} \frac{\mathrm{d}^2\varphi_j}{\mathrm{d}\xi^2} \mathrm{d}\xi, \quad s_{ij} = \frac{F_P}{l} \int_0^1 \frac{\mathrm{d}\varphi_i}{\mathrm{d}\xi} \frac{\mathrm{d}\varphi_j}{\mathrm{d}\xi} \mathrm{d}\xi \quad (i,j=1,2,3,4) \tag{11.34}$$

将式(11.31)代入式(11.34),计算各元素可得

$$[\overline{k^0}]^e = \begin{bmatrix} \dfrac{12EI}{l^3} & \dfrac{6EI}{l^2} & -\dfrac{12EI}{l^3} & \dfrac{6EI}{l^2} \\[2mm] \dfrac{6EI}{l^2} & \dfrac{4EI}{l} & -\dfrac{6EI}{l^2} & \dfrac{2EI}{l} \\[2mm] -\dfrac{12EI}{l^3} & -\dfrac{6EI}{l^2} & \dfrac{12EI}{l^3} & -\dfrac{6EI}{l^2} \\[2mm] \dfrac{6EI}{l^2} & \dfrac{2EI}{l} & -\dfrac{6EI}{l^2} & \dfrac{4EI}{l} \end{bmatrix} \tag{11.35}$$

$$[\overline{s}]^e = F_P \begin{bmatrix} \dfrac{6}{5l} & \dfrac{1}{10} & -\dfrac{6}{5l} & \dfrac{1}{10} \\[2mm] \dfrac{1}{10} & \dfrac{2l}{15} & -\dfrac{1}{10} & -\dfrac{l}{30} \\[2mm] -\dfrac{6}{5l} & -\dfrac{1}{10} & \dfrac{6}{5l} & -\dfrac{1}{10} \\[2mm] \dfrac{1}{10} & -\dfrac{l}{30} & -\dfrac{1}{10} & \dfrac{2l}{15} \end{bmatrix} \tag{11.36}$$

比较式(11.29)和式(11.33)可知,$[\overline{k^0}]^e - [\overline{s}]^e$ 就是本节所要建立的单元屈曲刚度矩阵 $[\overline{k}]^e$。从式(11.35)和式(11.36)可见,矩阵 $[\overline{k^0}]^e$ 只与压杆的长度和刚度有关,并且与第9章中不考虑轴向变形的弯曲杆单元的刚度矩阵[式(9.10)]相同;矩阵$[\overline{s}]^e$只与压杆的长度和轴力有关。

11.6.2 刚架临界荷载的计算

将单元屈曲刚度矩阵$[\overline{k}]^e$按第9章中的规则集成为整体刚度矩阵$[K]$(必要时要先作坐

标变换,将局部坐标系中的$[\bar{k}]^e$变换为整体坐标系中的$[k]^e$)。令$[K]$的行列式等于零,就得到稳定方程式(11.26)。求解稳定方程便可得到临界荷载的近似值。

例 11-7 试求图 11.26a 所示刚架的临界荷载。

解 单元和结点编码见图 11.26b,其中用"先处理法",考虑边界条件和忽略杆件轴向变形的假定,将已知为零的结点位移分量编码为"0"。由图可见,本题的未知结点位移为

$$\{\Delta\} = [\Delta_1 \ \Delta_2 \ \Delta_3] = [v_2 \ \theta_2 \ \theta_3]^\mathrm{T}$$

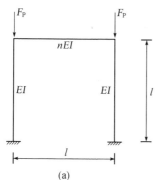
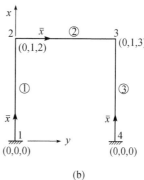

(a)   (b)

图 11.26

在三个单元中,单元①、③是压杆单元,它们的局部坐标与整体坐标一致;单元②是普通单元,它的局部坐标与整体坐标虽然不一致,但由于其结点只有转角而没有相对线位移,也不受坐标变换的影响。因此在求出局部坐标系中的单元刚度矩阵以后,可以直接集成整体刚度矩阵。

单元①和单元③的刚度矩阵相同:

$$[k]^① = [k]^③ = [\bar{k}]^① = [\bar{k}]^③$$

$$= \begin{bmatrix} \dfrac{12EI}{l^3} & \dfrac{6EI}{l^2} & -\dfrac{12EI}{l^3} & \dfrac{6EI}{l^2} \\[2mm] \dfrac{6EI}{l^2} & \dfrac{4EI}{l} & -\dfrac{6EI}{l^2} & \dfrac{2EI}{l} \\[2mm] -\dfrac{12EI}{l^3} & -\dfrac{6EI}{l^2} & \dfrac{12EI}{l^3} & -\dfrac{6EI}{l^2} \\[2mm] \dfrac{6EI}{l^2} & \dfrac{2EI}{l} & -\dfrac{6EI}{l^2} & \dfrac{4EI}{l} \end{bmatrix} - F_\mathrm{P} \begin{bmatrix} \dfrac{6}{5l} & \dfrac{1}{10} & -\dfrac{6}{5l} & \dfrac{1}{10} \\[2mm] \dfrac{1}{10} & \dfrac{2l}{15} & -\dfrac{1}{10} & -\dfrac{l}{30} \\[2mm] -\dfrac{6}{5l} & -\dfrac{1}{10} & \dfrac{6}{5l} & -\dfrac{1}{10} \\[2mm] \dfrac{1}{10} & -\dfrac{l}{30} & -\dfrac{1}{10} & \dfrac{2l}{15} \end{bmatrix}$$

单元②的刚度矩阵删去与结点线位移有关的行和列后为

$$[k]^② = [\bar{k}]^② = \begin{bmatrix} \dfrac{4nEI}{l} & \dfrac{2nEI}{l} \\[2mm] \dfrac{2nEI}{l} & \dfrac{4nEI}{l} \end{bmatrix}$$

将以上单元刚度矩阵按"对号入座"的方法集成整体刚度矩阵,结果为

$$[K] = \frac{EI}{l^3} = \begin{bmatrix} 24-72\alpha & -(6-3\alpha)l & -(6-3\alpha)l \\ -(6-3\alpha)l & 4(n+1-\alpha)l^2 & 2nl^2 \\ -(6-3\alpha)l & 2nl^2 & 4(n+1-\alpha)l^2 \end{bmatrix}$$

其中

$$\alpha = \frac{F_P l^2}{30EI}$$

令 $[K]$ 的行列式等于零，展开后得到稳定方程：

$$[8(1-3\alpha)(3n+2-2\alpha)-3(2-\alpha)^2](n+2-2\alpha) = 0$$

该方程的三个实根从小到大依次为

$$\alpha_1 = \frac{2}{45}[18n+13-\sqrt{(18n+13)^2-45(6n+1)}]$$

$$\alpha_2 = \frac{n}{2}+1$$

$$\alpha_3 = \frac{2}{45}[18n+13+\sqrt{(18n+13)^2-45(6n+1)}]$$

其中 α_1 对应最小临界荷载。下面讨论三种情况。

(1) $n=0$，$\alpha_1 = 0.082\,9$，$(F_{Pcr})_{min} = 2.486EI/l^2$。这时刚架的立柱相当于下端固定、上端自由的压杆，$(F_{Pcr})_{min}$ 的精确值为 $0.25\pi^2 EI/l^2 = 2.467EI/l^2$，近似值的误差只有 0.77%。

(2) $n=1$，$\alpha_1 = 0.248$，$(F_{Pcr})_{min} = 7.44EI/l^2$，与精确值 $7.379EI/l^2$ 相比，误差为 0.82%。

(3) $n \to \infty$，$\alpha_1 \to 1/3$，$(F_{Pcr})_{min} \to 10EI/l^2$。这时刚架的立柱相当于下端固定、上端滑动的压杆，$(F_{Pcr})_{min}$ 的精确值为 $\pi^2 EI/l^2 = 9.86EI/l^2$，近似值的误差也只有 1.77%。

从以上三种情况可知，本题的计算结果是相当精确的。计算表明，当临界荷载小于 $10EI/l^2$ 时，采用三次多项式的位移模式都可以获得相当满意的结果。当临界荷载较大时，可将单根压杆划分为两个甚至更多的单元，以提高计算的精度。

11.7 本章小结

(1) 本章在介绍稳定问题基本概念的基础上，着重研究了最简单的一种稳定问题——分支点失稳问题，其主要任务是确定结构的临界荷载。

(2) 计算临界荷载首先要建立稳定方程，而建立稳定方程有两种基本方法：第一种是静力法，利用临界状态的平衡条件和挠度的非零条件建立稳定方程；第二种是能量法，它用势能驻值条件代替了静力法中的平衡条件。由于要事先假定屈曲变形的位移模式，用能量法求得的最小临界荷载是实际临界荷载的上限。

(3) 组合压杆稳定问题的特点是在计算临界荷载时必须考虑剪力的影响，关键是计算单位剪力引起的剪切角。本章关于组合压杆临界荷载的计算公式是钢结构规范中有关公式的基础。

（4）结构的稳定计算与超静定结构的内力计算一样,要综合问题的几何方面、物理方面和静力平衡方面的要求才能解决问题(静力平衡条件可用势能驻值条件代替)。这一点在圆环和圆拱的稳定问题分析中得到了很好的体现。实际上,其他结构的稳定问题的解决也都利用了这些条件,请读者认真体会。

（5）实际工程中结构的稳定问题往往要用数值方法才能解决。本章以刚架为例介绍了用矩阵位移法解稳定问题的主要思路和步骤,学习时要将这一部分内容与第9章结合起来。

思考题

11-1 极值点失稳与分支点失稳各有什么特点? 为什么说跳跃失稳也是一种分支点失稳?

11-2 试总结用静力法计算单自由度、多自由度和无限自由度体系临界荷载的方法和步骤。

11-3 静力法和能量法的主要相同点和不同点是什么? 分别比较两种方法在单自由度、多自由度和无限自由度体系中的应用,指出能量法的优越性体现在什么地方。

11-4 图11.27a为一压杆在两端受到弹性移动约束和弹性转动约束的情况,k_1、k_2和k_3分别为这些约束的弹性系数,即被约束的结点发生单位位移或转角时发生的约束力或约束力矩。试写出相应的边界条件。改变这些弹性系数对临界荷载有何影响? 图11.27b、c、d、e各相当于图11.27a中的三个弹性系数等于何值的情况?

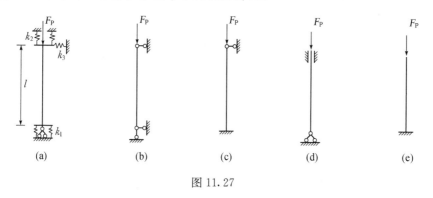

图 11.27

11-5 图11.28a、b、c各相当于图11.27a中的弹性系数等于何值的情况?

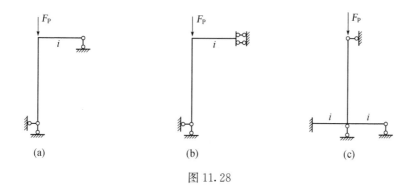

图 11.28

11-6　试比较用位移法计算刚架的临界荷载和用位移法计算刚架的内力有何异同。

11-7　由例 11-7 可见,临界荷载随着横梁刚度的增大而增大,而用矩阵位移法计算临界荷载的结果的精度则相应地有所降低。试对此做出解释。

11-8　对于图 11.29 所示的两个刚架,将每根杆件取为一个单元,并且采用 11.6 节中刚度矩阵的近似表达式进行计算,试判断所得临界荷载近似值的精度何者较高,并说明理由。$EI =$ 常数。

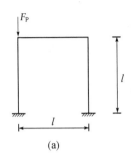
(a)

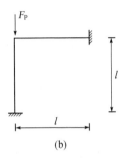
(b)

图 11.29

11-9　试说明例 11-7 中的 α_1、α_2 和 α_3 所对应的失稳形式分别是反对称的、对称的和反对称的。

习　题

11-1　用静力法求图 11.30 所示压杆的临界荷载。

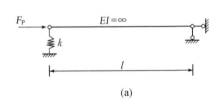
(a)

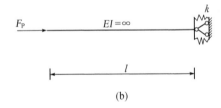
(b)

图 11.30

11-2　用静力法求图 11.31 所示结构的临界荷载。(提示:参考思考题 11-5)

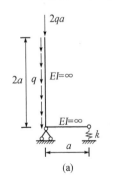
(a)

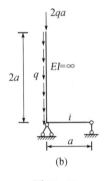
(b)

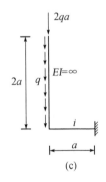
(c)

图 11.31

11-3 用静力法求图 11.32 所示结构的临界荷载。各杆 $EI = \infty$。

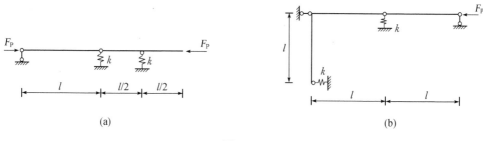

图 11.32

11-4 图 11.33 所示体系中，各杆 $EI = \infty$，铰 B 和铰 C 处的弹簧表示对相对转角的弹性约束，刚度系数为 k。用静力法求临界荷载。

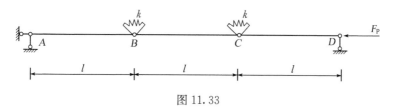

图 11.33

11-5 用静力法分别求图 11.34a、b 所示的两种失稳形式所对应的临界荷载，并指出按这两种形式失稳分别应满足什么条件。在什么条件下，两种形式会同时出现，如图 11.34c 所示？

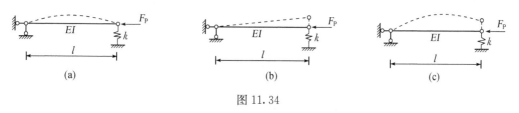

图 11.34

11-6 用静力法分别求图 11.35a、b 所示的两种失稳形式所对应的临界荷载，并指出按这两种形式失稳分别应满足什么条件。在什么条件下，两种形式会同时出现，如图 11.35c 所示？

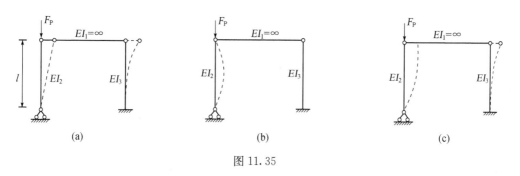

图 11.35

11-7 用静力法求图 11.36 所示刚架的临界荷载。

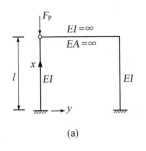

(a)

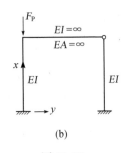

(b)

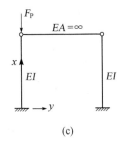

(c)

图 11.36

11-8 已知图 11.37 所示体系的失稳形式如虚线所示,试写出相应的稳定方程。

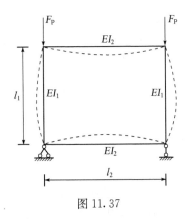

图 11.37

11-9 用能量法重作题 11-1、11-2、11-3、11-4。

11-10 用能量法重作题 11-7。对于图 11.36a、b,取形函数为 $y=ax^2$;对于图 11.36c,取形函数为 $y=a(1-\cos\dfrac{\pi x}{l})$。

11-11 用能量法求图 11.38 所示阶形柱的临界荷载,取形函数为 $y=a(1-\cos\dfrac{\pi x}{4l})$。

11-12 图 11.39 所示变截面柱,$EI=EI_0\left[1+(\dfrac{x}{l})^2\right]$。用能量法求临界荷载,取形函数为 $y=a(l-x)^2$。

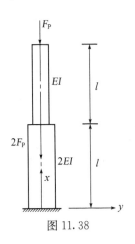

图 11.38

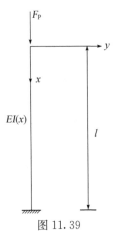

图 11.39

*11-13 求图 11.40 所示受均匀水压力作用的圆弧形二铰拱分别按对称形式和反对称形式失稳的特征方程,并求出按反对称形式失稳的临界荷载(即最小临界荷载)。(提示:按对称形式失稳,u 应为 θ 的奇函数,w 和 M 应为 θ 的偶函数;按反对称形式失稳,u 应为 θ 的偶函数,w 和 M 应为 θ 的奇函数)

*11-14 已知图 11.41 所示有横隔的圆环在均匀水压力作用下的失稳形式关于横轴和竖轴都是反对称的,试写出其特征方程,并对于 $I_1 = 4I_0$ 求相应的临界荷载。(提示:利用对称性取上半圆环并将其视为支座具有弹性转动约束的无铰拱)

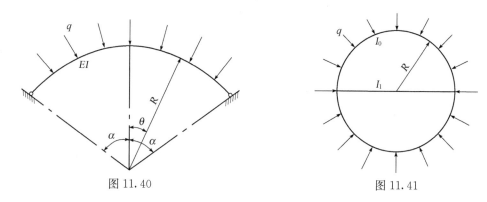

图 11.40   图 11.41

*11-15 用矩阵位移法计算图 11.42 所示压杆的临界荷载:(1)将整根杆件取为一个单元;(2)将杆件等分为两个单元。(本题的精确解为 $2.046\pi^2 EI/l^2$)

(a)   (b)

图 11.42

*11-16 图 11.43 所示刚架受两个集中荷载作用,EI=常数。用矩阵位移法计算临界荷载。

*11-17 用矩阵位移法计算图 11.44 所示体系的临界荷载,并求出以下三种情况的临界荷载值:(1)$k=0$;(2)$k=EI/l^2$;(3)$k=\infty$。

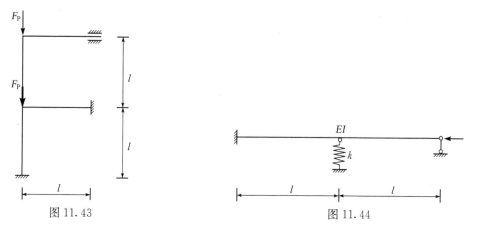

图 11.43   图 11.44

12 结构的极限荷载

12.1 概述

在结构设计中,有两种基本方法——弹性设计方法和塑性设计方法。与这两种设计方法相应的分别是结构分析中的弹性分析方法和塑性分析方法。

弹性分析和设计方法基于以下两条基本假定:第一,组成结构的材料服从虎克定律,应力与应变成正比;第二,结构的变形和位移都是微小的。在这两条假定下,结构的内力计算和位移计算都可以应用叠加原理,从而给结构分析和设计带来了很大的方便,这是读者已经十分熟悉的。

弹性设计的强度要求以材料的屈服极限作为标准,可以用下式表示:

$$\sigma_{\max} \leqslant [\sigma] = \frac{\sigma_y}{k_y} \tag{12.1}$$

式中 $\sigma_{\max}$ 为结构中某项应力的最大绝对值;$[\sigma]$ 为容许应力,它等于材料的屈服极限 σ_y 除以安全系数 k_y。式(12.1)实质上是将 $\sigma_{\max} = \sigma_y$ 当成了结构的危险状态,以一个大于1的安全系数 k_y 来避免出现这种状态。

弹性设计方法的缺点是不能充分估计结构在超越屈服极限以后的承载能力,从而往往偏于保守和不经济。实际上,由弹塑性材料组成的结构,特别是其中的超静定结构,在最大应力达到屈服极限甚至一部分材料已进入塑性状态的情况下并不发生破坏,或者说,它们是可以在弹塑性状态下工作的。随着弹塑性材料(例如钢材)在工程中的应用日益广泛,弹性设计方法的缺点也日益突出,塑性设计方法便应运而生。

塑性设计的强度要求以结构破坏时的荷载作为标准,可以用下式表示:

$$F_P \leqslant [F_P] = \frac{F_{Pu}}{k_u} \tag{12.2}$$

式中 F_P 为反映荷载大小的一个参数,称为荷载因子;$[F_P]$ 为容许荷载;F_{Pu} 是结构破坏时的荷载因子值,称为极限荷载;k_u 是相应的安全系数,亦称荷载系数。式(12.2)将结构的真实破坏状态当成危险状态,因而其所采用的安全系数 k_u 能如实地反映结构的安全储备。

应用式(12.2)需要确定结构的极限荷载 F_{Pu},这是与塑性设计相应的结构塑性分析的主要任务。进行塑性分析必须比弹性分析更全面地考虑材料的应力应变关系。为了简化计算,通常先对应力应变关系作如图12.1所示的简化(这里假设材料受拉和受压的规律是相同的,因而图中只给出了拉伸状态下的变化规律),并称满足这种关

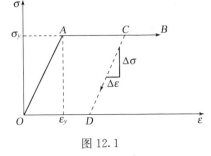

图 12.1

系的材料为理想弹塑性材料。

理想弹塑性材料的应力应变关系以折线表示。OA 段为弹性阶段,应力与应变成正比,$\sigma = E\varepsilon$,E 为弹性模量。当应力达到屈服极限 σ_y,相应地应变达到 $\varepsilon_y = \sigma_y / E$ 时,材料进入塑性阶段 AB,AB 平行于 ε 轴,应力 $\sigma = \sigma_y$ 为常量而应变 ε 可无限增长。如果在塑性阶段的某一点 C 使应力减小(卸载),相应的路径将如图中平行于 AO 的虚线 CD 所示,应力增量 $\Delta\sigma$ 与应变增量 $\Delta\varepsilon$ 成正比,且 $\Delta\sigma = E\Delta\varepsilon$($\Delta\sigma$ 和 $\Delta\varepsilon$ 均小于零),即卸载的规律与弹性阶段相同。当应力减至零时,材料有残余应变,如图中的 OD 所示。

在弹性阶段,材料的应力和应变是一一对应的。而一旦进入塑性阶段,这种一一对应关系就不复存在了,只有了解加载卸载的全部"历史",才能确定与当前的应力值相应的应变值,或确定与当前的应变值相应的应力值。因此结构的塑性分析一般比弹性分析复杂。但是,如果目的仅仅是确定极限荷载而不关心荷载达到极限值之前结构内力和变形的发展过程,则计算可以大大简化。为了简化极限荷载的计算,除了采用理想弹塑性材料的假定以及保留小变形位移的假定以外,本章还对荷载采用以下的假定:

(1) 所有的荷载均为单调增大,不出现卸载现象。

(2) 在加载过程中,所有各荷载均保持固定的比例,因而可以用同一个参数(荷载因子)的倍数来表示。

满足以上两个条件的加载过程称为比例加载。

12.2　极限弯矩和塑性铰

本节通过研究纯弯曲梁在弹塑性阶段工作直至破坏的过程,引进极限荷载计算中的两个重要概念。

12.2.1　极限弯矩

试考虑一承受纯弯曲作用的梁,如图 12.2a 所示。设梁为等截面,且截面有一根对称轴(图 12.2b 及图 12.3a),而弯矩 M 即作用在梁的对称面内。随着弯矩的增大,梁的各部分逐渐由弹性阶段发展到塑性阶段。实验表明,在梁的变形过程中,无论是弹性阶段还是塑性阶段,梁的任一横截面始终保持为平面,即在塑性阶段仍然可以沿用材料力学中对弹性梁采用的"平截面假定"。

图 12.3b、c、d、e、f 描述了上述过程中各个阶段梁的横截面上正应力的变化,说明如下。

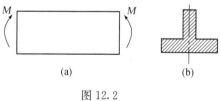

图 12.2

1) 弹性阶段(图 12.3b)

这一阶段弯矩较小,中性轴通过形心,横截面上的正应力沿高度按直线分布,与中性轴的距离为 y 的点的正应力为

$$\sigma = \frac{My}{I} \tag{a}$$

2) 弹塑性阶段(图 12.3 c、d、e)

当弯矩增加到

$$M_y = \frac{I\sigma_y}{|y_{\max}|} = W\sigma_y \tag{12.3}$$

时(式中 W 为截面的弹性抵抗矩),截面上离中性轴最远的上边缘的正应力首先达到屈服极限(图 12.3c),标志着弹性阶段的结束和弹塑性阶段的开始。M_y 称为屈服弯矩或弹性极限弯矩。这时截面上其余部分仍处于弹性阶段。

随着 M 的继续增大,塑性区逐渐向下扩展,正应力沿高度的分布变为图 12.3d 中的折线形,弹性区逐渐缩小但正应力继续增大。当 M 增大到一定程度时,截面下边缘的正应力也达到了屈服极限(图 12.3d)。此后 M 继续增大,上下两个塑性区逐渐向中间扩展,弹性区进一步缩小,如图 12.3e 所示。

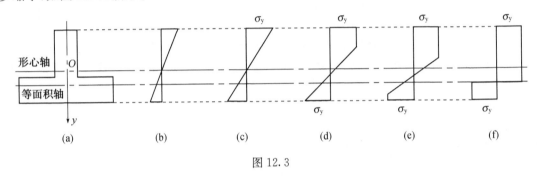

图 12.3

3) 极限状态(图 12.3f)

弯矩增加的极限是弹性区终于消失,上下两个塑性区连成一片,整个截面上正应力的绝对值都达到了屈服极限。极限状态的弯矩是截面所能承受的最大弯矩,记作 M_u,称为极限弯矩。

由正应力合力为零的条件可知,进入弹塑性阶段以后,随着 M 的增大,中性轴将离开形心轴而逐渐下移。在极限状态,设截面受拉区和受压区的面积分别为 A_1 和 A_2,则由平衡条件可知

$$A_1 = A_2 = \frac{A}{2} \tag{12.4}$$

式中,A 为截面的总面积。因此,在极限状态下,中性轴将截面分为面积相等的两部分。利用这一结论,很容易得出极限弯矩的计算公式:

$$M_u = \sigma_y(S_1 + S_2) \tag{12.5}$$

其中 S_1 和 S_2 分别为受拉区面积 A_1 和受压区的面积 A_2 对等面积轴的静矩。记

$$W_S = S_1 + S_2 \tag{12.6}$$

W_S 称为截面的塑性抵抗矩,则式(12.5)可改写为

$$M_u = W_S\sigma_y \tag{12.7}$$

由式(12.3)和式(12.7)可得

$$\frac{M_u}{M_y} = \frac{W_S}{W} = \alpha \qquad (12.8)$$

α 称为截面的形式系数,它可以反映截面在弹性阶段之后抵抗更大弯矩的潜力。对于宽度和高度各为 b 和 h 的矩形截面,弹性抵抗矩和塑性抵抗矩分别为

$$W = \frac{bh^3}{12} \Big/ \frac{h}{2} = \frac{1}{6}bh^2$$

以及

$$W_S = 2 \times \left(\frac{bh}{2} \cdot \frac{h}{4} \right) = \frac{1}{4}bh^2$$

因此 $\alpha = W_S/W = 1.5$,即矩形截面的极限弯矩为屈服弯矩的 1.5 倍。用同样的方法可以求得其他截面的形式系数。对于圆形截面,$\alpha = 1.70$;对于常用的在腹板对称面内受弯的工字形截面,α 可以统一地取为 1.15。

12.2.2 塑性铰的概念

如上所述,在极限状态下,截面上各点的正应力均达到了屈服极限,因此不能继续增大。

但是,在极限弯矩的作用下,截面各点的正应变却可以在符合平截面假定的条件下继续增大,从而使得截面两侧的杆件绕着这个截面发生有限的相对转动,类似于杆件在该处铰接的情况。这时,我们称该截面处出现了一个塑性铰,如图 12.4a 所示。

(a) 塑性铰   (b) 普通铰

图 12.4

塑性铰与普通铰有两点不同。首先,塑性铰能够传递弯矩,而普通铰却不能。图 12.4a 所示为一种平衡状态,而对于图 12.4b,仅当 $M=0$ 时才是平衡的。其次,塑性铰是单向铰,其两边的杆件只能在所受极限弯矩的方向上发生相对转动,而普通铰两边的杆件则可以自由地在两个方向上发生相对转动。如果对塑性铰施加与极限弯矩方向相反的力矩,即在达到极限状态后使弯矩减小,则由于卸载时的应力应变关系是线性的,截面又表现出弹性性质,这就意味着塑性铰的消失。

在图 12.4 中以及本章的后续部分,我们以实心圆点表示塑性铰,以区别于通常用圆圈表示的普通铰。

12.3 静定梁的极限荷载

在上一节中,我们结合承受纯弯曲作用的梁的弹塑性分析,解决了对于对称截面计算极限弯矩的问题,同时建立了塑性铰的概念。本节将讨论承受一般横向荷载的静定梁的极限荷载的计算问题。在本节以及本章的以后各节中,始终假定杆件的所有截面均具有在结构平面内

的对称轴；同时，由于剪力对梁的承载能力的影响一般是很小的，可以认为上节在纯弯曲情况下推导的屈服弯矩 M_y 和极限弯矩 M_u 的公式(12.3)和式(12.7)在横向弯曲的情况下仍然成立。

以承受跨中集中力的简支梁为例(图12.5a)。设梁的截面为矩形(图12.5b)，$M_y = W\sigma_y = bh^2\sigma_y/6$，$M_u = W_S\sigma_y = bh^2\sigma_y/4$。随着荷载 F_P 的逐渐增大，梁的弯曲变形先后经历弹性阶段和弹塑性阶段而达到极限状态，下面结合图12.6和图12.7进行分阶段讨论。

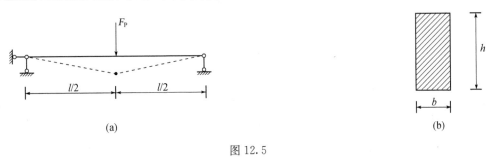

图 12.5

1) 弹性阶段(图 12.6a 及图 12.7a)

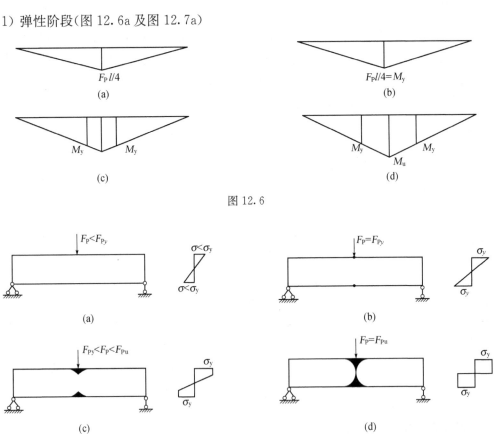

图 12.6

图 12.7

弯矩图见图12.6a。跨中弯矩最大，$M_{max} = F_P l/4 < M_y$，因此 $F_{Py} < 4M_y/l$。图12.7a表示整个梁均为弹性区(图12.7b、c、d中涂黑的部分为塑性区)，并给出了跨中截面的应力分布。

2）弹塑性阶段（图 12.6b、c 及图 12.7b、c）

随着 F_P 的增大，跨中弯矩首先达到屈服弯矩值，$M_{max}=F_P l/4=M_y$，弯矩图见图 12.6b。相应的荷载 $F_{Py}=4M_y/l$，称为屈服荷载。此时跨中截面的上、下边缘的应力均达到屈服极限，其余部分仍为弹性区，如图 12.7b 所示。荷载继续增大，跨中弯矩值超过 M_y，同时以跨中为对称轴，有更多的截面的弯矩达到或超过了 M_y（图 12.6c），塑性区从跨中向两端扩展，从上、下边缘向中性轴扩展，但上、下两个塑性区尚未连成一片，弹性区仍是连续的，如图 12.7c 所示。与图 12.6c 及图 12.7c 相应的荷载值为：$F_{Py}<F_P<F_{Pu}$，F_{Pu} 为极限荷载。

3）极限状态（图 12.6d 及图 12.7d）

F_P 增大到极限值 F_{Pu}，跨中弯矩达到极限弯矩值，$F_{Pu}l/4=M_u$，由此得极限荷载 $F_{Pu}=4M_u/l$。弯矩图见图 12.6d，其中弯矩达到或超过 M_y 的截面在图 12.6c 的基础上有所增加。相应地，塑性区从跨中向两端，从上、下边缘向中性轴进一步扩展，上、下两个塑性区在跨中连成一片，形成了一个塑性铰，如图 12.7d 所示。跨中出现塑性铰后，梁变成了图 12.5a 所示的机构，能在荷载作用的方向上发生虚线所示的机构位移，这个机构称为破坏机构。

上面进行的分阶段分析，有助于我们对梁的弹塑性变形过程有一个完整的认识。如果目的只是计算梁的极限荷载，则可以撇开这一过程而仅对极限状态进行分析。

首先，确定塑性铰的位置。静定结构是没有多余约束的体系，结构中只要出现一个塑性铰，就使结构变成了破坏机构。静定梁的塑性铰总是出现在 M/M_u 取得最大值的截面，对于等截面梁，也就是弯矩 M 取最大值的截面，例如上述简支梁的跨中截面。其次，利用平衡条件求该截面的弯矩并令其等于极限弯矩，就可以求得极限荷载。对于上面的简支梁，跨中弯矩为 $F_P l/4$，于是有 $F_{Pu}l/4=M_u$，所以 $F_{Pu}=4M_u/l$。

例 12 - 1 已知变截面简支梁的极限弯矩为

$$M_u(x)=M_{u0}(1+0.5x/l) \tag{a}$$

梁受全跨均布荷载作用，如图 12.8a 所示。求荷载集度的极限值 q_u。

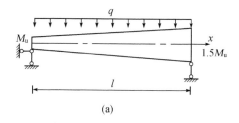 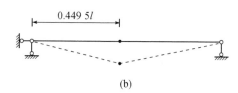

|(a)|(b)|

图 12.8

解 梁各截面的弯矩为

$$M(x)=\frac{1}{2}qx(l-x) \tag{b}$$

令 $\dfrac{d}{dx}[M(x)/M_u(x)]=0$，得

$$x^2+4lx-2l^2=0$$

解之，得（取正根）

$$x=(\sqrt{6}-2)l\approx0.449\,5l$$

这就是出现塑性铰的截面,如图 12.8b 所示。

将 $x=(\sqrt{6}-2)l$ 代入式(a)、(b),得该截面处的极限弯矩和弯矩分别为

$$M_{u}=\frac{\sqrt{6}M_{u0}}{2}$$

$$M=\frac{q}{2}(\sqrt{6}-2)(3-\sqrt{6})l^{2}$$

令二式的右边相等,得

$$q_{u}=\frac{M_{u0}}{l^{2}}(5+2\sqrt{6})\approx9.899\frac{M_{u0}}{l^{2}}$$

12.4 超静定梁的极限荷载

超静定结构中存在多余约束,因此其加载直至破坏的过程一般是:结构中先出现若干个塑性铰,变为静定结构;再出现一个塑性铰,形成破坏机构。由此可见,超静定梁的弹塑性分析比静定梁的复杂。但若仅从计算极限荷载这一目的出发,则分析过程可以大大简化。

12.4.1 单跨超静定梁的极限荷载

考虑图 12.9a 中的两端固定等截面梁,设梁的正负弯矩的极限值均为 M_{u}。在均布荷载作用下,弹性阶段的弯矩图如图 12.9b 所示。显然,梁端部的弯矩绝对值最大,因此最先达到屈服值 M_{y}。设相应的荷载值(屈服荷载)为 q_{y},则有

$$\frac{q_{y}l^{2}}{12}=M_{y}$$

故

$$q_{y}=\frac{12M_{y}}{l^{2}} \tag{a}$$

荷载达到屈服值后继续增长,A、B 两端的弯矩也将最先达到极限值 M_{u},从而形成两个塑性铰。这时梁已转化为静定梁,其受力情况相当于受均布荷载及端部集中力矩(力矩值为 M_{u})作用的简支梁,如图 12.9c 所示。此时如继续增大荷载,则梁两端的弯矩不变而其余部分的弯矩继续增大,直到跨中截面的弯矩也达到 M_{u},出现第三个塑性铰,梁成为机构,这就是极限状态,如图 12.9d 所示。设极限荷载为 q_{u},则由图 12.9e 所示的梁在极限状态下的弯矩图可得

$$\frac{q_{u}l^{2}}{8}=M_{u}+M_{u} \tag{b}$$

故

$$q_{u}=\frac{16M_{u}}{l^{2}} \tag{c}$$

由式(a)、(c)可得

$$\frac{q_u}{q_y}=\frac{4M_u}{3M_y}=\frac{4}{3}\alpha$$

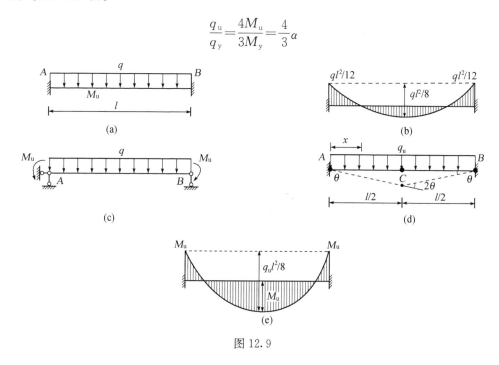

图 12.9

若截面为矩形，$\alpha=1.5$，则极限荷载为屈服荷载的 2 倍，可见超静定梁在弹性极限后的承载潜力是相当大的。

与静定梁的情况相似，如果仅仅要求计算极限荷载，则无须追踪上述过程，而只要考虑极限状态下的平衡条件。由虚功原理可将平衡条件转化为虚功方程。这样，求极限荷载就有两种基本方法，结合上面的问题说明如下。

（1）静力法。由问题的对称性极易判断破坏机构中三个塑性铰的位置并画出图 12.9e 所示的极限状态下的弯矩图，利用这个弯矩图写出式(b)，便可求得极限荷载，这里不再赘述。回顾第 3 章中作弯矩图的叠加法的推导过程，可知式(b)实际上是一个平衡条件，因此这种方法称为静力法。

（2）虚功法（也称机动法）。与静力法相同，首先判断塑性铰的位置，作图 12.9d 所示的破坏机构图。使机构发生与加载方向相同的虚位移，如图中的虚线所示，则外力的虚功为

$$W_e=2\int_0^{l/2}q_u y\,dx=2q_u\int_0^{l/2}\theta x\,dx=q_u\cdot\frac{l^2\theta}{4}$$

在塑性铰处内力的虚功为

$$W_i=-(M_u\theta+M_u\theta+M_u2\theta)=-4M_u\theta$$

由虚位移原理，有

$$q_u\cdot\frac{l^2\theta}{4}-4M_u\theta=0$$

于是得

$$q_u = \frac{16M_u}{l^2}$$

无论是静力法还是虚功法,关键是要正确判断塑性铰的位置。梁中的塑性铰总是出现在 M/M_u 取得最大值的截面。可能出现塑性铰的位置有:固定支座或滑动支座、集中力作用处、阶梯形梁的截面改变处,等等。当梁中这样的截面较多时,可以考虑的破坏机构可能不止一种,这时可用"穷举法",即对所有可能的破坏机构用静力法或虚功法计算相应的荷载,其中最小的一个就是极限荷载。在 12.5 节中将对"穷举法"的合理性给出证明,同时介绍其他方法。

例 12-2 试求图 12.10a 所示变截面梁的极限荷载。

解 塑性铰可能出现在截面 A、B 和 C,因此可能有图 12.10b、c、d 所示的三种破坏机构,分别称为机构 1、机构 2 和机构 3。下面用虚功法求相应的荷载值。注意,截面改变处的塑性铰必出现在极限弯矩较小的一侧,因此截面 B 的极限弯矩应取为 M_u。

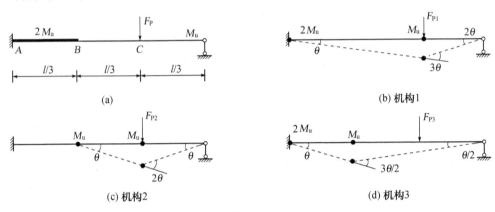

图 12.10

机构 1:虚功方程为

$$F_{P1} \cdot \frac{2l}{3}\theta = 2M_u\theta + M_u \cdot 3\theta$$

由此求得

$$F_{P1} = 7.5M_u/l$$

机构 2:虚功方程为

$$F_{P2} \cdot \frac{l}{3}\theta = M_u\theta + M_u \cdot 2\theta$$

由此求得

$$F_{P2} = 9M_u/l$$

机构 3:虚功方程为

$$F_{P3} \cdot \frac{l}{6}\theta = 2M_u\theta + M_u \cdot \frac{3}{2}\theta$$

由此求得

$$F_{P3} = 21M_u/l$$

当荷载值达到 $7.5M_u/l$ 时,梁已按机构 1 的形式破坏,荷载不能继续增加,因此另外两个机构是不可能实现的。所以

$$F_{Pu} = F_{P1} = 7.5M_u/l$$

在 12.5 节中,我们将从另一个角度说明机构 2 和机构 3 是不可能的。

12.4.2 连续梁的极限荷载

对于连续梁的极限荷载问题,我们在前面的一系列假定的基础上再补充两条假定:第一,梁的各跨均为等截面杆(不同跨杆件的截面可以不同);第二,梁所受的荷载方向都相同。工程中的连续梁大部分都满足这两条假定。在这两条补充假定之下,连续梁的破坏形式只能是单跨独立破坏,如图 12.11a 中的虚线所示,而不能是邻跨之间的联合破坏,如图 12.11b 中的虚线所示。图 12.11b 显示在 A 截面出现了一个塑性铰且弯矩为负值,这是不可能的,因为荷载向下作用,该处的弯矩图只能是下凹的,如果弯矩为负值,其绝对值必然小于其左边或右边截面的弯矩的绝对值;而在同一跨内的梁是等截面的,因此塑性铰不可能出现在 A 截面。实际上,当荷载向下时,连续梁各跨的负弯矩总是在端部最大,弯矩为负的塑性铰只能在支座截面出现。

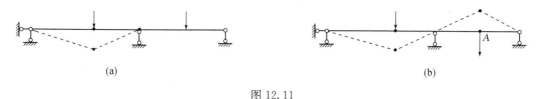

(a)	(b)

图 12.11

根据以上分析,要求连续梁的极限荷载,只要先求出各跨独立破坏所对应的破坏荷载,这些破坏荷载中最小的一个就是连续梁的极限荷载。

例 12-3 试求图 12.12a 所示连续梁的极限荷载(以 q 为荷载因子),各跨截面的极限弯矩从左到右依次为 $1.5M_u$、M_u、$2M_u$。

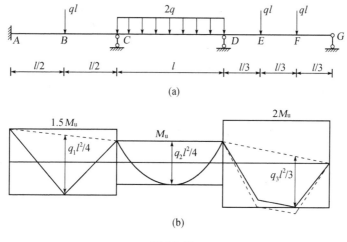

(a)

(b)

图 12.12

359

解 首先,作各跨独立破坏时的弯矩图,见图 12.12b。图中的三个矩形给出了各截面正负弯矩的界限,所作的弯矩图既不能超出这一界限,又必须在足够多的点上达到这一界限,以保证形成破坏机构。在支座截面,极限弯矩应取左右两个值中的较小者。第三跨的弯矩图在截面 E、F 之间应平行于基线,因此如果截面 E 的弯矩达到极限值,截面 F 的弯矩必然超出极限值,如图中的虚线所示,这是不允许的。

其次,利用叠加法作弯矩图的思路即平衡条件反求各跨的破坏荷载。具体计算如下:

第一跨 平衡方程为 $\dfrac{1.5M_u + M_u}{2} + 1.5M_u = \dfrac{q_1 l^2}{4}$,所以 $q_1 = \dfrac{11M_u}{l^2}$;

第二跨 平衡方程为 $M_u + M_u = \dfrac{q_2 l^2}{4}$,所以 $q_2 = \dfrac{8M_u}{l^2}$;

第三跨 平衡方程为 $\dfrac{M_u}{3} + 2M_u = \dfrac{q_3 l^2}{3}$,所以 $q_3 = \dfrac{7M_u}{l^2}$。

由以上计算结果得

$$q_u = q_3 = \frac{7M_u}{l^2}$$

12.5 比例加载的一般定理及其应用

本节在前面几节的基础上介绍关于比例加载的几个定理。这些定理有助于加深我们对于极限荷载计算方法的理解,并为较复杂结构的极限荷载的计算方法提供理论依据。

在下面的讨论中,仍然采用前面的有关假定,包括小变形位移假定、理想弹塑性材料假定和比例加载的假定。

12.5.1 可接受荷载和可破坏荷载

通过前面两节对梁的极限荷载的计算问题所进行的讨论,我们已经对受弯结构的极限状态获得了一些初步认识,这些认识可以总结为极限状态必须满足的三个条件:

(1)机构条件——结构的整体或其一部分出现了数量足够的塑性铰,形成了破坏机构。这种机构能在荷载作用下发生单向的运动,荷载通过其运动作正功。

(2)平衡条件——结构的整体或任一局部均满足静力平衡条件。

(3)弯矩极限条件——结构任一截面的弯矩的绝对值均不大于该截面的极限弯矩(设截面受正负弯矩时的极限弯矩相等)。

为叙述及证明下面的定理的方便,引进两个定义:

(1)可破坏荷载——与结构的满足机构条件及平衡条件的状态相应的荷载称为可破坏荷载,记作 F_P^+。

(2)可接受荷载——与结构的满足平衡条件及弯矩极限条件的状态相应的荷载称为可接受荷载,记作 F_P^-。

因为极限荷载所对应的状态满足上述全部三个条件,所以<u>极限荷载既是可破坏荷载,又是可接受荷载</u>。

12.5.2　一般定理及其证明

定理 1(极小定理)　极限荷载是所有可破坏荷载的最小值,即 $F_{Pu} \leqslant F_P^+$,F_P^+ 为任意的可破坏荷载。

证明　设 F_{P1}^+ 为任一可破坏荷载,与 F_{P1}^+ 相应的破坏机构中含有 n 个塑性铰。令该机构发生一虚位移(机构位移),则由虚位移原理得

$$F_{P1}^+ \Delta = \sum_{i=1}^{n} |M_{ui}||\theta_i| \tag{a}$$

式中 Δ 为与 F_{P1}^+ 相应的广义位移;M_{ui} 和 θ_i 分别为第 i 个塑性铰所对应的极限弯矩和转角。因为塑性铰的转动方向总是与极限弯矩的方向相同,M_{ui} 在转角 θ_i 上所作的功必为正值,所以在上式中可以用它们的绝对值的乘积来表示这个功。

任取另一荷载 $F_{P2} > F_{P1}^+$,设在 F_{P2} 作用下与上述第 i 个塑性铰对应的、满足平衡条件的弯矩为 M_i。对 F_{P2} 及其相应的内力及上述虚位移(机构位移)应用虚功原理,有

$$F_{P2} \Delta = \sum_{i=1}^{n} M_i \theta_i \tag{b}$$

在式(a)中,$F_{P1}^+ > 0$(∵加载),$\Delta > 0$(∵$F_{P1}^+ \Delta > 0$);而 $F_{P2} > F_{P1}^+$,所以 $F_{P2}\Delta > F_{P1}^+\Delta$。于是由式(a)、(b),

$$\sum_{i=1}^{n} M_i \theta_i > \sum_{i=1}^{n} |M_{ui}||\theta_i|$$

上式中至少存在某一 i,使得下式成立:

$$\begin{cases} M_i > M_{ui} & (\theta_i > 0) \\ M_i < -M_{ui} & (\theta_i < 0) \end{cases}$$

这就违反了弯矩极限条件。因此任何大于 F_{P1}^+ 的荷载都不可能是极限荷载。

因为 F_{P1}^+ 是任意的,可以将 F_{P1}^+ 取为所有 F_P^+ 的最小值,这样极限荷载 F_{Pu} 就只能等于这个最小值。定理得证。

定理 2(极大定理)　极限荷载是所有可接受荷载的最大值,即 $F_{Pu} \geqslant F_P^-$,F_P^- 为任意的可接受荷载。

证明　由定理1,任何大于极限荷载 F_{Pu} 的荷载 F_{P2} 必然导致对弯矩极限条件的违反,因而是不可接受的。换言之,任何可接受荷载 F_P^- 都不大于极限荷载 F_{Pu}。这就证明了极大定理。

还可以证明:任何不大于极限荷载 F_{Pu} 的 F_P^- 都是可接受荷载。实际上,对于任意的 $F_P^- < F_{Pu}$,只要将与 F_{Pu} 成平衡的弯矩分布按 $\dfrac{F_P^-}{F_{Pu}}$ 的比例缩减,所得到的弯矩分布必然与 F_P^- 成平衡,同时又满足弯矩极限条件。

定理 3(唯一性定理)　极限荷载是唯一的。

证明　用反证法。设极限荷载有两个不同的值:F_{Pu1} 和 F_{Pu2}。若 $F_{Pu1} > F_{Pu2}$,则因为 F_{Pu2} 是极限荷载,由定理1,F_{Pu1} 是不可接受的;反过来,若 $F_{Pu1} < F_{Pu2}$,则因为 F_{Pu1} 是极限荷载,同样由定理1,F_{Pu2} 是不可接受的。因此 $F_{Pu1} \neq F_{Pu2}$ 是不可能的。这就证明了唯一性定理。

定理 1 和定理 2 表明,可破坏荷载和可接受荷载分别是极限荷载的上限值和下限值。因此这两个定理有时又分别称为上限定理和下限定理。

12.5.3 定理的应用

以上三个定理在确定极限荷载的计算中的应用,主要包括以下三个方面:

1) 确定极限荷载的上下限

例如,我们以某一方法求得了一个可破坏荷载 F_P^+,又以某一方法求得了一个可接受荷载 F_P^-,则由上限定理和下限定理可知

$$F_P^- \leqslant F_{Pu} \leqslant F_P^+$$

2) 求极限荷载的近似值

若上面求得的可破坏荷载 F_P^+ 和可接受荷载 F_P^- 比较接近,则可以将其中的任意一个取为极限荷载的近似值,还可以取它们的算术平均值作为极限荷载的近似值:

$$F_{Pu} \approx \frac{F_P^+ + F_P^-}{2} \tag{12.9}$$

3) 求极限荷载的精确值

无一遗漏地考虑结构所有可能的破坏机构,对这些机构求相应的荷载(可破坏荷载),根据极小定理,其中最小的一个就是极限荷载,这种方法称为"穷举法",在例 12-2、12-3 中已经用到了这一方法。在很多情况下,"穷举"所有可能的破坏机构是十分困难或相当麻烦的,这时可用"试算法",先考虑一个最有可能成为真实破坏机构的机构,用平衡条件计算相应的破坏荷载,再检查它是否满足弯矩极限条件。如果满足,则根据唯一性定理,它就是极限荷载;如果不满足,再考虑其他破坏机构。

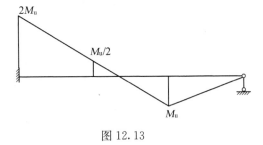

图 12.13

以例 12-2(图 12.10)中的变截面梁为例。如果在对机构 1 求得 $F_{P1} = 7.5 M_u/l$ 后,作相应的弯矩图(图 12.13),可以发现它是满足弯矩极限条件的,这样就可以肯定 $F_{Pu} = 7.5 M_u/l$,而不必再考虑其他破坏机构了。实际上,容易判断与机构 2 和机构 3 相应的弯矩图都不满足弯矩极限条件,因而也可以事先加以排除,请读者自行练习。

例 12-4 对图 12.14a 所示超静定梁:

(1) 考虑图 12.14b 所示的破坏机构,按式(12.9)求极限荷载的近似值。

(2) 求极限荷载的精确值。

解 (1) 作图 12.14b 所示破坏机构的弯矩图,如图 12.14c。由弯矩图得 $\dfrac{q^+ l^2}{8} = \dfrac{M_u}{2} + M_u$,从而求得可破坏荷载 $q^+ = 12 \dfrac{M_u}{l^2}$。

由平衡条件还可求得图 12.14c 中弯矩的最大值为 $\dfrac{25}{24} M_u$(发生在距右端 $\dfrac{5}{12} l$ 处)。将荷载

q^+和弯矩图均按$\dfrac{24}{25}$的比例缩减,得到图 12.14d 所示的弯矩图,这个弯矩图满足弯矩极限条件,与荷载 $q^-=\dfrac{24}{25}q^+=\dfrac{288M_u}{25l^2}=11.52\dfrac{M_u}{l^2}$平衡,因此 q^-是一个可接受荷载。

由式(12.9)得极限荷载的近似值为

$$q_u\approx\frac{q^++q^-}{2}=11.76\frac{M_u}{l^2}$$

与下面求得的精确值比较,这个近似值的误差只有 0.8%。

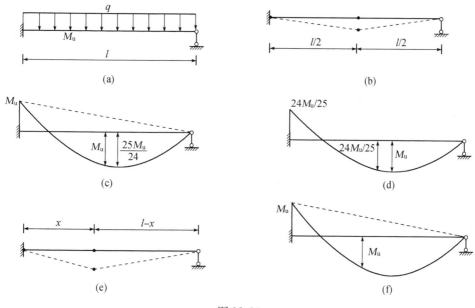

图 12.14

（2）设破坏机构如图 12.14e,其中跨内的塑性铰与左端的距离为 x。相应的弯矩图为图 12.14f。由弯矩图得

$$\frac{1}{2}q^+x(l-x)=\frac{l-x}{l}M_u+M_u$$

于是得

$$q^+(x)=\frac{2(2l-x)}{lx(l-x)}M_u \tag{c}$$

在式(c)中,x 可在区间$(0,l)$内取任意值,因此其中的 q^+代表全部无限多个可破坏荷载。为了求 q^+的极小值,令$\dfrac{\mathrm{d}q^+}{\mathrm{d}x}=0$,得

$$x^2-4lx+2l^2=0$$

其在区间$(0,l)$内的一个根为

$$x=(2-\sqrt{2})l$$

于是按极小定理,由式(c)求得极限荷载的精确值为

$$q_u = \frac{2\sqrt{2}}{3\sqrt{2}-4} \frac{M_u}{l^2} \approx 11.66 \frac{M_u}{l^2}$$

例 12-5 试证明例 12-3 中求得的极限荷载满足弯矩极限条件。

证明 令各支座截面处的负弯矩的绝对值等于相应截面的极限弯矩(截面变化处极限弯矩值取较小的一个),用叠加法作荷载因子等于极限荷载 $q_u = \frac{7M_u}{l^2}$ 时各跨的弯矩图,如图 12.15a 所示。因为极限荷载是各跨独立破坏时相应的荷载中最小的一个,所以除第三跨外,其余两跨的正弯矩的极大值均小于极限弯矩。因此所求的极限荷载是满足弯矩极限条件的。

讨论 在极限状态下,连续梁仅是在右边跨形成了破坏机构,其余两跨并未破坏并且是超静定的,因此在这两跨,满足平衡条件和弯矩极限条件的弯矩分布可以有无限多种,图 12.15a 只是其中的一个。这与静定梁和单跨超静定梁在极限状态下的情况不同。图 12.15b 给出了本例的另一个满足平衡条件和弯矩极限条件的弯矩图。

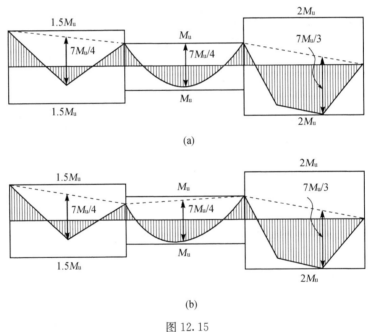

图 12.15

由本例可见,虽然极限荷载是唯一的,但极限状态下的内力分布却不一定是唯一的。

将本例对于三跨连续梁的证明加以推广,可以对于一般的连续梁用唯一性定理证明 12.4.2 节中的结论:在各跨均为等截面杆及所有荷载方向都相同的前提下,连续梁的破坏形式只能是单跨独立破坏。这一工作留给读者自己去完成。

*12.6 刚架的极限荷载

刚架的杆件中不仅有弯矩和剪力,而且还有轴力。轴力的存在使极限弯矩值降低。当轴力不大时,其降低极限弯矩值的作用可以忽略,但对于多高层刚架及承受吊车荷载的单层刚

架,就必须考虑这种作用。

计算刚架的极限荷载可以用手算,也可以用电算。手算方法仍是以比例加载的一般定理为依据,用穷举法求各种破坏机构所对应的荷载的最小值,或用试算法求出一个能满足三个条件的荷载值。但因为需要考虑的破坏机构一般数量很多而且形式比梁复杂,随着计算机在结构分析和设计中的普及,这种方法已很少有人采用。常用的电算方法以矩阵位移法为基础,逐级增加荷载,追踪塑性铰出现的过程,相应地修改结构的刚度矩阵,直到结构成为机构。这种方法称为增量变刚度法。

本节介绍增量变刚度法的基本思路和解题步骤。为扼要起见,采用以下假定:

(1) 位移和变形是微小的。

(2) 材料的弹性变形可以忽略,即在图 12.1 中,OA 段与 σ 轴重合,这种材料称为理想刚塑性材料。

(3) 荷载符合比例加载的假定,因而可用一个荷载因子 F_P 表示;荷载均作用于结点。

(4) 杆件均为等截面杆,单杆的极限弯矩为常数。剪力和轴力对极限弯矩的影响可以忽略。

根据假定(2),所谓塑性铰只是局限于某一截面的塑性区;而截面以外的区域仍为弹性区;塑性铰的出现是突然的,而不是像图 12.3c、d、e 描述的那样逐渐形成的。采用这一假定并不影响极限荷载计算的最终结果。根据假定(3)和(4),塑性铰只可能在结点出现。

增量变刚度法可按以下步骤进行:

1) 弹性阶段

将单位荷载 $F_P = 1$ 施加于结构,用矩阵位移法计算各杆端弯矩,记作 $\{\overline{M}_1\}$;求 $\left\{\dfrac{M_u}{\overline{M}_1}\right\}$ 各分量的最小值(这里的 $\dfrac{M_u}{\overline{M}_1}$ 是两个弯矩的绝对值相比;下文的 $\dfrac{M_u - M_1}{\overline{M}_2}$ 等等中,分子是两个弯矩的绝对值相减,分母是弯矩的绝对值,不一一说明。),记作 F_{P1},这就是出现第一个塑性铰时的荷载值。第一个塑性铰出现在与 $\left\{\dfrac{M_u}{\overline{M}_1}\right\}$ 的分量的最小值对应的截面。与 F_{P1} 相应的弯矩分布为

$$\{M_1\} = F_{P1}\{\overline{M}_1\}$$

2) 一个塑性铰阶段

将出现第一个塑性铰的结点改为铰结点,并对结构的刚度矩阵作相应的修改。将单位荷载 $F_P = 1$ 施加于超静定次数降低 1 以后的结构,重新计算各杆端弯矩,记作 $\{\overline{M}_2\}$;求 $\left\{\dfrac{M_u - M_1}{\overline{M}_2}\right\}$ 各分量的最小值,记作 ΔF_{P2},这就是出现第二个塑性铰时荷载的增量。第二个塑性铰出现在与 $\left\{\dfrac{M_u - M_1}{\overline{M}_2}\right\}$ 的分量的最小值对应的截面。与 ΔF_{P2} 相应的弯矩增量为

$$\{\Delta M_2\} = \Delta F_{P2}\{\overline{M}_2\}$$

本阶段结束时的荷载值和弯矩分布分别为

$$F_{P2} = F_{P1} + \Delta F_{P2}$$

$$\{M_2\} = \{M_1\} + \{\Delta M_2\}$$

3）两个塑性铰阶段

将出现第二个塑性铰的结点也改为铰结点，并再次修改结构刚度矩阵。施加单位荷载并计算 $\{\overline{M}_3\}$；求 $\left\{\dfrac{M_u-M_2}{\overline{M}_3}\right\}$ 各分量的最小值，即 ΔF_{P3}。确定下一个塑性铰的位置。弯矩增量及本阶段结束时的荷载值和弯矩分布分别为

$$\{\Delta M_3\}=\Delta F_{P3}\{\overline{M}_3\}$$

$$F_{P3}=F_{P2}+\Delta F_{P3}$$

$$\{M_3\}=\{M_2\}+\{\Delta M_3\}$$

4）极限状态

以上第2）、3）两步是重复性的步骤，这样的步骤可能要重复多次。在每次重复中，在施加单位荷载之前要对修改后的结构刚度矩阵 $[K]$ 进行奇异性检查。若 $|[K]|=0$，则说明结构已变为机构，不能再承受新的增量荷载，因此前一阶段结束时的荷载值就是极限荷载。

在以上计算的每一步中，还要随时计算已形成的塑性铰的相对转角的增量。若发现这一增量与弯矩值相反，则该塑性铰应恢复为刚结点（见参考书目[6]5.9节："飘忽的塑性铰"）。

例 12-6　试求图 12.16a 所示刚架的极限荷载。

解　在计算极限荷载的问题中，一般只给出各杆的极限弯矩而不给出各杆 EI 的相对值，因为后者对计算结果没有影响。用增量变刚度法计算极限荷载，在结构变为静定以前，每一步的内力计算结果均与各杆 EI 的相对值有关，对此在计算中可以任意假定，这只会影响塑性铰出现的次序而不影响极限荷载的计算结果和破坏机构的形式（见参考书目[6]5.8节："极限荷载与抗弯刚度有什么关系？"）。在以下的求解过程中，始终假定两柱的 EI 相等而横梁的 EI 为无穷大。因为截面 C 有一个集中荷载，计算中将 C 也取为结点，即将刚架划分为四个单元。为了节省篇幅，只给出每一步的计算结果而略去计算过程。

（1）弹性阶段

计算结果见表 12.1，其中弯矩以刚架里边受拉为正。由表 12.1 可见，在截面 C，比值 $\dfrac{M_u}{\overline{M}_1}$ 最小。因此，弹性阶段结束时的荷载为

$$F_{P1}=\left(\frac{M_u}{\overline{M}_1}\right)_C=3\frac{M_u}{l}$$

与 F_{P1} 相应的弯矩分布 $\{M_1\}=F_{P1}\{\overline{M}_1\}$ 示于图 12.16b，截面 C 出现了第一个塑性铰。

表 12.1

截面	A	B	C	D	E
M_u	$\pm M_u$	$\pm M_u$	$\pm 1.5M_u$	$\pm M_u$	$\pm M_u$
$\overline{M}_1$	$-0.25l$	$0.25l$	$0.5l$	$-0.25l$	$0.25l$
$\dfrac{M_u}{\overline{M}_1}$	$4\dfrac{M_u}{l}$	$4\dfrac{M_u}{l}$	$3\dfrac{M_u}{l}$	$4\dfrac{M_u}{l}$	$4\dfrac{M_u}{l}$

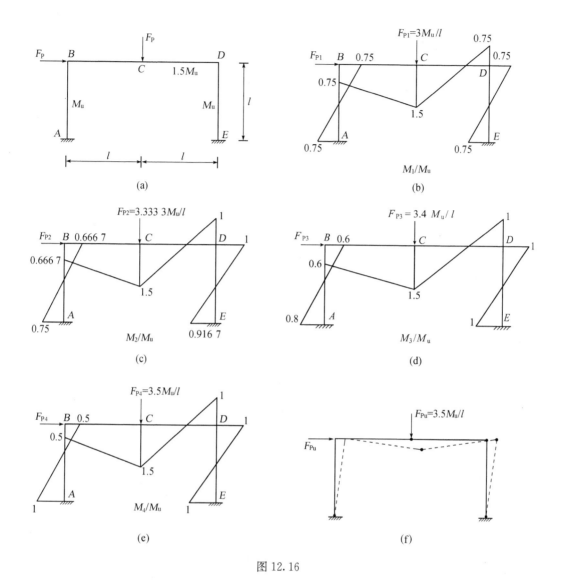

图 12.16

（2）一个塑性铰阶段

将结点 C 改为铰结点，修改总刚度矩阵后进行本阶段的计算，结果见表 12.2。由表 12.2 可见，在截面 D，比值 $\dfrac{M_u - M_1}{\overline{M}_2}$ 最小。因此，本阶段的荷载增量及阶段结束时的荷载分别为

$$\Delta F_{P2} = \left(\frac{M_u - M_1}{\overline{M}_2} \right)_D = 0.333\ 3\ \frac{M_u}{l}$$

$$F_{P2} = F_{P1} + \Delta F_{P2} = 3.333\ 3\ \frac{M_u}{l}$$

与 F_{P2} 相应的弯矩分布 $\{M_2\} = \{M_1\} + \Delta F_{P2}\{\overline{M}_2\}$ 示于图 12.16c，第二个塑性铰出现在截面 D。

表 12.2

截面	A	B	C	D	E
M_u	$\pm M_u$	$\pm M_u$	$\pm 1.5M_u$	$\pm M_u$	$\pm M_u$
M_1	$-0.75M_u$	$0.75M_u$	$1.5M_u$	$-0.75M_u$	$0.75M_u$
$\overline{M}_2$	0	$-0.25l$	0	$-0.75l$	$0.5l$
$\dfrac{M_u-M_1}{\overline{M}_2}$	∞	$\dfrac{M_u}{l}$	$-$	$0.333\,3\,\dfrac{M_u}{l}$	$0.5\,\dfrac{M_u}{l}$

(3) 两个塑性铰阶段

将结点 D 也改为铰结点,修改总刚度矩阵后进行本阶段的计算,计算结果见表 12.3。由表 12.3 可见,比值 $\dfrac{M_u-M_2}{\overline{M}_3}$ 在截面 E 最小。因此,本阶段的荷载增量及阶段结束时的荷载分别为

$$\Delta F_{P3} = \left(\frac{M_u-M_2}{\overline{M}_3}\right)_E = 0.066\,7\,\frac{M_u}{l}$$

$$F_{P3} = F_{P2} + \Delta P_{P3} = 3.4\,\frac{M_u}{l}$$

表 12.3

截面	A	B	C	D	E
M_u	$\pm M_u$	$\pm M_u$	$\pm 1.5M_u$	$\pm M_u$	$\pm M_u$
M_2	$-0.75M_u$	$0.666\,7M_u$	$1.5M_u$	$-M_u$	$0.916\,7M_u$
$\overline{M}_3$	$-0.75l$	$-l$	0	0	$1.25l$
$\dfrac{M_u-M_2}{\overline{M}_3}$	$0.333\,3\,\dfrac{M_u}{l}$	$0.333\,3\,\dfrac{M_u}{l}$	$-$	$-$	$0.066\,7\,\dfrac{M_u}{l}$

与 F_{P3} 相应的弯矩分布 $\{M_3\} = \{M_2\} + \Delta F_{P3}\{\overline{M}_3\}$ 示于图 12.16d,第三个塑性铰出现在截面 E。

(4) 三个塑性铰阶段

将结点 E 也改为铰结点(这时刚架已变为静定结构),修改总刚度矩阵后进行本阶段的计算,计算结果见表 12.4。由表 12.4 可见,比值 $\dfrac{M_u-M_3}{\overline{M}_4}$ 在截面 A 为最小。因此本阶段的荷载增量及阶段结束时的荷载分别为

$$\Delta F_{P4} = (\frac{M_u-M_3}{\overline{M}_4})_A = 0.1\,\frac{M_u}{l}$$

$$F_{P4} = F_{P3} + \Delta F_{P4} = 3.5 \frac{M_u}{l}$$

与 F_{P4} 相应的弯矩分布 $\{M_4\} = \{M_3\} + \Delta F_{P4}\{\overline{M}_4\}$ 示于图 12.16d,第四个塑性铰出现在截面 A。

表 12.4

截面	A	B	C	D	E
M_u	$\pm M_u$	$\pm M_u$	$\pm 1.5M_u$	$\pm M_u$	$\pm M_u$
M_3	$-0.8l$	$0.6l$	$1.5l$	$-l$	l
$\overline{M}_4$	$-2l$	$-l$	0	0	0
$\dfrac{M_u - M_3}{\overline{M}_4}$	$0.1\dfrac{M_u}{l}$	$0.4\dfrac{M_u}{l}$	—	—	—

(5) 极限状态

四个塑性铰出现以后,刚架已成为机构(图 12.16f),总刚度矩阵成为奇异的。因此 F_{P4} 就是极限荷载,即

$$F_{Pu} = 3.5 \frac{M_u}{l}$$

12.7 本章小结

(1) 本章介绍了结构塑性分析的基本概念和计算结构极限荷载的一些基本方法。

(2) 与弹性分析相比,结构的弹塑性分析要复杂得多,其主要特点一是它的非线性,因而叠加原理不再成立;二是进入塑性阶段以后,应力和应变之间的非单值对应关系,因而必须研究加载卸载的"历史"。本章在理想弹塑性材料和比例加载的两个假定下,所研究的只是弹塑性分析的最基本的问题。

(3) 结构的极限荷载在塑性设计中有十分重要的意义。计算极限荷载只需要考虑结构最终的破坏状态或极限状态而不必关心达到这一状态的过程,因而相对简单。

(4) 超静定结构在形成破坏机构之前总是先转化为静定结构,因而尽管超静定结构的内力要受到温度变化、支座位移等非荷载因素的影响,并且与结构各部分的刚度比有关,但这些因素只影响弹塑性变形的过程而对极限荷载没有影响,在计算极限荷载时不必加以考虑。

(5) 静定梁或超静定梁包括连续梁的极限荷载的计算用试算法或穷举法计算并不困难,多层或多跨超静定刚架极限荷载的计算则宜用电算方法进行。12.6 节介绍的增量变刚度法的主要思路和步骤为读者掌握电算方法打下了基础。

思考题

12-1 什么是极限弯矩?它与抗弯刚度 EI 有没有关系?"极限弯矩较大的截面 EI 也

较大",这句话是否正确? 如认为正确,试加以证明;如不正确,试举一例。

12-2 什么是塑性铰? 什么是破坏机构?"结构的超静定次数越高,其破坏机构中的塑性铰就越多",这句话是否正确? 图12.17a所示静定梁和图12.17b所示连续梁的破坏机构中各有几个塑性铰?

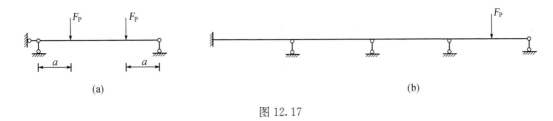

图 12.17

12-3 对于例12-2中的变截面梁(图12.10a),若 AB 段和 BC 段的极限弯矩之比为 k (k>1),则 k 为何值时,结构的破坏形式为机构1? k 为何值时,破坏形式为机构2? 试说明无论 k 为何值,破坏形式都不可能为机构3。

12-4 两端固定梁在跨中受集中力作用。试仿照图12.7作出其在以下两个状态下弹塑性区的分布图:(1)端部刚形成塑性铰时;(2)极限状态。

12-5 虚功法是否也能用于静定结构? 如何用虚功法求例12-1中简支梁(图12.8a)的极限荷载?

12-6 用增量变刚度法计算刚架的极限荷载,为什么要采用理想刚塑性材料的假定? 试在理想刚塑性材料的假定下重新分析图12.9a所示的超静定梁的弹塑性变形过程。

习　题

12-1 试求图12.18所示截面的极限弯矩,已知屈服极限 σ_y＝240 MPa。(图中的尺寸单位为 mm)

12-2 求图12.19所示截面的极限弯矩和截面形式系数,其中对图12.19a分别考虑截面在竖直和水平对称面内受弯两种情况。设屈服极限 σ_y 为已知。

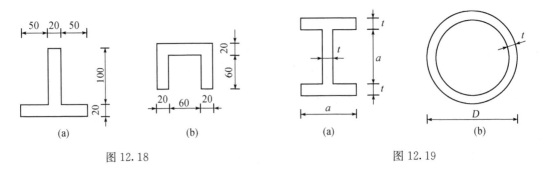

图 12.18

图 12.19

12-3 针对 n 的不同取值情况,求图12.20所示等截面伸臂梁的极限荷载及其破坏形式。

12-4 图12.21所示变截面悬臂梁的 AB 段和 BC 段的截面均为矩形,截面尺寸(宽×高)分别为 $b \times nh$ 和 $b \times h$,材料的屈服极限为 σ_y。试求极限荷载及其破坏形式。

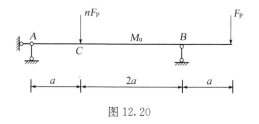

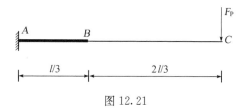

图 12.20

图 12.21

12-5 取安全系数 $k_u=1.6$,试求图 12.22 所示梁的容许荷载 $[F_P]$,设 $M_u=400$ kM·m。若截面为矩形,当荷载值达到 $[F_P]$ 时,梁是在弹性状态还是弹塑性状态下工作?

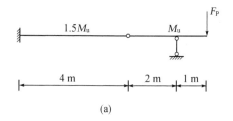

(a)

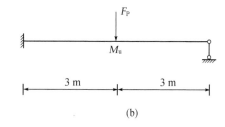

(b)

图 12.22

12-6 求图 12.23 所示梁的极限荷载。

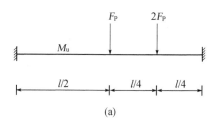

(a)

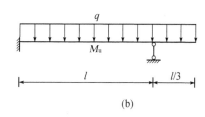

(b)

图 12.23

12-7 针对 $n(n>1)$ 的不同取值情况,求图 12.24 所示变截面梁的极限荷载。

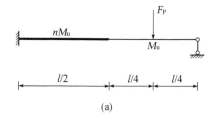

(a)

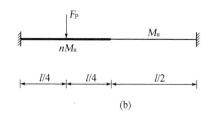

(b)

图 12.24

12-8 求图 12.25 所示连续梁的极限荷载。

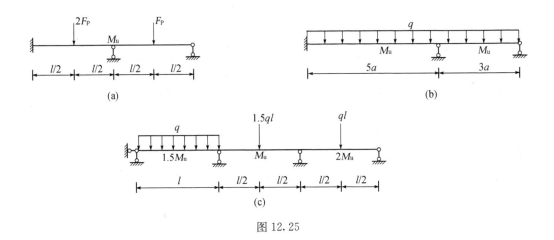

(a)

(b)

(c)

图 12.25

12-9 对于图 12.26a 所示的刚架,试求与图 12.26b 所示破坏机构相应的可破坏荷载,并检查该荷载是否满足弯矩极限条件。

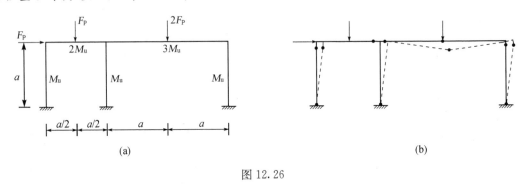

(a)

(b)

图 12.26

*12-10 试用增量变刚度法重新计算例 12-6 中刚架(图 12.16a)的极限荷载,设各杆的 EI 与 M_u 成比例。

*12-11 用增量变刚度法计算图 12.27 所示刚架的极限荷载,设各杆的 $EI=$ 常数。

*12-12 用增量变刚度法计算图 12.28 所示排架的极限荷载,设横梁的刚度为无穷大。计算中取各柱的 $EI=$ 常数。

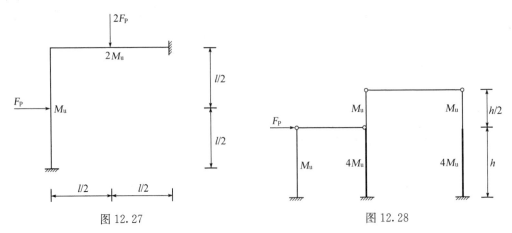

图 12.27

图 12.28

参考书目

1　金宝桢,杨式德,朱宝华合编,金宝桢主编. 结构力学. 北京:人民教育出版社,1964
2　龙驭球,包世华主编. 结构力学Ⅰ、Ⅱ. 第 2 版. 北京:高等教育出版社,2006
3　李廉锟主编. 结构力学(上、下册). 第 4 版. 北京:高等教育出版社,2004
4　缪加玉. 结构力学的若干问题. 成都:成都科技大学出版社,1993
5　S. P. Timoshenko, J. M. Gere. *Theory of Elastic Stability*. 2nd edition. McGraw-Hill Book Company, Inc. ,1961
6　单建编著. 趣味结构力学. 北京:高等教育出版社,2008